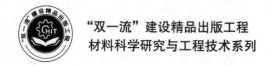

"双一流"建设精品出版工程
材料科学研究与工程技术系列

金属材料液态氢化技术及应用

TECHNOLOGY AND APPLICATION OF MELT HYDROGENATION FOR METAL MATERIALS

王 亮 苏彦庆 编著
郭景杰 主审

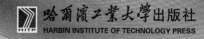

哈爾濱工業大學出版社
HARBIN INSTITUTE OF TECHNOLOGY PRESS

内 容 简 介

本书在阐明液态氢化热动力学本质的基础上,着重论述了氢元素在金属材料制备和加工过程中产生的积极作用。针对可以采用液态氢化的合金体系,结合作者团队前期的研究成果,阐述了不同合金体系的液态氢化原理及其对材料组织、结构和力学性能的影响机制。本书共分 6 章,第 1 章介绍了氢脆的机理和研究现状,论述了氢对于晶粒细化、提高塑性、脱除杂质和非晶化起到的积极作用,并由此发展出的液态氢化技术。第 2 章和第 3 章分别阐述了钛合金和 TiAl 合金的氢溶解热动力学、氢致脱氧行为以及氢对合金组织、结构和力学性能的影响规律。第 4 章阐述了氢对钛基复合材料的凝固行为、增强相分布、组织形态以及力学性能的影响规律。第 5 章阐述了氢对非晶合金的形成能力、熔体性质与结构、力学性能以及合金原子结构的影响。第 6 章介绍了氢对高熵合金的相组成、组织和力学性能的影响。

本书适合作为高等学校材料科学与工程专业类,特别是材料加工工程专业的研究生教材,也可作为从事相关专业的工程技术人员的参考书。

图书在版编目(CIP)数据

金属材料液态氢化技术及应用/王亮,苏彦庆编著. —哈尔滨:哈尔滨工业大学出版社,2024.4
(材料科学研究与工程技术系列)
ISBN 978-7-5767-1043-4

Ⅰ.①金… Ⅱ.①王… Ⅲ.①金属材料-氢化-研究
Ⅳ.①TG14

中国国家版本馆 CIP 数据核字(2023)第 169541 号

策划编辑　许雅莹
责任编辑　李青晏
封面设计　刘　乐
出版发行　哈尔滨工业大学出版社
社　　址　哈尔滨市南岗区复华四道街 10 号　邮编 150006
传　　真　0451-86414749
网　　址　http://hitpress.hit.edu.cn
印　　刷　哈尔滨市工大节能印刷厂
开　　本　787mm×1092mm　1/16　印张 20　字数 486 千字
版　　次　2024 年 4 月第 1 版　2024 年 4 月第 1 次印刷
书　　号　ISBN 978-7-5767-1043-4
定　　价　68.00 元

前　言

长期以来,氢一度被认为是合金中的有害元素,与合金元素生成脆性氢化物或聚集于位错、缺陷处,使材料的力学性能恶化,引发氢脆现象。然而近年来的研究表明,合理控制合金中的氢含量,可以对合金的微观组织与力学性能产生一些积极的影响。液态氢化作为一种高效可控的氢化方法,把材料的熔炼与氢化处理结合在一起,解决了固态氢化的一些突出的缺点,如氢化效率低、仅适用于体积较小的薄壁件、成本高、耗费严重等。基于此,液态氢化已经发展出多种技术手段,如热氢处理与成形、氢化破碎制粉、氢致非晶化、还原矿石、净化熔体制备高纯金属等。本书基于课题组在液态氢化方向的研究,综述了液态氢化的国内外研究现状,详细论述了液态氢化的热动力学本质及其对合金材料的组织结构和力学行为的影响机制。

本书共分6章。第1章绪论,主要介绍氢脆理论和液态氢化的技术手段。第2章钛合金的液态氢化,介绍了钛合金的氢溶解热动力学、氢致脱氧行为以及氢对钛合金组织、结构和力学性能的影响规律。第3章TiAl合金的液态氢化,介绍了TiAl合金的氢溶解热动力学、氢致脱氧行为以及氢对TiAl合金组织、结构和力学性能的影响规律。第4章钛基复合材料的液态氢化,介绍了氢对钛基复合材料的凝固行为、增强相分布、组织形态以及力学性能的影响规律。第5章非晶合金的液态氢化,介绍了氢对非晶合金的形成能力、熔体性质与结构、力学性能以及合金原子结构的影响。第6章高熵合金的液态氢化,介绍了氢对高熵合金的相组成、组织和力学性能的影响。

本书由王亮、苏彦庆撰写并统稿,由郭景杰主审。参与撰写的成员有王斌斌、刘琛、苏宝献、颜卉、李斌强、黎穗生、吕琦、赵春志、朱国强、李哲等,他们为本书的撰写和校稿提供了很大帮助,在此一并表示感谢。

本书力求做到理论与应用、新颖性与实用性的有机结合,着力实现语言精炼和图文并茂,便于读者阅读和应用。希望本书的出版能为我国的液态氢化理论和技术发展做出一份贡献。

由于作者水平有限,书中疏漏之处在所难免,恳请广大读者批评指正。

作　者

2023 年 9 月

目　　录

第1章 绪 论

氢原子是自然界最小的原子,氢原子十分活泼,和金属之间有较大的亲和力。材料在制备和加工(冶炼、浇铸、焊接、酸洗等)时会有氢进入,在服役时氢也可能进入。氢在合金中或与合金元素反应生成氢化物和氢化合物;或以氢原子形态聚集于位错、缺陷处;或从金属中析出形成氢分子气团,也可能与第二相发生化学反应从而生成气体产物,如铜合金中 H_2 与 CuO 反应生成的高压水蒸气及钢中氢与碳反应生成的 CH_4 气体等。这些脆性氢化物和聚少成多的气体极易对金属组织和性能产生重大影响。金属内部不断析出的气团聚集在晶界相界和缺陷处,当压力达到一定大小时便会促使位错移动,造成裂纹萌生并持续推动裂纹扩展,最终使金属断裂失效,这就是氢脆现象。金属中如果存在一定量的脆性氢化物,也会使金属塑性和韧性下降。

但从另一角度来看,若合理利用氢元素对金属内部位错的推动作用,则有利于细化组织、增加塑性、制备粉体材料等。利用氢元素的关键在于将其含量①控制在安全范围内,氢含量过高的金属和合金在使用前必须进行除氢。氢元素本身的活泼也使它易于和金属中气体杂质元素发生反应,如氧、碳、氮等,因此在金属处于保护气氛＋氢气氛中熔炼时,有利于 O 和 H 反应生成 H_2O(C、N 元素则生成 CH_4、NH_3 等),从而净化熔体。

利用氢对金属的细化组织、增加热塑性、氢致非晶化(HIA)、净化熔体的作用,可以制备性能优异的金属和合金,获得高纯度金属,还可以改善加工过程。相比于制取氢气过程中得到的副产物气体 CO、N_2、H_2S 等,氢气更容易在金属膜表面解离、向内部扩散,最后从另一端脱附,利用这种天然的气体选择性,金属膜材料可以提高氢气的纯度。

1.1 氢在金属中的有害作用

氢的有害作用主要是由氢渗透所带来的氢脆、脆性氢化物、氢致微裂纹等。早在 19 世纪,Johnson 就第一次证实氢能显著恶化材料的力学性能,并产生无预警的脆断。氢脆有以下几个显著特征:①力学性能下降,降低伸长率和断面收缩率;②断裂发生突然,无明显征兆;③改变断裂机制,随着材料中氢含量的增加,断裂模式由韧窝断裂向脆性解理或沿晶断裂转变。

1.1.1 氢脆的分类

氢脆按其与加载时应变速率的关系可分为两类。

第一类氢脆的主要特征是氢脆敏感性随着加载时应变速率的增大而增加,典型代表

---

① 除特殊说明外,"含量"指质量分数。

是钢中白点。在加载之前,氢已经在金属中造成了不可逆的各种氢损伤,如氢鼓包、氢致裂纹、氢化物、氢致马氏体等,而随着加载时应变速率的增大,在这些已经存在氢损伤的位置上形成了巨大的应力集中,引起氢致裂纹扩展的速率增大,并使得损伤区域附近原本完好的金属塑性得不到充分发挥,造成金属的脆性增加,形成了氢脆损伤。

第二类氢脆的主要特征是氢脆敏感性随着加载时应变速率的减小而增加,典型代表是钢的滞后断裂、大型锻件的置裂等现象。加载之前,钢中并没有形成氢脆源,这些氢脆源是在加载过程中,随着应力、应变的交互作用逐步形成的,其结果也是导致钢的脆性增加。

在生产生活中常见的氢脆多是第二类氢脆。如果继续进行详细的划分,那么第二类氢脆还可以分为两类:一类是在缓慢加载中所造成的脆性,在卸载并停留一段时间后完全消失,金属恢复其性能,称为可逆氢脆;另一类是缓慢加载时所造成的脆性在去除载荷后或者停留一段时间后仍然不能去除或者不能完全去除,称为不可逆氢脆。显然,不可逆氢脆的产生是由于在缓慢加载时,金属材料中形成了不可恢复的氢脆源。

1.1.2 氢脆的机理

1. 氢压理论

氢压理论是 Bennek 等提出的,Zapffe 进一步完善的。氢压理论认为,钢中产生氢脆损伤的一个重要原因就是内部微孔隙中高强氢压的存在。氢在钢液中的溶解度随温度降低而降低,因此钢在冷却过程中将析出氢原子,这些氢原子聚集在钢的微孔隙中,达到一定数量后两个氢原子结合生成了氢分子,在微孔隙中形成了巨大的内应力,导致微孔隙体积的膨胀,随后更多氢分子向此处聚集使得微孔隙内部的氢压越来越大。持续升高的内应力促使微孔隙周围裂纹萌生,最终导致了锻件中裂纹扩展并破坏构件。氢压理论是当前对于高氢浓度条件下钢中裂纹的产生和扩展机理的最佳诠释,也是大型锻件中白点的萌生、石油存储容器及管道中产生的氢鼓包、焊接过程中出现的冷裂纹等现象的最佳解释。

2. 弱键理论

弱键理论由 Troiano 提出,Oriaui 等给予补充、修正和发展,弱键理论又被称为氢降低键结合理论。由于在金属晶格中,金属原子间的吸引力来自于晶格节点上的金属正离子与呈负电性的自由电子之间的静电引力,原子之间的排斥力来源于金属正离子之间的相互作用,以及因电子能级重叠而产生的排斥力。当氢原子进入过渡族金属的晶格后,促使 s 能级电子进入未被填满的 d 能级,使 d 能级电子浓度升高并和 s 能级的重叠部分增大,进而导致原子间结合力的下降,造成了金属键的弱化。但是弱键理论无法解释在非过渡族金属中出现的氢脆,说明此理论学说有待于进一步的补充和完善。

3. 表面吸附理论

Petch 等人认为:金属内部存在微裂纹,氢原子在向微裂纹聚集时被吸附在微裂纹表面,并降低微裂纹的表面能,使微裂纹扩展和长大时所需的临界应力和形变功下降,进而导致金属塑韧性下降和断裂失效。显然,钢中氢含量的增加、应力集中系数的增大以及氢原子的扩散聚集等均可促进氢原子在金属中微裂纹表面的吸附,从而使金属的脆性程度增大。

众所周知,金属在冶炼加工过程中或构件在服役环境中吸附氢原子是普遍现象,因而氢致脆化的表面吸附理论的提出是易于理解和接受的。但是表面吸附理论也是不完善的,需要更进一步的深入研究及补充完善。

4. 氢与位错交互作用理论

氢与位错交互作用理论认为,变形速率和温度等因素都可以影响氢原子的聚集和对位错的作用。在外力的作用下,若金属的变形速率很小,则氢原子可通过扩散与位错一起沿着滑移面移动,并逐渐在晶界和缺陷处塞积,导致这些位置的金属发生脆化并进而形成微裂纹。随着变形过程的继续,微裂纹扩展并长大,最终造成金属的低应力断裂(即滞后断裂)。但是若金属的变形速率非常高,氢的扩散速率跟不上位错的移动,氢原子无法堆积与偏聚,则氢致脆化作用不能发生或程度很轻。除了金属的变形速率外,温度也是影响氢原子聚集的重要因素。温度较高时,氢原子的热运动剧烈、活动能力很强,它将脱离位错的束缚,无法造成较高程度的氢聚集,氢的脆化作用即不复存在。温度过低时,氢原子的活动能力太差,难以跟上位错的移动,也无法形成较高程度的氢偏聚,氢脆便也不能发生。有研究表明,在室温条件下进行的缓慢拉伸实验中,氢的脆化作用将得到最充分、最强烈的显示。氢与位错交互作用理论可以比较圆满地说明氢脆与应变速率的关系、氢脆出现的温度范围、位错输氢、氢脆的可逆性等问题,是目前比较流行和广为采用的一种氢脆理论,但是它无法解释含氢材料在低应力下的滞后断裂问题。

以上这些氢脆学说各有所长也各有所短,在研究和解决实际材料的氢脆问题时,往往要综合利用各个学说的长处,进行综合分析,以期获得更为圆满的解释。

1.1.3 氢脆研究现状

1. 钢铁材料

罗洁等人认为氢能显著恶化高强度钢的力学性能并改变其断裂方式,随着材料中氢含量的提高,合金的伸长率和断面收缩率大大降低,且断裂模式由延性韧窝断裂向脆性解理或沿晶断裂转变。对 DP(Dual-Phase)钢、TRIP(Transformation Induced Plasticity)钢、TWIP(Twinning Induced Plasticity)钢、Q&P(Quenching and Partitioning)钢等几种先进高强度钢氢脆的研究进行总结,发现 DP 钢的氢脆敏感性主要由组织中高强度的马氏体相引起;TRIP 钢的氢脆敏感性则与残余奥氏体在室温下的稳定性相关;TWIP 钢的氢脆敏感性则源于变形过程中形变孪晶的形成;而 Q&P 钢的高氢脆敏感性同样可能与残余奥氏体的相变透导塑性(TRIP)效应有关。

2. 锌基合金

对腐蚀环境中装备和零部件的防护,最有效的方法就是电镀锌基合金法。在金属表面电镀锌基合金的过程中,可能会有氢向金属基体内部渗透而导致氢脆现象的发生。碱性电镀 Zn-Fe 合金工艺具有低的氢脆敏感性,脆化率只有 6%,而碱性镀锌的脆化率为78%。镀 Zn-Ni 合金的脆化率小于 2%,相较于碱性锌酸盐镀锌的脆化率(78%),氯化物镀锌和氰化物镀锌的脆化率分别为 44%和 53%,Zn-Ni 合金具有最小的氢脆性。电镀 Zn-Co 合金虽然由于成本较高而相对研究较少,但仍有报道称氯化物镀液或碱性镀液的 Zn－Co 合金(Co 含量为 0.3%～0.9%)的氢脆性虽然比 Zn－Ni 合金的大,但都比锌镀层的氢脆性小。

3. 铝合金

对铝合金氢脆机理的研究,除了上述的弱键理论,还有"Mg－H"复合体理论,由 Viswanadham 等最早提出。他们认为晶界上存在过量的自由镁,易与氢形成"Mg－H"复合体,造成晶界上固溶氢的增加并形成氢的偏聚,使得晶界的结合能下降,从而促进了裂纹的扩展。"Mg－H"相互作用也已得到了实验证实,并且"Mg－H"相互作用可能是应力腐蚀开裂的物理本质。目前对高强度铝合金的氢脆已进行了大量的研究,积累了许多研究资料,获得了较为充分的实验结果,但是并没有形成完整而统一的理论体系。

4. 钒合金

钒合金具有在中子辐照条件下的低激活特性和优良的高温强度性能,常用作聚变反应堆结构材料。氢及其同位素是影响钒合金力学性能的主要因素。氚会衰变成不溶于金属材料的氦,氦大量聚集形成氦泡,从而影响钒合金的多方面性能,危及材料的安全使用。20 世纪 80 年代,美国爱达荷(Idaho)国家实验室和日本大阪大学先后报道了在氘离子注入条件下钒基合金渗氢特性的研究,并与常用的铁基材料性能进行了比较,实验结果表明钒合金的渗透能力约为 HT－9 的 170 倍,约为铁基 PCA 的 750 倍。关闭氘入射源后,钒合金的氘投射率仍在缓慢上升,这表明钒基合金具有较强的溶氢能力、较好的抗氢鼓泡和抗氢脆能力。Ti 能提高氢在合金中的溶解度并降低扩散率避免脆化,而 Cr 容易使得材料脆化,所以控制 V－Cr－Ti 合金中 Cr/Ti 的值,可以改善钒基合金的韧性,防止氢脆。

5. 钛合金

钛及钛合金极易吸氢而引起氢脆,数十个 ppm(1 ppm＝10^{-6})的氢就可以造成钛合金机械性能的严重损伤,断裂韧性急剧下降。例如:当 Ti－6Al－4V 氢含量由 $10×10^{-6}$ 增加到 $50×10^{-6}$ 时,断裂韧度 K_{lc} 将下降 25%～50%,而其抗拉强度基本不变。钛合金的氢脆机理不同于合金钢。氢分子与钛合金表面接触后,首先发生表面物理吸附和化学吸附(活性吸附),氢分子解离成氢原子并快速向钛合金基体内部扩散。当吸氢量超过钛合金的极限溶解度时,扩散到钛中的氢原子就会以氢化物形式存在。氢原子在钛合金中扩散后的分布并不均匀,材料的晶界、位错、相界、气孔、微裂纹等缺陷处是氢易于聚集的地方,也是氢脆的断裂源。

钛合金第一类氢脆是氢化物氢脆。含氢 α 钛冷却过程中以及含氢 β 钛共析分解时,都会析出新的化合物,即氢化钛(TiH$_x$)。氢化钛是一种非常脆的物质,它与基体晶粒之间的结合力相对较弱,两者力学性能差异较大,受到应力后的应变不协调,基体晶粒与氢化钛之间的界面会产生微裂纹,并沿着晶间迅速扩展、生长,最终导致材料断裂。氢化钛使钛合金的抗拉强度降低、脆性大为增加,而韧性和抗疲劳性能大幅降低。第二类氢脆与变形速率有关,氢脆敏感性随变形速率的增加而下降。当(α＋β)钛合金的溶氢量未超过极限溶解度时,氢处于固溶状态,在此状态下材料进行低速变形,而后卸载、静止,再进行高速拉伸,材料的塑性可以得以恢复。但是对材料再进行连续缓慢加载,或者持续施加静载荷,延续一段时间后,材料就会发生突然断裂(亦即"延迟断裂")。

6. 非晶合金

氢脆是非晶合金失效和破坏的重要原因。Jayalakshmi 和 Fleury 利用甩带法制备 Zr 基、Ni 基和 Ti 基非晶合金条带,通过电化学吸氢的方式进行不同程度的吸氢处理。非晶态合金的吸氢动力学性能及最大吸氢量随着 Zr 和 Ti 元素含量的增加而有所提升。最先进入非晶合金的氢优先占据能量较低的稳定位置,这些占位主要由与氢亲和力较高的元素(如 Zr、Ti)组成。随着吸氢量进一步增加,当材料中的氢浓度 H_{conc} 超过临界氢浓度 H_{crit} 时,继续进入材料的氢开始占据较为不稳定的位置,这些占位的组成元素与氢的亲和力较弱,故此部分的氢处于不稳定的状态,导致材料很容易发生氢脆。另外,当晶格体积膨胀率 $\Delta d/d \geqslant 1.2$ 时,金属原子间的吸引力显著弱化,此时也容易发生严重的氢脆。

1.2 氢在金属中的有益作用

金属中如果存在大量的氢元素,势必会导致金属构件的氢脆并开裂,然而如果控制金属和合金中的氢含量,少量的氢原子会对合金微观组织与力学性能产生一些积极的影响,降低高温流变应力、细化合金组织,进而改善其加工切削性能和高温塑性。1959 年,两位原西德学者 Zwiecker 和 Schleicher 在几种钛合金铸锭中充入适量的氢,研究氢对钛合金热压力加工性能的影响时,偶然发现了该钛合金的热加工性能得到明显改善,因此他们提出了氢有利于钛合金热塑性增加的观点,并在之后得到了实验验证。苏联是最早研究固态氢化工艺的国家之一,并且将固态氢化工艺应用到了钛合金工业生产过程中,制定了较为完整的工艺路线。美国和日本等国家也针对钛合金固态氢化技术展开了大量的研究,结果表明固态氢化可以细化钛合金组织和改善钛合金的热加工性能。我国也是较早开展钛合金固态氢化工艺研究的国家之一,北京航空材料研究院和北京航空制造工程研究所针对氢致钛合金组织细化、氢致钛合金高温软化及超塑性等方面展开了系统的研究。哈尔滨工业大学将固态氢化工艺应用于 TC4、TC11、Ti_3Al 等钛合金零件的制备过程中,并制定了钛合金的固态氢化工艺。尽管在钛合金的固态氢化方面的研究取得了较大进展,但固态氢化技术依然处于研究阶段,工业应用相对较少。如图 1.1 所示,固态氢化方法是将合金置于氢气氛炉中保温一定时间,H 由外向内渗透扩散进入合金中,最终均匀存在于合金内部并细化组织、改善性能。

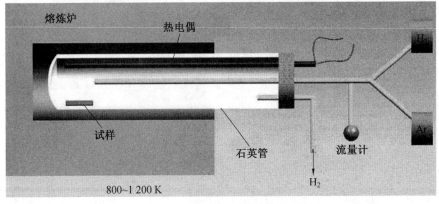

图 1.1　固态氢化装置示意图

1.2.1 微观组织转变——生成氢化物

苏彦庆等学者较早地开展了氢化合金微观组织与变化的研究。对锻态的 Ti－6Al－4V 棒材进行氢化并研究其微观组织变化,发现随氢含量的增加,合金中的 β 相含量增加(图 1.2);在含氢 0.302% 及 0.490% 的 Ti－6Al－4V 合金中发现了面心立方晶格(FCC)结构的片状氢化物 δ 及大量斜方结构的马氏体 α″,未发现亚稳态的氢化物 γ(图 1.3);提出了一种基于扩散的、由 β_H 生成 α 和片状氢化物 δ 的共析转变机制(图 1.4),即

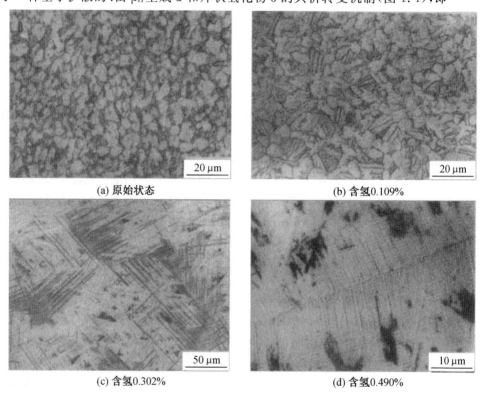

(a) 原始状态　　　　　　　　　　　　　　(b) 含氢0.109%

(c) 含氢0.302%　　　　　　　　　　　　　(d) 含氢0.490%

图 1.2　不同氢含量的 Ti－6Al－4V 合金的光学显微组织

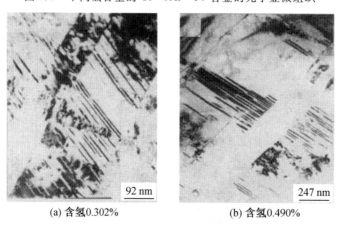

(a) 含氢0.302%　　　　　　　　　(b) 含氢0.490%

图 1.3　氢化后 Ti－6Al－4V 合金中的马氏体 α″

$$\beta_H \xrightarrow{\text{炉冷}} \beta_H + 初生\ \alpha \xrightarrow{\text{炉冷}} \beta_H + (\alpha + \delta)_{共析} + 初生\ \alpha \xrightarrow{\text{空冷}} \alpha'' + 少量\ \beta + (\alpha + \delta)_{共析} + 初生\ \alpha$$

　　Lin 等人对 Ti60 合金氢化和脱氢后的微观组织进行了研究,发现氢化不仅改变了 Ti60 合金的微观组织,而且还改变了各相的比例,使 Ti60 合金中 β 相的比例增加;Ti60 合金的氢处理细化工艺大大改善了 Ti60 合金的微观组织,将原始等轴状组织转化为细小均匀的针状组织;氢化物相 TiH_2 的形成与分解是 Ti60 合金晶粒细化的主要机制(图 1.5~1.7)。

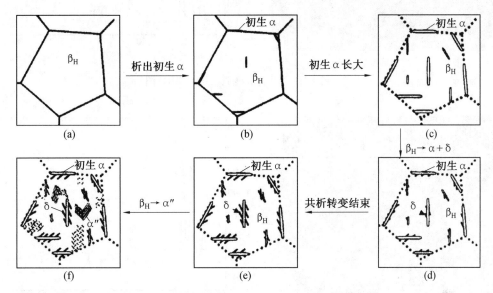

图 1.4　β_H 共析转变生成 α 和 δ 的扩散机制示意图

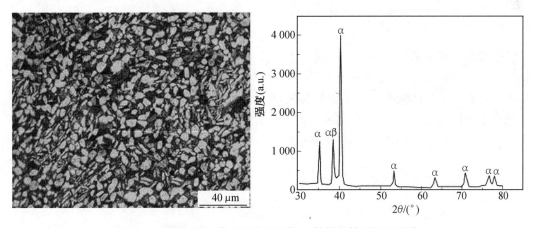

图 1.5　普通 Ti60 合金显微组织与 X 射线衍射(XRD)图谱

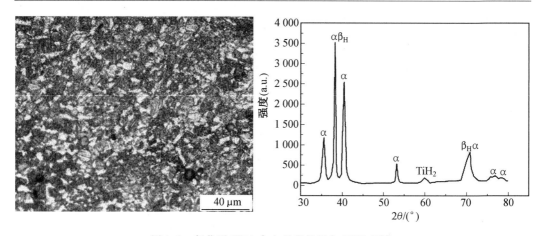

图 1.6 氢化后 Ti60 合金显微组织与 XRD 图谱

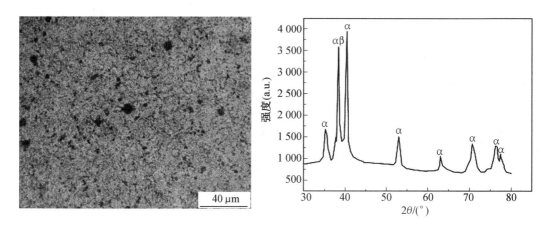

图 1.7 脱氢后 Ti60 合金显微组织与 XRD 图谱

李淼泉等基于第一性原理方法建立了 α 钛和 β 钛氢化后的晶体结构模型,计算了 α 钛和 β 钛氢化后的体积、体积膨胀率、晶格常数与比值的变化情况。计算结果表明:氢化使得 α 钛和 β 钛晶体结构发生了体积膨胀(图 1.8);氢含量达到一定值后,b 和 c 值随氢含量的增加而增大,而 a 值却出现下降趋势,如图 1.9 所示,晶轴间夹角也发生了明显改变,晶格畸变为氢化物的形成储存了必要的畸变能。

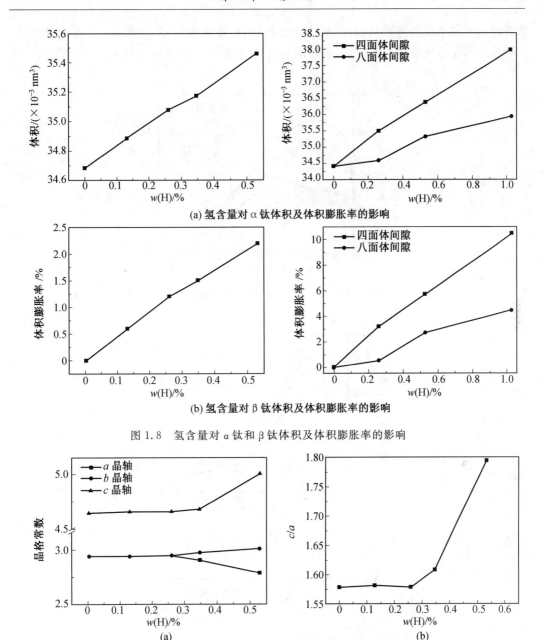

(a) 氢含量对 α 钛体积及体积膨胀率的影响

(b) 氢含量对 β 钛体积及体积膨胀率的影响

图 1.8　氢含量对 α 钛和 β 钛体积及体积膨胀率的影响

图 1.9　氢含量对 α 钛晶格常数和晶格常数比值(c/a)的影响

1.2.2　降低流变应力——提高塑性

侯红亮等人应用高温拉伸实验研究了氢对 Ti－6Al－4V 合金超塑变形行为的影响，发现：适量的氢可以降低钛合金的流变应力和变形温度（图 1.10），并提高应变速率敏感指数 m 值（图 1.11）；在 Ti－6Al－4V 合金中置入 0.1% 的氢，其峰值流动应力下降 53%，变形温度下降约 60 ℃（图 1.12）。氢不仅促进了钛合金变形过程中的再结晶作用，而且可以促进位错的运动，使变形更易于进行。如图 1.13 所示，含氢 0.1% 合金拉伸变形后的组织基本保持等轴状,与未氢化合金相比,位错密度降低;含氢0.5%合金拉伸变形后的晶内位错密度进一步降低,说明随氢含量的增加,位错密度向低密度方向移动。

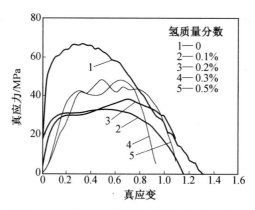

图1.10　氢化Ti－6Al－4V合金高温拉伸真应力－真应变曲线

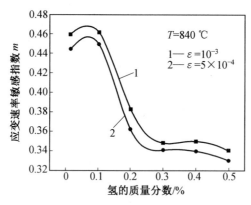

图1.11　氢对m值的影响

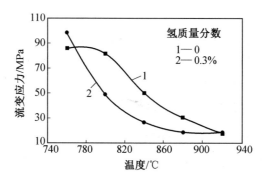

图1.12　氢化Ti－6Al－4V合金流变应力变化

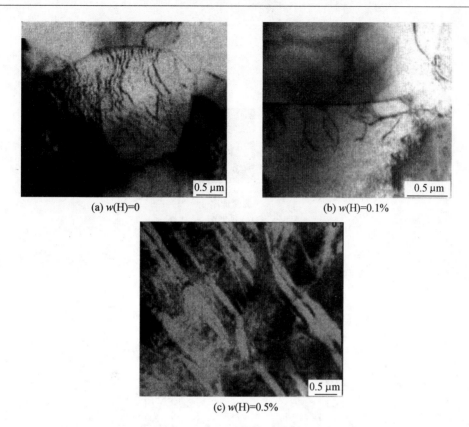

(a) w(H)=0   (b) w(H)=0.1%

(c) w(H)=0.5%

图 1.13 氢化 Ti—6Al—4V 合金变形后 TEM 照片

Shao 等对比地研究了氢化和未氢化 Ti—22Al—25Nb 合金的高温拉伸性能、变形机制和圆柱拉拔性能。结果表明,在 0.2%(质量分数)加氢条件下,H 诱导的增塑效果最为明显。在 960 ℃时,0H 合金的延伸率为 109%,0.2%H 合金的延伸率为 202%。通过圆柱拉拔实验发现,加氢后,合金的成形性能明显提高(图 1.14~1.16)。

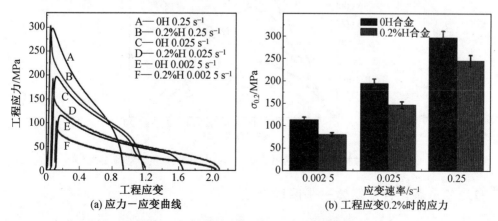

(a) 应力—应变曲线   (b) 工程应变0.2%时的应力

图 1.14 0H 和 0.2%H 下合金拉伸性能

(温度为 960 ℃;应变速率为 0.002 5~0.25 s^{-1};误差为 0.5%)

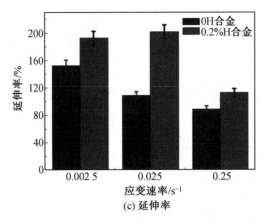

(c) 延伸率

续图 1.14

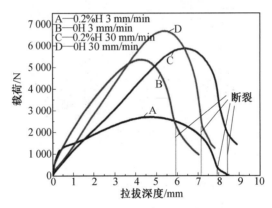

图 1.15　960 ℃下拉拔系数 0.33 时合金拉拔深度－载荷曲线

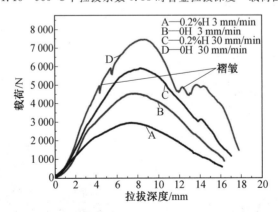

图 1.16　拉拔过程中拉拔系数 0.56 时合金拉拔深度－载荷曲线

1.2.3　净化合金熔体——脱除杂质

液态氢化是近 20 年开始得到科研人员关注并发展的一项新氢化技术,金属和合金在混合氢气氛下熔炼时,通过一系列物理和化学反应,氢在合金熔体中扩散并分布均匀,最终随着熔体凝固保留在合金内部。和固态氢化相比,氢元素除了在合金固体中发挥细化和增塑作用,在熔炼过程中还可以净化熔体、脱除杂质、提纯金属。氢可以有效去除熔体中的有害气体杂质,如氧、碳、氮等,还可以去除部分金属杂质。水冷铜坩埚真空感应熔炼中氢化和真空电弧熔炼(真空等离子弧熔炼)中氢化是两种可行的液态氢化方法,研究团队对这两种方法进行比较,发现后者的氢化效果好于前者,推测是电弧(等离子弧)高温和电场共同作用下氢气充分解离进入熔体的缘故。

采用氢氩气氛下等离子弧熔炼对金属液态氢化也被称为氢等离子弧熔炼(Hydrogen Plasma Arc Melting,HPAM),它对合金的净化作用原理如图 1.17 所示,氢分子在熔融金属表面裂解,随后保持活性。分解的氢原子作为一个搬运工,它们形成一个蒸发团簇带走非金属和金属杂质。

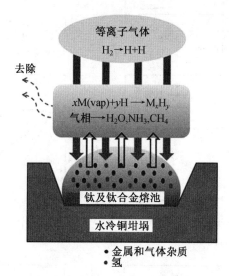

图 1.17 金属和气体杂质在 HPAM 中去除过程原理图(彩图见附录)

在此过程中发生的主要反应如下:

金属:xM(vap) $+$ yH(等离子体)$\rightarrow$(M_x $\cdot$ H_y) $\longrightarrow$ xM(g) $+$ $y/2$H$_2$。

氧:O(在钛熔体中) $+$ 2H(等离子体)$=$ H$_2$O。

氮:N(在钛熔体中) $+$ 2/3H$_2$(等离子体)$=$ NH$_3$;

  N(在钛熔体中) $+$ 3H(等离子体) $=$ NH$_3$。

碳:C(在钛熔体中) $+$ 4H(等离子体) $=$ CH$_4$。

在高温(5 000 K)时 H$_2$分解为 H 原子的分解率为 95%,氢元素主要以原子态存在,激化了的氢原子在提纯熔融金属的过程中发挥着尤为重要作用。氢原子具有极高的还原性,可以与杂质在金属表面发生化学反应,对难熔金属的提纯具有良好的脱氧和脱氮效果。氢等离子体热导率高,提高了熔融金属表面温度,纯物质中的过饱和杂质通过热力学传输在液相中发生迁移。同时,在等离子气体相—熔融金属界面的气体相界层,熔融金属表面飞溅出的高蒸气压杂质与活性氢瞬间结合,加快了杂质从相界层向气体相的移动,从而达到提纯金属的效果。

Lim 等学者利用 HPAM 进一步提纯 Zr,最终 Sn 含量为 0.009 3%,Fe 和 Ni 含量小于 0.000 5%。通过研究 Zr 合金中杂质的迁移机制,发现氢含量增加时,杂质去除速度加快,最终杂质含量降低。随着实验参数进一步优化,目前 HPAM 可制得超高纯度的锆,一般 99.9％的锆金属在熔炼 60 min 后纯度可高于 99.99％,杂质平均去除率 88％。在不同氢含量的等离子体气氛中 Zr 的主要杂质含量随时间的变化图如图 1.18 所示。

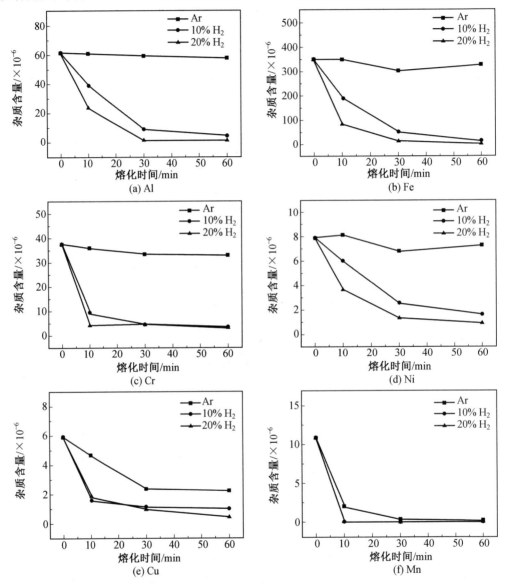

图 1.18　在不同氢含量的等离子体气氛中 Zr 的主要杂质含量随时间的变化图

Lalev 等人对铜进行等离子体区域熔炼时将少量的氢通入到氩气氛中,发现提纯效果更明显,非金属杂质总含量 4.2×10^{-6}(相较于仅氩气氛提纯后,杂质总含量 5.424×10^{-6}),C、O、S 偏聚到铜棒的尾端与氢原子发生反应,最终以 CH_4、H_2O、H_2S 的形式挥发,杂质在整个样品中的平均含量下降。

李国玲采用氢等离子弧熔炼方法成功制备出 99.98％高纯钆和 99.95％高纯铽,结果显示,氢等离子体显著提高了金属钆和铽的纯化效果,部分杂质金属元素可降低至 10^{-5}

以下,非金属杂质氧和氮含量均低于 10^{-5}。高温等离子体电弧中分解和激化的氢原子在纯化过程中发挥了重要作用,显著提高了杂质去除率。

日本东北大学使用氢等离子弧熔炼方法对铬、铪、锆、钽、钼等金属进行氢化研究,发现氢对于熔体的提纯净化主要表现为气体杂质氧含量的显著降低,氢对于脱除碳和氮也有一定的效果,但对于硫的脱除效果并不明显;对于合金中其他非金属杂质也有很好的脱除效果。

1.2.4 非晶态合金氢化——氢致非晶化

1. 提高非晶态合金塑性

对于非晶合金,吸氢可看成是一种合金化的过程,氢作为合金化元素,当其含量处于一定合适的范围内可以提高非晶态合金的塑性。Dong 等在 Ar 和 H_2 混合气氛下熔炼和吸铸 $Zr_{57}Al_{10}Cu_{15.4}Ni_{12.6}Nb_5$(Vit106)和 $Zr_{55}Cu_{30}Ni_5Al_{10}$(Zr55)合金,结果表明经过液态氢化后的非晶态合金比在纯 Ar 气氛吸铸制备的合金在室温具有更高的塑性(图 1.19)。通过改变 Ar 和 H_2 混合气中 H_2 的比例,从 5% 逐渐增加到 30%,两种非晶态合金的压缩塑性得到不同程度的增强。在纯 Ar 气氛吸铸得到的非晶态合金的塑性应变仅约 1%,吸氢之后塑性应变显著地增加至约 10%。通过差示扫描量热法(Differential Scanning Calorimetry,DSC)分析可知,通过吸氢处理制备的非晶态合金的自由体积有所增加,可见适度的氢合金化是提高非晶态合金塑性的一条有效的途径。

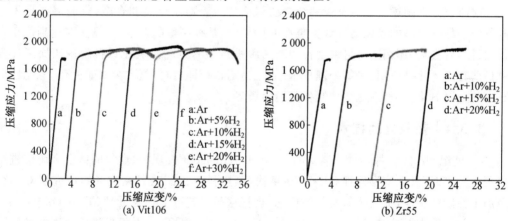

图 1.19 Ar 和 $x\%H_2$ 气氛下制备的 Vit106、Zr55 合金的室温压缩应力—应变曲线

2. 提高非晶态合金玻璃形成能力

吸氢还可以提高非晶态合金的玻璃形成能力(Glass Forming Ability,GFA),实验上表现为临界玻璃形成尺寸的增加,通过吸氢处理可以制备更大尺寸的块体非晶态合金。董福宇等发现通过适量吸氢可以提高 Zr 基非晶态合金的玻璃形成能力,见表 1.1。在纯 Ar 气氛下吸铸的 Zr 基非晶态合金的临界尺寸 D_c 为 4 mm,随着气氛中 H_2 含量由 5% 增加至 20%,Zr 基非晶态合金的临界尺寸 D_c 由 6 mm 增大至 8 mm,随后回落至 5 mm。

表 1.1　不同氢气氛下熔炼的 Zr 基非晶态合金氢含量 C_H、氧含量 C_O 和临界尺寸 D_c

Ar+x%H₂	氢含量 $C_H/\times 10^{-6}$	氧含量 $C_O/\times 10^{-6}$	临界尺寸 D_c/mm
0	20	320	4
5%	170	260	6
10%	210	250	8
15%	260	250	7
20%	330	255	5

Mahjoub 等利用第一性原理计算分析氢微合金化提高 $Zr_{64}Cu_{22}Al_{12}$ 非晶态合金玻璃形成能力的微观机理,计算模拟了吸氢前后非晶态合金的原子结构、电子结构、化学键和原子扩散等,发现在熔点附近添加氢会降低合金中二十面体的数量,进而导致玻璃形成能力的降低,但是氢的引入同时也显著地降低了组成元素的移动扩散能力。总体而言,动力学的放缓是主要的因素,因此综合的结果是使得合金玻璃形成能力提升。

1.3　液态氢化在金属材料制备和加工中的积极作用

前两节分别阐述了氢对金属和合金的双面效应。对于金属和合金,氢的存在是无可避免的。尽管金属的氢脆会导致灾难性的后果,但是控制氢的含量,并设法在达到优化合金的目的后去除,那么这对材料制备和产品服役也是有利的。氢在材料制备和加工过程中目前有以下几种应用:热氢处理技术、氢化物制备粉体材料、氢致金属非晶化、氢还原矿石中的金属氧化物、氢净化熔体制备高纯金属等。

1.3.1　热氢处理技术

20 世纪 50 年代,原西德学者 Zwiecker 和 Schleicher 发现,对渗氢的钛合金铸锭进行热压力加工时,其热变形性提高了。70 年代,莫斯科飞机制造研究院开始研究氢对钛合金加工性能的影响,提出了氢塑化的概念,现把这种工艺称为热氢处理(Thermohydrogen Processing,THP,亦作 Thermohydrogen Treatment,THT)。近年来热氢处理领域的研究表明,只有当钛合金中的氢含量处于一个适当的范围时,氢才会对钛合金的成形产生积极有益的作用,否则钛合金的加工性能非但得不到增强,反而会出现氢脆等不利现象。

含氢的 β 钛在共析点会发生共析转变$\beta_H \longrightarrow \alpha_H(\alpha)+TiH_x(\gamma)$,形成含氢 α 钛和 γ 面心立方氢化物。在应力作用下,含氢钛合金还会诱发 α 体心立方的氢化物,而在真空烧结等过程中又会发生$TiH_x \longrightarrow \alpha+H_2$等相变。这些相变的发生有利于破碎钛合金晶粒,改善微观组织。这种钛氢之间的可逆反应使热氢处理技术得到应用,在钛合金加工过程中,将氢作为临时合金元素添加(固态氢化和液态氢化技术)以细化显微组织、改善加工成形性能、优化烧结工艺,最后在成形后去除(真空退火),以防止氢脆。

对钛基复合材料进行热氢处理可提高加工性能。美国爱达荷大学 Senkov 等利用热氢处理和机械合金化法原位合成了 Ti_5Si_3 纳米颗粒增强纳米 TiAl 基复合材料粉末,以期在热等静压制备复合材料块体时保留纳米组织。日本学者 Machida 等结合热氢处理和大变形细晶方法制备了 TiC 颗粒增强 Ti-6Al-4V 复合材料,与无热氢处理的材料相比,室温强度和延伸率均提高了 50%。卢俊强和宋杰系统研究了氢含量和变形温度对 TiB 短纤维和 TiC 颗粒增强的 Ti-6Al-4V 复合材料的氢化加工性能影响,发现热氢处理降低了钛基复合材料的流变应力;在相同应力水平下氢化有效降低了钛基复合材料的变形温度,提高了应变速率,同时还改善了基体和增强体之间的变形协调性,最后经过真空退火除氢后又恢复了材料的力学性能。此外还发现热氢处理的钛基复合材料具有超塑性,氢化能够显著降低钛基复合材料的最佳超塑性温度,提高最佳应变速率,改善其机械加工性能。

在 20 世纪一直有少量文献报道关于高熔点合金热氢处理改善微观组织以达到增塑目的,高熔点合金属(如钨、钼、钽、铌)因其韧脆转变温度较高,必须控制其微观组织使加工顺利,并且一定要在韧脆转变温度以上进行塑性加工。对高熔点合金进行氢化处理可以形成小的氢化物颗粒,可以促进晶粒细化。钼和钨的间隙元素的溶解度很低,所以氢很容易从晶界析出,增加脆性,因此限制了氢作为临时合金元素的潜在用途。而铌和钽韧脆转变温度很低,延展性好,碳、氮、氧和氢的间隙溶解度高,可以克服在制备铌和钽的过程中脆化的问题,因此热氢处理也适用于这些高熔点金属。

1.3.2 氢化物制备粉体材料

氢化物制备粉体材料主要应用于稀土磁体材料,如 NdFeB 系磁体、Ce-Co 基永磁体、SmCo 永磁材料等。

1. 氢破制粉

氢破(Hydrogen Decrepitation, HD)制备 NdFeB 粉的原理目前有两种观点。一种观点认为,NdFeB 系合金的氢破现象与稀土化合物的氢化物体积膨胀有关。由于 NdFeB 化合物是脆性材料,伸长率几乎为零,断裂强度很低,氢化时形成氢化物的局部区域产生体积膨胀和内应力,当内应力超过 NdFeB 化合物的强度时,就会发生破裂。另一种观点认为,合金吸氢后生成氢化物,氢化物的易碎性导致合金破碎。富钕相首先氢化,然后是 NdFeB 相的氢化,前者引起晶界断裂(沿晶断裂),后者引起穿晶断裂(晶间断裂)。

与常规的机械破碎法相比,氢破制粉工艺具有很多优势。HD 粉是十分脆的氢化物,经过简单粗破可直接进入气流磨,简化了工艺,降低了粗破碎的成本,同时可提高气流磨的效率;氢破过程中大量的沿晶断裂可以提高单晶颗粒的比例;HD 粉降低了制造过程中阶段氧含量,在烧结过程中放出氢气形成还原气氛减少了氧化,同时可降低烧结温度,避免晶粒长大等。

2. 氢化-歧化-脱氢-再复合制粉

氢化-歧化-脱氢-再复合(Hydrogenation-Disproportionation-Desorption-Recombination, HDDR)制粉也称为氢化脱氢法。HDDR 技术最早主要用于 NdFeB 系合金磁性矫顽力的改善。图 1.20 所示为 HDDR 工艺处理过程和 NdFeB 系合金的组织演化示意图。NdFeB 合金粉末的工艺处理过程为,首先将铸态 NdFeB 合金粉末装入一个密闭容器内,抽真空后通入高纯 H_2,保持一个大气压左右的压力,缓慢加热升温至 $700\sim900$ ℃再保温一定时间,此时合金将发生氢化歧化反应(hydrogenation－disproportionation)生成 $NdH_{2\pm x}$、Fe 及 Fe_2B 等细小歧化产物相,待反应完成再抽真空,在相同的温度下保温一段时间,由于歧化反应产物很不稳定,在保温的过程中发生脱氢再复合(desorption－recombination)重新生成 $Nd_2Fe_{14}B$ 合金。

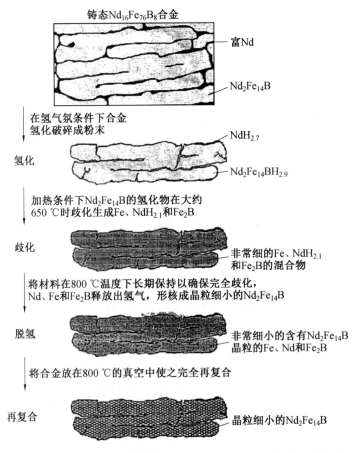

图 1.20　HDDR 工艺处理过程和 NdFeB 系合金的组织演化示意图

利用 HDDR 法不仅能提高 NdFeB 磁性粉体的矫顽力以及各向异性,而且能很大程度上细化合金晶粒。McGuiness 等利用氢化脱氢法对 NdDyFeBZr 合金进行处理,在提高其矫顽力的同时将合金的晶粒细化到了亚微米级别。除此之外,氢化脱氢法还能应用于其他合金,Okada 等学者运用氢化脱氢法使 $Ti-4.5Al-3V-2Mo-2Fe$ 合金的晶粒尺寸细化到了约 $0.3~\mu m$。镁是较好的储氢材料(理论储氢含量 7.6%),镁和氢气在一定的温度和较高的氢气压力条件下能发生如下可逆反应: $Mg+H_2\rightleftharpoons MgH_2$,并且在反应过程中合金的晶粒发生很大程度的细化,因此近年来该技术也被用来制备纳米晶镁合金。Takamura 等对 AZ31 合金粉体进行 HDDR 处理,发现合金粉体在 7 MPa 氢压下经过 350 ℃保温 24 h,而后在相同温度下脱氢,晶粒尺寸从原始的 $50\sim300~\mu m$ 细化到约 100 nm。

1.3.3 氢致金属非晶化

非晶态合金的制备工艺主要有两种:快速冷却金属液体及沉积金属气体,这两种工艺对于制备大块、大量非晶态合金存在很大的局限性。加州理工学院的 Johnson 等首先发现对晶态合金进行吸氢处理可以得到非晶态合金,也称为"氢致非晶化"。研究表明晶态的 Zr_3Rh 化合物在吸氢之后可以形成非晶态的氢化物 $Zr_3RhH_{5.5}$;晶态 Zr_3Rh 也可以通过快淬处理转变为非晶态,随后进行吸氢处理可以得到非晶态的 $Zr_3RhH_{5.5}$,两种途径制备的非晶态 $Zr_3RhH_{5.5}$ 的约化径向分布函数、密度和超导转变温度等几乎完全一致。随后,Aoki 等对氢致非晶化做了大量研究,发现具有 C15 型 Laves 相的 RM_2(R 为稀土元素,M 为 Fe、Co 等过渡金属元素)金属间化合物在 $400\sim500$ K 吸氢可以得到非晶态的 RM_2H_x。氢致非晶化还受到原子半径比的影响,只有当 Goldschmidt 原子半径比值 $r_A/r_B \geqslant 1.37$ 时才能产生氢致非晶化。Zhang 等研究了添加 Mg 对 $Sm_{2-x}Mg_xNi_4$ 合金氢致非晶化的影响,发现当 Mg 的添加量 $x=0,0.25,0.5$ 时可以发生氢致非晶化,当 $x=0.75$ 时合金可以可逆吸放氢而不发生氢致非晶化,$Sm_{2-x}Mg_xNi_4$ 合金体系发生氢致非晶化的临界原子半径比 r_A/r_B 略大于 1.37。

1.3.4 氢还原矿石中的金属氧化物

氢气可用于直接还原含有金属氧化物的金属矿石,氢气或者氢气和一氧化碳混合气体(还原气体)与金属反应,还原气体通常从下往上通过金属矿石的流化床反应器。这种直接还原过程可以减少化石燃料的使用,减少了污染问题。铁矿石制备低碳海绵铁是还原气体在 $600\sim900$ ℃下实现的,之后海绵铁在电炉中进一步处理来生产钢材。和传统高炉法相比,直接还原法在处理富铁矿石和高效利用能量方面具有技术优势,在脱除常见杂质时也更加优先。

以下方程用来描述直接还原铁矿石:

$$Fe_2O_3 + 3H_2 \longrightarrow 2Fe + 3H_2O + 816 \text{ kJ/kg}$$

$$Fe_2O_3 + 3CO \longrightarrow 2Fe + 3CO_2 - 289 \text{ kJ/kg}$$

在此过程中 $85\%\sim90\%$ 的矿石可以被还原成合金。

1.3.5 氢净化熔体制备高纯金属

热氢处理中无论是固态氢化法还是液态氢化法,最终都可以达成细化组织、提升性能的目的,而液态氢化本身就可以依托氢气具有还原性的特点来净化熔体脱除杂质,得到高品质的金属单质。李国玲等采用 HPAM 制备高纯稀土功能材料钆发现,氢可以脱除大部分的金属杂质,是因为杂质元素本身具有较高的饱和蒸气压,除此以外氢气还有良好的脱氧效果。针对液态氢化优异的脱氧效果,姜小红和陈云分别研究了不同成分的钛合金(TC4、Ti−47Al−2Cr−2Nb)在液态氢化下氧含量的变化规律,发现增加熔炼时间、增加熔炼次数、提高氢分压均可提高脱氧水平,但熔炼时间和次数达到某一上限时,氢气的脱氧水平将趋于稳定;并且发现初始氧含量越高的合金,液态氢化后脱氧率越高。

本章参考文献

[1] JOHNSON W H. On some remarkable changes produced in iron and steel by the action of hydrongenand acids[J]. Proceedings of the Royal Society of London,1874, 23(156/163):168-179.

[2] 罗洁,郭正洪,戎咏华. 先进高强度钢氢脆的研究进展[J]. 机械工程材料,2015,39 (8):1-9.

[3] 付文逯. 钢铁冶炼工艺[M]. 北京:机械工业出版社,1981:204.

[4] 韩静涛,许树森,陈钢,等. 大型锻件的夹杂性裂纹与控制锻造工艺[J]. 钢铁,1997,3: 35-39.

[5] ZAPPFEA C A, SIMS C E. Hydrogen embrittlement, internal stress and defects in steel[J]. Trans. AIME, 1941, 22(145): 225-259.

[6] TROIANO A R. The role of hydrogen and other interstitials in the mechanical behavior of metals[J]. Transactions of ASM, 1960, 52:54-80.

[7] ORIANI R A. The physical and metallurgical aspects of hydrogen in metals[C]. Lahaina:International Conference on Cold Fusion, 1993.

[8] PETCH N J, STABLES P. Delayed fracture of metals under static load[J]. Nature, 1952, 169(4307):842-843.

[9] COTTERILL P. The hydrogen embrittlement of metals[J]. Progress in Materials Science, 1961, 9(4):205-301.

[10] BASTIEN P. Proceedings of first world metall[J]. Congress. ASM, 1951:79-93.

[11] 李杰. 大型锻件氢脆损伤机理的研究[D]. 秦皇岛:燕山大学,2016.

[12] 张午花,费敬银,万冰华,等. 锌基合金氢脆行为研究进展[J]. 材料开发与应用, 2012,27(1):84-88.

[13] VISWANADHAM R K, SUN T S. The Mg-H composite theory of stress corrosion cracking in aluminum alloys [J]. Metal Trans, 1980,11A (6):85-89.

[14] 郑传波,益帼,高延敏. 高强铝合金应力腐蚀及氢渗透行为研究进展[J]. 腐蚀与防护,2013,34(7):600-604.

[15] 林波,杨维才,董鲜峰,等. 聚变用钒及钒基合金性能的研究现状及进展[J]. 材料导报,2012,26(S2):382-388.

[16] LOOMIS B A,KESTEL B J, GERBER S B, et al. Effect of helium on swelling and microstructural evolution in ion-irradiated V-15Cr-5Ti alloy[J]. Journal of Nuclear Materials, 1986, 141-143:705-712.

[17] BUSCH G, TOBIN A. Oxidation of vanadium and vanadium alloys in gaseous helium coolants containing water vapor impurities [J]. Journal of Nuclear Materials, 1986, 141-143:599-603.

[18] 于兴哲,宋月清,崔舜,等. 钒基合金的研究现状和进展[J]. 材料开发与应用,2006

(6):36-40.

[19] 孙小炎,温楠.钛合金紧固件的氢脆简析[J].航天标准化,2016(2):41-44.

[20] NAGUMO M, TAKAHASHI T. Hydrogen embrittlement of some Fe-base amorphous alloys [J]. Materials Science & Engineering, 1976, 23(2):257-259.

[21] JAYALAKSHMI S, FLEURY E. Hydrogen embrittlement in metallic amorphous alloys: An overview [J]. Journal of ASTM International, 2010, 7(3):1-23.

[22] 林怀俊,朱云峰,刘雅娜,等.非晶态合金与氢相互作用的研究进展[J].物理学报,2017,66(17):60-76.

[23] 危卫华.热氢处理改善钛合金切削加工性的基础研究[D].南京:南京航空航天大学,2010.

[24] 宗影影.钛合金置氢增塑机理及其高温变形规律研究[D].哈尔滨:哈尔滨工业大学,2007.

[25] 韩明臣.钛合金的热氢处理[J].宇航材料工艺,1999(1):23-27,50.

[26] 侯红亮,李志强,王亚军,等.钛合金热氢处理技术及其应用前景[J].中国有色金属学报,2003,3:533-549.

[27] 宗影影,温道胜,邵斌,等.0.2%H 对 Ti2AlNb 基合金板材高温拉伸变形行为的影响[J].材料研究学报,2014,4:248-254.

[28] ZONG Yingying, SHAN Debing, LÜ Yan,et al. Effect of 0.3 wt%H addition on the high temperature deformation behaviors of Ti-6Al-4V alloy [J]. International Journal of Hydrogen Energy, 2007, 32(16):3936-3940.

[29] SU Yanqing, WANG Shujie, LUO Liangshun, et al. Gradient microstructure of TC21 alloy induced by hydrogen during hydrogenation [J]. International Journal of Hydrogen Energy, 2012, 37(24): 19210-19218.

[30] 马腾飞.高温固态氢化 TiAl 合金组织演化及高温变形行为[D].哈尔滨:哈尔滨工业大学,2017.

[31] 王亮.钛合金液态气相置氢及其对组织和性能的影响[D].哈尔滨:哈尔滨工业大学,2010.

[32] 苏彦庆,骆良顺,毕维升,等.置氢对 Ti6Al4V 合金室温组织的影响[J].材料科学与工艺,2005(1):103-107.

[33] LIN Yingying, LI Miaoquan. Grain refinement in near alpha Ti60 titanium alloy by the thermos hydrogenation treatment [J]. International Journal of Hydrogen Energy, 2007, 32(5):626-629.

[34] 李森泉,姚晓燕.置氢 α—钛和 β—钛晶体结构的第一性原理研究[J].稀有金属材料与工程,2013,42(3):530-535.

[35] 侯红亮,黄重国,王耀奇.置氢 Ti-6Al-4V 合金组织演变与超塑性能[J].北京科技大学学报,2008(11):1270-1274.

[36] SHAO Bin, WAN Shengxiang, SHAN Debin, et al. Hydrogen-induced improvement of the cylindrical drawing properties of a Ti-22Al-25Nb Alloy [J]. Advanced

Engineering Materials，2016，19(3)：1600621.

[37] 张月红. 钛合金 TiH_2 分解法液态置氢技术基础研究[D]. 哈尔滨：哈尔滨工业大学，2010.

[38] OH J M，ROH K M，LIM J W. Brief review of removal effect of hydrogen-plasma arc melting on refining of pure titanium and titanium alloys [J]. International Journal of Hydrogen Energy，2016，41(48)：23033-23041.

[39] LIM J-W，MIMURA K，ISSHIKI M. Removal of metallic impurities from zirconium by hydrogen plasma arc melting[J]. Journal of Materials Science，2005，40(15)：4109-4111.

[40] LALEV G M，LIM J-W，MUNIRATHNAM N R，et al. Impurity behavior in Cu refined by Ar plasma-arc zone melting[J]. Metals & Materials International，2009，15(5)：753-757.

[41] 李国玲. 稀土金属钆铽高纯化过程与机理研究[D]. 北京：北京科技大学，2016.

[42] MIMURA K，KOMUKAI T，ISSHIKI M. Purification of chromium by hydrogen plasma-arc zone melting [J]. Materials Science & Engineering A，2005，403(1-2)：11-16.

[43] BAE J W，LIM J W，MIMURA K，et al. Refining effect of hydrogen plasma arc melting on hafnium metal [J]. Materials Letters，2006，60(21-22)：2604-2605.

[44] MIMURA K，LEE S W，ISSHIKI M. Removal of alloying elements from zirconium alloys by hydrogen plasma-arc melting [J]. Journal of Alloys & Compounds，1995，221(1-2)：267-273.

[45] ELANSKI D，MIMURA K，ITO T，et al. Purification of tantalum by means of hydrogen plasma arc melting [J]. Materials Letters，1997，30(1)：1-5.

[46] LIM J W，MIMURA K，MIYAWAKI D，et al. Hydrogen effect on refining of Mo metal by Ar-H_2，plasma arc melting [J]. Materials Letters，2010，64(21)：2290-2292.

[47] DONG Fuyu，SU Yanqing，LUO Liangshun，et al. Enhanced plasticity in Zr-based bulk metallic glasses by hydrogen [J]. International Journal of Hydrogen Energy，2012，37(19)：14697-14701.

[48] 董福宇. 液态置氢对锆基块体非晶合金形成能力和力学性能的影响[D]. 哈尔滨：哈尔滨工业大学，2013.

[49] MAHJOUB R，LAWS K J，HAMILTON N E，et al. An atomic-scale insight into the effects of hydrogen microalloying on the glass-forming ability and ductility of Zr-based bulk metallic glasses [J]. Computational Materials Science，2016，125：197-205.

[50] ELIAZ N，ELIEZER D，OLSON D L. Hydrogen-assisted processing of materials [J]. Materials Science & Engineering A，2000，289(1-2)：41-53.

[51] SENKOV O N，FROES F H，BABUTAJ E G. Development of a nanocrystalline

titanium aluminide-titanium silicide particulate composite[J]. Scripta Materialia, 1997, 37(5):575-579.

[52] MACHIDA N, FUNAMI K, KOBAYASHI M. Grain refinement and superplasticity of reaction sintered TiC dispersed Ti alloy composites using hydrogenation treatment[J]. Materials Science Forum, 2001, 357-359:539-544.

[53] 卢俊强. 原位自生钛基复合材料的热氢处理研究[D]. 上海：上海交通大学, 2010.

[54] 宋杰. 热氢处理对(TiB+TiC)/Ti—6Al—4V复合材料微观组织和力学性能的影响[D]. 上海：上海交通大学, 2011.

[55] 韩远飞, 孙相龙, 邱培坤, 等. 颗粒增强钛基复合材料先进加工技术研究与进展[J]. 复合材料学报, 2017, 34(8):1625-1635.

[56] TAKESHITA T. Some applications of hydrogenation-decomposition - desorption - recombination (HDDR) and hydrogen - decrepitation (HD) in metals processing [J]. Journal of Alloys & Compounds, 1995, 231(1-2):51-59.

[57] KIANVASHAB A, HARRISA I R. The influence of free iron on the hydrogen decrepitation capability of some Nd(Pr)-Fe-B alloys [J]. Journal of Alloys & Compounds, 1998, 279(2): 245-251.

[58] 郭炳麟, 李波, 喻晓军, 等. 氢破碎工艺热力学研究[J]. 金属功能材料, 2005(5): 16-18.

[59] BOOK D, HARRIS I R. Hydrogen absorption/desorption and HDDR studies on $Nd_{16}Fe_{76}B_8$ and $Nd_{11.8}Fe_{82.3}B_{5.9}$[J]. Journal of Alloys & Compounds, 1995, 221 (1-2):187-192.

[60] BOOK D, HARRIS I R. The disproportionation of $Nd_2Fe_{14}B$ under hydrogen in Nd-Fe-B alloys[J]. IEEE Transactions on Magnetics, 1992, 28(5):2145-2147.

[61] MCGUINESS P J, ŠKULJ I, PORENTA A, et al. Magnetic properties and microstructure in NdDyFeBZr-HDDR [J]. Journal of Magnetism & Magnetic Materials, 1998, 188(1-2):119-124.

[62] OKADA M, KAMEGAWA A, NAKAHIGASH J, et al. New function of hydrogen in materials[J]. Materials Science & Engineering B, 2010, 173(1-3): 253-259.

[63] 吴解书. HDDR法纳米晶镁合金材料的制备[D]. 太原：太原理工大学, 2016.

[64] TAKAMURA H, MIYASHITA T, KAMEGAWA A, et al. Grain size refinement in Mg-Al-based alloy by hydrogen treatment[J]. Journal of Alloys & Compounds, 2003, 356-357(32):804-808.

[65] YEH X L, SAMWER K, JOHNSON W L. Formation of an amorphous metallic hydride by reaction of hydrogen with crystalline intermetallic compounds—A new method of synthesizing metallic glasses[J]. Applied Physics Letters, 1983, 42 (3):242-243.

[66] AOKI K, MASUMOTO T. Hydrogen-induced amorphization of intermetallics

[J]. Journal of Alloys & Compounds, 1995, 231(1-2):20-28.

[67] ZHANG Qingan, YANG Daiqi. Magnesium effect on hydrogen-induced amorphization of $Sm_{2-x}Mg_x Ni_4$ compounds [J]. Journal of Alloys & Compounds, 2017, 711: 312-318.

[68] 李国玲,田丰,李里,等.氢等离子体电弧熔炼技术制备高纯稀土功能材料钆[J].材料保护,2013,46(S2):25-27.

[69] 姜小红.氩氢混合气氛下电弧重熔 TC4 合金的氧含量变化规律[D].哈尔滨:哈尔滨工业大学,2008.

[70] 陈云.氢致脱氧对 Ti−47Al−2Cr−2Nb 组织和性能的影响[D].哈尔滨:哈尔滨工业大学,2014.

第2章 钛合金的液态氢化

2.1 钛合金的氢溶解热动力学

2.1.1 液态氢化钛合金的热力学基础

对于液态氢化这一课题,由于之前并没有人进行研究,因此,在需要解决的问题中首先就面临着热力学理论基础的研究,这是由于对实验后得到试样的氢含量的确定是研究的基础,只有在知道了合金试样中具体的氢含量的基础上才能将氢对合金的影响进行细致的分析,所以,选择一个合适的热力学理论作为基础对后面的研究和分析是十分有意义的。本研究的理论基础为西韦特定律(Sievert's law),即平方根定律。

氢溶入合金熔体中伴随着氢气分子分解为原子态溶入的过程:

$$H_2 \longrightarrow 2[H] \tag{2.1}$$

该反应的平衡常数 K_p 可以表示为

$$K_p = \frac{a_H}{f_{H_2}^{1/2}} \tag{2.2}$$

式中,a_H 为氢在合金熔体中的活度;f_{H_2} 为氢在合金熔体中的逸度。

由于在常压下氢在合金熔体中的溶解度很低,可以假定合金熔体中氢的活度 a_H 等于其溶解度 C_H,氢气的逸度 f_{H_2} 与环境中的氢气分压 p_{H_2} 相等,式(2.2)可以简化为

$$K_p = \frac{C_H}{p_{H_2}^{1/2}} \tag{2.3}$$

这就是著名的西韦特定律,即双原子气体在熔体中的平衡溶解度与该气体的分压的平方根成正比。根据范德霍夫(van't Hoff)等温方程,平衡常数 K_p 与氢在合金熔体中溶解的标准吉布斯(Gibbs)自由能 $\Delta G_m^{\ominus}$ 变化存在如式(2.4)所示的关系:

$$\Delta G_m^{\ominus} = -RT \ln K_p \tag{2.4}$$

式中,R 为普适气体常数。

根据式(2.3)和式(2.4)可以得到氢在合金熔体中溶解度 C_H 的表达式:

$$C_H = \sqrt{p_{H_2}} \exp(-\Delta G_m^{\ominus}/RT) \tag{2.5}$$

式中,C_H 为试样中氢的溶解度,可以利用赛多利斯分析天平测得试样的质量变化,用来计算氢的溶解度;p_{H_2} 为氢气分压,使用 JF-2200 型多组分分析系统可以测得氢气在整个气氛中的含量,并且利用仪器上的采集卡可以知道整个气氛的压力值,可以求出氢气的分压;R 为气体常数;T 为加热的温度;$\Delta G_m^{\ominus}$ 为标准吉布斯自由能,在相同的温度下对于一种合金它是一个固定的数值。

对几种纯金属及合金分别进行了熔炼,分别是纯铝、纯铜、纯钛、纯铌(铌丝)以及

TC4 合金。通过实验过程得知,TC4 合金的熔化能力和纯钛比较接近,电流在 150～200 A 之间就可以将合金彻底地熔化。本实验选择在电流 100 A 时熔炼 TC4 合金(尽量保持每次实验电流相同),同时利用红外测温仪对熔体的温度进行测量,由于熔炼过程中电流保持恒定,熔体的温度经过多次测量约为 2 000 ℃。

分析式(2.5)中的 $\exp(-\Delta G_{\mathrm{m}}^{\ominus}/RT)$,$R=8.314\ 4$,$\Delta G_{\mathrm{m}}^{\ominus}$ 在同一条件下为固定值,由于电流恒定,与此相对应的熔体温度约为 2 000 ℃,可知 $\exp(-\Delta G_{\mathrm{m}}^{\ominus}/RT)$ 为一常数 A,因此可将式(2.5)简化为

$$C_{\mathrm{H}} = A\sqrt{p_{\mathrm{H_2}}} \tag{2.6}$$

由式(2.6)可知,只要得到试样中氢的溶解度 C_{H} 和分压 $p_{\mathrm{H_2}}$ 的具体数值,就可以求出系数 A,公式就得以确定。利用 JF—2200 型多组分分析系统可以测出总压和氢气的百分比,因此,分压 $p_{\mathrm{H_2}}$ 容易得到,那么实验的重点是氢含量的确定。

2.1.2　质量差法确定液态氢化 TC4 合金内的氢溶解度

在熔炼的过程中,试样会因与坩埚壁接触、少量的挥发等而存在质量的损失,但是在液态氢化过程中,同时由于氢的吸入也存在质量的增加,因此,在氢化实验前,需要在相同的实验条件下(氩气气氛)对试样进行熔炼以确定熔炼过程中的质量损失。方法如下:对 TC4 合金在电弧炉中进行熔炼,每次熔炼三个试样,对每个试样熔炼四次。熔炼后利用天平称量,得到表 2.1 中的数据,其中第一行为未进行熔炼时的试样质量,其他每一行都是每熔炼一次后的质量。对表 2.1 中的数据进行处理,得到每次熔炼试样烧损的质量,数据见表 2.2。

表 2.1　TC4 合金试样熔炼后的质量　　　　　　　　　　　　　　g

试样 1	试样 2	试样 3	试样 4	试样 5	试样 6	平均质量
21.553 94	21.658 44	21.403 79	21.583 12	21.473 29	21.507 81	21.530 065
21.552 12	21.656 62	21.401 84	21.581 27	21.471 49	21.505 91	21.528 208
21.551 57	21.656 09	21.401 04	21.580 60	21.470 89	21.505 11	21.527 55
21.550 97	21.655 42	21.400 14	21.580 03	21.470 27	21.504 51	21.526 89
21.550 14	21.654 67	21.399 35	21.579 53	21.469 59	21.503 79	21.526 178

表 2.2　TC4 合金试样的烧损质量　　　　　　　　　　　　　　g

熔炼次数	质量损失						
	试样 1	试样 2	试样 3	试样 4	试样 5	试样 6	平均质量损失
1	0.001 82	0.001 82	0.001 95	0.001 85	0.001 80	0.001 90	0.001 857
2	0.000 55	0.000 53	0.000 80	0.000 67	0.000 60	0.000 80	0.000 658
3	0.000 60	0.000 67	0.000 90	0.000 57	0.000 62	0.000 60	0.000 66
4	0.000 83	0.000 75	0.000 79	0.000 50	0.000 68	0.000 72	0.000 712

　　根据表 2.1、表 2.2 的数据，通过整理和计算，得到图 2.1，通过对其分析可以得到熔炼时烧损的大致规律。

　　图 2.1(a)将六个试样的质量变化综合在一起，可以看到各条曲线近似直线，稍向下倾斜，这说明烧损不是很明显。图 2.1(b)是六个试样质量变化的平均值与熔炼次数的关系，它大体反映出了一个试样在熔炼过程中烧损的质量情况。可以看出：第一次熔炼时，烧损较大，后面的几次损失较小，并且趋于稳定，这主要是由于切割的试样呈圆柱形，而熔炼后的试样呈纽扣状，试样形状的不同对热流密度产生了影响，因此，第一次的损失较大。通过前面的分析，得到了一次熔炼的平均烧损质量约为 0.000 65 g。

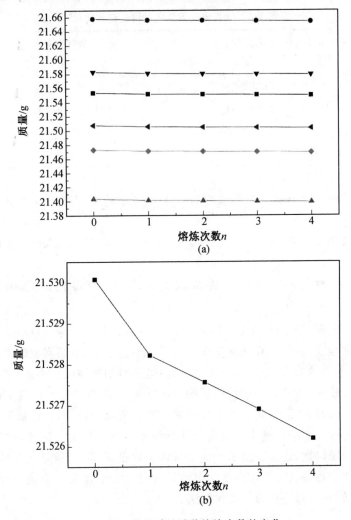

图 2.1　试样的质量随着熔炼次数的变化

　　为了知道试样中的氢含量，首先应该知道试样中吸入的氢的质量，在实验之前，称量出熔炼前试样的质量，然后进行液态氢化实验，实验后称出试样质量，两者做差，再去掉烧损的影响，得到试样中吸入的氢质量，就可以对系数 A 进行求解。下面是利用测量质量的方法来确定合金中氢含量的过程，之后利用计算的结果对热力学公式的系数进行推导。

根据式(2.6),按照试样前后质量做差的方法求得试样中的氢含量,用这种方法求解简化后的热力学公式中的系数 A,以表2.3中的试样1为例,计算过程如下:

液态氢化前的合金试样的质量为21.375 86 g,氢化后的质量为21.379 26 g,可以求出吸入的氢质量为 $m_1 = 21.379\,26 - 21.375\,86 + 0.000\,65 = 4.05 \times 10^{-3}$ (g)(m_1 为试样中吸入的氢质量,1 代表试样的序数,下同),实验前气氛中氢气的百分比(体积分数)为0.86%,总压力为48.6 kPa。

经过计算可知,试样中氢的溶解度 $C_H = 1.894\,4 \times 10^{-2}$ %,氢气的分压 $p_{H_2}^1 = 417.96$ Pa,计算得 $A_1 = 9.266\,2 \times 10^{-4}$。将求得的系数总结于表2.3。

表 2.3   低氢分压下氢化过程的参数变化

试样编号	氢化前质量 /g	氢化后质量 /g	总压力 /kPa	氢气百分比变化/%	系数 A /×10^{-4}
试样 1	21.375 86	21.379 26	48.6	0.86→0.62→0.60	9.266 2
试样 2	21.795 43	21.799 44	49.8	1.37→1.08→1.07	8.259 1
试样 3	21.532 47	21.536 88	50.1	2.51→2.20→2.18	6.625 5
试样 4	21.897 26	21.901 74	50.0	3.39→3.36→3.35	5.689 6

每组数据都可以计算出一个系数 A,求出它们的平均值,得到的系数为

$$
\begin{aligned}
A &= (A_1 + A_2 + A_3 + A_4)/4 \\
&= (9.266\,2 \times 10^{-4} + 8.259\,1 \times 10^{-4} + 6.625\,5 \times 10^{-4} + 5.689\,6 \times 10^{-4})/4 \\
&\approx 7.46 \times 10^{-4}
\end{aligned}
$$

即得到的系数 A 为 7.46×10^{-4}。将系数代入式(2.6)得到公式为:$C_H = 7.46 \times 10^{-4} \sqrt{p_{H_2}}$。

但是研究后发现,该方法在气氛中氢含量较小(体积分数低于5%)时可以使用,当氢含量增加到一定程度后,氢的存在使电弧炉的功率迅速增加,虽然实验时电弧炉的电流保持不变,但是由于氢的加入,电离电压随之升高,熔炼时功率增大。因此,试样由于烧损引起的质量损失比较大,这种利用质量称量的方法求解试样中的吸氢量就不再适用。当气氛中的氢含量较低时,液态氢化后的钛合金内的氢含量也会较低,在称量氢化后的试样中吸入的氢质量的过程中些许的质量误差对计算结果影响都很大。因此,这种计算方法在研究中有较大的局限性,它只适用于气氛中氢含量较低的情况,但是现实的应用中,要想使合金中的氢含量较高就需要增大气氛中的氢含量,因此,需要一个更加合理、更加准确的计算方法,这就是下面将介绍的摩尔数法。

2.1.3   摩尔数法确定液态氢化 TC4 合金内的氢溶解度

实验中由于被合金吸收的氢气质量无法直接称量,但是可以间接地得到它的摩尔数(物质的量),因此利用求出氢气的体积的办法来求出试样中吸入的氢的含量。只要得到氢气在整个实验环境中的体积,根据标准气体状态方程就可以得到它的摩尔数,这样就可以间接地得到加入氢的质量。经过测量可知:电弧炉内径约为30 cm,内高约为38 cm。

计算它的体积,并加上连接部分以及 JF—2200 型多组分分析系统的体积,得到的总体积约为 30 L。

如前面所述,实验环境的总体积已经知道。JF—2200 型多组分分析系统的软件部分可以记录:环境的总压 p(kPa)、实验前的氢气体积分数 $a\%$、实验后的氢气体积分数 $b\%$。设实验前的氢气分压为 $p_{H_2}^*$(kPa),氩气分压为 p_{Ar}(kPa),实验后的氢气分压为 p_{H_2}(kPa),则有:

$$p_{H_2}^* = p \times a\% \tag{2.7}$$

$$p_{Ar} = p(1-a\%) \tag{2.8}$$

由于在实验中 Ar 气不会被吸收,因此会得到以下的关系式:

$$p_{H_2} = (p_{H_2} + p_{Ar})b\% \tag{2.9}$$

由式(2.9)可以推导出由已知数据表示的液态氢化实验后的气氛中的氢气分压,如下:

$$p_{H_2} = p_{Ar} \times b\% / (1-b\%) \tag{2.10}$$

氢气的减少完全是由于在液态氢化过程中被合金吸收,设该部分氢气的分压为 Δp_{H_2},由式(2.7)、式(2.8)和式(2.10)可知:

$$\Delta p_{H_2} = p_{H_2}^* - p_{H_2} = p \times a\% - p(1-a\%)b\% / (1-b\%) \tag{2.11}$$

设吸入试样中的氢气的摩尔数为 M,基于标准气体状态方程,由式(2.11)可知该摩尔数为

$$M = (30/22.4)(\Delta p_{H_2} \times 10^3 / 1.01 \times 10^5) \tag{2.12}$$

在摩尔数的基础上乘以氢气的分子量就得到该部分气体的质量,为 $2M$,即吸入试样中的氢气质量为 $m_H = 2M$,m_H 即为合金试样中氢的质量。在计算出了吸入氢的质量之后,根据实验后试样的质量就可以求得液态氢化钛合金的氢含量。液态氢化实验后的试样质量可以直接使用赛多利斯分析天平称量。

根据式(2.11)、式(2.12)求解吸入试样中氢气的摩尔数,然后计算出合金内的氢含量,进而求解热力学公式中的系数 A,以表 2.4 中的试样 1 为例进行计算:$p_{H_2}=0.266$ kPa,$M=3.535\ 2 \times 10^{-3}$ mol,$m_H = 7.070\ 4 \times 10^{-3}$ g,$m_{TC4} = 21.105\ 31$ g,试样质量和吸入的氢含量都已知,因此可以计算出 $C_H = 3.349\ 5 \times 10^{-2}\%$,然后计算出热力学公式的系数 $A = 6.401\ 5 \times 10^{-4}$。按此方法依次计算出每个试样的氢含量,进而求解出对应的系数 A,列于表 2.4 中。

表 2.4　Ti—6Al—4V 合金液态氢化得到的参数

编号	质量/g	压强/kPa	实验前后环境中 H_2 体积分数/%	C_H/ ($\times 10^{-2}\%$)	A/ $\times 10^{-4}$
1	21.105 31	50.7	5.4→4.9	3.349 5	6.401 5
2	21.795 50	49.4	10.1→9.3	5.305 2	7.492
3	21.932 52	50.5	15→14.1	6.397 8	7.338 7
4	22.553 71	51.4	20.4→19.5	6.763 8	6.605 3

续表 2.4

编号	质量/g	压强/kPa	实验前后环境中 H₂ 体积分数/%	C_H/ (×10⁻²%)	A/ ×10⁻⁴
5	21.077 66	52.1	24.9→23.7	10.309 9	9.051 8
6	21.795 41	51.9	35.0→33.9	10.509 3	7.797 5
7	21.550 69	52.0	39.9→38.8	11.501 8	7.985
8	21.385 89	51.0	45.2→44.1	12.445 3	8.196 9

对以上的各组数据进行分析,求平均值:

$$A=(A_1+A_2+A_3+A_4+A_5+A_6+A_7+A_8)/8=7.608\ 6\times10^{-4}$$

以上就是利用摩尔气体求解试样中吸入氢气质量的办法,求解出的系数 A 为 $7.608\ 6\times10^{-4}$。将系数代入式(2.6)得到公式为:$C_H=7.608\ 6\times10^{-4}\sqrt{p_{H_2}}$。

为了更加直观地得到 TC4 合金中氢含量与气氛中氢分压的关系,根据实验后的数据得到了图 2.2 中的曲线。

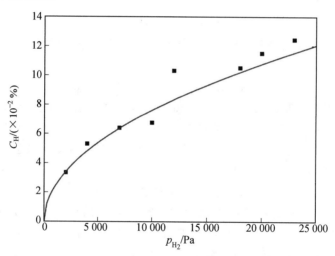

图 2.2　TC4 合金氢含量与氢分压的关系

2.1.4　对已建立 TC4 合金的氢溶解度公式的验证

1. 真空脱氢确定氢含量

为了验证建立的关于 TC4 合金的热力学公式,也就是利用除氢实验中合金试样的质量变化来确定合金的实际氢含量,与计算出的 TC4 合金中的氢含量进行对比。实验中对部分液态氢化后的合金试样进行了真空脱氢实验,合金中的氢在真空热处理炉中被除去。在脱氢实验中,一个不含氢的 TC4 合金试样也放在真空炉内进行热处理,是为了检测实验环境对合金质量变化的影响。实验后发现不含氢的试样的质量有些许增加,经过计算知道大约每 100 g 增加 19.381 mg,质量的增加是由于炉内存在的一些灰尘加热后依附于合金的表面。对含氢合金的质量的分析应该考虑这部分质量变化,这是由于氢的质量

较小,尽可能多考虑到有影响的因素,可以使得到的氢含量更加准确。通过分析得到从含氢合金中逃逸出的氢的质量的计算公式为

$$m_e = m_a - m_b + 1.938\ 1 \times 10^{-4} m_a \tag{2.13}$$

式中,m_e 为逸出的氢的质量;m_a 为热处理前的合金试样的质量;m_b 为热处理后的合金试样的质量。

如表 2.5 所示,C_H^1 与 C_H^2 分别为液态氢化时利用 JF-2200 系统记录的数据和真空脱氢实验得到的数据计算得到的合金中的氢溶解度。从计算得到的结果可以发现,$C_H^1 \approx C_H^2$,这意味着从实验的角度验证了对液态氢化后 TC4 合金内氢含量的计算的准确性,氢含量的准确保证了确定的热力学公式的正确性。

表 2.5　不同方法计算得到的合金中的氢溶解度

编号	氢分压/Pa	退火前质量 m_a/g	退火后质量 m_b/g	C_H^1/ (×10^{-2}%)	C_H^2/ (×10^{-2}%)
1	0	21.423 67	21.427 74	—	—
2	2 745.4	11.663 59	11.661 6	3.99	3.64
3	7 635	10.683 41	10.678 81	6.64	6.24
4	13 175	11.658 36	11.650 72	8.73	8.49
5	17 955	11.181 03	11.173 24	10.21	8.91

注:C_H^1 是由热力学方程计算出的氢溶解度;C_H^2 是由脱氢实验确定的氢溶解度。

2. 活度系数法确定氢溶解度

布雷列夫建议在强烈相互作用的系统中的氢溶解度计算使用下面的公式:

$$RT\ln[C_H] = x_i RT\ln[C_H^i] + x_j RT\ln[C_H^j] + \Delta G_{i-j}^{ex} \tag{2.14}$$

式中,$[C_H]$、$[C_H^i]$、$[C_H^j]$ 分别为氢在合金、纯元素 i 和 j 中的溶解度;x_i、x_j 分别为合金熔体中组元 i 和组元 j 的摩尔分数;ΔG_{i-j}^{ex} 为系统中的剩余吉布斯自由能。它可由下面的公式求解:

$$\Delta G_{i-j}^{ex} = RT(x_i \ln \gamma_i + x_j \ln \gamma_j) \tag{2.15}$$

式中,γ_i、γ_j 分别为组元 i 和 j 的活度系数。

由于在 Ti-6Al-4V 合金中 V 的含量很少,并且 H 在 V 中的溶解度随着温度的升高迅速减少,因此为了简化计算,H 在 V 中的溶解度可以忽略。在推导合金的溶解度的过程中只考虑 Ti 和 Al 的影响。利用式(2.14)对建立的热力学公式进行了验证。

苏联学者拉柯姆斯基及卡林纽克对液态 Ti 中氢溶解度进行了系统的研究。使用高纯金属,在 1 830～2 307 ℃之间,得到了下面的关于 H 在 Ti 中溶解度的公式:

$$\lg C_H^{Ti} = \frac{2\ 370}{T} + 1.325 + 0.5\lg p_{H_2}^A \tag{2.16}$$

式中,C_H^{Ti} 的单位为 cm³/100 g;T 为温度,单位为 K;$p_{H_2}^A$ 单位为 mmHg,并且 1 hPa = 3/4 mmHg。将式(2.16)中的气体压力单位转换为 Pa 得到下面的公式:

$$\lg C_H^{Ti} = \frac{2\ 370}{T} + 1.325 + 0.5\lg \frac{3p_{H_2}}{400} \tag{2.17}$$

式中，p_{H_2} 为气体压力，单位为 Pa。

张华伟等人根据阿伦尼乌斯（Arrhenius）方程和 Sievert's 定律，推导出了氢在纯铝中的溶解度，公式如下：

$$\lg C_H^{Al} = -\frac{2\,675}{T} + 2.713 + 0.5\lg\frac{p_{H_2}}{101\,325} \tag{2.18}$$

式中，C_H^{Al} 为氢在液态金属铝中的溶解度，单位为 $cm^3/100\,g$；T 为温度，单位为 K；p_{H_2} 单位为 Pa。

在高温阶段，2 000 K 左右 Al 的活度系数的公式为

$$\gamma_{Al} = 5.367\,5 \times 10^{-5}T - 0.092\,002\,5 \tag{2.19}$$

式中，γ_{Al} 为金属铝的活度系数；T 为温度，单位为 K。

在高温阶段，2 000 K 左右 Ti 的活度系数的公式为

$$\gamma_{Ti} = 9.085 \times 10^{-5}T + 0.698\,725 \tag{2.20}$$

式中，γ_{Ti} 为金属钛的活度系数；T 为温度，单位为 K。

表 2.6 液态氢化 TC4 合金试样的氢溶解度

编号	功率/kW	温度/K	p_{H_2}/Pa	C_H^a/[cm³·(100 g)⁻¹]	C_H^b/[cm³·(100 g)⁻¹]
1	1.8	2 045.04	2 737.8	533.14	375.15
2	2.0	2 066.2	4 989.4	577.2	594.18
3	2.1	2 087.08	7 575	708.68	716.55
4	2.3	2 128	10 486	814.52	757.55
5	2.5	2 167.8	12 973	885.28	1 154.71
6	2.7	2 206.48	18 165	1 024.75	1 177.04
7	2.7	2 206.48	20 748	1 095.21	1 288.19
8	2.8	2 225.4	23 052	1 137.96	1 393.87

注：C_H^a 为通过式(2.21)计算的氢溶解度；C_H^b 为通过式(2.12)中得到的氢溶解度（M 值与氢溶解度数值相等）。

在求解溶解度的过程中，由于忽略合金元素 V 的影响，则合金中钛的摩尔分数约为 89.42%，铝的摩尔分数约为 10.58%，将式(2.17)~(2.20)代入式(2.14)和式(2.15)中，得到下面关于 Ti-6Al-4V 合金中氢溶解度的公式：

$$\ln[C_H] = 0.894\,2\left[\begin{array}{l}2.303\left(\frac{2\,370}{T} + 1.325 + 0.5\lg\frac{3p_{H_2}}{400}\right) + \\ \ln(9.085 \times 10^{-5}T + 0.698\,725)\end{array}\right]$$
$$+ 0.105\,8\left[\begin{array}{l}2.303\left(-\frac{2\,675}{T} + 2.713 + 0.5\lg\frac{p_{H_2}}{101\,325}\right) + \\ \ln(5.367\,5 \times 10^{-5}T - 0.092\,002\,5)\end{array}\right] \tag{2.21}$$

根据式(2.21)计算合金中的氢溶解度，需要知道氢分压和熔体的温度，氢分压在实验过程中可以记录，使用 Ansys 软件模拟，可以得到在炉料质量大小一定的情况下，熔炼功

率与 TC4 合金熔体最终温度的函数关系。功率 P，即是熔炼电压 U 与熔炼电流 I 的乘积，实验时电流都控制在 100 A，电压 U 发生了变化，这是由于环境中的氢分压不同。以质量为 21.62 g 的试样为例，得到如下关系式：

$$T = 1\ 695.8 + 188.6P \tag{2.22}$$

图 2.3 中的曲线为通过推导的式（2.21）得到的溶解度曲线，分布于曲线附近的点（C_H^b）为利用式（2.21）得到的合金内的氢溶解度。可以发现，氢分压在 2 000～12 000 Pa 范围内，两种方法得到的氢含量吻合的程度很高，这也说明了在这一范围内进行的实验得到的数据误差较小。高于这一范围，实验方法得到的氢溶解度（C_H^b）要高于理论值（C_H^a）。产生这一现象是由于熔炼时的电离电压的示数只能精确到个位，因此使建立的熔体温度与功率的关系存在一些误差，导致建立的理论溶解度与合金的实际氢含量存在一些误差。通过这一理论上的氢气溶解度的计算，也验证了在实验中建立的热力学公式的正确性，可以反映氢分压与钛合金试样中氢含量的关系。因此，式（2.21）在一定程度上验证了实验中推导出的氢含量与氢分压的关系式的正确性。

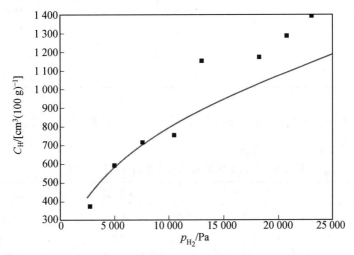

图 2.3　氢分压与 TC4 合金中氢溶解度的关系曲线

3. 溶解热法验证氢溶解度

式（2.5）中，$\Delta G_m^\ominus$ 为标准吉布斯自由能，$\Delta G_m^\ominus = \Delta H + \Delta S$，但是由于合金试样中的氢含量相对较低，为了简化运算，忽略了氢的加入引起的合金系统的熵变，因此，公式中的吉布斯自由能可以由氢在金属或者是合金中的溶解热（焓变）来代替，因此修改公式如下：

$$C_H = \sqrt{p_{H_2}}\exp(-\Delta H / RT) \tag{2.23}$$

式中，ΔH 表示氢在 Ti-6Al-4V 合金中的溶解热。

$$\Delta H_{TC4} = x_{Al}\Delta H_{Al-H} + x_{Ti}\Delta H_{Ti-H} + x_V\Delta H_{V-H} \tag{2.24}$$

式中，ΔH_{TC4} 为氢在 Ti-6Al-4V 合金中的溶解热；$x_{Al} = 10.1\%$；$x_{Ti} = 86.3\%$；$x_V = 3.6\%$。

根据一些学者的研究，得到了在高温状态下，氢在钛、铝、钒三种金属中的溶解热分别为 $\Delta H_{Ti-H} = -47(1\ 000～2\ 000\ K)$ kJ/mol H_2，$\Delta H_{Al-H} = 59(1\ 928～2\ 073\ K)$ kJ/mol

H_2，$\Delta H_{V-H} = -29$ kJ/mol H_2。将以上数据代入式(2.24)中，得到在高温条件下，氢在 Ti—6Al—4V 合金中的理论溶解热：$\Delta H_{TC4} = -35.646$ kJ/mol。

根据式(2.23)，如果试样中氢溶解度 C_H 的单位用 $cm^3/100$ g 来表示，则得到了溶解热 ΔH 的单位为 kJ/mol，将试样中的氢溶解度的单位转化后得到表 2.7。同时每个试样的氢分压已知，R 为普适气体常数，为 8.314 4，因此只要知道熔炼试样时的熔体温度，就可以计算出溶解热的数值。

表 2.7　液态氢化 TC4 合金试样的氢溶解度

编号	$C_H/(\times 10^{-2}\%)$	$C_H/[cm^3 \cdot (100\ g)^{-1}]$
1	3.349 5	375.15
2	5.305 2	594.18
3	6.397 8	716.55
4	6.763 8	757.55
5	10.309 9	1 154.71
6	10.509 3	1 177.04
7	11.501 8	1 288.19
8	12.445 3	1 393.87

通过计算得到每个试样的溶解热，列于表 2.8。根据表 2.8 可以知道，实验计算得到溶解热的平均值为：$\Delta \overline{H}_{TC4} = -38.04$ kJ/mol。

表 2.8　液态氢化时氢溶入合金的溶解热(ΔH)

编号	功率/kW	温度/K	$\Delta H/(kJ \cdot mol^{-1})$
1	1.8	2 045.04	−33.493
2	2.0	2 066.2	−36.377
3	2.1	2 087.08	−36.581
4	2.3	2 128	−35.406
5	2.5	2 167.8	−41.499
6	2.7	2 206.48	−39.753
7	2.7	2 206.48	−40.191
8	2.8	2 225.4	−41.019

可以看到溶解热的理论值和实验中得到的数值相差不多，这也就验证了实验中建立的热力学公式及其计算方法的准确性。将得到的溶解热及温度式(2.22)代入式(2.23)可以得到：$C_H = \sqrt{p_{H_2}} \exp\left(\dfrac{4.575}{1\ 695.8 + 188.6P}\right)$。

2.1.5 不同合金液态氢化的氢溶解度确定

1. 液态氢化 TC21 合金的氢溶解度的确定

对于 TC21 合金液态氢化的研究,首先的一个必要步骤就是建立它的氢溶解度与气氛中氢分压的关系,也就是推导 TC21 合金液态氢化时的热力学公式(2.6)中的系数 A。根据式(2.7)~(2.12)可以计算出液态氢化后被 TC21 合金熔体吸收的氢气的摩尔数,再根据实验后称量出的液态氢化后试样的质量就可以计算出合金内氢的质量分数。

经过计算得到 TC21(Ti−6Al−2Zr−2Sn−3Mo−1Cr−2Nb)合金的摩尔质量约为47.888。计算出的合金内的氢溶解度见表 2.9。将表 2.9 中的实验参数代入式(2.6),根据合金内氢的质量分数可以计算系数 A。由于氢分压低于 20 kPa 时 TC21 合金中的氢含量较低,计算出的系数偏差较大,因此将部分偏差较大的计算结果除去,计算得到系数 A 的平均值为 12.895×10^{-6},由此可知 TC21 合金的氢的溶解度(质量分数)与氢分压的关系为:$C_H = 12.895 \times 10^{-6} \sqrt{p_{H_2}}$。

表 2.9 TC21 合金吸氢工艺参数及推导出的氢溶解度

编号	总压强 p /kPa	H_2 分压 /kPa	实验前后环境中 H_2 体积分数/%	$C_H^{①}$/ %	$C_H^{②}$/ ($\times 10^{-3}$ %)	A/ $\times 10^{-6}$
1	50.0	0.0	0.0→0.0	0.00	0.00	0.00
2	50.1	4.0	7.8→7.0	1.92	0.41	6.48
3	50.0	5.0	10.4→9.4	2.64	0.57	8.06
4	50.1	7.6	15.1→13.8	3.77	0.82	9.41
5	50.0	10.2	20.4→19.0	4.33	0.94	9.31
6	50.0	15.0	29.1→27.2	6.47	1.44	11.76
7	49.9	19.9	36.6→35.0	8.00	1.81	12.83
8	50.0	20.0	40.1→37.9	8.45	1.92	13.58
9	50.0	25.0	50.2→48.2	9.23	2.12	13.41

注:①为原子数分数;②为质量分数。

为了直观地表征出氢溶解度与氢分压的关系,根据实验后的数据得到了图 2.4 中的曲线。由于对系数进行了一些修正,可以发现氢分压较高的部分吻合得较好,氢分压低的部分有一定的偏差。

2. 液态氢化 Ti600 合金的氢溶解度的确定

基于之前的研究,确定 Ti600 合金中氢溶解度与气氛中氢分压的关系,就是推导 Ti600 合金液态氢化时的热力学公式(2.6)中的系数 A。根据式(2.7)~(2.12)可以计算出液态氢化后被合金熔体吸收的氢气的摩尔数。经过计算得到 Ti−6Al−2.8Sn−4Zr−0.5Mo−0.4Si−0.1Y(%)合金的摩尔质量约为47.378,这样可以直接计算出氢在合金内的原子数分数。再根据实验后称量出液态氢化后试样的质量就可以计算出合金内氢的

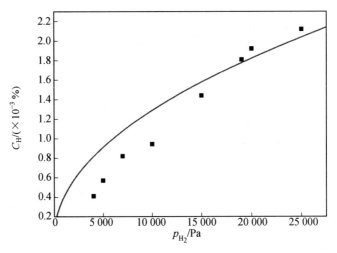

图 2.4　TC21 合金氢溶解度与氢分压的关系

质量分数。计算出的合金内的氢溶解度见表 2.10。

　　将表 2.10 中的实验参数代入式(2.6)，根据合金内氢的质量分数可以计算系数 A。可以发现氢气分压为 3.5 kPa 条件下液态氢化后的试样计算出的系数 A 的值与其他相比偏差比较大，因此将其排除后计算得到系数 A 的平均值为 9.42×10^{-6}，由此可知 Ti600 合金的氢溶解度与氢分压的关系为：$C_H = 9.42 \times 10^{-6} \sqrt{p_{H_2}}$。

　　为了直观地表征出了氢溶解度与氢分压的关系，根据实验后的数据得到了图 2.5 中的曲线。

表 2.10　Ti600 合金吸氢工艺参数及推导出的氢溶解度

编号	总压强 p kPa	H_2 分压 /kPa	实验前后环境中 H_2 体积分数/%	$C_H^{①}$/ %	$C_H^{②}$/ ($\times 10^{-3}$ %)	A/ $\times 10^{-6}$
1	50.0	0.0	0	0	0	0
2	52.0	3.5	4.7→4.3	1.03	0.22	3.72
3	50.5	5.6	9.7→8.5	3.17	0.68	9.09
4	50.5	8.4	14.9→13.5	3.90	0.83	9.06
5	59.5	19.0	29.3→26.4	6.08	1.30	9.43
6	50.1	23	44.2→42.5	7.16	1.53	10.09

注：①为原子数分数；②为质量分数。

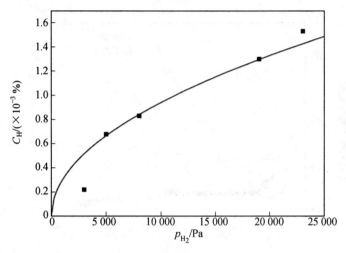

图 2.5　Ti600 合金氢含量与氢分压的关系

2.1.6　液态氢化的动力学分析

图 2.6 是 TC4 合金液态氢化时电弧炉和气体分析装置内的气体总压和氢含量随时间变化的曲线。图 2.6(a)中的曲线 Y 表征了电弧炉内总压力的变化情况,实验中一共重熔三次,可以看到该曲线中含有三个大的波峰,后面的峰值总是比前面的要小一些,这是由于每次重熔都有部分氢气被钛合金试样吸收;对于单个的一个峰而言,在引弧的一小段时间内,约为十几秒,炉内温度迅速升高导致气体总压力以很大的速度膨胀,随着电弧对合金熔体的持续加热,气体总压缓慢持续上升,在断弧之前达到最大值,在断弧之后气体总压力迅速减小,这是由于温度的迅速降低。图 2.6(a)中曲线 X 反映的是气氛中氢的百分含量的变化,可以看到第一次熔炼时,氢的百分含量降低得比较多,并且这一过程主要发生在第一次熔炼过程中前面的一个时间段,大约为 100 s(<100 s),从中可以看出,在吸氢速率方面,相对于固态氢化而言,液态氢化工艺存在较大的优势。之后的熔炼过程中氢含量的变化较平稳,氢含量的降低不是很明显,只是在断弧后的一小段时间里,氢含量存在一个微小的减少;第二次重熔的过程中氢含量的降低仍然不是很明显,也是在断弧后的一小段时间里,氢含量有些许降低。这说明在熔炼过程中,熔体内的氢含量已经饱和,该条件下不能继续吸氢。但是,断弧后都存在一个短时间的吸氢过程,这是由于氢原子被钛合金吸收是一个放热过程,这由前面的分析也可以发现,TC4 合金的溶解热为负值,在关掉电弧后,熔体温度快速降低,促进了反应继续进行,但是,水冷铜坩埚导致合金熔体迅速地冷却,该过程吸入的氢很少,熔炼过程中吸入的氢远多于该部分的吸氢量,因此,可以认为合金中的氢全部是熔炼过程中所吸收的。

由于第一次熔炼时钛合金吸收了整个液态氢化过程的绝大多数氢,因此选择这一阶段进行研究,也就是图 2.6(a)中曲线 X 的放大部分。从图 2.6(b)中可以看到,曲线 A 是第一次熔炼时前 100 s 左右的氢含量随时间的变化关系,点画线是曲线 A 的拟合曲线,根据该拟合曲线可以得到式(2.25),它表征了氢分压与时间的变化关系,如下:

$$p_{H_2} = 0.754\ 82\exp(-t/83.640\ 86) + 14.398\ 36 \qquad (2.25)$$

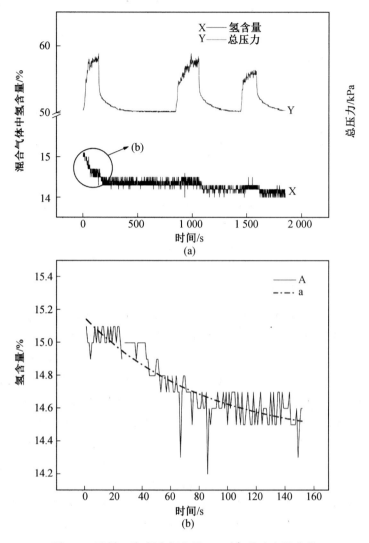

图 2.6　试样 3(气氛中氢含量 15.2%)的动力学曲线

但是图 2.6(b)和式(2.25)都是表示炉内氢分压的变化,并不能直接表征试样内的氢含量变化,通过转化和计算得到下面的公式直接表征试样中氢含量随时间的变化关系:

$$m_H = 1.011 \times 10^{-2} [1 - \exp(-t/83.640\,86)] \tag{2.26}$$

由式(2.26)得到图 2.7 中的曲线。

对于液态氢化过程中的钛合金试样而言,曲线在大体的变化趋势上相差不多,因此,只选择了试样 3 进行介绍。不同氢分压对合金的吸氢过程的影响在下面继续介绍。

图 2.8 分别为 TC4 合金不同氢气氛下进行熔炼得到的氢含量随时间变化的曲线。对于液态中的扩散,压强的影响不是十分显著,同时实验中也控制了每次熔炼时总压力保持相同,那么影响氢在钛合金熔体中的扩散系数的因素就只有氢含量。由图 2.8 可以发现,气氛中氢含量为 5.5% 的条件下,合金熔体中的氢达到饱和大约需要 127 s;氢含量为 15.2% 的条件下,合金熔体中的氢达到饱和大约需要 110 s;氢含量为 25.1% 的条件下,

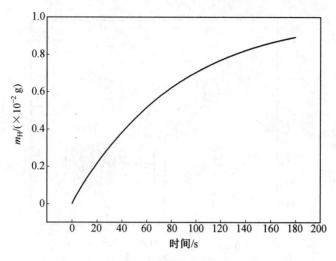

图 2.7　试样 3 中氢含量随时间的变化曲线

合金熔体中的氢达到饱和大约需要 93 s；氢含量为 40.1％的条件下，合金熔体中的氢达
到饱和大约需要 78 s。基于对图 2.8 的分析，得到了图 2.9 中的曲线。图 2.9 直观地表
征了钛合金熔体氢饱和时间与氢分压的关系，可以发现随着氢分压的增加，钛合金熔体氢
饱和需要的时间逐渐变小，并且下降的幅度较大。同时，氢含量较高的条件下，如前面所
分析的，合金熔体吸入的氢也更多，这说明氢含量对吸氢速率，也就是扩散系数有一定的
影响，钛合金的吸氢速率随氢含量的增加而变大。对这一问题的分析，参考了李谦博士对
镁合金粉末的吸氢动力学的研究，做了类比分析。

　　李谦博士和周国治院士对镁合金粉末的吸氢动力学进行了深入的研究，借鉴他们的
模型，对液态氢化的吸氢动力学加以分析，氢向熔体中的扩散可以分为以下几个过程。

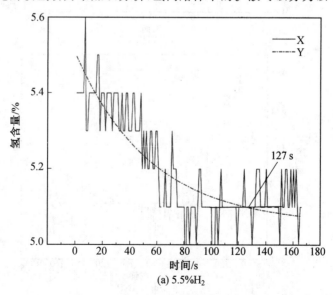

图 2.8　TC4 合金不同氢气氛下进行熔炼得到的氢含量随时间变化的曲线

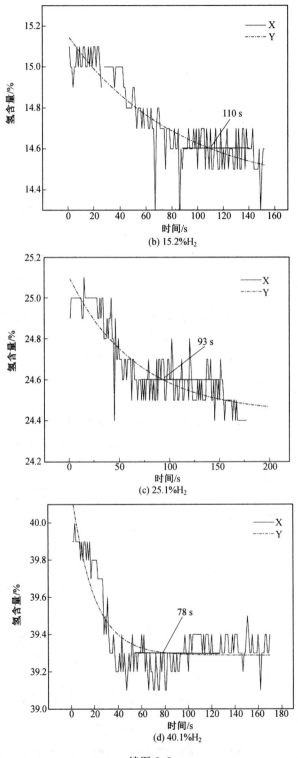

(b) 15.2%H₂

(c) 25.1%H₂

(d) 40.1%H₂

续图 2.8

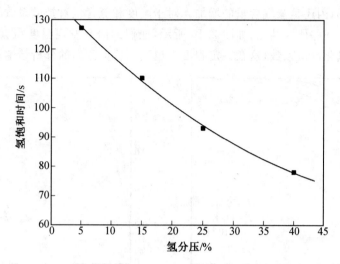

图 2.9　液态氢化时氢饱和时间与氢分压的关系

(1)氢气在气相中的扩散；

(2)氢分子穿越气液边界层；

(3)氢分子在合金熔体表面的物理吸附；

(4)氢分子的解离和化学吸附；

(5)氢原子穿越合金熔体表面；

(6)氢原子在含氢的合金熔体内的扩散过程。

　　由于前 5 个过程都是非常快的，因此，步骤(6)决定了吸氢速率的快慢，也就是说这一步骤完全是氢的扩散过程。但是，氢在熔体中的扩散速率仍然是非常快的。氢通过这层含氢的区域向熔体内部扩散，而这一扩散速率正是需要研究的，研究的重点也就是扩散系数。

　　根据菲克第一定律(Fick 扩散定律)，氢在熔体中的扩散可以表示如下：

$$J_H^A = -D_H^A \left(\frac{\partial C_H^A}{\partial X} \right) \tag{2.27}$$

式中，J_H^A、D_H^A 和 C_H^A 分别代表扩散通量、扩散系数和熔体边缘的氢溶解度；X 为熔体扩散的距离。根据液态氢化的实验过程和合金熔体的性质可知，对扩散系数进行定量的计算是十分困难的。但是，结合实验中得到的数据可以对液态氢化的动力学过程及扩散系数的变化进行定性的分析和对比。

　　扩散系数具有一些特性，它表示物质在介质中的扩散能力，是物质特性常数之一。同一物质的扩散系数随介质接收种类、温度、压强及浓度的不同而变化。对于气体中的扩散，浓度的影响可以忽略；对于液体中的扩散，浓度的影响不可忽略，而压强的影响不显著。

　　由表 2.8 可以知道，电弧炉的功率随着气氛中氢分压的增大而增加，式(2.22)是一个熔体温度与电弧功率的关系式，可以知道，在研究范围内，熔体的温度随着电弧炉的功率的增加而增大，当熔体的温度升高后，氢在合金熔体中的扩散系数就会增加，同时气氛中氢含量的增加也会导致氢在合金中扩散系数的增加，这就从两个方面导致了扩散系数的变化,但其根本原因还是氢气含量的增加。对于温度和氢含量对扩散系数的影响,也可以类比李谦博士的一些研究结论,如图 2.10 所示,他们的研究发现温度和氢分压的增加可以增大镁合金氢化反应系数,这在一定程度上也可以验证我们的分析结论。

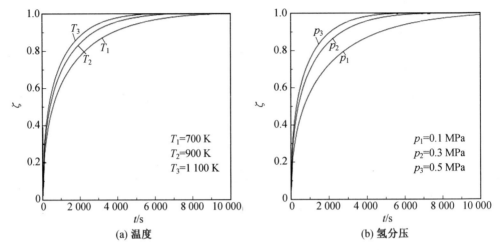

(a) 温度　　　　　　　　　　　(b) 氢分压

图 2.10　温度和氢分压对镁合金氢化反应系数(ζ)的影响

2.2　钛合金的氢致脱氧行为

2.2.1　液态氢化后钛合金内氧含量的变化

1. 对海绵钛中氧含量的影响

首先,将海绵钛在氢氩混合气氛中进行熔炼,对得到的海绵钛内氧含量的变化进行研究。作为钛合金制备的基础材料,海绵钛中的氧含量决定了由其制备的钛合金中的氧含量,因此本研究就显得意义十分突出。表 2.11 为海绵钛在氢含量为 10% 的氢氩混合气氛中熔炼前后的合金内的氧含量。可以发现,含氢气氛下的熔炼十分明显地降低了海绵钛中的氧含量,氧含量大约降低了 60%。

表 2.11　海绵钛中氧含量的变化

海绵钛	氧含量/%
不含氢气	0.04
含 H_2(10%)	0.016

2. 对 TC4 合金中氧含量的影响

为了进一步了解液态氢化对钛合金中氧含量的影响,特别是对 TC4 合金的氧含量的影响,本章进行了较为深入的研究。表 2.12 为 TC4 原始合金在不同氢含量的条件下熔炼后得到的合金内的氧含量。可以发现,原始 TC4 合金中的氧含量为 0.12%。当 TC4 合金在含氢气为 1% 的氢氩混合气氛中熔炼后,合金内的氧含量降低为 0.099%,除去的氧为 0.021%。当电弧炉内气氛中的氢含量达到 10% 时,熔炼后合金内的氧含量降为

0.028%,在熔炼过程中减少的氧为 0.092%。随着混合气氛中的氢含量进一步升高,当氢含量分别为 20% 和 30% 时,熔炼过程中除去的氧分别为 0.075% 和 0.077%。从以上的分析可以发现,当混合气氛中的氢含量为 10% 时,熔炼过程具有最佳的脱氧效果。

表 2.12　TC4 合金中氧含量的变化

Ti−6Al−4V 合金	氧含量/%
氢含量为 0 重熔	0.12
氢含量 H_2(1%)	0.099
氢含量 H_2(10%)	0.028
氢含量 H_2(20%)	0.045
氢含量 H_2(30%)	0.043

　　正如前文所分析的,氢可以降低 TC4 合金(0.12%)中的氧含量。但是,氢对在加工过程中产生的废钛中氧含量的降低作用也是需要关注的。由于条件限制实验中并没有使用工业废钛作为研究材料,但是废钛中的氧含量远高于原始钛合金中的氧含量,因此,实验中以向 TC4 合金中加入 TiO_2 的方法来制备含氧量较高的钛合金模拟废钛进行研究。根据该方法,制备了不同氧含量的 TC4 合金进行实验研究。如图 2.11 所示,在氧含量较高(1.62%)的 TC4 合金中可以发现 TiO_2 相的存在。

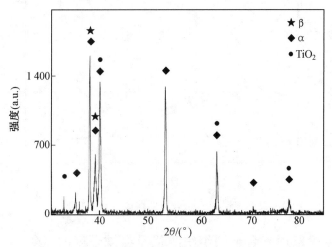

图 2.11　氧含量为 1.62% 的 TC4 合金的 XRD 图谱

　　对制备的氧含量较高的 TC4 合金试样进行脱氧实验。把不同氧含量的合金在氢气含量为 10% 的混合气氛之下进行熔炼 3~4 min,图 2.12 为不同合金试样熔炼前后的氧含量对比图。可以发现,液态氢化之后,合金内的氧含量明显降低,并且氧含量越高的合金中降低的幅度越大。

　　实验中还发现熔炼时间对合金中的氧含量的变化具有一定的影响,为了找出其变化的规律,实验中以氧含量为 1.62% 的 TC4 合金为例进行了研究。随着熔炼时间的增加,合金内的氧含量进一步降低。当熔炼时间达到 20 min 左右,如图 2.13 所示,TC4 合金内的氧含量降低了大约 84%。并且脱氧的速度随熔炼时间的增加而降低,当熔炼时间超过

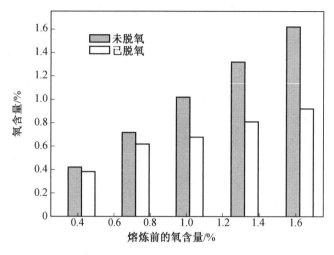

图 2.12　在含氢 10% 的混合气氛中熔炼后的合金中氧含量的变化

20 min 后,脱氧的速度变得十分缓慢,因此,不再对更长的熔炼时间对脱氧的影响进行研究。但是,脱氧的程度随着熔炼时间增加而增强这一趋势是不会改变的。

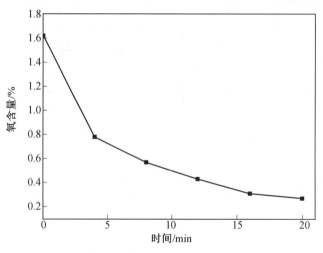

图 2.13　合金内的氧含量随熔炼时间的变化

2.2.2　氢致脱氧后钛合金的组织演化及显微硬度的变化

1. 脱氧前后组织的变化

由于初始 TC4 合金和不同氢气含量条件下液态氢化的 TC4 合金的组织在前面都已研究过了,因此,本节的主要研究内容就是氢对加入 TiO_2 的 TC4 合金的微观组织的影响。

图 2.14 为不同氧含量的 TC4 合金的扫描电子显微镜(SEM)照片,从中可以看出氧元素对合金组织的影响。对图 2.14 的分析可以发现氧元素粗化了 TC4 合金的显微组织。图 2.14(a)为铸态 TC4 合金的典型魏氏体组织。当合金内的氧含量为 0.6% 时,合金内出现粗大的马氏体板条,其平均宽度约为 2 μm(图 2.14(b))。随着氧含量增加到

0.9％时,如图 2.14(c)所示,合金内的马氏体板条的平均厚度增加到 6 μm 左右。在图 2.14(d)中可以发现,在含氧量为 0.9％的合金内的局部区域存在一些块状的组织,这可能是氧元素的富集或者是氧元素的存在导致了马氏体内部的粗化。这种块状的相在氧含量为 0.6％的合金中并未发现。

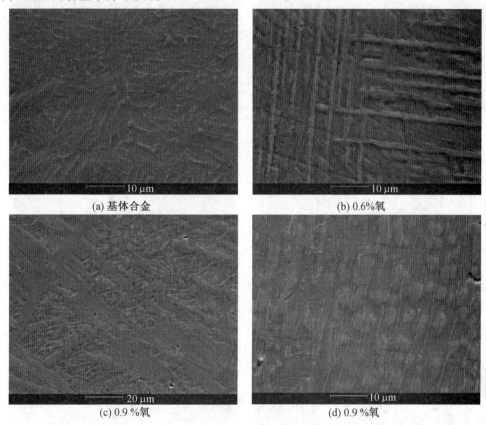

(a) 基体合金　　　　　　　　　　　　(b) 0.6％氧

(c) 0.9％氧　　　　　　　　　　　　(d) 0.9％氧

图 2.14　不同氧含量的 TC4 合金的 SEM 照片

为了清晰地看到脱氧对 TC4 合金的显微组织的影响,将含氧量为 0.9％的 TC4 合金在含氢为 10％的混合气氛中熔炼 15 min,然后对其组织进行分析,图 2.15(b)为得到的熔炼后的 SEM 照片。与图 2.14(c)和(d)进行对比可以发现,熔炼前存在的粗大的马氏体板条得到了细化,并且块状的组织消失。熔炼后的组织中的马氏体板条变得更加细小,分布更加均匀,这意味着氢气条件下的脱氧实验对合金的组织具有明显的细化作用。图 2.15(a)为原始 TC4 合金的液态氢化组织,同样是在含氢 10％的氢氩混合气氛中熔炼后得到的,其显微组织为网篮状组织,将在后面对这种组织进行深入的分析。可以发现,图 2.15(a)和图 2.15(b)中的组织具有一定的相似性。通过对其组织照片的分析发现,氢不仅可以降低 TC4 合金中的氧含量,对含氧量较高的合金的组织细化作用也十分明显。

图 2.13 已经分析了熔炼时间对 TC4 合金内氧含量的影响,因此需要研究熔炼时间对合金的显微组织的影响。图 2.16 为氧含量 1.62％的 TC4 合金在含氢 10％的氢氩混合气氛中经过不同时间的熔炼后得到的光学显微组织,从中可以发现熔炼时间对合金的显微组织的影响。

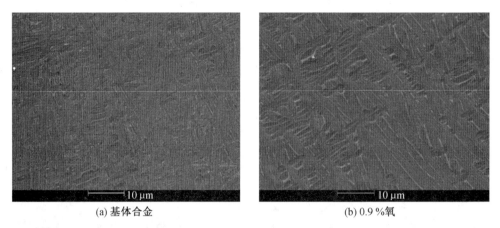

(a) 基体合金   (b) 0.9%氧

图 2.15　TC4 合金在含氢为 10%的气氛中熔炼后得到的 SEM 组织照片

(a) 1.62%氧   (b) 熔炼4 min

(c) 熔炼16 min   (d) 熔炼20 min

图 2.16　氧含量为 1.62%的 TC4 合金在含氢 10%的氢氩混合气氛中熔炼后得到的显微组织

　　图 2.16(a)为氧含量 1.62%的 TC4 合金的显微组织;图 2.16(b)为在氢气环境中熔炼 4 min 后的组织,与图 2.16(a)对比可以发现,合金的组织得到了细化,α 板条和晶界都得到了不同程度的细化,图 2.13 中曲线的氧含量的变化可以解释这一细化现象。经过前 4 min 的熔炼合金内接近 50%的氧元素被除去,但是仍有接近 0.8%的氧存在于 TC4 合金中,氧含量还是比较高。当氧含量 1.62%的 TC4 合金熔炼大约 16 min 之后,合金的显微组织得到进一步的细化(图 2.16(c)),合金内的氧含量降低到大约 0.31%。随着熔炼

时间增加到 20 min,合金的显微组织如图 2.16(d)所示,通过与图 2.16(c)中的组织对比可以发现,此时合金的显微组织并未进一步细化,这是由于合金中大多数的氧元素经过 16 min 的熔炼后已经被除去,此段时间氧含量的降低不再像之前那么明显,组织的变化与成分的变化相对应,细化的效果不是十分明显,但是该组织与氢化后得到的细板条(网篮)组织十分接近,这意味着在绝大多数的氧元素被除去后,氢开始对合金的显微组织显示出了更大的影响。

前面分析了含氢气氛下熔炼以及熔炼时间对含氧量较高的 TC4 合金的显微组织的影响。但是,在实验中发现这种细化作用在晶界处显得尤其明显。图 2.17 为氧含量为 0.72% 的 TC4 合金在含氢 10% 的氢氩气氛中经过不同时间的熔炼后得到的显微组织。图 2.17(a)为氧含量 0.72% 的 TC4 合金的晶界形貌,晶界的存在十分粗大、明显;图 2.17(b)为该合金在氢气氛下熔炼 4 min 后得到的显微组织,晶界处的组织变得较为细小,粗大的板条消失,但是晶界的存在仍是比较清晰;图 2.17(c)为该合金熔炼 15 min 后的晶界形貌,与图 2.17(a)和图 2.17(b)在相同的放大倍数下对比,晶界的存在不是十分清晰,并且在晶界的一侧可以看到针状 α' 相的存在。

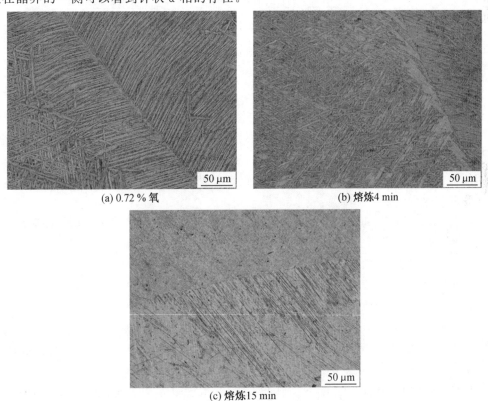

(a) 0.72% 氧　　　　　　　　　　　　　　(b) 熔炼4 min

(c) 熔炼15 min

图 2.17　氧含量为 0.72% 的 TC4 合金在含氢 10% 的氢氩混合气氛中熔炼后得到的显微组织

2. 显微硬度的变化

图 2.18 分别为含不同氧含量的 TC4 合金以及该合金在氢氩气氛中熔炼后的显微硬度。可以发现合金的显微硬度随着氧含量的增加而增加,原始 TC4 合金内的氧含量为

0.12%,显微硬度为 HV305,当合金内的氧含量为 1.62% 时,显微硬度为 HV552,这说明向原始 TC4 合金内加入 1.5% 的氧时,合金的显微硬度较原始 TC4 合金的显微硬度增加了 80%(HV247)。如图 2.18 所示,在氢氩混合气中经过 4 min 的熔炼后,TC4 合金的显微硬度相对于熔炼前的硬度大约降低了 10%。

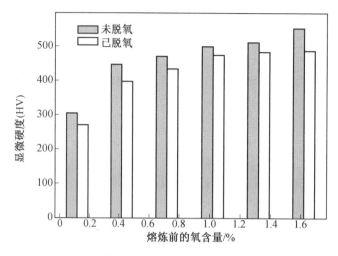

图 2.18　TC4 合金的显微硬度随氧含量的变化

2.2.3　氢致钛合金脱氧的机理

1. 非密闭环境的脱氧机理

氢具有良好的脱氧作用是由于氢分子与合金熔体表面的气液界面处接触产生的脱氧反应。通过前面的实验分析以及之前学者的研究发现,氢致脱氧的反应产物是水蒸气,即 $H_2(g) + [O] \rightleftharpoons H_2O(g)$。图 2.19 为氢致钛合金脱氧的原理图。从图中可以发现,这种氢致脱氧的过程包括三个步骤:

(1)合金熔体内部的氧原子移动到熔体的表面,在气液界面形成可以反应的区域;

(2)在气液界面氢分子与氧原子发生化合反应形成水分子;

(3)反应区域形成的水分子以气态的形式进入混合气体中。

在这三个步骤中,步骤一的速度取决于氧的扩散速度,步骤二的速度取决于氢和氧之间的化学反应速度,步骤三的速度取决于水蒸气分子向混合气体中移动的速度。

可以发现,氢致脱氧具有两个突出的优点:一个是脱氧的产物是水蒸气,是一种无污染的产物;另一个是由氢在钛合金中的特性所决定,由于钛合金具有较强的吸氢能力,因此一定会有一定数量的氢原子进入合金内部,可以发现前面的分析并未对这一影响因素进行讨论,这是由于钛合金中的氢可以通过真空热处理较为容易的除去,所以并未对氢致脱氧过程中合金内由于氢的存在所产生的影响进行分析。

但是,该过程的作用在非密闭的体系(反应气体可以及时排出电弧炉)才可以充分体现,这是由氢致脱氧的反应平衡常数所决定的。该反应平衡常数的公式如下:

$$K = \frac{p_{H_2O}}{p_{H_2} a_{[O]}} \tag{2.28}$$

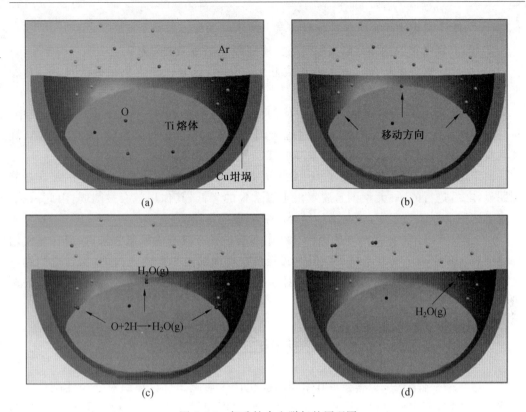

图 2.19　氢致钛合金脱氧的原理图

式中，p_{H_2O} 为水蒸气的分压；p_{H_2} 为氢气的分压；$a_{[O]}$ 为氧在合金熔体中的活度，当氧含量较低时，该活度可由合金熔体中的氧含量代替。

随着反应的进行，气氛中水蒸气的分压不断地升高，氢气的分压与合金熔体中的氧含量不断地减小，这就导致了反应平衡常数随反应的进行不断增加，当达到一定程度时，气氛中的水蒸气达到饱和，反应失去了动力，不再继续进行。因此，在非密闭体系中的氢致脱氧效果会更好。但是也可以通过增加熔炼次数的方法来提高密闭系统中的氢致脱氧效果。这是由于熔炼一次后，随着温度的降低，部分水蒸气会冷凝成液态水，在下一次熔炼时凝结的水不会全部受热变成水蒸气。因此，多次熔炼（熔炼→冷却→熔炼→冷却）会促进脱氧的进行。当然，该方法受设备的影响较大，如炉内的温度非常高，并且温度分布较为均匀，可能会导致多次熔炼增强脱氧的效果不会特别明显。

2. 密闭环境的脱氧机理

如果在密闭的环境（反应气体不能从电弧炉内排出）中进行氢气氛下的熔炼，熔体首先按照生成水蒸气的原理（非密闭环境的脱氧机理）进行脱氧，但是当水蒸气的蒸气压达到饱和之后，就不能再按照这一原理进行脱氧。

许多金属都有低价氧化物，这些低价氧化物对比相应的金属具有较高的蒸气压，也就是 $p_{AO} > p_A$。

但是，以往的研究认为，只有满足以下三个条件的低价氧化物才具有自脱氧的能力。

（1）低价氧化物的蒸气压 p_{AO} 应大于该金属的蒸气压 p_A，即 $p_{AO}/p_A > 1$。通常 $p_{AO}/$

$p_A > 2$ 时，低价氧化物才有可能进行自脱氧。

（2）低价氧化物的基体元素必须是熔体中脱氧能力最强的元素。

（3）熔体中氧含量较高时才可能形成低价氧化物，这是由于含氧量很低时，p_{AO} 也很低，其挥发脱氧能力就会很弱。

对于 TC4 合金而言，熔炼时可能生成的低价氧化物有 Al_2O、AlO、TiO、VO。其中，$p_{VO/V} = 10^{-2}$，$p_{TiO/Ti} = 1$，因此，在熔炼过程中，Ti 和 V 都不能进行自脱氧，只有元素 Al 在氧含量较高时可以形成低价氧化物来降低 TC4 合金中的氧含量。

由于熔炼过程首先按照 $H_2(g) + [O] \Longrightarrow H_2O(g)$ 进行脱氧，TC4 合金中的氧含量降低明显，之后进行的 Al 元素的自脱氧由于氧含量的降低，其作用就会被削弱，因此，在氢气氛下熔炼的脱氧过程中，氢与氧的结合脱氧起主要作用。

以上理论也可以解释 10% 的氢含量在本实验中具有较好的脱氧效果，如果在非密闭环境中氢含量越高越有利于脱氧。但本实验是在密闭的电弧炉内进行的，氢含量达到一定程度就会降低水蒸气的饱和蒸气压，因为氢增加了电弧的温度，促进了水蒸气的快速流动。

2.3　氢对钛合金组织的影响

氢存在于钛合金中，必然会对其组织的变化产生影响。合金组织对合金性能具有极其重要的作用，不同组织和不同相会导致合金具有不同的加工性能，因此，可以通过控制其组织的变化来改变合金的性能，使其达到工程上的需要。

因此，本章重点分析了液态氢化后 TC4、TC21 和 Ti600 合金的宏观组织、显微组织的变化规律，综合考虑了液态氢化后钛合金的组织演化规律，并以 TC4 合金为研究对象，研究了氢对合金中相的影响、相的体积分数的变化以及氢化物的生成，系统地研究了钛合金的氢致相变规律。基于以上的各种分析，得到了液态氢化对钛合金的组织结构产生影响的一些规律。

2.3.1　液态氢化钛合金宏观组织的演化规律

1. TC4 合金的宏观组织

图 2.20 为非自耗电弧炉熔炼的钛合金铸锭实物照，在表面张力和重力共同作用下铸锭呈纽扣状。可以看到，液态氢化后的合金试样与未进行液态氢化的合金试样表面都十分光亮，并且表面可以清晰地看到柱状晶的存在，这是由于它们主要的合金成分相同，具有相同的冷却条件。

图 2.21 为 TC4 合金的宏观组织照片，图 2.21(a) 为 Ar 气环境熔炼后的 TC4

图 2.20　非自耗电弧炉熔炼的钛合金铸锭实物照

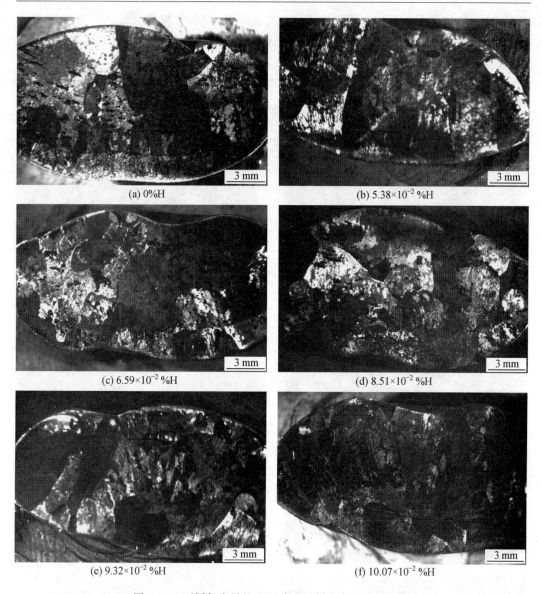

(a) 0%H

(b) 5.38×10⁻²%H

(c) 6.59×10⁻²%H

(d) 8.51×10⁻²%H

(e) 9.32×10⁻²%H

(f) 10.07×10⁻²%H

图 2.21　不同氢含量的 TC4 合金试样的宏观组织照片

合金的宏观组织照片,图 2.21(b)~图 2.21(f)为液态氢化后的 TC4 合金的宏观组织照片,并且合金内的氢含量逐渐增加。由于 TC4 合金的熔体在冷却过程的特殊性,激冷条件下导致了柱状晶的形成,因此可以看到 Ar 气环境中得到的组织都含有粗大的柱状晶,当合金内的氢含量达到 $5.38×10^{-2}$% 时,TC4 合金内的晶粒的尺寸有所减小,但是晶粒的尺寸仍然较大,为柱状晶。含氢为 $6.59×10^{-2}$% 的 TC4 合金内部的晶粒尺寸进一步变化,在靠近熔体上表面(接触气氛的一侧)的区域有细化的趋势,这一现象在氢含量为 $8.51×10^{-2}$% 的 TC4 合金中尤为明显,最大的晶粒尺寸也小于 3 mm,随着 TC4 合金内的氢含量进一步升高,在氢含量为 $9.32×10^{-2}$% 和 $10.07×10^{-2}$% 的合金试样中晶粒的尺寸细化较为明显,试样中部出现了许多小于 1 mm 的晶粒,并且内部晶粒的生长具有一定的方向性,这是由于在气氛中氢含量较高的情况下,熔体的温度有较大的提高,熔体的上下表面存在较大的温度梯度,因此合金熔体在凝固过程中表现出一定的定向凝固的效果,这在氢含量为 10.07×10^{-2} %的 TC4 合金试样中较为明显。

并且,氢气的存在提高了合金熔体的温度,也使得由于接触水冷铜坩埚而形成的凝壳(熔炼时因接触坩埚未融化的合金)的厚度发生变化,凝壳的厚度随氢含量的增加而减少。

2. TC21 合金的宏观组织

图 2.22 为不同氢含量的 TC21 合金的宏观组织照片。

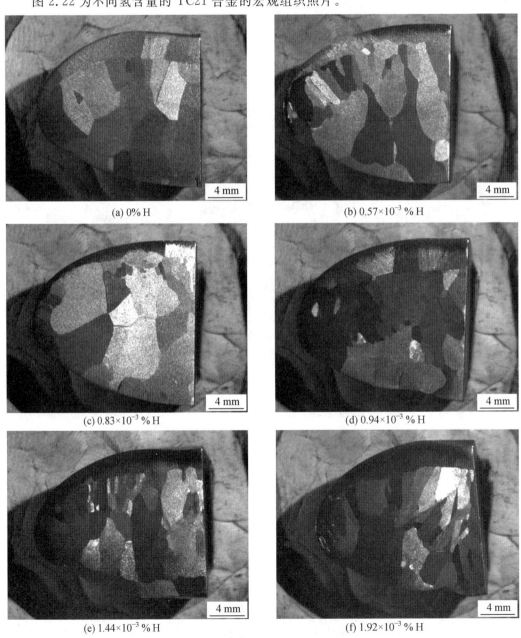

(a) 0% H

(b) 0.57×10^{-3} %H

(c) 0.83×10^{-3} %H

(d) 0.94×10^{-3} %H

(e) 1.44×10^{-3} %H

(f) 1.92×10^{-3} %H

图 2.22　不同氢含量的 TC21 合金的宏观组织照片

图 2.22(a)中为 TC21 合金在 Ar 气环境中熔炼后得到的组织,主要为粗大的等轴组织,TC21 为 α+β 两相合金,其上下表面都有明显的柱状晶的存在,是由于上下表面的冷却速率要远快于合金熔体的中部;图 2.22(b)中为粗大的柱状组织,这些柱状组织垂直于上表面,这是由散热条件决定的,合金底部与铜坩埚壁接触,在熔炼过程中为固相,并且冷却后逐渐长大,它也为上层的熔体凝固提供了晶核,上层熔体熔炼结束后通过铜坩埚和熔体上方的氩氢气体双向散热,最后两个方向的定向生长在中间相遇。由于氢的电离能较高,氢含量的升高促使电弧温度升高,这将导致上部熔体温度的增加,下方因散热条件较好而升高不明显。因此,当熔炼结束后上下温度梯度变大,上部凝固时间变长,并使得原来的等轴晶长大成粗大的柱状晶。图 2.22(a)与图 2.22(b)对比可以发现,氢气的加入对 TC21 合金凝固组织的影响较大。由图 2.22 中的照片可以发现,合金的晶粒出现了明显的细化趋势,在合金的氢含量达到 1.92×10^{-3}%时得到的晶粒最为细小。

3. Ti600 合金的宏观组织

图 2.23 为不同氢含量的 Ti600 合金的宏观组织照片,在熔炼过程中合金成分相同,具有相同的冷却条件,因此,合金的组织发生变化的原因就是氢的存在。图 2.23(a)为 Ti600 合金在氩气中熔炼后得到的宏观组织,可以比较明显地看到凝壳的存在,并且凝壳部分的晶粒较为粗大;图 2.23(b)为 Ti600 合金在氢氩混合气氛中熔炼后的宏观组织,该

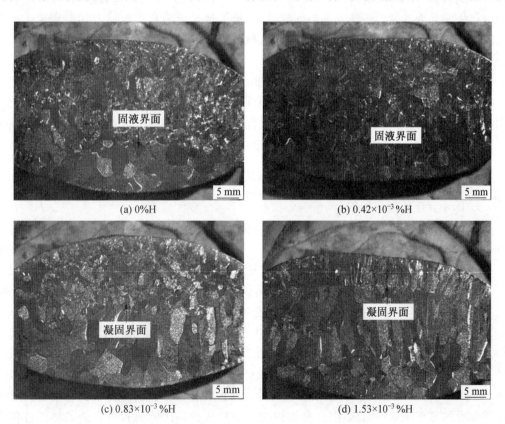

(a) 0%H

(b) 0.42×10⁻³%H

(c) 0.83×10⁻³%H

(d) 1.53×10⁻³%H

图 2.23　不同氢含量的 Ti600 合金的宏观组织照片

试样的氢含量为 $0.42\times10^{-3}\%$，氢气的存在使凝壳变得更薄，这是由于氢气的存在增加了电弧的能量，合金的晶粒更加均一；随着氢含量的进一步升高，图 2.23(c)和图 2.23(d)中凝壳的存在不是十分清晰，但是可以清晰地看到凝固界面(合金熔体从上下表面同时凝固并在合金内部相遇而形成的界面)的存在，这是因为底部与铜坩埚壁接触，存在的固相为上层的熔体凝固提供了形核的条件，并且逐渐长大。熔体在熔炼结束后通过铜坩埚和熔体上方的氩氢气体双向散热，最后两向定向生长在中间相遇，凝固过程结束。这一现象在图 2.23(d)中尤为明显，此时混合气氛中的氢气含量接近 45%，极大地促使电弧温度升高，这将导致上部熔体温度的增加，下方因散热条件较好而温度升高不明显，因此，熔体的上下表面存在很大的温度梯度。熔炼结束后，上下表面同时向熔体内部凝固，但是自下向上的凝固速度要远高于自上向下的凝固速度。并且，在凝固界面以下的区域，定向凝固的现象十分明显，该区域为柱状的定向凝固组织。

　　基于图 2.21 和图 2.22 的分析发现，液态氢化细化了 TC4 合金与 TC21 合金的宏观组织，但只是在氢含量较高的情况下细化得较为明显。这是由于氢含量较高时，更多的氢原子弥散分布在合金熔体中，同时由于氢原子的半径较小，并且在钛氢体系中有很大的液固相线范围，就会使一部分氢原子吸附在固液界面，该部分氢原子会阻碍固相的生长，极大地减小固相的生长速率，导致了晶粒尺寸的减小，达到了细化晶粒的目的；同时由于氢的存在还会促进合金中其他元素的扩散，氢增强了钛原子的自扩散能力和溶质原子的扩散能力，这在理论上会减小合金熔体的形核激活能，在一定程度上促进了形核，导致了组织的细化。

　　但是氢元素的加入也会提高熔体的温度，使晶粒有变粗大的趋势。合金凝固组织的最终形态是由氢细化与高温粗化竞争的结果所决定的。实验发现最终氢对合金的细化作用成为主导因素。由此可知，氩氢气氛中氢含量对钛合金铸锭中的宏观组织有着重要的影响。

2.3.2　液态氢化钛合金微观组织的演化规律

1. TC4 合金的微观组织

　　对 TC4 合金的光学显微组织进行分析，将放大倍数较低的进行对比，较高倍数的进行对比。在图 2.24 中，图 2.24(a)与图 2.24(b)的对比能够进一步说明前面关于宏观组织的论述，氢化后的试样中存在着晶粒的细化，但是氢含量较低时晶粒内部组织的细化作用不是十分明显，该氢含量 $1.55\times10^{-2}\%$ 的试样仍然有较多粗大的片状马氏体存在；由图 2.24(c)、图 2.24(d)的对比分析中可以发现，不含氢的试样中含有大量粗大的马氏体，而且在试样中占主要部分，氢含量 $6.76\times10^{-2}\%$ 的 TC4 合金试样中马氏体的含量明显减少；由图 2.24(d)和图 2.24(f)的对比中可以看到，随着氢含量的增加，试样中片状马氏体的含量逐渐减少，在氢含量 $6.76\times10^{-2}\%$ 试样中，还含有少量的片状马氏体，但是在氢含量为 $10.51\times10^{-2}\%$ 试样中几乎不存在这种片状的、粗大的马氏体组织，而主要是针状和比较细小的窄板条状的马氏体，这种组织相对于片状的马氏体而言对合金的加工性能有较大的改善作用。

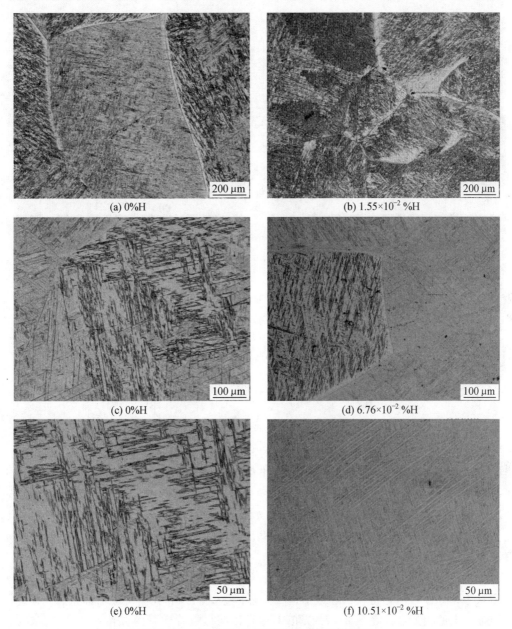

(a) 0%H　　　　　　　　　　　　　　(b) 1.55×10^{-2} %H

(c) 0%H　　　　　　　　　　　　　　(d) 6.76×10^{-2} %H

(e) 0%H　　　　　　　　　　　　　　(f) 10.51×10^{-2} %H

图 2.24　不同氢含量的 TC4 合金的显微组织

　　对 TC4 合金的组织在更大的放大倍数下进行分析,如图 2.25 所示,其中图 2.25(a)、图 2.25(c)为未加氢试样,图 2.25(b)、图 2.25(d)为氢化试样,经过分析可以发现:图 2.25(a)和图 2.25(b)的对比可以明显地验证液态氢化后 TC4 合金的组织得到了细化,在图 2.25(b)中看不到粗大的片状组织;图 2.25(d)与图 2.25(c)对比,细化也是十分明显的,并且板条状组织的数量也随着氢含量的增加而增加。从图 2.24 和图 2.25 也可以发现,随着氢含量的增加,试样的组织呈细化的趋势,是一个片状马氏体含量减少和板条状、针状组织增加相伴随的过程。

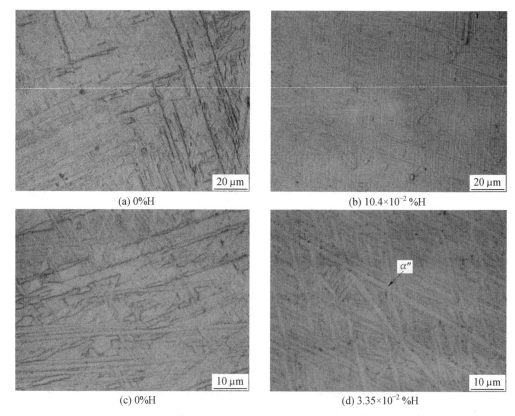

(a) 0%H　　　　　　　　　　　　　　　(b) 10.4×10⁻² %H

(c) 0%H　　　　　　　　　　　　　　　(d) 3.35×10⁻² %H

图 2.25　较高放大倍数下的 TC4 合金的显微组织

　　图 2.26(a)为含 $1.28×10^{-2}$ %H 试样的显微组织,其他为氢含量为 $10.4×10^{-2}$ % 的显微组织照片。通过图 2.26(a)和图 2.26(b)的比较可以发现,随着氢含量的增加,组织进一步细化,图 2.26(a)中的条状组织在同样放大倍数的图 2.26(b)中很难发现,并且图 2.26(b)中的组织更加均匀,但随着放大倍数的增大,可以逐渐清晰地看到分散分布的、长直的条状组织,它十分类似于图 2.27 中的 α'' 相,同时合金内还含有在光学电镜下很难看清的类似于隐针 α'(六方)马氏体的组织。

　　图 2.27 为 J. I. Qazi 等人实验得到的氢化 TC4 合金的光学显微照片(图中氢含量为氢的原子数分数),但是材料都经过了退火处理。这些组织和我们实验中得到的光学显微组织有一定的相似性。在图 2.27(c)和(d)中可以明显地看到 α'' 的存在,并且随着氢含量的增加,可以看到这种斜方结构的 α'' 相有增加的趋势。在本实验中得到的组织,如图 2.25(d)中可以看到类似这种 α'' 相的存在,但是试样中的 α'' 相并不像图 2.25 中那样有着明显的孪生的痕迹。形成相似组织的原因,除了氢的作用之外,另一部分是两种试样冷却时都采取了激冷这一冷却方式,激冷可通过多种手段达成,一种是淬火,而我们的实验中采用了水冷铜坩埚的冷却方式。

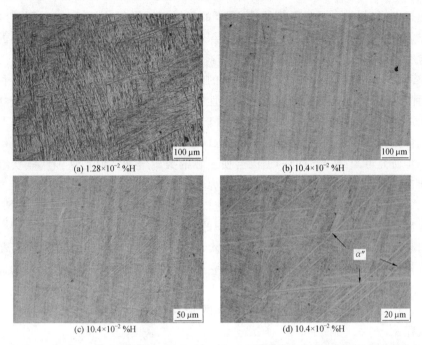

图 2.26　两种氢含量的 TC4 合金的显微组织的对比照片

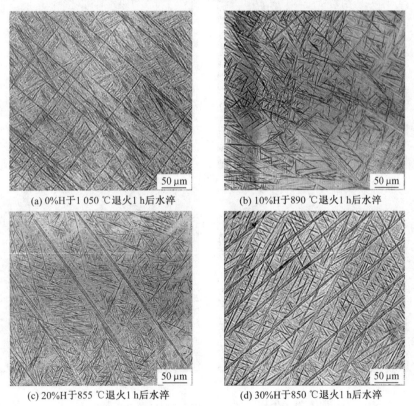

图 2.27　J. I. Qazi 等人制备的 TC4 合金的光学显微照片

对扫描电镜(扫描电子显微镜的简称)下的显微组织进行分析,可以看到有网篮状组织的存在,这种网篮状组织也称为细板条组织,F. H. Froes 等人通过热氢处理的方法使合金中含有少于 30%(原子数分数)的氢元素,对其在高于 500 ℃ 的温度下进行时效处理,使氢溶解在 β 相中,然后在 700~800 ℃ 的温度下进行除氢处理,也得到了这种网篮状组织,这种组织可以提高材料的强度和延展性能。随着氢含量的增加,这种网篮状组织的存在就更加明显,网篮的密度更加密集。由于合金中的氢含量与 J. I. Qazi 等人得到的试样的氢含量相差不多,只是略高于他们的试样,因此,在组织上比较相似。

进一步研究可知,适当时间的退火会使 α″ 相的数量增加。但是这种网篮状组织对合金的热加工性能的改善作用,将在分析合金力学性能时进行研究。

图 2.28 为 TC4 合金试样放大 500 倍的扫描电镜照片,反映了 Ti－6Al－4V 合金试样由不含氢到氢含量逐渐增加的过程中组织的变化,图 2.28(a)不含氢,合金的组织主要是片状的马氏体;图 2.28(b)中由于氢的加入,试样中出现了组织 B,也就是板条组织,但是仍然有相当一部分片状的马氏体,图中把它称为组织 A(下同);随着氢含量的进一步增加,图 2.28(c)中出现了一个组织 A 与 B 交织在一起的过程,也就是原始的片状马氏体向网篮状组织转化的过程;氢含量继续增加,在图 2.28(d)的试样中已经很难发现片状马氏体的大量存在。

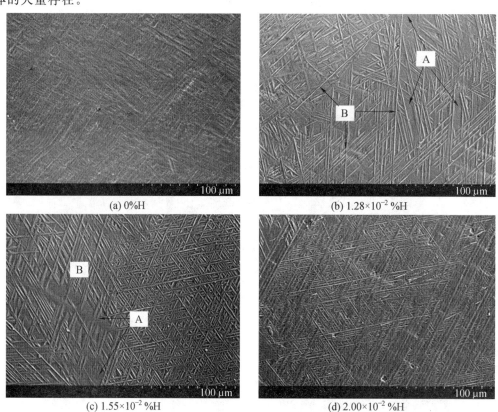

(a) 0%H　　　　　　　　　　　(b) 1.28×10⁻²%H

(c) 1.55×10⁻²%H　　　　　　　　(d) 2.00×10⁻²%H

图 2.28　不同氢含量 TC4 合金的扫描电镜照片

　　图 2.29 为放大倍数更高的试样的扫描电镜照片,结合图 2.28 分析可以看出,氢元素的加入不仅使片状的马氏体转变为板条组织,也就是网篮状组织,它还促使合金中的元素重新分配,可以看到不含氢试样中 β 相的分布与含氢试样中的分布不同,并且氢含量的不同也会导致变化程度不同。图 2.29 就体现出了 β 相分布的变化,图中白色的相为 β 相,可以看到随着氢含量的增加,β 相的分布更加弥散,合金各个部分的性能也会更加均一,同时,含氢试样的组织会随着氢含量的增加进一步细化,并且在图中发现了 α″相。

(a) 5.31×10^{-2} %H　　　　　　　(b) 12.45×10^{-2} %H

图 2.29　高氢含量的 TC4 合金的扫描照片

2. TC21 合金的微观组织

　　图 2.30 为不同氢含量的 TC21 合金的显微组织照片。图 2.30(a) 为不含氢的 TC21 合金的凝固组织,可以看到较为粗大的魏氏组织,这是铸态钛合金中的典型组织;图 2.30(b) 是氢含量为 0.57×10^{-3} % 的 TC21 合金的凝固组织,魏氏组织明显减少,可以看到板条状马氏体的存在;当 TC21 合金的氢含量达到 0.94×10^{-3} % 时,如图 2.30(c) 所示,可以发现密排六方马氏体 α′相和斜方马氏体 α″相的存在;当合金内的氢含量进一步升高,图 2.30(d) 中 α″相的数量有所增加,其体积也明显增大;当合金内的氢含量达到 2.12×10^{-3} % 时,合金内出现了孪晶。图 2.30(c) 与 (d) 中的组织与 J. I. Qazi 等人热氢处理后制备的 TC4 合金的光学显微照片十分相似。同样为 α″相随着氢含量的增加而增加,形成相似组织的原因前面已经分析。α″相马氏体的出现是由于氢元素降低了 α+β/β 的转变温度和马氏体的临界冷却速率以及马氏体转变的特征温度,使得六方的 α′马氏体向斜方的 α″马氏体转化。当加氢至 2.12×10^{-3} % 时发现有孪晶结构出现,而且都是沿 α″马氏体呈阶梯状平行析出的,可能是由应力诱导产生的。发生以上现象的主要原因是 β 稳定元素的增加及 M_s 点的降低,六方马氏体 α′向斜方马氏体 α″转变。从图 2.30 中可知 α″的数量随着氢含量的增加而增加。在氢含量较少的试样中,β→α′、β→α″是同时进行的。但是随着氢含量的增加,α″相转变区开始向 β 相转变区移动,导致了 β→α″占据主导地位,抑制了 β→α′的进行,因此在含氢为 2.12×10^{-3} % 的金相试样中发现 α′数量显著地减少。α″相相对于片状的 α 相以及针状的 α′相都要软,因此,它在一定程度上会改善合金的热塑性。另外,α″具有高阻尼性能和良好形状记忆功能,可以增强合金的减震能力。

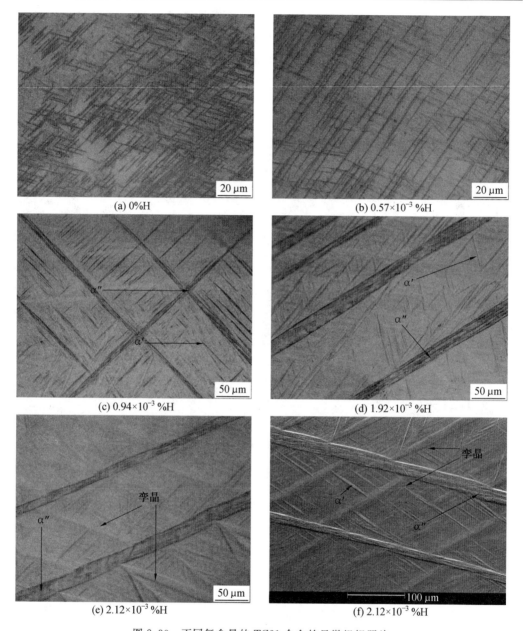

(a) 0%H

(b) 0.57×10⁻³ %H

(c) 0.94×10⁻³ %H

(d) 1.92×10⁻³ %H

(e) 2.12×10⁻³ %H

(f) 2.12×10⁻³ %H

图 2.30　不同氢含量的 TC21 合金的显微组织照片

　　六方马氏体 α′、斜方马氏体 α″ 及其他的亚稳相都有可能成为 α 相的形核质点，两种马氏体相的内部结构存在大量的孪晶、高密度的位错堆垛层错，为细化钛合金打下了基础。如图 2.31 所示，在纽扣锭的下部靠近凝壳的区域，发现合金内马氏体组织随着氢含量的增加而逐渐变细、数量逐渐变多，这也是氢元素降低了 β/α＋β 的转变温度、马氏体的特征转变温度的原因。

(a) 0%H　　　　　　　　　　　　　　(b) 0.82×10⁻³ %H

(c) 1.44×10⁻³ %H　　　　　　　　　　(d) 1.92×10⁻³ %H

图 2.31　不同氢含量 TC21 合金纽扣锭下部的显微组织照片

3. Ti600 合金的微观组织

图 2.32 为不同氢含量的 Ti600 合金的显微组织照片,通过前面对宏观组织的分析发现,当氢含量很低时,氢化后的组织保留了原始的 β 晶界,沿 β 晶界向晶内生长出粗大的片状 α 板条,这在图 2.32(a) 和图 2.32(b) 中体现得较为明显,当氢含量由零增加到 $0.22×10^{-3}$ %时,片状的 α 相有所增加,且呈一定的位向排列,许多位向相同的片状 α 相组成 α 束;随着氢含量的进一步增加,当合金内的氢含量达到 $0.83×10^{-3}$ %时,片状 α 板条的数量减少,不再密集成束分布,针状的 α′ 相马氏体出现;当合金内的氢含量增加到 $1.53×10^{-3}$ %时,发现针状马氏体的含量继续增加,并且针状马氏体的长度明显增加。这是由于氢元素增加降低了临界冷却速率(v_{cr}^{c})和马氏体转变的特征温度(M_{s}、M_{f}、A_{s}、A_{f})。氢的加入使合金的显微组织存在一个细化的过程,是一个片状 α 板条变细、数量减少和针状马氏体组织增加相伴随的过程。

图 2.33 对氢含量较高的合金($1.53×10^{-3}$ %)的不同区域进行了进一步的分析,也验证了前面的结论,片状 α 马氏体和针状的 α′ 相马氏体同时存在于合金的内部,并且在合金内部可以发现残余的 β 相,局部区域残余的 β 相的体积分数较大,如图 2.33(b) 所示,这是由于氢为 β 稳定元素,氢有效降低了 β 相的转变温度,因此相应增加了合金中 β 相的数量。如图 2.33(d) 所示,合金内的局部区域存在一些孔洞,图2.34对孔洞形成的原因进行了分析。

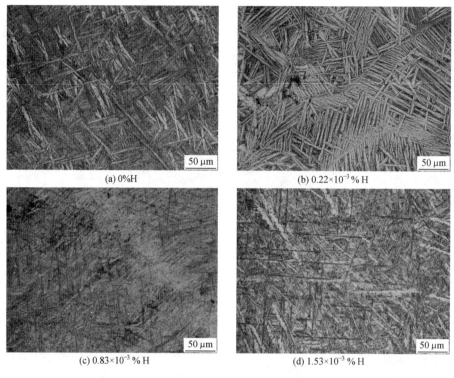

(a) 0%H

(b) 0.22×10⁻³%H

(c) 0.83×10⁻³%H

(d) 1.53×10⁻³%H

图 2.32　不同氢含量的 Ti600 合金的显微组织照片

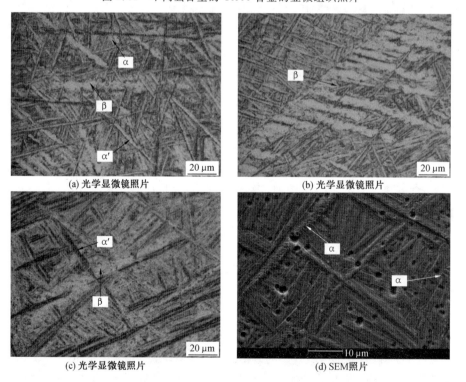

(a) 光学显微镜照片

(b) 光学显微镜照片

(c) 光学显微镜照片

(d) SEM照片

图 2.33　含氢为 1.53×10⁻³% 的 Ti600 合金的显微组织照片

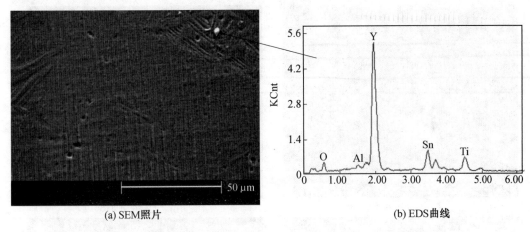

(a) SEM照片　　　　　　　　　　　　　(b) EDS曲线

图 2.34　含氢为 1.53×10^{-3} ％的 Ti600 合金中固溶相的能谱分析图

图 2.34(a)中存在一个白色颗粒,经过分析发现,图 2.33(d)中的孔洞是由于这种颗粒在抛光时脱落而形成的。对该颗粒进行了能谱(EDS)分析,图 2.34(b)为对其能谱分析后得到的曲线,可以发现 5 种元素(O、Y、Al、Sn、Ti)的存在,不同元素的含量见表 2.13。最后我们认为,该固溶相是以 Y_2O_3 相为主要构成的一个富 Y 的混合相,这是由于氢元素的存在使合金内部元素重新分配,并且该混合相的硬度要大于基体,因此抛光的过程导致其与基体的分离。但是该固溶相的存在在一定程度上提高了合金的强度。

表 2.13　能谱分析得到的各元素的含量

元素	质量分数/％	原子数分数/％
O	10.26	37.79
Al	1.3	2.83
Y	61	40.44
Sn	20.2	10.03
Ti	7.24	8.91

如图 2.35 所示,在其他氢含量的试样中也可以看到富 Y 相的存在,但大多数该混合相已经脱落,在显微照片上可以看到其脱落后形成的孔洞,并且随着氢含量的增加,该相的尺寸变小,分布更加弥散,这种细小固溶的第二项的弥散分布会使合金的整体性能更加均一。

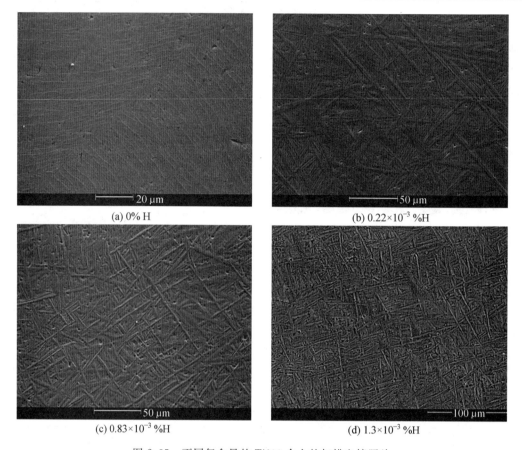

(a) 0% H　　　　　　　　　　　(b) 0.22×10⁻³ %H

(c) 0.83×10⁻³ %H　　　　　　　　(d) 1.3×10⁻³ %H

图 2.35　不同氢含量的 Ti600 合金的扫描电镜照片

2.3.3　液态氢化钛合金的相变分析

1. TC4 合金的 XRD 相分析

图 2.36 为 Ti－6Al－4V－H 伪平衡相图,由于该相图经过了很多学者的研究和分析,对于 Ti－6Al－4V 合金的氢化研究具有一定的指导意义,但是由于本实验中 TC4 合金中的氢含量不是特别高,因此只是针对伪平衡相图中的一部分进行参考借鉴。

图 2.37 为不同氢含量的 TC4 合金的 X 射线衍射曲线,图中曲线 A 为原始 TC4 合金的衍射曲线,曲线 B 为氢含量 $11.5×10^{-2}$ % 的试样的衍射曲线。可以看到,氢化后合金的相组成发生了一些变化:α 相在液态氢化后的合金中仍含量最高,但是 α 相的衍射峰的强度在氢化后有所降低,说明它的含量发生了变化,相对减少。β 相的衍射角以及峰的强度都发生了变化,说明氢元素对 β 相的分布和含量都产生了影响。同时,在氢化后的试样中有 γ 相和 δ 相的衍射峰出现,说明试样中有氢化物出现。

2. TC4 合金中 β 相的 TEM 分析

图 2.38 为液态氢化后的 TC4 合金试样中 β 相与 α 相的体积分数随氢含量增加而变化的透射组织照片。如图 2.38(a)所示,在残余 β 相的内部可以看到第二相针状 α′马氏体的存在,相中存在第二相是由于在熔体冷却过程中,随着温度的降低,β 相向 α 相转化,

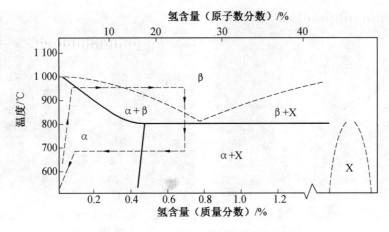

图 2.36　Ti−6Al−4V−H 伪平衡相图

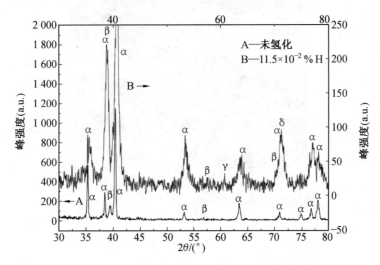

图 2.37　不同氢含量的 TC4 合金的 X 射线衍射曲线

但是由于冷却速率很快,不会全部转化,这就导致了 β 相的内部存在部分 α 相。图
2.38(c)中的残余 β 相体积分数明显大于图 2.38(a)中的 β 相体积分数,该现象并不是一
种偶然现象,通过透射电子显微镜(TEM)对液态氢化后的合金试样进行分析发现,β 相的
体积分数随着氢含量的增加有所增加。通常情况下,合金内 α 相的体积分数要远大于 β
相的体积分数,但是如图 2.38(b)所示,在局部区域 β 相的体积分数已经超过了 α 相的体
积分数,并且两相之间存在着清晰的相界。液态氢化对合金的残余 β 相的体积分数有较
大的影响,促进了更多的 β 相保留在合金的内部,这一现象在不同氢含量的合金试样的
TEM 观察中都可以发现。

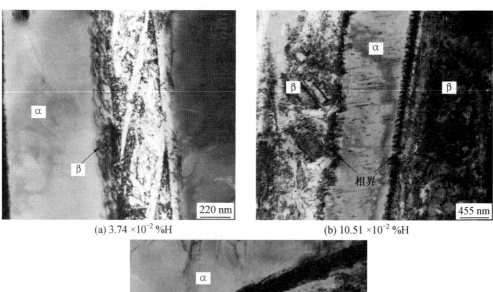

(a) 3.74 ×10⁻² %H

(b) 10.51 ×10⁻² %H

(c) 12.45 ×10⁻² %H

图 2.38　TC4 合金中 β 相的 TEM 照片

3. TC4 合金中氢化物的 TEM 分析

图 2.39 为液态氢化后的 TC4 合金试样的透射照片和衍射花样。该试样的氢含量为 12.45×10^{-2}%，图 2.39(a)显示了面心立方 δ 氢化物的形貌，图 2.39(b)为该氢化物的衍射斑点照片，氢化物的晶带轴为[011]。可以看到面心立方 δ 氢化物存在于两条平行的 β 相之间的 α 相中，与 β 相大约成 60°分布。液态氢化后的 TC4 合金中 δ 氢化物的组成可以确定为 $TiH_{1.5}$，这是因为在两相合金中该氢化物通常为 $TiH_{1.5}$，而在块状的单相合金中 δ 氢化物的组成在 $TiH_{1.5}$ 与 $TiH_{1.99}$ 之间。并未发现如图 2.37 中 XRD 曲线所示的 γ 氢化物的存在，可能是由于其数量较少。

图 2.40 为两个不同氢含量的 TC4 合金中氢化物的 TEM 形貌照片。图 2.40(a)和(b)是液态氢化后的氢含量为 3.74×10^{-2}%的 TC4 合金的透射照片，图 2.40(c)和(d)是氢含量为 12.45×10^{-2}%的 TC4 合金的照片。图中的共同点就是氢化物存在于被 β 相分隔开的 α 相板条中。图中颜色较浅的白色条带为 β 相，这是由于 β 相更容易腐蚀，因此在腐蚀过程中更多的 β 相被腐蚀掉，β 相的部分要薄于 α 相，透光性更好，因此颜色更浅。δ 氢化物（黑色条状物）存在于 α 相中，并且与 β 相成一定角度。但是氢含量的变化还是促

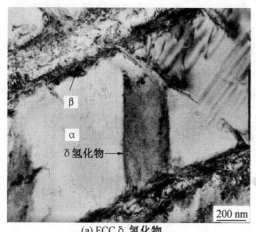

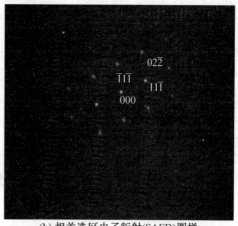

(a) FCC δ 氢化物　　　　　　　　　　(b) 相关选区电子衍射(SAED)图样

图 2.39　氢化 12.45×10⁻²％TC4 钛合金 TEM 照片

使了合金中的三个相产生了较大的变化:随着试样内氢含量的增加,α 相的体积分数有所减少,相应 β 相的体积分数有所增加;氢化物的形态和数量也发生了变化,通过 TEM 观察发现氢化物的数量随氢含量的增加呈上升趋势。

在图 2.40 中可以看到不同形态的氢化物,氢化物以两种形态存在于 α 相中:如图 2.40(a)和图 2.40(c)所示的单个存在于 α 相中,以及图 2.40(b)和图 2.40(d)中的成对出现,产生这种现象是由于形成单个氢化物的部位靠近凝壳,氢含量较合金内部稍低,或者是由于剪薄的位向。但是,TEM 下的观察发现,合金内部绝大多数氢化物是成对出现的,在每一个试样内都发现了该类型氢化物的存在。图 2.40(d)是氢含量为 12.45×10⁻²％的钛合金的 TEM 照片,可以看到两组成对出现的氢化物以不同方向分布于 α 相中,但是单独一对的氢化物的生长方向是相同的,且平行分布。如图 2.40(d)所示,氢化物 A 和 B 是一对,C 和 D 是另一对。B 和 C 交会于同一点,可以发现在相交处氢化物 C 处于 B 的上方,并且两组氢化物处于同一平面,因此,氢化物是以薄片状或者针状存在于合金内部。

从图 2.40 可以发现,氢含量较低的试样中的氢化物要长于氢含量较高的试样中的氢化物,这是由于氢含量的增加,促使 β 相的体积分数增加,α 相的体积分数就会相应减少,片状 α 相的厚度也相应减少,而氢化物存在于 α 相的内部,就会受到其尺寸变化的影响。

图 2.41 为氢含量是 10.51×10⁻²％的 TC4 合金的 TEM 照片。可以看到该部分合金内的 α 相和 β 相交替存在,该处 β 相的体积分数与 α 相已经较为接近,氢化物存在于 α 相之中。可以发现,四条氢化物 A、B、C 和 D 存在于合金中。可以看到氢化物 B 和 C 被一片较为细小的 β 相覆盖,这说明该部分氢化物和 α 相在线切割或电解腐蚀之前是被 β 相全部包裹的。图 2.40 和图 2.41 中的氢化物都与 α 相呈固定的位相关系。

结合前面的组织分析,作者认为氢化物的形成基于以下的顺序:首先熔体在冷却过程中先形成 β 相,β 相冷却时转化为 α′ 相,随着温度的进一步降低,α′ 相内的氢过饱和,α′ 相通过共析反应生成氢化物和 α 相,因此,析出的氢化物与 α 相呈一定的位相关系。液态氢化后 TC4 合金熔体在冷却过程中的相变如下:$L \rightarrow \beta_H \rightarrow \beta_H + \alpha' \rightarrow \beta_H + \alpha + \delta$。

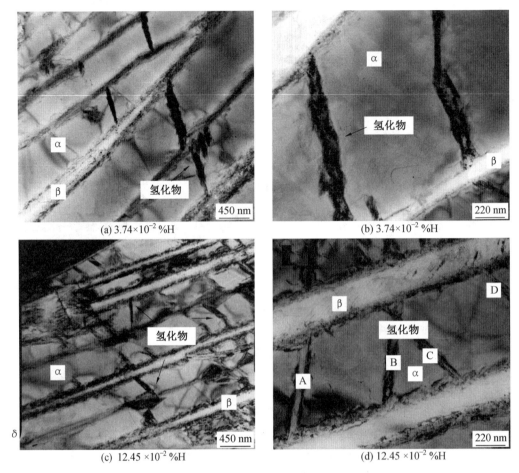

(a) 3.74×10⁻² %H　　　　　　　　(b) 3.74×10⁻² %H

(c) 12.45 ×10⁻² %H　　　　　　　　(d) 12.45 ×10⁻² %H

图 2.40　两个不同氢含量的 TC4 合金中氢化物的 TEM 形貌照片

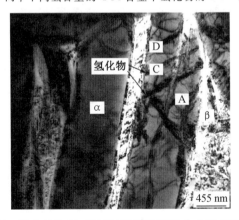

图 2.41　氢含量为 $10.51×10^{-2}$ % 的 TC4 合金的 TEM 照片

2.4 氢对钛合金力学性能的影响

2.4.1 室温显微硬度

1. 氢对 TC21 显微硬度的影响

由于氢元素的加入影响了钛合金的组织,因此,对它的力学性能也有重要影响。图 2.42 为铸态合金硬度与氢含量(原子数分数)的关系,硬度随着氢含量的增加而逐渐降低,这主要由于试样中 β 相的增加以及相对其他相要软一些的正方结构的 α'' 相的存在。随着硬度的降低,合金的塑性和热稳定性能会相应的有所提高。下部的硬度下降不明显,主要原因是 β 相强化、板条组织变细,起了硬化的作用。氢含量(原子数分数)对显微硬度的影响见表 2.14。

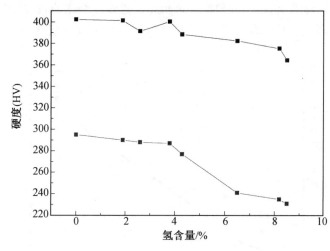

图 2.42 TC21 硬度随氢含量的变化

表 2.14 氢含量对显微硬度的影响

氢含量/%	0	1.9	2.6	3.8	4.3	6.5	8.2	8.5
HV(下部)	402	401	391	400	388	382	375	364
HV(上部)	295	290	288	287	277	241	235	231

从相的性质上看,α'' 相所含的 β 稳定元素和间隙相更多,过饱和度相对于 α' 更高,按道理 α'' 相的硬度应该高于 α' 相,可事实却是 α' 的硬度和强度高于 α'' 的。这是因为存在一个结构和固溶度的竞争关系。从固溶度上讲,α'' 的过饱和度更大,硬度应该比 α' 高;从晶体结构上讲,α' 是六方结构,而 α'' 是斜方结构,六方结构的硬度高于斜方结构的硬度,所以就应看哪个因素起主要作用。对于 α' 和 α'' 来说,已存在的事实证明,结构占主要因素,而且钛合金一般都是置换固溶,间隙原子作为杂质含量很少,产生的都是有限强化,所以强化效果不明显,因此 α' 的硬度高于 α'' 相。

2. 氢化对 Ti600 显微硬度的影响

为了进一步探讨氢元素对 Ti600 合金的影响,分别对两个试样随机选择区域来测试它们的显微硬度。在每个试样上选取三个点,可以得到三个硬度值,这样就可以求得每个试样的平均硬度值,具体数值见表 2.15。由表 2.15 可知氢的增加使得合金的硬度增加。

表 2.15 氢含量(原子数分数)对显微硬度的影响

氢含量/%	0.0	1.0	3.9	6.0	7.2
(HV)第一点	341.3	348.6	378.6	395.4	402.2
(HV)第二点	315.8	330.9	335.5	346.6	360.6
(HV)第三点	305.5	291.8	310.2	316.7	324.8
平均值(HV)	320.9	323.8	341.4	352.8	362.5

由图 2.43 可知,随着氢含量的增加,硬度值是接近线性变化的,这是因为氢使得 α 合金的板条变细小,随着氢的增加,虽然有 β 相生成,但也会生成 γ 氢化物使得合金的硬度增加。

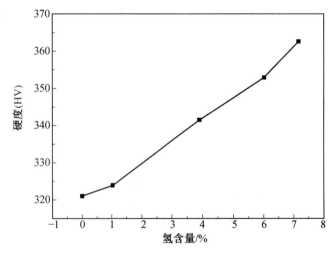

图 2.43 Ti600 氢含量(原子数分数)与硬度的关系

2.4.2 高温性能

1. 温度对含氢 TC21 钛合金力学性能的影响

温度本身就可以降低合金的流变应力,其原因为:原子键合力下降、动态再结晶和回复随温度而升高、晶间切变抗力降低、β 相增加等。应变速率为 $0.01\ s^{-1}$ 时温度对真应力一真应变曲线的影响如图 2.44 所示。应变速率为 $0.01\ s^{-1}$ 时温度对不同氢含量(原子数分数)的应力峰值的影响如图 2.45 所示。

由图 2.44 中曲线可知,随着温度升高,塑性对氢的敏感性降低。这是由于温度较高时,β 相的增加成为流变应力下降的主要原因,且随温度升高,β 相增加的速度减缓;低温时以 α 相动态再结晶为软化机制,温度越高再结晶就越充分,流变应力下降就越快;高温

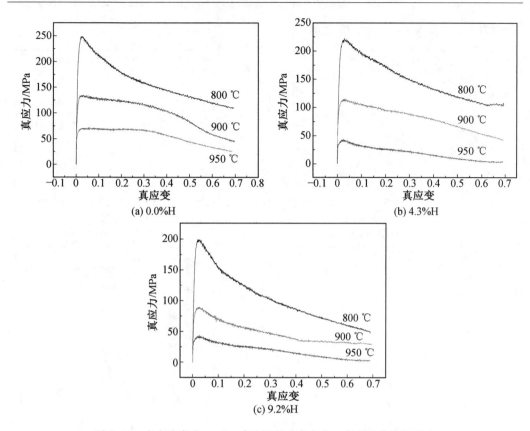

图 2.44　应变速率为 $0.01\ s^{-1}$ 时温度对真应力-真应变曲线的影响

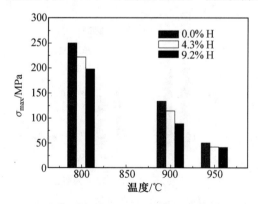

图 2.45　应变速率为 $0.01\ s^{-1}$ 时温度对不同氢含量(原子数分数)的应力峰值的影响

时以 β 相的动态回复为主,流动应力下降的速度变慢。低氢时 α 相含量较少,动态再结晶引起的软化效应低于无氢的钛合金,高氢时则相反。另外也有文献报道,流变应力下降可能是由氢促使 β 相硬化造成的,该硬化机理主要为固溶强化;同时氢原子被如位错、晶界、相界等缺陷捕获,起到钉扎位错的效果,阻碍其运动。

2. 温度对含氢 Ti600 合金力学性能的影响

　　温度是影响钛合金流变应力的重要因素,由于氢会影响合金中不同的相,并影响各种相的变形过程,因此,有必要研究温度对含氢钛合金力学性能的影响。温度对含氢 Ti600

合金力学性能的影响如图 2.46 所示。

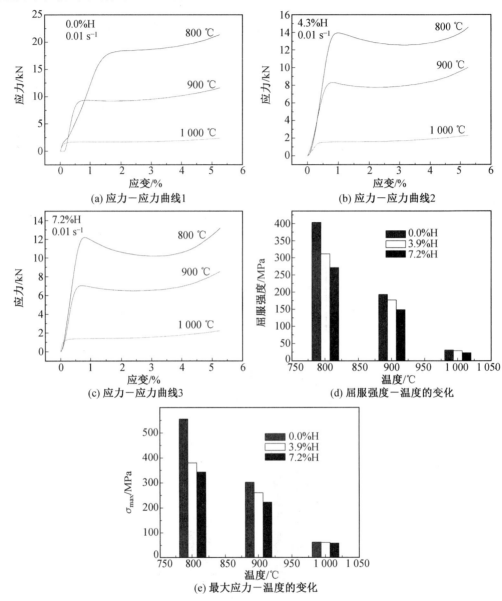

图 2.46　温度对 Ti600 合金力学性能的影响

2.4.3　高温流变行为

1. 温度对 TC4 合金的高温流动行为的影响

在应变速率同为 $1\times10^{-2}\,s^{-1}$ 的条件下，选择氢含量为 $5.62\times10^{-2}\%$ 的 Ti—6Al—4V 合金试样进行热模拟实验，来研究温度对液态氢化后 TC4 合金的高温力学性能的影响。图 2.47 为实验后得到的真应力—真应变曲线，图 2.47 中的三条曲线 A、B 和 C 分别对应的加热温度为 700 ℃、800 ℃和 900 ℃。可以发现，随着温度的升高，真应力—真应变曲线出现了以下的变化:合金的屈服应力随着温度的升高而降低,并且加热温度由 700 ℃ 升高到 800 ℃ 时,应力峰值降低的幅度要大于 800 ℃ 到 900 ℃ 时的应力降低幅度,但在加热温度 900 ℃ 左右,屈服强度很小,受温度的影响过大,因此实验中选择的温度为 800 ℃,这一温度也比较接近现实中的应用;可以看到产生屈服时对应的应变也随之增加,如果把这种现象称为屈服的滞后,那么加热温度为 800 ℃ 的屈服要滞后于 900 ℃ 的屈服,700 ℃ 滞后于 800 ℃ 的,并且这种滞后的幅度随着温度的降低而增加,这是由于高温促使屈服更容易发生。

几乎所有金属和合金的变形抗力都会随温度的升高而降低,塑性随温度的升高而升高。因为温度的升高,金属原子间的结合力降低,金属滑移的切应力降低。图 2.47 中的曲线在屈服之后合金的流变应力随着应变的增加而降低,也就是说合金试样在变形过程中发生软化,原因如下:金属在再结晶温度以上的变形,称为热塑性变形,热塑性变形过程中,回复、再结晶和加工硬化同时发生,加工硬化不断被回复和再结晶所抵消,金属处于高塑性、低变形抗力的软化状态,从而使变形能够继续下去。对于这一现象,将结合微观组织的照片进一步分析。

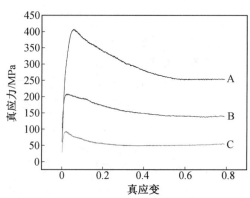

图 2.47　不同温度下的真应力一真应变曲线

2. 应变速率对 TC4 合金的高温流动行为的影响

在相同的加热温度(800 ℃)条件下,选择氢含量为 5.62×10^{-2}% 的 Ti—6Al—4V 合金试样来研究不同应变速率对合金高温变形能力的影响。图 2.48 中的曲线 A、B、C 和 D 对应的应变速率分别为 $1 \times 10^{-1} s^{-1}$、$1 \times 10^{-1.5} s^{-1}$、$1 \times 10^{-2} s^{-1}$ 和 $1 \times 10^{-2.5} s^{-1}$。可以发现:在相同温度下,试样的屈服强度随着应变速率的降低而降低,并且在氢化后的 Ti—6Al—4V 合金中,应变速率为 $1 \times 10^{-1} s^{-1}$ 时,合金在屈服后的真应力随着真应变的增加而增加,也就是产生了加工硬化,这说明由动态再结晶等引起的软化不能抵消变形时产生的残余应力,随着应变速率的降低,加工硬化的现象消失;当应变速率为 $1 \times 10^{-1.5}$ 时,材料发生屈服后的真应力呈降低的趋势,并且十分明显;随着应变速率的增加,应力降低的幅度也逐渐减小,结合实际应用,实验中选择的应变速率为 $1 \times 10^{-2} s^{-1}$。随着应变速率的增加,出现了不同程度的屈服滞后(同前文)的现象。

单位时间内的应变称为应变速率,又称变形速度,单位 s^{-1}。高应变速率下,金属没有足够时间进行回复或再结晶,其软化过程不能充分体现,金属的塑性降低。因此,在一般情况下,较小的应变速率可以提高合金的塑性。但是一些情况下,提高应变速率可以在一定程度上使合金的温度上升,温度效应增加;提高应变速率可以降低摩擦因数,从而降低金属的流动阻力等。本实验中合金的变形是在较高的温度下进行的,因此以上的一些因素都可以忽略。

对于图 2.48 中所表现出来的应变速率与流变应力的关系,将结合微观组织的照片进一步分析讨论。

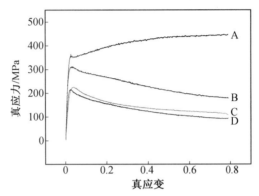

图 2.48　不同应变速率下的真应力－真应变曲线

3. 氢含量对 TC4 合金的高温流变行为的影响

图 2.49 是在应变速率为 $1 \times 10^{-2} \mathrm{s}^{-1}$、温度为 800 ℃的条件下得到的真应力－真应变曲线,图中曲线分别为不同氢含量的 Ti－6Al－4V 合金试样进行热压缩后得到的真应力－真应变曲线,图 2.49(a)和(b)中的曲线 a 是同一曲线,是原始 Ti－6Al－4V 合金试样的热压缩曲线,图 2.49(a)中的曲线 b 是氢含量为 3.35×10^{-2}% 的试样的热压缩曲线,曲线 c 是氢含量为 8.67×10^{-2}% 的试样的压缩曲线,曲线 d 是氢含量为 10.51×10^{-2}% 的试样的压缩曲线,曲线 e 是氢含量为 12.45×10^{-2}% 的试样的压缩曲线。图 2.49(b)中,曲线 f 为含氢 5.31×10^{-2}% 的合金试样的热压缩曲线。由于该热压缩曲线与原始合金试样的压缩曲线几乎重合,因此,为了便于观察,将这两条曲线单独进行对比。

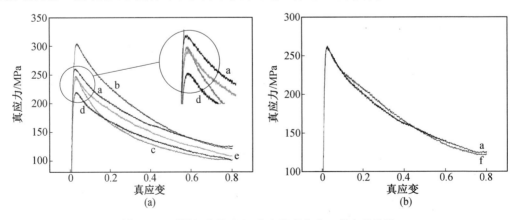

图 2.49　不同氢含量 TC4 合金的真应力－真应变曲线

对图 2.49(a)中的曲线分析,可以发现:当试样中的氢含量较低时,如含量为 $3.35 \times$

10^{-2}％的 Ti－6Al－4V 合金试样的屈服强度要高于不含氢的合金试样,并且在整个变形阶段,这一氢含量试样的流变应力也一直高于不含氢的试样的流变应力,这可能由于氢元素过少,并未起到明显增加 β 相和位错滑移的作用,因此作为一种杂质元素存在,反而增加了应力。图 2.49(b)中的两条曲线几乎重合,屈服强度以及屈服后的流变应力的变化趋势都十分接近,因此,在 Ti－6Al－4V 合金中的氢含量低于 5.31×10^{-2}％时,含氢 Ti－6Al－4V合金的热塑性不是降低,反而有所升高,这一特点在屈服强度和屈服后的流变应力上都有所体现。当 Ti－6Al－4V 合金中的氢含量进一步升高,合金的热塑性相对于原始合金开始提高,对图 2.49(a)中的曲线 c、d、e 进行分析,可以看到 Ti－6Al－4V 合金的氢含量在这一范围内,合金的屈服强度相对于原始合金得到了降低,并且这种降低的程度和趋势存在着一个变化,合金中的氢含量从 8.67×10^{-2}％到 10.51×10^{-2}％,Ti－6Al－4V 合金的屈服强度一直降低,并且在这一范围内,氢含量为 10.51×10^{-2}％时合金的屈服强度的降低程度要远大于氢含量为 8.67×10^{-2}％时的降低程度,这一含量是所有氢化合金试样的最小屈服强度。但是,氢含量为 12.45×10^{-2}％的合金相对于氢含量为 10.51×10^{-2}％的合金的屈服强度又有所升高,升高的原因是在该氢含量范围内,氢起到改善加工性能的作用相差不多,但是氢化物的数量有所升高,因为在 800 ℃以上 δ 氢化物仍可以存在,但仍小于氢含量为 8.67×10^{-2}％的合金试样的屈服强度。同时,对图 2.49(a)的局部区域进行了放大,可以发现不含氢的合金几乎是在弹性变形之后直接达到了变形极限,发生屈服;但是含氢的合金(曲线 c、d、e)在弹性变形与屈服之间存在一段明显的非弹性变形阶段,流变应力的增加由于氢的存在变得缓慢,这明显是由动态回复的存在所导致的,并且在曲线 d 中该现象表现得最为明显。综上可知,在氢含量由 8.67×10^{-2}％到 12.45×10^{-2}％这一范围内,液态氢化后的 Ti－6Al－4V 合金的屈服强度是一个先降低再升高的过程,但是含氢合金的屈服强度都要低于原始钛合金的屈服强度,并且氢含量为 8.67×10^{-2}％的合金试样显示出了较为明显的软化现象;同时合金在该氢含量的范围内,在屈服前出现了明显的动态回复现象。

　　Ti－6Al－4V 合金变形时的真应力在发生屈服后随着真应变的增加明显降低,也就说明合金在这一过程中的热塑性得到了明显的提高,发生流变软化。相对流变软化数 S_r 用来描述合金的流变软化行为。S_r 由下面的公式表示:

$$S_r = (\sigma_p - \sigma_{min})/\sigma_p \tag{2.29}$$

式中,σ_p 和 σ_{min} 分别为整个变形过程中的屈服应力和最小应力。由图 2.49 中的曲线得到了表 2.16 中的数据。

　　根据前文的分析,TC4 合金中的 β 相随着氢含量的增加而增多,当合金内的氢含量很少时,相对于未氢化的合金 β 相的数量增加得较少,氢原子主要分布在相界和晶界之间,这就会增大合金变形时相界和晶界的摩擦力,氢元素作为钛合金的杂质元素而存在,它使合金的屈服强度有所升高;随着氢含量的进一步增加,氢作为 β 相的稳定元素,它可以促进更多的残余 β 相存在于合金内部,合金的屈服强度逐渐降低,并且低于原始合金的强度;但是,随着氢含量的进一步增加(10.51×10^{-2}％增加到 12.45×10^{-2}％),β 相的体积分数增加得不是很明显,但是氢化物的数量变得更多,这又会对合金的屈服强度产生一定的影响,因此,合金的屈服强度又有所增加,但是增加的幅度不是很大。

表 2.16　　不同氢含量的 TC4 合金的相对流变软化数

C_H /%	原合金	3.35×10^{-2}	5.31×10^{-2}	8.66×10^{-2}	10.51×10^{-2}	12.45×10^{-2}
σ_p	260.33	304.23	261.32	246.66	218.27	236.82
σ_{min}	125.17	115.4	122.24	91.81	<88.85	<102.61
S_r	0.519	0.621	0.532	0.628	>0.593	>0.567

图 2.50(a)为峰值应力与氢含量的关系,可以看到峰值应力随着氢含量的增加,先是迅速降低,之后又会有小幅度升高;图 2.50(b)为峰值应变与氢含量的关系,由于氢化会降低合金的层错能,即会对高温变形的钛合金的动态再结晶具有促进的作用,因此氢化会导致动态再结晶提前发生,从而峰值应变提前。当氢含量达到一定程度时,合金中 β 相含量逐渐增加,主要软化机制由动态回复控制。因此,峰值应变在下降后又会上升。

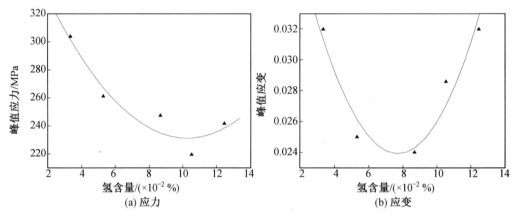

图 2.50　氢含量对峰值应力和应变的影响(800 ℃,0.01 s^{-1})

本章参考文献

[1] ANYALEBECHI P N. Analysis of the effects of alloying elements on hydrogen solubility in liquid aluminum-alloys[J]. Scripta Metallurgica Et Materialia,1995,33(8):1209-1216.

[2] ANYALEBECHI P N. Attempt to predict hydrogen solubility limits in liquid multi-component aluminum alloys[J]. Scripta Materialia,1996,34(4):513-517.

[3] CHEN Y,WAN X,LI F,et al. The behavior of hydrogen in high temperature titanium alloy Ti-60[J]. Materials Science and Engineering A:Structural Materials Properties Microstructure and Processing,2007,466(1-2):156-159.

[4] ZHANG Y,ZHANG S Q. Hydrogenation characteristics of Ti-6Al-4V cast alloy and its microstructural modification by hydrogen treatment[J]. International Journal of Hydrogen Energy,1997,22(2-3):161-168.

[5] 郭景杰,苏彦庆. 钛合金 ISM 熔炼过程热力学与动力学分析[M]. 哈尔滨:哈尔滨工业大学出版社,1998.

[6] 翁文达,林天辉. 钛合金气相充氢中氢分压的测量方法[J]. 稀有材料与工程,1994,23(1):66-68.

[7] 切尔涅加. 有色金属及其合金中的气体[M]. 北京:冶金工业出版社,1989.

[8] 陈永定,余信昌. 金属和合金中的氢[M]. 北京:冶金工业出版社,1988.

[9] 张华伟,李言祥,刘源. 氢在 Gasar 工艺常用纯金属中的溶解度[J]. 金属学报,2007,43(2):113-118.

[10] 蒋光锐,刘源,李言祥,等. 多元合金熔体组元活度系数计算方法的改进[J]. 金属学报,2007,43(5):503-508.

[11] SHEN C C, PERNG T P. Pressure-composition isotherms and reversible hydrogen-induced phase transformations in Ti-6Al-4V[J]. Acta Materialia, 2007, 55(3): 1053-1058.

[12] 李谦. 镁基合金氢化反应的物理化学[D]. 北京:北京科技大学,2004.

[13] LIU J, ZHANG X, LI Q, et al. Investigation on kinetics mechanism of hydrogen absorption in the La2Mg17-based composites[J]. International Journal of Hydrogen Energy, 2009, 34(4): 1951-1957.

[14] CHOU K-C, XU K. A new model for hydriding and dehydriding reactions in inter-metallics[J]. Intermetallics, 2007, 15(5-6): 767-777.

[15] CHOU K-C, LI Q, LIN Q, et al. Kinetics of absorption and desorption of hydrogen in alloy powder[J]. International Journal of Hydrogen Energy, 2005, 30(3): 301-309.

[16] MURR L E, ESQUIVEL E V, QUINONES S A, et al. Microstructures and mechanical properties of electron beam-rapid manufactured Ti-6Al-4V biomedical prototypes compared to wrought Ti-6Al-4V[J]. Materials Characterization, 2009, 60(2): 96-105.

[17] FROES F H, SENKOV O N, QAZI J O. Hydrogen as a temporary alloying element in titanium alloys: thermohydrogen processing[J]. International Materials Reviews, 2004, 49(3-4): 227-245.

[18] MIMURA K, KORNUKAI T, ISSHIKI M. Purification of chromium by hydrogen plasma-arc zone melting[J]. Materials Science and Engineering A: Structural Materials Properties Microstructure and Processing, 2005, 403(1-2): 11-16.

[19] 振东,曹孔健,何纪龙. 感应炉熔炼[M]. 北京:化学工业出版社,2007.

[20] GUO E, LIU D, WANG L, et al. Modeling of microstructure refinement in Ti-6Al-4V alloy by hydrogen treatment[J]. Materials Science and Engineering A: Structural Materials Properties Microstructure and Processing, 2008, 472(1-2): 281-292.

［21］LIU C-T，WU T-I，WU J-K. Formation of nanocrystalline structure of Ti-6Al-4V alloy by cyclic hydrogenation-dehydrogenation treatment［J］. Materials Chemistry and Physics，2008，110(2-3)：440-444.

［22］QAZI J I，SENKOV O N，RAHIM J，et al. Kinetics of martensite decomposition in Ti-6Al-4V-xH alloys［J］. Materials Science and Engineering：A，2003，359：137-149.

［23］WU T I，WU J K. Effects of electrolytic hydrogenating parameters on structure and composition of surface hydrides of CP-Ti and Ti-6Al-4V alloy［J］. Materials Chemistry & Physics，2002，74(1)：5-12.

［24］KANG Q，ZHANG C B，LAI Z H，et al. morphology and high resolution image of eutectoid transformation products of Ti-H alloys［J］. Acta Metallrugica Sinica，1995，31(6)：241-247.

［25］刘全坤. 材料成形基本原理［M］. 北京：机械工业出版社，2004.

［26］VERLINDEN B，SUHADI A，DELAEY L. A generalized constitutive equation for an AA6060 aluminum-alloy［J］. Scripta Metallurgica Et Materialia，1993，28(11)：1441-1446.

［27］宗影影. 钛合金置氢增塑机理及其高温变形规律研究［D］. 哈尔滨：哈尔滨工业大学，2007.

第3章 TiAl合金的液态氢化

γ—TiAl基合金具有优良的高温强度、抗蠕变、抗氧化和阻燃性能,而且密度低、弹性模量高,有望作为结构材料应用于航空航天及汽车等领域,热氢处理技术可以细化组织,改善热变形性能,其原理是将氢作为一种临时性合金元素,利用氢的作用细化合金的组织,改善合金的高温变形性能。本章介绍一种新的氢化技术,定义液态氢化,该技术的实施过程是在氢气/氩气中熔炼合金,氢气分解并扩散进入合金熔体进而达到氢化的目的。液态氢化技术具有较高的氢化效率,可与合金熔炼同时进行,适用于对各种尺寸的工件进行氢化。

3.1 TiAl合金的氢溶解热动力学

3.1.1 TiAl合金液态氢化热力学

1. 氢在TiAl合金熔体中的溶解度

TiAl合金液态氢化过程中,氢气分解并且扩散进入合金熔体,达到饱和氢溶解度的TiAl合金熔体在炉中冷却过程中,氢在合金中的溶解度随合金的冷却而升高。但由于水冷铜坩埚的快速冷却作用,以及熔炼室中气体的快速循环带来的对流传热,与水冷铜坩埚和混合气体接触的合金表面很快凝固,形成一层凝壳。一方面阻碍了已溶解的氢原子的逃逸,另一方面熔体表面已经不具备氢气分解的条件,故可认为冷却过程中溶解在合金中的氢量几乎没有发生变化,可认为溶解在合金熔体中的氢保留至室温,即为氢含量。因此,若要控制氢含量,首先需要了解氢在TiAl合金熔体中的溶解度。

在液态氢化过程中,电弧区可达到很高的温度,TiAl合金熔体表面的某些区域也能够达到较高的温度,这些高温区域可将熔炼室内的氢气分解为氢原子,在熔体表面分解的氢原子可直接溶解进入合金熔体,而在电弧表面分解的氢原子则随电弧的运动到达合金熔体表面并溶解到熔体中。该过程不断进行,就会有越来越多的氢原子进入合金熔体中,进入合金熔体表面的氢原子会在合金熔体中不断扩散并达到均匀分布,最终在合金熔体表面达到一个动态平衡的过程,即氢分子分解为氢原子和氢原子结合为氢分子的一个平衡过程,该过程用方程表示为

$$\frac{1}{2}H_2 \Longrightarrow H \tag{3.1}$$

随着反应的进行,氢在TiAl合金熔体中的浓度达到其溶解度,就会形成一个平衡过程:

$$K_p = \frac{C_H}{\sqrt{p_{H_2}}} \tag{3.2}$$

式中,K_p为平衡常数。

氢在合金熔体中的溶解度 C_H 与它在气相中的分压的平方根 $\sqrt{p_{H_2}}$ 成正比。据报道，该过程符合 Sievert's 定律。根据范德霍夫（van't Hoff）等温方程，平衡常数 K_p 与氢在合金熔体中溶解的标准自由能变化 $\Delta G_m^\ominus$ 存在如下关系：

$$\Delta G_m^\ominus = -RT \ln K_p \tag{3.3}$$

式中，R 为气体常数；T 为熔体温度。由式（3.2）和式（3.3）可以得到氢在合金熔体中溶解度 C_H 的表达式：

$$C_H = \sqrt{p_{H_2}} \exp(-\Delta G_m^\ominus / RT) \tag{3.4}$$

由上式可以看出，氢在 TiAl 合金熔体中的溶解度是由环境中的氢气分压 p_{H_2}、熔体温度 T 以及氢在合金熔体中溶解的标准自由能变化 $\Delta G_m^\ominus$ 共同决定的。

之前有很多学者研究了氢在固态 TiAl 合金中的溶解度，但多采用高温渗氢法或者室温下电化学法，主要集中在某些较低的温度和氢分压范围内，然而并未得出在不同氢分压和不同熔体温度时的氢溶解度的完整数据，尤其缺乏氢在 TiAl 合金熔体中的溶解度。造成这种情况的主要原因是影响氢溶解度的因素较多，TiAl 合金活性高，对熔炼设备的要求高，既要求坩埚与合金熔体不发生反应，还要求熔炼室的密封性好，因此通过实验得到完整的数据耗时耗力，而且成本极高。与此相比，基于热力学模型和热力学数据计算氢在 TiAl 合金中的溶解度不失为一种更为经济有效的方法。很多人对氢在某些金属液中的溶解度进行了研究，为计算氢在 TiAl 合金熔体中的溶解度提供了借鉴意义；且计算氢溶解度的过程中所需的热力学模型和数据经过若干年的发展已经比较丰富和可靠，这些都为计算氢在 TiAl 合金熔体中的溶解度提供了理论依据。

2. 氢在 TiAl 合金熔体中溶解度的计算公式

对于理想溶液，氢在合金熔体中的标准自由能变化 $\Delta G_m^\ominus$ 可以通过氢在纯组元 i 中溶解的标准自由能变化 $\Delta G_i^\ominus$ 加权平均得到。对于一般的非理想溶液，$\Delta G_m^\ominus$ 可由下式得到：

$$\Delta G_m^\ominus = \sum x_i \Delta G_i^\ominus + \Delta G_m^{ex} \tag{3.5}$$

式中，x_i 为合金熔体中组元 i 的摩尔分数；ΔG_m^{ex} 为合金熔体的过剩自由能，由下式获得：

$$\Delta G_m^{ex} = RT \sum x_i \ln \gamma_i \tag{3.6}$$

式中，γ_i 为组元 i 的活度系数。将式（3.6）代入式（3.5）中可得到氢在合金熔体中溶解度 C_H 的理论模型：

$$\ln C_H = \sum x_i \ln \frac{C_H^i}{\gamma_i} \tag{3.7}$$

式中，C_H^i 为氢在纯组元 i 熔体中的溶解度。而对于 TiAl 二元合金熔体，其溶解度为

$$\ln C_H = x_{Ti} \ln \frac{C_H^{Ti}}{\gamma_{Ti}} + x_{Al} \ln \frac{C_H^{Al}}{\gamma_{Al}} \tag{3.8}$$

由上式可知，对于某一成分的 TiAl 二元合金熔体，若要获得氢在其中的溶解度 C_H，只需要知道氢在纯 Ti 熔体和纯 Al 熔体中的溶解度 C_H^{Ti} 和 C_H^{Al}，以及 TiAl 合金熔体组元的活度系数 γ_{Ti} 和 γ_{Al} 即可。因此，将研究氢在 TiAl 合金熔体中的溶解度转换为研究氢在纯组元熔体中的溶解度和 TiAl 合金熔体组元的活度系数。

3. TiAl 合金熔体中组元的活度系数

活度（系数）是合金熔体热力学的一个重要参量。在非理想熔体中，必须考虑采用活

度代替浓度来计算热力学参量,以准确分析体系的热力学行为。早期活度系数主要是通过实验测得,如化学平衡法、固体电解质法、蒸气压法、饱和溶解度法及分配定律法等。然而,对于 TiAl 合金等具有较高活性的高温合金熔体,采用实验手段得到它们的液态热物性参数非常困难,需要高昂的实验费用。因此,一种更为可行的办法是在有限实验的基础上通过建立理论模型进行预测,热力学的长期发展为计算活度系数提供了可靠的模型和丰富的数据。这一理论与实验相结合的方法在某些二元或三元合金的活度系数研究中已经得到了一定的发展,也得到了很多学者的认可。

　　TiAl 合金活度系数的计算必须基于一种比较可靠的熔体(溶液)模型。为了获得热力学参数,人们提出很多溶液模型,试图合理解释活度系数随成分的变化,Margules、Porter、Hildebrand、Lupis 等人对此做了不少工作,这些模型虽然物理意义明确,但由于其局限性,均难以对实验进行预测。Miedema 通过组元的基本性质(元素的摩尔体积 V,电负性 φ,电子密度 n_{ws})就可以对二元合金的生成热进行计算,并与实验值对比,其正负号一致率达 95% 以上。对由 Ti、Al、Hf、Cr、Fe、Co 和 W 等所组成的 40 种二元合金体系,计算值和实验值的偏差一般不超过 8 kJ/g。由于 Miedema 给出了几乎所有元素的参数值,故可以利用其模型求出任意二组元合金的生成热。

　　对于实际溶液,由于两种组元的混合达不到完全无序的状态,且由于原子尺寸、原子取向等因素的影响,其过剩熵 $S_{ij}^{E} \neq 0$。最早由 Hildebrand 提出的正规溶液模型以及 Hardy 提出的亚正规溶液模型都没有考虑 $S_{ij}^{E} \neq 0$ 的问题。后来 Gugenheim 提出了准化学理论溶液模型,Lupis 和 Elliott 提出了准正规溶液模型,虽然考虑了 $S_{ij}^{E} \neq 0$ 的问题,但都是对 S_{ij}^{E} 进行了简单的近似处理。这些模型虽然物理意义明确,但都只能在某些有限的条件下才可适用,其应用范围受到极大限制。而之后提出的自由体积理论是一种建立在统计热力学基础之上的理论模型,具有与实际溶液更为接近的物理意义,在计算合金熔体热力学性质方面取得了较大进展,表现出独特的优势。后来 Tanaka 等人根据自由体积理论导出了超额配位熵和超额构型熵,充分考虑了过剩熵 S_{ij}^{E} 的影响,使得该理论更为接近实际溶液的性质。本文就是利用 Tanaka 等人修正后的超额配位熵和超额构型熵计算公式,结合 Miedema 的二元合金的生成热模型,来计算 TiAl 二元合金熔体的活度系数。

　　超额配位熵和超额构型熵的简略推导过程如下所示,其详细推导过程可参考文献[11]。自由体积理论认为在液态金属中每个原子在与它最临近的原子所组成的一个限制的区域内运动,这个限制的区域称为"原子元胞",如图 3.1 所示,配分函数如式(3.9)所示:

$$Q = \exp\left(-\frac{E_0}{kT}\right)\left\{\int_{cell} \exp\left[-\frac{\psi_i(r) - \psi(0)}{kT}\right]dv\right\}^N = v_f^N \cdot \exp\left(-\frac{E_0}{kT}\right) \quad (3.9)$$

式中,Q 为配分函数;E_0 为处于平衡态的原子总势能;$\psi_i(r)$ 为位于离原子元胞中心距离为 r 的原子 i 的势能;k 为玻尔兹曼(Boltzmann)常数;T 为热力学温度;N 为原子数;v_f 为自由体积,$v_f = (-\pi L^2 kT/v)^{3/2}$;$v$ 为元胞体积。如图 3.1 所示,L 为原子元胞内原子势能扩张的距离;U 为原子元胞内原子势能的大小。

　　在式(3.9)的基础上,进一步推导出:

$$\Delta H_{ij} = N_{ij}\Omega_{ij}/z \quad (3.10)$$

$$\Delta S_C^E = -x_i^2 x_j^2 \Omega_{ij}^2/(2RT^2) \quad (3.11)$$

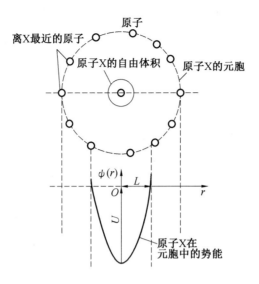

图 3.1　原子元胞内势能示意图

$$\Delta S_V^E = (3/2)Rx_ix_j\left\{\frac{(L_{ii}-L_{jj})^2}{L_{ii}L_{jj}}+\left[\frac{4U_{ii}U_{jj}-2\Omega_{ij}(U_{ii}+U_{jj})-(U_{ii}+U_{jj})^2}{2U_{ii}U_{jj}}\right]\right\}$$

$$(3.12)$$

$$N_{ij}=N_0zx_ix_j\left[1-x_ix_j\Omega_{ij}/(RT)\right] \qquad (3.13)$$

$$L_{ii}=(1/2)(\sqrt{2}V_i/N_0)^{1/3} \quad (j\text{ 可用 }i\text{ 代替}) \qquad (3.14)$$

$$U_{ii}=-685\beta_i^2T_{m,i} \quad (j\text{ 可用 }i\text{ 代替}) \qquad (3.15)$$

式(3.10)～(3.15)中,ΔH_{ij}、Ω_{ij}、ΔS_C^E、ΔS_V^E分别为混合焓、交换能、超额构型熵和超额配位熵;z为配位数;L_{ii}和L_{jj}分别为液态原子i和j元胞内势能扩张的距离;U_{ii}和U_{jj}分别为元胞内原子势能的大小;N_0为 Avogadro 常数;V_i为纯原子的摩尔体积;β_i为在熔点温度时组元i从固态转变为液态时的频率因子,一般情况下可假设为0.5;$T_{m,i}$为纯组元的熔点。

以上公式经过处理可求得超额构型熵和超额配位熵:

$$\Delta S_C^E=\frac{\Delta H_{ij}}{2T}+\frac{R\left[1-4\Delta H_{ij}/(RT)\right]^{1/2}}{4}-\frac{R}{4} \qquad (3.16)$$

$$\Delta S_V^E=\frac{3Rx_ix_j}{2}\left[\frac{(L_{ii}-L_{jj})^2}{L_{ii}L_{jj}}+2-\frac{(U_{ii}+U_{jj})^2}{2U_{ii}U_{jj}}\right]$$

$$-\frac{3}{4}R^2T\frac{(U_{ii}+U_{jj})}{U_{ii}U_{jj}}\left[1-\left(1-\frac{4\Delta H_{ij}}{RT}\right)^{1/2}\right] \qquad (3.17)$$

二元生成热的计算是利用 Miedema 的二元合金的生成热模型获得。Miedema 生成热计算是近年来合金化理论的一项重要成果,其实用性非常广泛。该模型通过组元的基本性质,如原子的摩尔体积、电负性、电子密度等,计算带 d 电子的过渡金属、惰性金属及带 s 电子和多数带 p 电子的非过渡金属之间形成任何二元熔体和固体合金的生成热,计算值与实验值的偏差一般不超过 8 kJ/mol。计算式见式(3.18)和式(3.19),推导过程详见参考文献[7]。

$$\Delta H_{ij} = f_{ij} \cdot \frac{x_i [1 + \mu_i x_j (\phi_i - \phi_j)] x_j [1 + \mu_j x_i (\phi_j - \phi_i)]}{x_i V_i^{2/3} [1 + \mu_i x_j (\phi_i - \phi_j)] + x_j V_j^{2/3} [1 + \mu_j x_i (\varphi_j - \varphi_i)]} \tag{3.18}$$

其中,

$$f_{ij} = \frac{2 p V_i^{2/3} V_j^{2/3} \left\{ \dfrac{q}{p} [(n_{ws}^{1/3})_j - (n_{ws}^{1/3})_i]^2 - (\phi_j - \phi_i)^2 - \alpha (r/p) \right\}}{(n_{ws}^{1/3})_i^{-1} + (n_{ws}^{1/3})_j^{-1}} \tag{3.19}$$

式中,x_i 和 x_j 分别为组元 i 和 j 的摩尔分数;V 为摩尔体积;μ、p、q、α 和 r/p 为常数,且 $q/p = 9.4$;n_{ws} 为电子密度;ϕ 为组元的电负性。对于固态合金,$\alpha = 1$;对于液态合金,$\alpha = 0.73$。r 与组元 i、j 之间不同的电子外层的轨道杂化有关。μ 的取值:对于碱金属元素,$\mu = 0.14$;对于二价金属元素,$\mu = 0.10$;对于三价金属元素和 Cu、Ag、Au,$\mu = 0.07$;对于其他元素 $\mu = 0.04$。p 的取值:若 i 和 j 分别属于过渡元素和非过渡元素,则 $p = 12.3$;若 i 和 j 都是过渡元素,则 $p = 14.1$;若 i 和 j 都是非过渡元素,则 $p = 10.6$。相关的热力学参数值见表 3.1。

表 3.1　TiAl 合金熔体相关的热力学参数

金属	$\phi/$ V	$n_{ws}^{1/3}$ $((\text{d. u})^{1/3})$	$V^{2/3}/$ cm^2	r/p	μ	T_m /K
Ti	3.65	1.47	4.8	1.0	0.04	1 941
Al	4.20	1.39	4.6	1.9	0.07	933

由式(3.9)～(3.17)可得

$$S_{ij}^E = \Delta S_C^E + \Delta S_V^E \tag{3.20}$$

对二元合金熔体,有如下热力学基本关系:

$$G_{ij}^E = \Delta H_{ij} - T S_{ij}^E \tag{3.21}$$

$$\bar{G}_i^E = G_{ij}^E + (1 - x_i) \frac{\partial G_{ij}^E}{\partial x_i} \tag{3.22}$$

$$G_{ij}^E = x_i \bar{G}_i^E + x_j \bar{G}_j^E \tag{3.23}$$

将式(3.18)和式(3.20)代入式(3.21),并对 x_i 求导后,再代入式(3.22)可以得到

$$\bar{G}_i^E = \Delta H_{ij}/2 - A_{ij} T \left(1 - 4\frac{\Delta H_{ij}}{RT}\right)^{1/2} + (1 - x_i)$$
$$\left[0.5 + 2 A_{ij} \left(1 - 4\frac{\Delta H_{ij}}{RT}\right)^{-1/2}/R\right] \cdot \left(\frac{\partial \Delta H_{ij}}{\partial x_i}\right) - (3/2)RTB_{ij}(1 - x_i)^2 + A_{ij} T$$

$$\tag{3.24}$$

其中,

$$A_{ij} = \frac{R}{4} + \frac{3R^2 T(U_{ii} + U_{jj})}{4 U_{ii} U_{jj}} \tag{3.25}$$

$$B_{ij} = \frac{(L_{ii} - L_{jj})^2}{L_{ii} L_{jj}} + 2 - \frac{(U_{ii} + U_{jj})^2}{2 U_{ii} U_{jj}} \tag{3.26}$$

$$\frac{\partial \Delta H_{ij}}{\partial x_i} = \Delta H_{ij} \left\{ \frac{1}{x_i} - \frac{1}{1 - x_i} - \mu_i (\phi_i - \phi_j)/[1 + \mu_i (1 - x_i)(\phi_i - \phi_j)] + \frac{\mu_j (\phi_j - \phi_i)}{1 + \mu_j x_i (\phi_j - \phi_i)} - [V_i^{2/3} \cdot (1 + \mu_i (1 - 2x_i) \cdot (\phi_i - \phi_j)) + V_j^{2/3} \cdot (-1 + \mu_j (1 - 2x_i) \cdot (\phi_j - \phi_i))]/$$

$$\left[x_i V_i^{2/3} \cdot (1+\mu_i(1-x_i)(\phi_i-\phi_j))+(1-x_i)V_j^{2/3} \cdot (1+\mu_j x_i(\phi_j-\phi_i))\right]\}\quad (3.27)$$

又因偏摩尔过剩自由能 $\bar{G}_i^{\mathrm{E}}$ 与活度系数 γ 之间有如下关系：

$$\bar{G}_i^{\mathrm{E}}=RT\ln\gamma_i \quad (3.28)$$

综上公式,可求得

$$\gamma_i=\exp\left\{\Delta H_{ij}/(2RT)-A_{ij}\left(1-4\frac{\Delta H_{ij}}{RT}\right)^{1/2}/R-(3/2)B_{ij}(1-x_i)^2\right.$$

$$\left.+A_{ij}/R+(1-x_i)\left[0.5+2A_{ij}\left(1-\frac{4\Delta H_{ij}}{RT}\right)^{-1/2}/R\right]\frac{1}{RT}\cdot\frac{\partial H_{ij}}{\partial x_i}\right\} \quad (3.29)$$

又根据式(3.23),可得 TiAl 合金熔体另一组元的活度系数：

$$\gamma_j=\exp\left[(G_{ij}^{\mathrm{E}}-x_i RT\ln\gamma_i)/(x_j RT)\right] \quad (3.30)$$

根据式(3.29)和式(3.30)可求得 TiAl 二元合金熔体中组元的活度系数。将计算值与文献[14]中的实验值进行比较后发现,发现两者吻合较好。本文分别对 Ti—44Al、Ti—47Al 和 Ti—49Al 合金熔体的活度系数进行了计算,其组元活度系数随温度的变化如图 3.2 所示。由图可知,对于某一成分的 TiAl 合金熔体来说,随着熔体温度的升高,合金熔体中组元 Ti 和 Al 的活度系数逐渐增大；相同温度时,随着溶质 Al 含量的增大,Ti 的活度系数逐渐减小,而 Al 的活度系数逐渐增大。

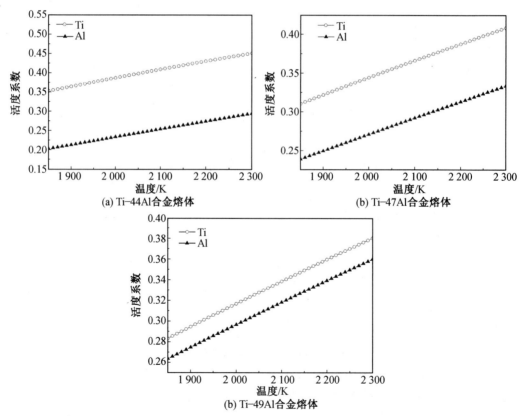

图 3.2　TiAl 合金熔体中组元活度系数与温度的关系

4. 氢在纯 Ti 和纯 Al 熔体中的溶解度

由式(3.8)可知,只需求出氢在纯 Ti 和纯 Al 合金熔体中的溶解度,即可求得其在 TiAl 合金熔体中的溶解度。几十年来,人们对氢在纯金属熔体中的溶解度进行了广泛的研究。根据 Arrhenius 公式和 Sievert's 定律以及长期的经验总结,给出了气体在合金熔体中溶解度的统一公式:

$$\ln \frac{C_H}{C_H^0} = -\frac{A}{T/T^0} + B + \frac{1}{2}\ln \frac{p_{H_2}}{p^0} \tag{3.31}$$

为方便使用,对该公式采用了无量纲处理。式中,C_H 为氢在合金熔体中的溶解度;C_H^0 为氢在合金熔体中的标准溶解度;T 为热力学温度;T_0 为标准温度($T_0 = 1$ K);p_{H_2} 为氢气在熔体表面的分压;p_0 为熔体表面的标准氢分压($p_0 = 101\ 325$ Pa);A 和 B 为常数,依赖于不同的合金熔体。对于不同研究人员,其单位和形式可能略有不同,但本质是相同的。上式可简化为如下形式:

$$\ln C_H = -\frac{A}{T} + B + \frac{1}{2}\ln \frac{p_{H_2}}{101\ 325} \tag{3.32}$$

氢在 Al 熔体中的溶解度数据较为丰富,但不同实验条件得出来的溶解度数据均有差异。为此,张华伟等人对氢在铝液中的溶解度进行了研究,比较了不同实验条件下的溶解度变化,选取了若干具有代表性的 A、B 值并求取了平均值,对求得的 A、B 值进行了分析验证,获得了氢在 Al 熔体中的比较可靠的溶解度公式:

$$\lg C_H^{Al} = -\frac{2\ 675}{T} + 2.713 + \frac{1}{2}\lg \frac{p_{H_2}}{101\ 325} \tag{3.33}$$

式中,C_H^{Al} 的单位为 cm³/100 g;温度 T 的单位为 K;p_{H_2} 的单位为 Pa。而对于氢在 Ti 熔体中的溶解度,根据文献报道同样可以获得如下的溶解度计算公式:

$$\lg C_H^{Ti} = \frac{2\ 370}{T} + 1.325 + 0.5\lg p_{H_2}^A \tag{3.34}$$

式中,C_H^{Ti} 的单位为 cm³/100 g;温度 T 的单位为 K;$p_{H_2}^A$ 的单位为 mmHg。为方便计算,将式(3.33)和式(3.34)中的单位按照式(3.31)进行转换并绘出氢在纯 Ti 和纯 Al 熔体中的溶解度(原子数分数,下同)随温度和氢分压的变化规律,如图 3.3 所示。由图可知,氢在纯 Ti 熔体中的溶解度远大于其在纯 Al 熔体中的溶解度。在相同的熔体温度时,氢在纯 Ti 和纯 Al 熔体中的溶解度随氢分压增大而增大;而当氢分压相同时,氢在纯 Ti 熔体和纯 Al 熔体中的溶解度呈现出相反的变化规律,氢在纯 Ti 熔体中的溶解度随温度的升高而减小,而在纯 Al 熔体中的溶解度随温度的升高而增大。

5. 氢在 TiAl 合金熔体中溶解度的计算式

由式(3.8)可知,知道了氢在纯组元熔体中的溶解度以及熔体中组元的活度系数即可求得氢在 TiAl 合金熔体中的溶解度。将式(3.29)、式(3.30)、式(3.33)和式(3.35)代入式(3.8)中可得到氢在 TiAl 二元合金熔体中的溶解度计算式。该方法可以求得氢在不同成分的 TiAl 二元合金熔体,不同的氢分压和不同的熔体温度时的溶解度,尽管可以基于统一计算式(3.32)利用反复实验进行拟合,但由于变量较多,拟合的精度较低,因此基于可靠的热力学关系对氢的溶解度进行预测仍不失为一个经济可行的方法。

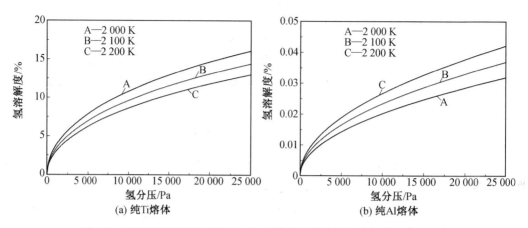

图 3.3　不同温度下氢在纯 Ti 和纯 Al 熔体中的溶解度随氢分压的变化

　　利用以上方法可求得氢在任意成分的 TiAl 二元合金熔体的溶解度,并可借助计算软件求出在任意氢分压及熔体温度时的氢在 TiAl 二元合金熔体中的溶解度。图 3.4 为氢在 Ti－44Al、Ti－47Al、Ti－49Al 合金熔体中溶解度随氢分压的变化规律。

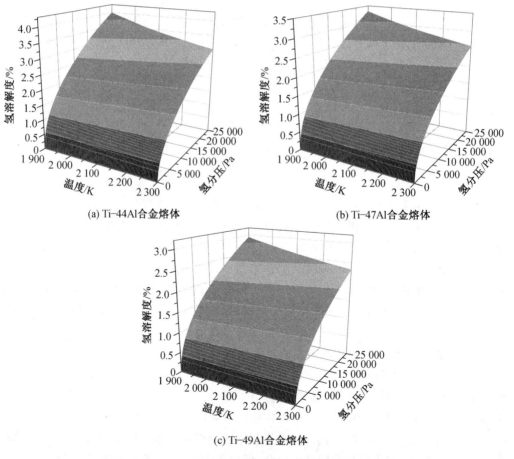

图 3.4　氢在 TiAl 合金熔体中溶解度随氢分压的变化规律

由图 3.4 可知,在相同的氢分压和熔体温度时,氢在 TiAl 二元合金熔体中的溶解度随着 Al 含量的增加而减小。

在实际使用过程中,一般都对某一特定成分的 TiAl 二元合金进行液态氢化。为了更清晰地表达氢在 TiAl 合金熔体中溶解度的变化规律,将其采用二维曲线图表示出来,氢在 TiAl 合金熔体中溶解度随氢分压和熔体温度的变化规律分别如图 3.5 和图 3.6 所示。

对于 Ti－44Al、Ti－47Al 和 Ti－49Al 合金熔体,在不同温度进行液态氢化时,氢溶解度随氢分压的变化如图 3.5 所示。可见,随着氢分压的增大,氢在 TiAl 合金熔体中的溶解度逐渐增大,但氢在合金熔体中溶解度的斜率逐渐减小,说明氢溶解度随氢分压的增大其增加程度逐渐降低。

在三种不同的氢分压下,氢在 Ti－44Al、Ti－47Al 和 Ti－49Al 合金熔体中溶解度随熔体温度的变化规律如图 3.6 所示。氢在 TiAl 二元合金熔体中的溶解度随着熔体温度的升高而减小。

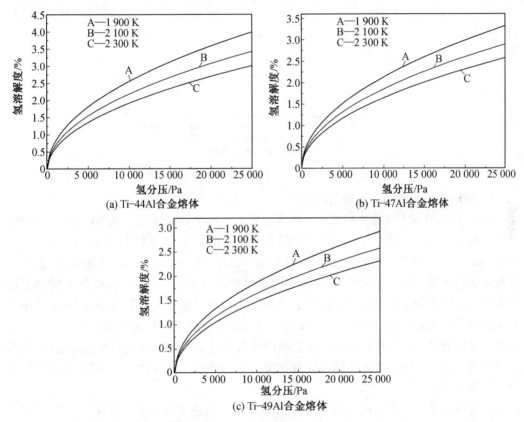

图 3.5　氢在 TiAl 合金熔体中溶解度随氢分压的变化规律

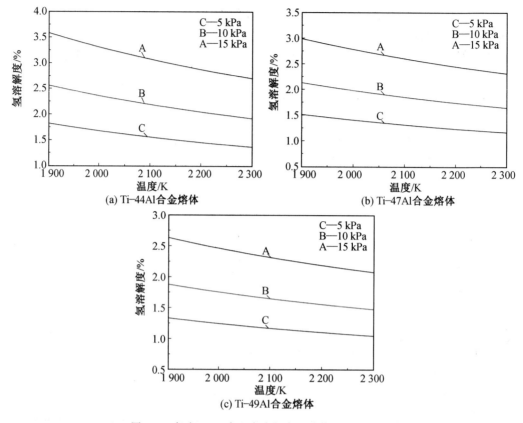

图 3.6　氢在 TiAl 合金中溶解度随熔体温度的变化

6. 氢溶解度计算值与实验值的对比

基于 Sievert's 定律和范德霍夫方程等热力学关系建立了氢在 TiAl 合金中的溶解度公式。利用 Tanaka 等人根据自由体积理论导出的超额配位熵和超额构型熵,结合 Miedema 的二元合金的生成热模型,计算得到 TiAl 二元合金熔体的活度系数,并根据文献报道获得了氢在纯 Ti 和纯 Al 熔体中的溶解度。根据式(3.8)即可得到不同成分的 TiAl 合金熔体在不同温度和不同氢分压下的氢溶解度。对于氢溶解度来说,由于影响其变化的参数较多,其中包括成分、温度和氢分压,因此要通过实验获得完整的氢溶解度数据是非常困难的。该模型以长期发展完善的热力学理论模型和热力学数据为基础,是预测氢溶解度的一种既经济又比较可靠的方法。然而对于其可靠性,仍然需要通过实验进行进一步验证。

本文选取了三种不同成分的 TiAl 合金对上文中计算得到的结果进行了验证。图3.7 是 Ti－44Al、Ti－47Al 和 Ti－49Al 计算值与实验值的比较,可见实验值与计算值吻合较好,说明上文中用于计算氢在 TiAl 合金中溶解度的模型是可靠的,氢溶解度计算公式的获得也为预测和控制氢含量提供了保证。

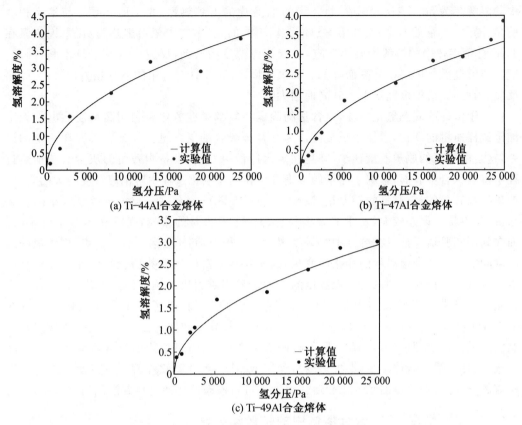

图 3.7　氢在 TiAl 合金中溶解度的计算值与实验值比较

7. 氢在 TiAl 合金熔体中的溶解热

对于氢在合金熔体中的溶解度式(3.8),根据热力学之间的相互关系,为了研究气体在合金中的溶解行为,人们经常采用如下形式:

$$C_H = A \cdot \sqrt{p_{H_2}} \exp(-\Delta H / RT) \tag{3.35}$$

式中,A 为材料常数;ΔH 为溶解热。人们通常利用 ΔH 的数值比较在不同条件下气体的溶解难易程度。

本实验中,已经利用计算的方法获得了氢在 TiAl 合金中的溶解度,并在 1 900 K 时利用实验方法进行了验证,结果比较吻合。为便于比较,按照文献[18]的形式对氢在 Ti-44Al、Ti-47Al 及 Ti-49Al 合金熔体中的溶解度关系进行回归,可得到氢在这些合金熔体中的溶解热,如式(3.36)~(3.38)所示。

$$C_H^{Ti-44Al} = 132.3 \times \exp(26\ 467.0 / RT) \tag{3.36}$$

$$C_H^{Ti-47Al} = 132.0 \times \exp(23\ 789.3 / RT) \tag{3.37}$$

$$C_H^{Ti-49Al} = 131.9 \times \exp(21\ 919.5 / RT) \tag{3.38}$$

因此可知,氢在 Ti-44Al 合金熔体中的溶解热大约为 -26 467.0 kJ/mol,在 Ti-47Al 合金熔体中的溶解热大约为 -23 789.3 kJ/mol,在 Ti-49Al 合金熔体中的溶解热大约为 -21 919.5 kJ/mol。而氢在固态 TiAl 合金中的溶解热为正值,如 Takasaki 等人研究了在 623~1 023 K 范围内氢在 TiAl 合金中的溶解度,并求得了氢在 Ti-45Al 合金中的溶解热为 58.3 kJ/mol,在 Ti－50Al 合金中的溶解热为 36.4 kJ/mol。与本文相似的是,随 Al 含量的升高,氢的溶解热增大。不同的是,本文中氢溶解热为负值,说明氢在TiAl 合金熔体中的溶解为放热反应,随着熔体温度的升高,反应变得越来越不利,因此,氢的溶解度随熔体温度升高而降低。而氢在固态的 TiAl 合金中的溶解热为正值,为吸热反应,因此,其溶解度随温度的升高而增大。

对于以往的固态氢化方法,氢含量的确定一般都是在氢化后利用高精度的电子天平测定试样质量的变化,增加的质量被认为是合金吸收的氢含量。但该方法存在一定的误差,这是由于氢的原子质量很小,并且在氢化过程中,氢化设备中残留的灰尘会在加热过程中富集到合金表面,影响了测量的准确性。在固态氢化过程中对于溶解度较大的合金,如果吸收较多的氢,测量的误差相对较小;但对于 TiAl 合金这一类氢溶解度较小的合金来说,称重法的误差较大,灰尘的聚集甚至超过了氢含量的影响,尤其在氢含量较小时。而在利用实验值反推氢在合金中溶解度规律的过程中,同样会遇到较多困难,由于氢的溶解度随氢分压和合金温度的变化而变化,因此获得丰富的实验数据也是一件比较困难的事情,即便获得一些实验数据,但数据的较大误差很难得出准确的溶解度规律。因此,为控制氢含量带来了较大的困难。本文通过热力学模型获得了氢于不同氢化条件时在TiAl 合金熔体中的溶解度规律,建立氢溶解度与氢分压和熔体温度的关系,为预测并控制氢含量提供了理论基础。在实际的科研与生产中,只需将期望的氢含量输入氢溶解度公式,选择合适的熔体温度(即过热度),利用 Matlab 等计算软件就可以方便快捷地获得所需的氢分压,在获得的氢分压和熔体温度下进行液态氢化即可得到准确的氢含量。

3.1.2　氢在 TiAl 合金熔体中的扩散动力学

氢在合金熔体中的扩散速率一般都远大于其在固态合金中的扩散速率。因此,液态氢化技术是一种比以往固态氢化更为高效的氢化方法,在液态氢化的实验操作中也证实了氢扩散极快。在液态氢化过程中,根据氢分析仪的监测发现,几十秒的熔炼时间即可使氢在混合气体中的比例达到稳定状态,说明氢可在短短几十秒内扩散至饱和。尽管在实际的实验中,我们已经知道几十秒即可完成液态氢化,但较为精确地获得氢在熔体中的扩散系数仍然是一个值得探讨的问题,因此,获得氢在 TiAl 合金熔体中的扩散系数对指导液态氢化的实施同样具有重要意义。

由于氢在合金熔体中的扩散速率快,很难采用常用的测氢在扩散路径的含量分布的方法获得。利用氢分析仪虽然可以测得氢的溶解度,但由于其扩散速率快,只能粗略获得氢在 TiAl 合金熔体中达到饱和状态所需要的时间,但仍然无法精确获得其扩散的规律。因此,本文将氢在熔体中的扩散假设为一维扩散,采用一种简单的方法进行估算。尽管该方法对实际扩散进行了简化和近似,但对于获得氢在 TiAl 合金熔体中的扩散系数仍然具有积极意义。

当 TiAl 合金在水冷铜坩埚中熔炼时,熔体仅仅与接近坩埚底部的一小部分凝壳接触,假设合金熔体的温度均一,并且忽略对流的作用,那么可以假设氢在合金熔体中的扩散为一维扩散。

氢在合金熔体中的扩散大致可以分为如下步骤:氢在熔体表面分解成氢原子或已分

解的氢原子到达熔体表面→分解的氢原子扩散进入合金熔体→氢原子沿着浓度梯度扩散到熔体底部→氢原子在熔体中达到饱和,氢的扩散示意图如图 3.8 所示。上述过程可用如下方程描述:

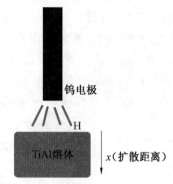

图 3.8　氢在 TiAl 熔体中的扩散示意图

分解过程:

$$H_2(g) = 2H$$

吸附过程:

$$H = [H]$$

因此可得:

$$1/2H_2(g) = [H]$$

氢原子吸附反应的自由能变化为

$$\Delta G = -44\,780 + 3.38T \tag{3.39}$$

将氢在熔体中的扩散假设为一维扩散,那么氢的扩散遵循菲克第二定律:

$$\frac{\partial C(x,t)}{\partial t} = D \times \frac{\partial^2 C(x,t)}{\partial x^2} \tag{3.40}$$

据报道,氢在合金熔体中扩散时,氢在熔体中的平均浓度近似符合指数规律。设为

$$H(\times 10^{-6}) = A \times \exp(-t/B) + y_0 \tag{3.41}$$

实验过程中,将氢分析仪记录的数据进行换算,可得到氢在合金熔体中的平均浓度随时间的变化规律,如图 3.9 所示。

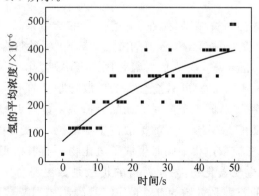

图 3.9　氢在 TiAl 熔体中平均浓度随时间的变化

在扩散过程中,由前面所述,熔体表面氢的浓度始终为饱和氢浓度,与气氛中氢气达成动态平衡,忽略外界氢气的变化,由于氢在熔体表面与熔体内部形成一定的浓度梯度,氢原子向内部逐渐扩散直至熔体中的氢达到饱和状态。

氢按照一维扩散时,当氢到达扩散方向终点的瞬间,假设其沿着扩散方向的浓度分布也符合指数规律。氢在熔体表面(扩散起点)的浓度即为在熔体中的饱和溶解度,可以由上文中氢在 TiAl 合金熔体中溶解度的公式获得。而在刚到达终点瞬间时,在扩散终点溶解度为未氢化时合金中的初始氢含量,化学分析检测结果为 $26×10^{-6}$;而熔体的饱和溶解度为 $491×10^{-6}$。可求得氢在刚到达扩散终点的时刻,氢沿着熔体中扩散方向的浓度分布:

$$H(×10^{-6}) = 492 - \exp(x/1.936) \tag{3.42}$$

边界条件:

$$C(x=0,t) = 491$$
$$C(x \to \infty, t) = 26$$

初始条件:

$$C(x,t=0) = 26$$

菲克第二定律的解是

$$C(x,t) = C_1 + (C_0 - C_1)\left[1 - \mathrm{erf}(\frac{x}{2\sqrt{Dt}})\right] \tag{3.43}$$

式中,$\mathrm{erf}(\frac{x}{2\sqrt{Dt}})$ 为误差函数,其数值可查表获得,且 $C_0 = 491, C_1 = 26$。如果以 $\Delta C = C - C_1 = (C_0 - C_1)/4$ 为渗氢层厚度 x_c,则有

$$\mathrm{erf}(x_c/2\sqrt{Dt}) = 3/4 \tag{3.44}$$

查表可得 $\mathrm{erf}(0.826) = 3/4$,那么

$$x_c = 1.652\sqrt{Dt} \tag{3.45}$$

经测量,试样厚度约为 12 mm,假设熔体的厚度等于试样的厚度。由氢扩散到达终点时的浓度分布,即式(3.41),可知 $x_c = 11.48$ mm,经计算可求得氢扩散至终点时刻所需时间大约为 $t = 87.8$ s。代入式(3.43)可计算出氢在熔体中的等效扩散系数 $D = 5.5 × 10^{-3}$ cm²/s。

根据 Depuydt 等人的研究结果,氢在 Fe 熔体中的扩散系数约为 $3.4×10^{-3}$ cm²/s。尽管本文中所用的方法是一种简化和近似的方法,结合了实验数据与理论模型,但对于实际生产仍然具有较强的指导意义。人们对氢在固态 TiAl 合金中的溶解度进行了大量研究,Latanison 等人认为氢在固态 TiAl 合金中的扩散随厚度的不同而不同,此时氢的扩散可分为间隙扩散和晶界扩散,间隙扩散系数比晶界扩散系数低 10^4 左右。而 Sundaram 等人认为晶格扩散对于氢在 TiAl 合金中的扩散占主导地位,且测得的表观扩散系数大于实际扩散系数,这是由于在扩散过程中同时生成了氢化物。而氢在 TiAl 合金熔体中的扩散则不存在晶界,也不会生成氢化物,因此所得的扩散系数更符合实际情况。293 K 时,氢在 Ti48Al2Cr 合金中的扩散系数约为 $9.73×10^{-11}$ cm²/s,可见,氢在熔体中的扩散系数远大于在固态合金中的扩散系数。

实际的扩散过程比上文分析的还要更快一些,这是由于液态氢化过程中,TiAl 合金熔体中存在较强的对流,对流产生的搅拌作用可以加速氢在合金熔体中的扩散。因此在液态氢化过程中,氢不仅在横向和纵向达到饱和,而且可以扩散均匀。而在固态氢化过程中,氢是沿着合金表面与合金内部的浓度梯度向合金内部扩散,由于扩散阻力大,如果要使氢在合金中扩散均匀,需要花费较长的时间,主要应用于薄壁或者较小的试样。对于稍微大一些的试样,很容易造成试样中各个部位氢浓度不均匀的现象,因此固态氢化技术一般被应用于小型试样。而液态氢化由于氢的扩散速率快,完全可以避免氢化不均匀及氢化时间过长的问题,可应用于各种尺寸的试样。

利用氢在 TiAl 合金熔体中的扩散系数还不足以获得氢在合金熔体中饱和并扩散均匀所需要的时间。可以通过氢在合金熔体中的平均浓度随时间的变化获得氢扩散饱和所需要的时间。如在图 3.9 中,数据点是由氢分析仪所测数据转换得到的,经过拟合可得曲线,并且可获得氢在合金熔体中的平均浓度随时间的变化公式:

$$H(\times 10^{-6}) = -448.2 \times \exp(-t/38.8) + 521.3 \tag{3.46}$$

可见,对于厚 12 mm 的试样,氢扩散均匀所需的时间大约为 100 s。而在实际的液态氢化过程中,一般都需要像熔炼预制锭一样上下倒置后再次进行多次氢化以确保氢在凝壳中也能够扩散均匀。尽管如此,即便反复进行 2～3 次液态氢化,所需时间为 200～300 s,其效率仍然比传统的固态氢化工艺高很多。

3.2　TiAl 合金的氢致脱氧行为

3.2.1　液态氢化对 TiAl 合金熔体中杂质含量的影响

1. 对氧含量的影响

首先制备了含有一定初始氧含量且成分均一的 Ti−47Al 合金预制锭,为了实验研究的方便,采用在配料过程中添加一定量的二氧化钛提高初始氧含量,以方便分析脱氧效果。

本文选用了三组不同初始氧含量的 Ti−47Al 合金,化学分析的结果显示初始氧含量分别为 $6\,700 \times 10^{-6}$、$1\,700 \times 10^{-6}$ 和 800×10^{-6}。首先研究不同氢分压对氧含量的影响,熔炼时间为 240 s,实验结果如图 3.10 所示。由图可知,对于不同初始氧含量的 TiAl 合金,随着氢分压的增大,氧含量均逐渐降低。但合金的初始氧含量不同,氢分压对于氧含量的影响规律略有不同。在 2.5 kPa 进行液态氢化时,初始氧含量为 $6\,700 \times 10^{-6}$ 的合金中的氧含量可被降低 37.3%,而初始氧含量为 $1\,700 \times 10^{-6}$ 和 800×10^{-6} 的合金的氧含量分别被降低了 11.8% 和 8.8%,可见在该氢分压时,初始氧含量越高,脱氧的效果越好。当氢分压增大到 10 kPa 时,初始氧含量为 $6\,700 \times 10^{-6}$ 的合金中的氧含量被降低 52.2%,而初始氧含量为 $1\,700 \times 10^{-6}$ 和 800×10^{-6} 的合金中的氧含量分别被降低了 35.3% 和 58.8%,因此,对于初始氧含量较低的 TiAl 合金,若要达到较好的脱氧效果,必须提高液态氢化过程中的氢分压。

如果将氢分压继续增大到 20 kPa,氧含量虽然会进一步降低,但降低的幅度较小,与

10 kPa 时液态氢化相比，三种不同初始氧含量的合金中的氧分别被降低了 6.3%、9.1% 和 9.1%，因此当氢分压超过 10 kPa 之后，脱氧已经达到比较稳定的状态。由于氢分压越大，熔体表面温度越高，将会导致较多的挥发，因此可认为在 10～20 kPa 下进行液态氢化，可以在合金成分挥发较小的情况下达到较好的脱氧效果。氢分压对 TiAl 合金成分挥发的影响将在下文进行讨论。

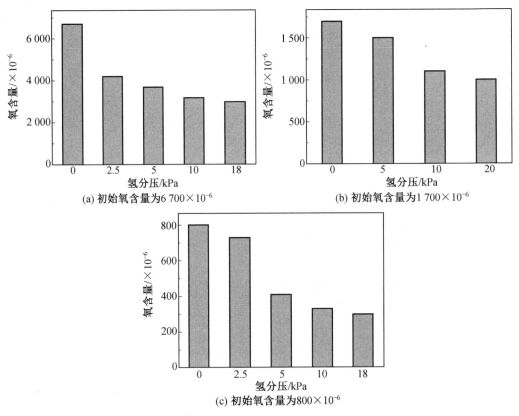

图 3.10　不同初始氧含量的 Ti—47Al 合金中氧含量随氢分压的变化

熔炼时间对于实际生产同样重要，因为熔炼时间关系到生产效率。对于 TiAl 合金来说，熔炼时间越长，成分的挥发越显著。对脱氧效果达到稳定状态的 10～20 kPa 这一氢分压范围进行了进一步研究，分析液态氢化熔炼时间对脱氧效果的影响，实验结果如图 3.11 所示。由图可知，无论在 10 kPa 还是在 20 kPa 的氢分压下进行液态氢化，随着熔炼时间的增加，氧含量都呈现出逐渐降低的趋势。熔炼时间为 120 s 时，10 kPa 和 20 kPa 的氢分压可将氧含量分别降低 35.0% 和 43.8%；当

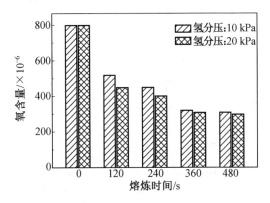

图 3.11　Ti—47Al 合金中氧含量随熔炼时间的变化

熔炼时间继续增大时,氧含量降低的趋势逐渐趋于缓和,如当熔炼时间为 360 s 时,10 kPa 和 20 kPa 的氢分压可将初始氧含量分别降低 60.0% 和 61.3%;当熔炼时间超过 360 s 之后,氧含量基本达到稳定状态,继续增加熔炼时间对氧含量的降低作用很微弱,说明 360 s 的反应时间对于脱氧反应来说已经可以达到较好的效果。

对于氢分压为 10 kPa 和 20 kPa 进行液态氢化时,尽管在 20 kPa 进行液态氢化时脱氧效果更好,但由上面的描述可以看出,脱氧效果并未随氢分压的增大而显著增强。当熔炼时间达到 360 s 之后,10 kPa 和 20 kPa 对于脱氧效果来说已经比较接近。在生产中,如果都能够满足脱氧的要求,应当尽量选择低的氢分压。

以上研究均为对一定初始氧含量的 TiAl 合金进行的,如果能在制备预制锭过程中进行脱氧,那么将节省预制锭的制备这一环节,提高脱氧效率,降低生产成本。本文对这一方面也进行了实验。首先配置相同质量的海绵钛和高纯铝,采用与制备 TiAl 合金预制锭相同的操作工艺,在此过程中进行液态氢化,氢分压分别为 10 kPa 和 20 kPa,熔炼时间为 360 s,实验结果见表 3.2。可见采用原料直接进行液态氢化同样具有较好的脱氧效果。

表 3.2　TiAl 合金中的氧含量随氢分压的变化

氢分压/kPa	氧含量/$\times 10^{-6}$
0	390
10	200
20	180

2. 对碳和氮含量的影响

接下来研究液态氢化对碳和氮含量的影响,为了更清晰地比较液态氢化对脱碳和脱氮的作用,实验过程中采用添加高纯石墨和氮化铝(AlN)的方法提高 Ti—47Al 合金中的初始 C 含量和初始 N 含量。首先制备了初始 C 含量为 $4\ 100 \times 10^{-6}$ 和初始 N 含量为 $5\ 000 \times 10^{-6}$ 的 Ti—47Al 合金预制锭,对两组合金进行了液态氢化,研究氢分压对脱碳和脱氮的影响,实验方法及设备与液态氢化脱氧的方法相同,熔炼时间为 240 s,实验结果如图 3.12 所示。由图可知,与 N 元素相比,液态氢化对 C 含量的降低具有更为显著的效果。C 含量随着氢分压的增大而逐渐减小,当氢分压为 2.5 kPa 时,C 含量变化相对较小;随着氢分压增大到 5 kPa,C 含量急剧降低,与初始 C 含量相比,降低了 58.5%;而当氢分压进一步增大到 10 kPa 时,C 含量变化较小。氢分压由 5 kPa 提高到 10 kPa 时,尽管氢分压升高了 100%,而 C 含量比 5 kPa 时降低了 5.9%。可见,对于脱碳而言,5 kPa 即可达到较好的效果。液态氢化同样能够起到一定的脱氮效果,液态氢化后氮含量有所降低,但是降低的幅度并不是很大,在氢分压由 2.5 kPa 升高到 10 kPa 的过程中,氮含量并未随着氢分压的增大而降低,因此,液态氢化对脱氮的效果比较微弱。Mimura 等人研究了在氢气中熔炼对于 Cr 合金中氧、碳和氮含量的影响,发现氢能够显著降低氧和碳的含量,而脱氮作用则比较微弱。

进一步研究熔炼时间对 Ti—47Al 合金中碳含量的影响。为了更加明显地比较脱碳的效果,将初始碳含量提高到了 $9\ 800 \times 10^{-6}$,液态氢化的氢分压均为 10 kPa。

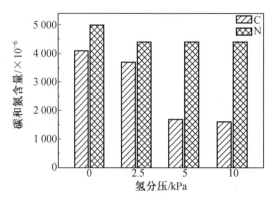

图 3.12　Ti－47Al 合金中 C 和 N 含量随氢分压的变化

Ti－47Al 合金中碳含量随熔炼时间的变化关系如图 3.13 所示。由图可知,液态氢化的脱碳效果非常明显,且随着熔炼时间的增加,碳含量逐渐降低。60 s 的熔炼时间即可将初始碳含量降低至 $2\,400 \times 10^{-6}$,降低了 75.5%；在熔炼时间增大到 300 s 的过程中,与熔炼 60 s 相比,尽管熔炼时间增加了 4 倍,但 300 s 的熔炼时间仅可将碳含量的降低幅度增大 15.4%。由图也可以看出,当熔炼时间大于 60 s 之后,碳含量的变化比较平缓。可见,较少的

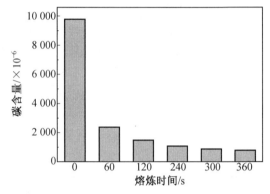

图 3.13　Ti－47Al 合金中 C 含量随熔炼时间的变化

熔炼时间即可显著脱除合金熔体中的大量杂质碳元素。而当熔炼时间超过 300 s 后,合金熔体中的碳含量已经基本不再发生变化。

3.2.2　氢净化 TiAl 合金熔体杂质元素的机理

在分析氢净化 Ti－47Al 合金中的杂质元素之前,首先应了解在此过程中氢的存在方式。在电弧熔炼过程中,电弧区和熔体表面的温度对氢气的影响至关重要。电弧表面的温度可以超过 8 000 ℃,因此电弧表面的高温足以使氢气分子分解为氢原子。Ti－47Al 合金熔体中的温度也并不均匀,在靠近电弧处温度极高,而随着与电弧距离的增大,温度逐渐降低,在与凝壳接近的区域,温度较低,仅高于合金的熔点。在合金熔体表面的某些高温区域,由于电弧的作用,熔体表面的温度也足以分解氢气分子为氢原子,分解反应式为

$$\frac{1}{2}H_2(g) =\!=\!= H \qquad\qquad (3.47)$$

电弧区分解的氢原子将会随着电弧的运动到达熔体表面,并且扩散进入熔体中。随着分解反应的进行,熔体中的氢浓度将达到饱和,熔体表面将会达到一个动态平衡的过程,熔体表面同时存在氢气分子和氢原子。因此,氢气分子和氢原子均有可能参与到与杂质元素的反应。

　　在所研究的这三种非金属杂质元素中,氧元素对 TiAl 合金的危害最大,而其他两种元素在较低含量时尚且具有一定的有益影响,因此本节重点分析液态氢化脱氧的作用机理。熔体中的氧原子来源主要有两种:一种是合金中本身含有的氧;另一种是在熔炼之前,对设备进行抽真空时,尽管利用分子泵将熔炼室的真空度抽到 5×10^{-3} Pa,但熔炼室仍然残余极微量的氧,同时虽然熔炼室保持高度密封,但并未绝对与外界隔绝,外界环境中可能有微量的空气渗入熔炼室中,其中包含的氧气分子同样会在高温电弧区或熔体表面被分解为氧原子并随着电弧的运动而进入合金熔体中。对于本实验来说,氧气的第二种来源极其微弱,TiAl 合金中的氧主要来源于实验前通过 TiO_2 的添加而来的,因此本文主要针对合金中的氧进行分析。

　　脱氧反应主要在熔体表面进行,熔体中的氧原子随着熔体的运动可以到达熔体表面,这些氧原子可能与氢原子在熔体表面附近的某些区域发生反应,也可能与到达熔体表面的氢气分子反应,参与反应的氢原子可能是被电弧区和熔体表面分解的氢原子,也可能是分解后溶解于合金熔体并随熔体的运动到达熔体表面的那部分氢原子。如第 2 章关于氢的扩散动力学所述,氢在 TiAl 合金熔体中只需要极短的时间即可扩散均匀并建立起式(3.37)所示的平衡关系,因此,合金熔体表面与氢气接触的氢原子将会源源不断得到供应。无论与氢气反应,还是与氢原子反应,反应的产物都是水分子,这些水分子会随着熔炼室中氢气/氩气的混合气体的流动而运动。另外,外界环境渗入熔炼室中的微量空气中含有的氧气在熔体表面和电弧区达到氢的燃点即可与氢气发生作用,同样生成水分子。涉及的反应方程式和自由能变化如下:

$$[O] + 2H \rule{1cm}{0.4pt} H_2O \quad \Delta G^{\ominus}(J) = -476\,778 + 110.16T \quad (3.48)$$

$$[O] + H_2 \rule{1cm}{0.4pt} H_2O \quad \Delta G^{\ominus}(J) = -24\,476 - 10.96T \quad (3.49)$$

$$\frac{1}{2}O_2 + H_2 \rule{1cm}{0.4pt} H_2O \quad \Delta G^{\ominus}(J) = -247\,500 - 55.86T \quad (3.50)$$

　　图 3.14 所示为液态氢化过程中脱氧反应的示意图。其中(1)表示氢气的分解反应,(2)表示氢原子与氧原子的反应,(3)表示氢气分子与氧原子的反应,反应产物均为水分子。

　　在这几种反应中,哪种反应占主要地位仍需要进一步探讨。这三种反应的吉布斯自由能变化如图 3.15 所示。这三种反应的吉布斯自由能都为负值,理论上来说,本实验条件下,这三种反应都能够进行。其中氢气与氧气反应生成水分子的吉布斯自由能最负,在相同情况时,必然优先发生反应。但由于本实验中所采用的是高密封性的高真空电弧熔炼炉,抽真空时残余的空气和外界空气的渗入极少,因此本文中未考虑。氢气可消耗熔炼室中氧气,阻止熔体中氧含量增加,加快氧气消耗速率,这一特点同样值得关注。

　　在本文中脱氧反应主要作用对象是合金熔体中的氧原子,与氧原子可发生作用的是氢原子和氢分子。相比之下,氢原子与氧原子反应的吉布斯自由能更负,而氢原子与氧气分子反应的吉布斯自由能接近零,因此可以认为氧原子与氢原子作用更容易,该反应在脱氧过程中占主导地位。这几种反应的吉布斯自由能随着熔体温度的升高逐渐升高,因此升温不利于脱氧的发生。由此也可以判断,在电弧最高温的尖端区脱氧反应进行相对困难;而在温度相对较低的合金熔体表面和电弧与熔体作用边界的外围低温区,脱氧反应进行相对较为容易。

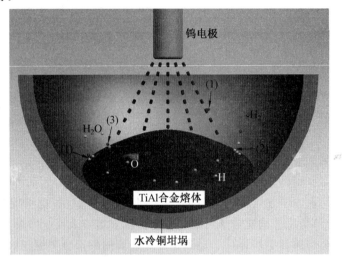

图 3.14　脱氧反应的示意图

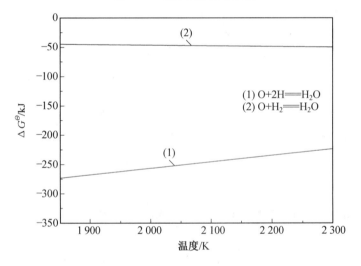

图 3.15　氢－氧反应的 Gibbs 自由能变化与温度的关系

　　另一方面,当氧含量很高时,TiAl 合金还能够进行自脱氧,熔炼时可能生成的低价氧化物有 Al_2O、AlO、TiO,根据自脱氧的条件,Ti 不能进行自脱氧,只有元素 Al 在氧含量较高时可以形成低价氧化物进行自脱氧。由于液态氢化时,首先按照上述氢原子与氧的作用进行脱氧,氧的含量急速降低,Al 自脱氧的能力被严重削弱。因此本文中脱氧的主要影响仍然是由于氢的作用。

　　与氧元素相似,TiAl 合金熔体中氮的来源同样有两种:一种是合金中本身含有的氮,主要是通过 AlN 添加;另一种是抽真空时的微量残余空气和外界渗入熔炼室的微量空气,氮气的电离电压为 14.5 V,低于氩气的电离电压(15.7 V),进入熔炼室中的氮气可被阴极电离后进入合金熔体并被合金熔体吸收。

　　这些残余或者渗入熔炼室中的微量氮气还能在电弧区或者熔体表面附近即可与氢气

发生反应,生成氨气,反应方程式如下:

$$\frac{1}{2}N_2(g) + \frac{3}{2}H_2(g) \Longrightarrow NH_3(g) \quad \Delta G^{\ominus}(J/mol) = -53\ 720 + 116.52T \quad (3.51)$$

该反应的吉布斯自由能较负,因此可以很容易发生,该反应从另一方面可以阻止合金熔体中氮含量的升高。尽管本实验中,实验设备密封性较高,残余的氮气极少,上述反应并非脱氮的主要步骤,但该反应仍然是一个客观存在的组织合金氮含量升高的机制。本文中主要的脱氮作用仍然是氢与熔体中氮原子的反应,熔体中的氮原子随着熔体的运动到达熔体表面,将会与熔体表面的氢分子和氢原子发生结合,氮原子的反应示意图可参考氧原子的反应(图 3.14),可能发生的反应方程式如下:

$$\frac{2}{3}[N] + H_2 \Longrightarrow \frac{2}{3}NH_3 \quad \Delta G^{\ominus}(J) = -51\ 463 + 68.5T \quad (3.52)$$

$$\frac{2}{3}[N] + 2H \Longrightarrow \frac{2}{3}NH_3 \quad \Delta G^{\ominus}(J) = -503\ 765 + 189.62T \quad (3.53)$$

对以上两个反应的吉布斯自由能变化进行了分析,如图 3.16 所示。由图可知,氮原子与氢气分子的反应的吉布斯自由能变化在合金的熔点以上范围内均为正值,因此该反应从热力学的角度来说不可能发生。而氮原子与氢原子的反应的吉布斯自由能很负,可以很容易地发生反应。因此,液态氢化脱氮的主要机理是分解的氢原子与氮原子结合生成氨气。

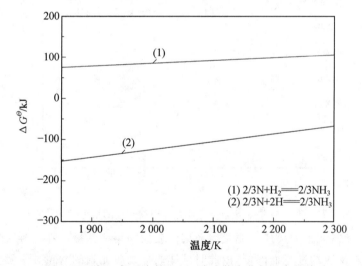

图 3.16　氮-氢反应的 Gibbs 自由能变化与温度的关系

脱碳与脱氧和脱氮类似,同样是由于生成了碳氢化合物。由于碳与氢气生成碳氢化合物的几种反应的吉布斯自由能在本实验所研究的温度范围内均为正值,故不能够进行。因此,认为脱碳反应主要是熔体中的碳原子与分解的氢原子反应生成了碳氢化合物。Fruehan 等人研究了氢对铁液脱碳的作用,认为脱碳主要是由于碳与氢生成了 CH_4 和 C_2H_2 化合物,脱碳的速率取决于这些产物在熔体表面扩散的速率。

TiAl 合金液态氢化具有一定的净化杂质元素的作用,但杂质元素的含量只能降低到一定的程度,而不能达到完全去除的效果。这是由于 H_2O、NO_2 和碳氢化合物这几种产物的反应随着反应程度的增大将达到一个动态平衡的状态,即反应的物质也将与熔炼室气氛中的产物达成一个平衡态。随着反应的进行,由于反应产物逐渐增多,反应进行的速率降低,如果反应时间足够,最终将与熔炼室气氛中的这些产物形成平衡过程,氢与这三种杂质元素的反应也将达到稳定状态,从净化的结果看,此时反应已经结束。因此,氢与 O、N 和 C 的反应只能降低这些杂质元素的含量,而并不能完全去除。

根据图 3.10 的实验结果,对于不同初始氧含量的 TiAl 合金,液态氢化均可以显著降低其中的氧含量,由此促使我们对如何将初始氧含量较高的合金中的氧降低到非常低的水平进行思考,即可以采用循环液态氢化处理,在进行液态氢化后,释放掉熔炼室中的水蒸气等反应产物,并再次进行液态氢化,由于反应产物的含量降低,促使净化反应向消耗杂质元素的方向进行,可将杂质元素的含量进一步降低。如上文所述,对初始氧含量为 $6\,700\times10^{-6}$ 的 Ti−47Al 合金熔体在 18 kPa 下进行液态氢化,可将氧含量降低至 $3\,000\times10^{-6}$;对氧含量为 $1\,700\times10^{-6}$ 的合金再次进行液态氢化,可将氧含量降低至 $1\,000\times10^{-6}$;再次对初始氧含量 800×10^{-6} 的 Ti−47Al 合金进行液态氢化,可将氧含量进一步降低至 300×10^{-6},如图 3.17 所示。利用该思路对初始氧含量较高的 TiAl 合金进行循环液态氢化,可将氧含量降低到较低的水平。

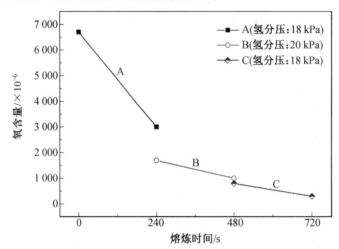

图 3.17　Ti−47Al 合金液态氢化过程中氧含量随熔炼时间的变化

氢与氧、碳和氮元素的反应主要发生在熔体表面的某些区域。在这些区域,这些杂质元素的浓度随着反应的进行而降低,而此时熔体内部杂质元素的含量并未发生变化,与熔体表面之间存在一个浓度梯度。液态氢化过程中,溶解于 TiAl 合金熔体中的氢能够加速合金熔体中元素的扩散,这是由于氢能够使 TiAl 合金的液相线和固相线降低,图 3.18 所示为 Procast 计算的 TiAl 合金的液相线和固相线,液相线降低即合金的熔点降低。本实验过程中均采用相同的功率进行熔炼,因此熔点的降低相当于提高了合金熔体的过热度,杂质元素在合金熔体中的扩散也随着熔体过热度提高而加快。

而实际上,熔体中的杂质元素并不仅仅沿着浓度梯度的方向向表面进行扩散,而是在大于静态扩散速率的情况下向熔体表面进行扩散。这是由于熔体中存在着较强的对流,杂质元素同时在熔体对流的影响下可以快速运动到合金熔体表面。而液态氢化能够加速

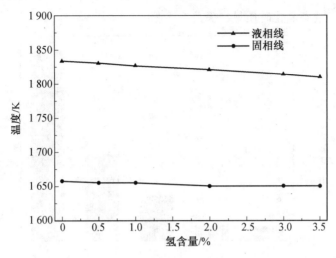

图 3.18　Ti—47Al 合金液—固相线温度随氢含量(原子数分数)的变化

合金熔体的对流作用,也就是另一个促进杂质元素向熔体表面运动的原因是氢降低了
TiAl 合金熔体的黏度系数,图 3.19 所示为 Procast 计算的 TiAl 合金熔体的黏度系数随
氢含量的变化,液态氢化使合金熔体在相同的条件下更容易流动,从而加快了合金熔体的
对流作用,促进了杂质元素的运动。

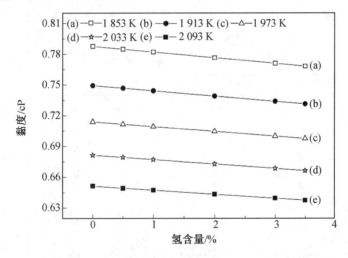

图 3.19　Ti—47Al 合金熔体黏度系数随氢含量(原子数分数)的变化

　　尽管在液态氢化过程中,氢分压越大,对杂质元素的净化作用越强,但需要指出的是,
在实际应用中,氢分压并非越大越好。随着熔炼室中氢分压的增大,TiAl 合金熔体的挥
发也更加严重。在液态氢化过程中,Ti—47Al 合金的质量损失比例与氢分压的关系如图
3.20 所示,为保证实验结果具有相同的条件,所用的熔炼时间均为 360 s,且熔炼室中的
总压均为 50 kPa。在不含氢气的高纯氩气中熔炼时,合金的质量也存在一定的损失,大
约为千分之 0.54;而随着液态氢化过程中氢分压的增大,合金的质量损失逐渐增大,
2.5 kPa 时进行液态氢化时,合金的质量损失也比较小,只有千分之 0.56;当氢分压增大
到 20 kPa 时,合金的质量损失激增到千分之 7.2,是未进行液态氢化时的 13.2 倍,同时是

在 10 kPa 时进行液态氢化时质量损失的 2.2 倍。

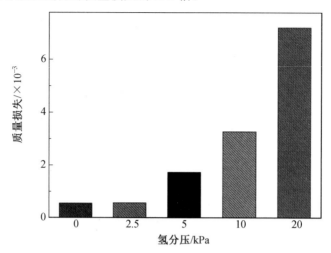

图 3.20　液态氢化过程中 Ti—47Al 合金质量损失与氢分压的关系

　　液态氢化持续时间越长,净化效果越好,但过长的熔炼时间会导致熔体在液态氢化过程中产生较多的挥发,图 3.21 所示为 Ti—47Al 合金质量损失与熔炼时间的关系。由于在熔炼温度范围内,Al 的饱和蒸气压远高于 Ti 的饱和蒸气压,因此 Al 的挥发更为严重。因此,对于初始杂质含量较高的 TiAl 合金,若要将其中的杂质元素降低到较低的水平,需要考虑合金成分的挥发损失。对合金成分要求严格的情况下,还需要对合金挥发损失进行校正。对于 TiAl 合金真空熔炼过程中成分的损失与控制,目前关于这方面的研究较多,可以参考这些研究结果对成分进行控制。

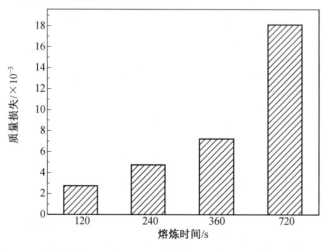

图 3.21　液态氢化过程中 Ti—47Al 合金质量损失与熔炼时间的关系

3.3　氢对 TiAl 合金组织的影响

3.3.1　液态氢化对 TiAl 合金组织的影响

图 3.22 为液态氢化后三种不同成分的 TiAl 合金铸锭宏观形貌,外观呈现纽扣状,这是由于表面张力和重力的共同作用所形成的。Ti－47Al 合金铸锭表面呈现出柱状晶的生长形态,这是由于在凝固过程中坩埚底部温度较低,散热很快,而顶部散热较慢。而 Ti－44Al 和 Ti－49Al 合金在液态氢化后的铸锭与 Ti－47Al 合金略微不同,为表面光亮的纽扣状铸锭,没有明显的柱状晶生长形态。图 3.22(d)所示为采用电火花线切割将铸锭沿着纵向切开后的照片。为保证研究的区域具有相同的凝固条件,本文中微观组织观察所选取的区域均为纵向剖开后的中心区域,如图 3.22(d)中椭圆圈所示,缩松区如图中矩形区域所示。

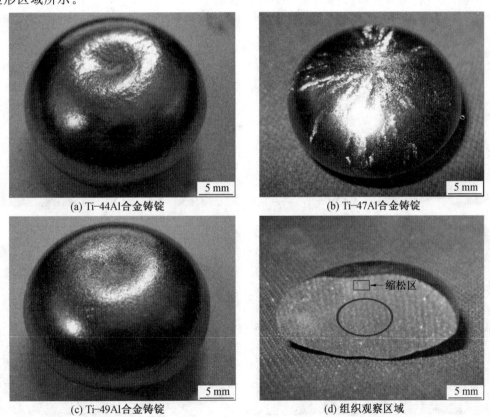

(a) Ti-44Al合金铸锭　　　　　　　　　(b) Ti-47Al合金铸锭

(c) Ti-49Al合金铸锭　　　　　　　　　(d) 组织观察区域

图 3.22　液态氢化后三种不同成分的 TiAl 合金铸锭宏观形貌

液态氢化过程中,氢将被 TiAl 合金熔体吸收直至达到饱和状态。在随后的凝固过程中,溶解在合金熔体中的氢将会对合金的凝固组织产生影响。图 3.23 所示为不同氢含量(在 3.3 节中指原子数分数)对 Ti－47Al 合金凝固组织的影响。从图中可以看出,未氢化的 Ti－47Al 合金由粗大的柱状晶组成,柱状晶间距达到 2～3 mm,柱状晶垂直于试样底部生长,这是由于凝固过程中,试样底部靠近水冷铜坩埚,散热较快;而顶部与氢氩混合气体接触,散热较慢。

在试样凝固过程中,热流可近似为由上而下单向传导,熔体沿该方向存在一定的温度梯度,因此具有一定的定向凝固的效果,故凝固后形成了近似平行于热流方向的柱状晶。在试样的顶部接近最后凝固的区域存在缩松区,如图中箭头所示,缩松区的形貌如图3.23(b)所示。在试样底部接触水冷铜坩埚的部位存在一定厚度的凝壳,该部位靠近坩埚底部,散热条件较好,因熔炼初期试样顶部受电弧作用首先熔化的熔体流到该部位而形成。凝壳的形成起到了保护高活性的 TiAl 合金熔体的作用,避免了合金熔体与坩埚可能发生的反应。

然而,氢化后的 Ti-47Al 合金凝固组织变为较为细小的等轴晶与细小的柱状晶,或为二者混合体。在较低的氢含量时,细化效果较为明显,如当氢含量为 0.5% 时,凝固组织基本由细小的等轴晶/柱状晶组成,平均晶粒大小约为 1 mm。观察发现,细小的柱状晶也具有一定的方向性,可判断是由下向上生长的。

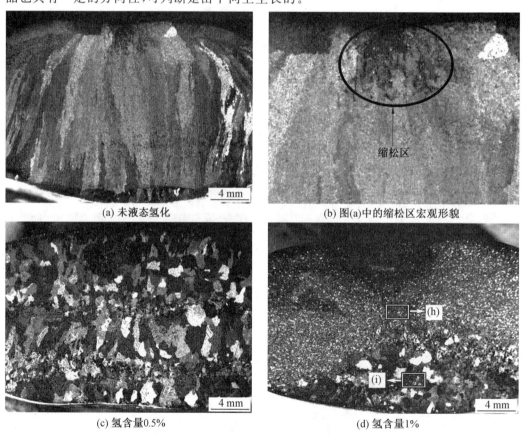

(a) 未液态氢化

(b) 图(a)中的缩松区宏观形貌

(c) 氢含量0.5%

(d) 氢含量1%

图 3.23　Ti-47Al 合金液态氢化前后的凝固组织

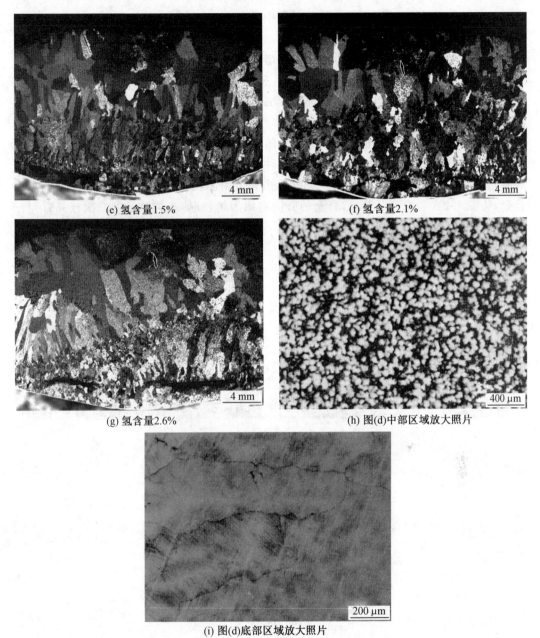

(e) 氢含量1.5%

(f) 氢含量2.1%

(g) 氢含量2.6%

(h) 图(d)中部区域放大照片

(i) 图(d)底部区域放大照片

续图 3.23

当氢含量为 1% 时,细化效果最为明显,Ti-47Al 合金基本由极细的等轴晶组成,以至于晶粒尺寸在体视镜下难以分辨,如图 3.23(d)所示。图 3.23(d)的放大照片如图 3.23(h)和(i)所示,观察部位分别为试样中心区域和底部凝壳区,可见合金中部区域基本由细小的等轴晶组成;试样的底部为凝壳区,当合金上部熔化后,与水冷铜坩埚接触的界面由于循环水的冷却作用保持在较低的温度,因此在熔池底部与铜坩埚之间存在一个具有一定厚度的未熔化区,即上文中所提到的凝壳,在凝壳内部存在一个温度梯度,由于凝壳内部的某些区域温度较高,在熔炼的过程中晶粒会逐渐长大,因此晶粒比较粗大,如图 3.23(i)所示。

随着氢含量的增加,晶粒尺寸逐渐有所增大,当氢含量为 1.5% 时,细化效果与 0.5% 时相似。氢含量继续增大,当达到 2.6% 时,晶粒细化效果已经远没有低氢含量时显著,合金下部晶粒相对细小,但中上部的晶粒变成了较为粗大的柱状晶,这些柱状晶的间距已经达到了 2 mm。

图 3.24 所示为未氢化的三种不同成分的 TiAl 合金的缩松区形貌。缩松区的形成是由于冷却时,试样的表面具备较好的散热条件而先凝固,试样由底部快速向上凝固,在最后凝固区域,补缩不足。从缩松区也能够看出合金中晶粒生长的形态,如对于 Ti−47Al 合金,从图 3.24(b)中可以看出,合金的凝固组织为树枝晶,且树枝晶的二次枝晶臂与一次枝晶臂垂直。

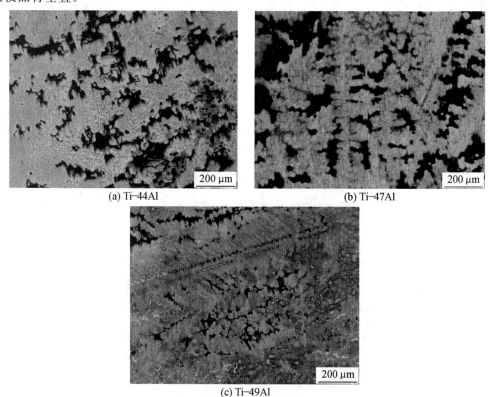

(a) Ti−44Al　　　　　　　　　　　　(b) Ti−47Al

(c) Ti−49Al

图 3.24　未氢化的三种不同成分的 TiAl 合金的缩松区形貌

对 Ti−47Al 合金液态氢化发现,1% 的氢具有最好的细化效果,因此利用 1% 的氢含量对 Ti−44Al 合金和 Ti−49Al 合金进行了液态氢化,对细化效果进行了验证。图 3.25 所示为 Ti−44Al 合金液态氢化前后凝固组织的图片。Ti−44Al 合金铸态组织与 Ti−47Al 相似,也是由粗大的柱状晶组成,柱状晶晶粒间距比 Ti−47Al 合金的更宽,可达到 4~5 mm,根据柱状晶方向可推断其是沿着由下至上的方向生长,这也是由于在凝固过程中的近似单向传热。合金的底部也存在一层凝壳,顶部存在一些缩松区域。然而,采用 1% 的氢进行液态氢化后,Ti−44Al 合金晶粒显著细化,除了底部凝壳和顶部缩松区之外,均为等轴晶组成,在体视镜下已难以分辨其晶粒大小。金相显微镜的放大图片如图 3.25(c)所示,观察区域为试样中间区域,可见氢化后合金由细小的等轴晶组成。

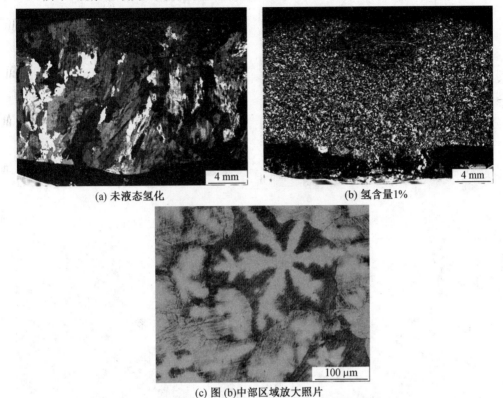

(a) 未液态氢化   (b) 氢含量1%

(c) 图 (b)中部区域放大照片

图 3.25 Ti-44Al 合金液态氢化前后的凝固组织

对 Al 含量较高的 Ti-49Al 合金采用 1% 的氢含量进行了液态氢化以验证细化效果。图 3.26 所示为 Ti-49Al 合金液态氢化前后的凝固组织对比。未氢化的 Ti-49Al 合金同样由柱状晶构成,柱状晶同样比较粗大,间距为 2~3 mm,方向也是沿着热流传导的方向。利用 1% 的氢进行液态氢化后,合金的组织形态发生了较大的变化,除了底部凝壳及顶部的缩松区之外,均由未氢化的粗大柱状晶变为等轴晶,但等轴晶远比 Ti-44Al 合金粗大,平均晶粒大小约为 1.5 mm。

对三种不同成分的 TiAl 合金进行液态氢化,发现氢对三种不同成分的合金的凝固组织均有不同程度的细化作用。重点对 Ti-47Al 合金进行了研究,发现氢含量在 1% 左右时细化效果最为显著。采用 1% 的氢含量对 Ti-44Al 和 Ti-49Al 进行液态氢化,发现同样具有一定的细化效果。氢化后,合金的组织形态均发生了较大的变化,均由粗大的柱状晶转变为相对较小的等轴晶/柱状晶。随着 Al 含量的降低,细化效果越来越显著。如 3.1 节所述,当要获得较高的氢含量时,就要求较高的氢分压和尽量低的合金熔体温度,如 3.2 节过多的氢会造成合金元素的较多挥发。因此在液态氢化过程中,应当尽量降低氢的分压。较小的氢含量即可获得较好的细化效果,同时也能减小合金成分的挥发。

由图 3.23 可知,当氢含量为 1% 时,液态氢化对 Ti-47Al 合金的凝固组织细化效果最好。图 3.27 为 Ti-47Al 合金液态氢化前后凝固组织的树枝晶形态演化规律。图中分别展示了氢含量为 0.5％、1％和 1.5％时凝固组织的树枝晶形态演化规律。

(a) 未液态氢化　　　　　　　　　　　　(b) 氢含量1%

图 3.26　Ti-49Al 合金液态氢化前后的凝固组织对比

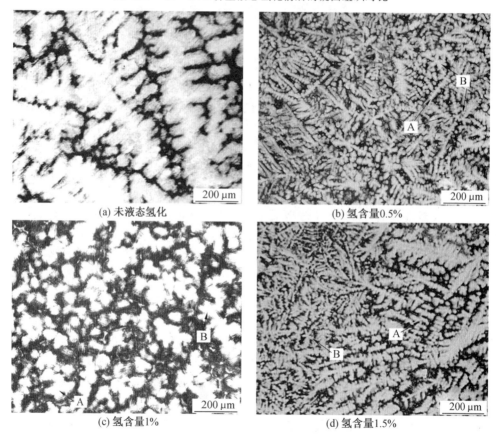

图 3.27　Ti-47Al 合金液态氢化前后凝固组织的树枝晶形态演化规律

由图 3.27 可以看出，Ti-47Al 合金典型的凝固组织的形态为树枝晶，枝晶臂之间的夹角为 90°，该类形态的枝晶在图中用 A 表示，二次枝晶臂间距约为 50 μm。在水冷铜坩埚中凝固时，尽管有着良好的散热条件，但由于 TiAl 合金导热能力较差，且与坩埚底部接触面积较小,TiAl 合金仍然会生长成粗大的树枝晶。当氢含量为 0.5% 时,Ti−47Al 合金仍然由树枝晶组成,但枝晶明显比未氢化时细小,二次枝晶臂间距减小。氢化后 TiAl 合金中的树枝晶形态有两种:一种是二次枝晶臂与一次枝晶臂夹角为 90° 的树枝晶;另一种是二次枝晶臂与一次枝晶臂夹角为 60° 的树枝晶(用 B 表示)。当氢含量为 1% 时,晶粒细化效果最为显著,几乎全部由细小的等轴晶组成,平均晶粒大小约为 40 μm,虽然枝晶形态不太明显,但仍然能够分辨出枝晶的两种不同形态。当氢含量进一步提高到 1.5% 时,树枝晶与氢化 0.5% 时相似,树枝晶形态较为清晰,同样有两种形态,分别为 A 和 B 型,但枝晶臂间距有所增大。A 和 B 型两种树枝晶形态的生长机理将会在下文详细阐述。凝固过程中,由于溶质分配,会形成一定的枝晶偏析,树枝晶和晶界的溶质浓度存在一定的差异。

　　由图 3.25 可知,1% 的氢含量即可达到显著细化 Ti−44Al 合金凝固组织的目的。采用 1% 的氢含量对 Ti−44Al 合金进行液态氢化之后,对其凝固组织的树枝晶形态进行了分析,并与未氢化的 Ti−44Al 合金的凝固组织的树枝晶形态进行了比较,如图 3.28 所示。

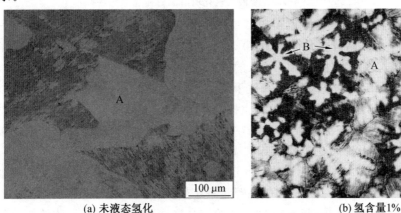

(a) 未液态氢化　　　　　　　　　　　　　　　(b) 氢含量1%

图 3.28　Ti−44Al 合金液态氢化前后的树枝晶形态

　　Ti−44Al 合金的凝固组织的形态为粗大的树枝晶,由于晶粒特别粗大,因此用金相显微镜很难看到完整晶粒。但在金相显微镜下观察仍然可以判断树枝晶形态为 A 型树枝晶,很多学者对 Ti−44Al 的凝固理论研究也证实了其凝固组织的形态为四重对称的树枝晶。

　　与 Ti−47Al 合金不同的是,Ti−44Al 合金的树枝晶生长更加发达,只有在体视镜下才能观察到完整晶粒,如图 3.25 所示。晶粒形态与 Ti−47Al 合金的晶粒形态也存在较大的差别,树枝晶的形态不及 Ti−47Al 合金明显,晶界相对较薄,树枝晶几乎接触在了一起。而液态氢化后 Ti−44Al 合金中除了 A 型树枝晶之外,还出现了 B 型的树枝晶。与氢化前相比,晶粒尺寸明显地减小了很多,不仅 A 型树枝晶尺寸变小了很多,而且 B 型的树枝晶晶粒尺寸也比较小,枝晶壁间距只有约 20 μm。A 型树枝晶形态与未氢化试样相似,树枝晶形态不太明显,但 B 型的树枝晶形态很明显,很多晶粒生长成了比较完整的六重对称的晶粒,晶粒大小约为 100 μm,金相显微镜下可以很清晰地看出晶粒的对称状态。

由图 3.26 可知,采用 1% 的氢含量对 Ti－49Al 合金进行液态氢化后,合金的晶粒形态发生了较大的变化,对 Ti－49Al 合金液态氢化前后的凝固组织的树枝晶形态变化进行了分析,如图 3.29 所示。

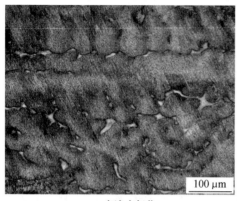 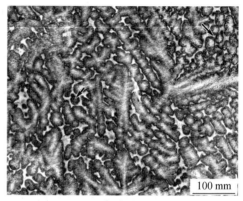

(a) 未液态氢化　　　　　　　　　　　　　　(b) 氢含量1%

图 3.29　Ti－49Al 合金液态氢化前后的树枝晶形态

Ti－49Al 合金凝固组织主要由 A 和 B 型树枝晶组成,合金的树枝晶生长较为发达,其二次枝晶臂与一次枝晶臂夹角分别为 90° 和 60°,这主要是由于 Ti－49Al 含 Al 量较高。且一次枝晶生长较为发达,可达到很长的长度,即使在低倍的金相显微镜下也很难观察到完整的树枝晶,由于一次枝晶臂生长过于发达,抑制了二次枝晶臂的生长,二次枝晶臂在生长的过程中由于接触到了临近的一次枝晶臂,其生长受到阻碍,因此二次枝晶臂的生长基本都终止于临近的一次枝晶臂。而其中很多一次枝晶臂比较平直,甚至互相接近平行排列,这些一次枝晶臂间距超过了 100 μm。

液态氢化后,Ti－49Al 合金的树枝晶的形态变得更加清晰,树枝晶的生长仍然很发达,有的枝晶臂长度可达到 200 μm,但枝晶臂间距却有了明显的降低,枝晶臂平均间距为 15～25 μm,远远小于未氢化的 Ti－49Al 合金的枝晶臂间距。同时,在发达的树枝晶之间还出现了很多等轴晶,这些等轴晶的晶粒尺寸约为 20 μm,如图 3.29(b)中箭头所示,且这些较为细小的等轴晶在合金中占有一定的比例。总体上分析,液态氢化对 Ti－49Al 合金的凝固组织的树枝晶也有着比较明显的细化作用,即改变了树枝晶的形态,减小了枝晶臂的间距,促进了细小等轴晶的形成。

3.3.2　液态氢化后 TiAl 合金的固态相变组织及相分析

在室温时,对液态氢化后的三种不同成分的 TiAl 二元合金进行了 XRD 分析,如图 3.30 所示。三种不同成分的 TiAl 二元合金均由两相组成,分别是 α_2 相和 γ 相,且随着 Al 含量的增大,α_2 相的体积分数降低。通过 XRD 分析并没有发现氢化物。由于氢在 TiAl 合金中的溶解度较小,氢化物相在合金的所有相中所占的比例较小以至于通过 XRD 很难检测到 TiAl 合金中氢化物的衍射峰,本文中液态氢化的量也比较少,虽然在冷却过程中,大部分的氢均转化为氢化物,但其体积比仍然不足以通过 XRD 检测出来。氢化物将在下文中通过 TEM 进一步观察。

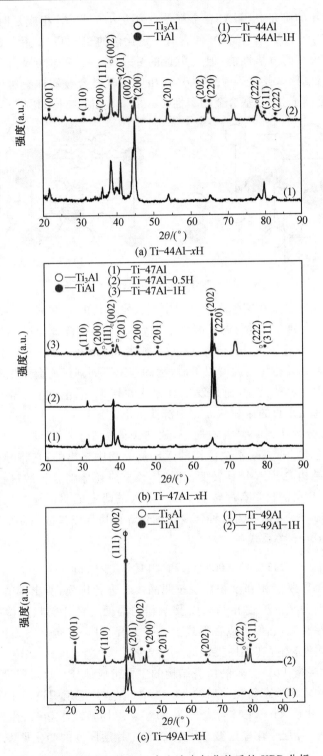

(a) Ti—44Al—xH

(b) Ti—47Al—xH

(c) Ti—49Al—xH

图 3.30　三种成分的 TiAl 合金液态氢化前后的 XRD 分析

　　在过去几十年的研究中,TiAl 合金都是在六方 α_2-Ti_3Al 相或是四方 $\gamma-TiAl$ 相基础上形成的。在 $\gamma-TiAl$ 基合金中,常含有一定比例的 α_2-Ti_3Al 相。α_2-Ti_3Al 相尽管其本身并不具备太好的力学性能,但一定量的 α_2-Ti_3Al 相却能提高 TiAl 基合金的塑性。研究人员经过研究,普遍认为是由于 α_2 相可吸收对合金塑性有害的间隙元素,尤其是氧元素,从而提高了 TiAl 基合金的塑性。α_2 相和 γ 相的结构如图 3.31 所示。

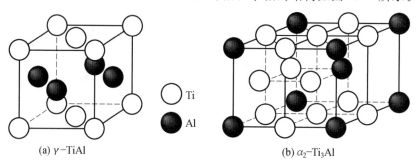

$$(a)\ \gamma-TiAl \qquad\qquad (b)\ \alpha_2-Ti_3Al$$

图 3.31　TiAl 合金中 α_2 相和 γ 相的结构

　　大部分 $\gamma-TiAl$ 合金在实际冷却过程中都会发生共析转变 $\alpha \rightarrow \alpha_2 + \gamma$,它是通过单相 γ 片层的形核和长大的方式进行的。凝固结束后,$\gamma-TiAl$ 合金经过 α 单相区之后,在随后的冷却过程中,α 相将按照 $\alpha \rightarrow \alpha + \gamma \rightarrow \alpha_2 + \gamma$ 或者 $\alpha \rightarrow \alpha_2 \rightarrow \alpha_2 + \gamma$ 发生分解反应,最终生成两相。当温度降到 α 相转变温度以下时,冷却速率不同则可能会发生不同的相变,当冷速很高时 α 相不发生分解反应,而是发生有序化并转为 α_2 相。当冷却速率较低时,则会发生 $\alpha \rightarrow \gamma$ 转变,片层生长的 γ 相从 α 相中沉淀析出。

　　当 Al 原子数分数达到 49% 左右时,α_2 相魏氏体板条次生沉淀相有可能在四个密排面析出。γ 片层是通过肖克莱不全位错的运动从 α 相中析出的,它将导致晶体结构从六角密堆积(HCP)结构向 FCC 结构转变。同时,该反应还伴随着扩散过程,以达到成分的平衡,并能实现 γ 片层的化学有序转变。Sun 等人的研究证明了 γ 片层是通过剪切转变形成的。而 Aindow 等人则认为这种转变是通过界面边界以扩散控制的方式沿密排面进行的。根据 Blackburn 关系式:

$$\{111\}_\gamma // (0001)_{\alpha_2} \text{ 和} <\overline{1}10>_\gamma // <11\overline{2}0>_{\alpha_2} \qquad (3.54)$$

这种类型的转变将导致 α_2 相和 γ 相片层按照晶体学进行排列,所出现的片层界面在很大范围是原子级平面并平行于 α_2 相基面以及 γ 相的晶面。在片层状显微组织中可以产生六个不同的 γ 片层排列,它们可以在形式上描述为绕[111]方向分别旋转60°而形成。因此,除了 α_2/γ 界面外,还存在不同类型的 γ/γ 界面。

　　如上所述,片层是 TiAl 合金的微观结构的主要组成部分。片层厚度对合金的力学性能有着重要的影响。对液态氢化前后的 Ti—47Al 合金片层组织进行了 TEM 分析,如图 3.32 所示,发现氢化后 Ti—47Al 合金的 α_2 和 γ 片层均呈减小趋势,当氢含量为 1% 时,与未氢化试样相比,片层平均厚度减小了约 36%。片层厚度的变化见表 3.3。

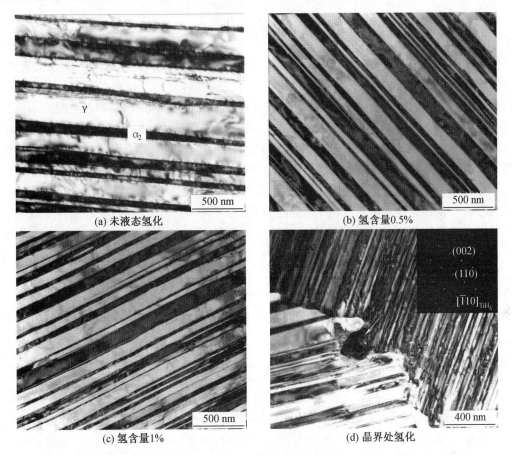

(a) 未液态氢化　　　　　　　　　　(b) 氢含量0.5%

(c) 氢含量1%　　　　　　　　　　　(d) 晶界处氢化

图 3.32　Ti−47Al 合金液态氢化前后的固态相变组织

　　室温下,氢原子在 TiAl 合金中的固溶度较低,目前虽没有确切的数据,但高克玮等人研究了氢在不同温度下的溶解度,并外推到室温,可知氢在 TiAl 合金中的溶解度约为 $10^{-8} \times 10^{-6}$。图 3.32(d) 为含氢 0.5% 的 TEM 相,在其晶界上出现了细小的黑色析出物,根据选区电子衍射花样分析,该析出物为 TiH_2。

　　由于氢在室温下的溶解度是恒定的,故当氢含量增加时,氢化物也会随之增多。当合金从高温冷却时,在液态氢化过程中溶解的氢极易与钛发生反应形成氢化物,氢化物是一个稳定的新相,冷却时会沿母相的某一个晶面析出,这个晶面称为氢化物析出的惯习面。氢化物容易造成合金的氢脆现象,在合金使用时是必须避免的,因此需要在使用前去除,氢的去除过程及对 TiAl 合金组织的影响将在下面讨论。

表 3.3　液态氢化前后 Ti−47Al 合金的片层厚度

氢含量/%	α_2 相片层厚度/nm	γ 相片层厚度/nm	平均厚度/nm
0	113	191	152
0.5	104	127	115.5
1.0	91	105	98

3.3.3　液态氢化细化 TiAl 合金的机理

由前面的分析可知,液态氢化可以细化 TiAl 合金的晶粒和显微组织。根本上来说,液态氢化对组织的影响就是氢对组织的影响。而 TiAl 合金的晶粒形态和大小主要由液固转变过程决定,因为在包晶温度附近的液固转变结束后,合金的形态和晶粒的大小已经基本形成,随后的冷却过程由固态相变决定,主要影响合金片层的形成,对晶粒形态几乎没有任何影响。因此,分析液态氢化细化 TiAl 合金的机理也就是分析氢对液固转变的影响。本文主要通过形核与过冷等方面分析液态氢化对 TiAl 合金的细化作用。

与其他合金化方法通过异质形核细化 TiAl 合金不同的是,在液固转变过程中,氢并不能形成氢化物。这是因为 Ti−H 化合物的形成是在 680 ℃左右,而在液固转变温度时不可能有氢化物的形成。TiAl 合金中的另一种元素 Al 也不可能在凝固过程中与氢发生反应生成氢化物,因此,液态氢化后 TiAl 合金凝固过程中,氢不可能与合金中的元素生成氢化物并提供形核衬底。

形核对于合金的晶粒生长具有重要的影响,形核率越高,则单位面积内的晶核数目越多,越容易得到细小的晶粒。形核功对形核率具有重要的影响,形核功越小,形核所需要能量越低,越容易形核。

临界形核功 ΔG_k 的表达式为

$$\Delta G_k = \frac{16\pi\sigma^3 T_m^2}{3L_m^2}\frac{1}{\Delta T^2} \tag{3.55}$$

式中,L_m 为结晶潜热;σ 为单位面积的表面能;T_m 为平衡结晶温度;ΔT 为过冷度。设氢化后合金的结晶潜热 L_m 不变,根据氢的弱键效应,氢可以降低合金中原子之间的结合能,减弱原子间的键合作用。液态氢化后的 TiAl 合金熔体在凝固过程中,位于固液界面前沿的氢可降低液相−晶核之间的界面自由能,即氢降低了单位面积的表面能 σ。而由3.2 节可知,氢可以降低 TiAl 合金熔体的液相线,即氢降低了平衡结晶温度。因此,不考虑形核衬底的作用,与临界形核功成正比的表面能和平衡结晶温度降低,则临界形核功降低,形核率提高,合金凝固过程中晶核更容易形成,使形核率增大,虽然形核后合金仍然会生长成树枝晶,但由于周围晶核数增多,晶粒生长受到牵制,不易于长成发达的树枝晶,因此形核率的提高是 TiAl 合金晶粒细化的一个重要原因。

液态氢化细化 TiAl 合金的另一个重要因素是氢促进了固液界面的成分过冷。成分过冷原理示意图如图 3.33 所示。成分过冷是由于在液固转变过程中,不断排出的溶质在固液界面前沿富集,形成一定浓度梯度的边界层,界面处的液相成分和固相成分分别沿着液相线和固相线变化使得界面前沿溶质浓度升高,从而导致前沿熔体的熔点降低。对于文中所研究的三种不同成分的 TiAl 合金,其分配系数 $k_0 < 1$,合金的平衡结晶温度随着溶质浓度的增加而降低。由于液体边界层中的溶质浓度随距边界的距离的增加而减小,故边界层中的平衡结晶温度也将随距离的增加而上升。因此会出现在固液界面前沿一定范围内的液相中,其实际温度低于平衡结晶温度,在界面前方出现了一个过冷区,该过冷区的过冷度是由于液相中的成分变化而引起的,因此被称为成分过冷。当成分过冷较强时,可形成树枝晶,因此树枝晶的生长与成分过冷是紧密相连的。

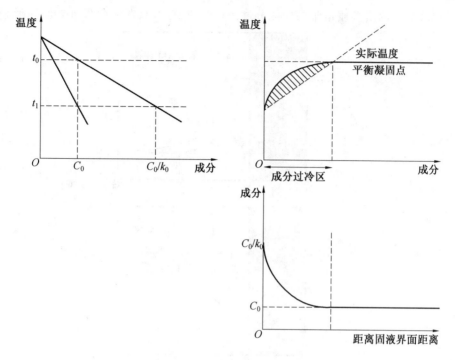

图 3.33　成分过冷原理示意图

成分过冷可导致胞状晶和树枝晶的形成,至于哪种形态出现取决于边界层的大小和在此区域内成分过冷的程度。本文研究的三种不同成分的合金,无论是否液态氢化,都形成了典型的树枝晶,可见成分过冷的程度都比较强。而在含氢的合金中,晶粒明显得到细化,本文认为是氢致成分过冷的增强导致形核能力增强所致。成分过冷在结晶过程中,由于分配系数的存在,已结晶的固相将溶质排出到凝固界面前沿的液相中;而在实际凝固过程中,由于溶质的扩散系数有限,因此这部分溶质在界面前沿富集形成溶质富集层。那么,溶质扩散系数将会对成分过冷的程度产生重要影响。这也可以由形成成分过冷的临界条件可以看出:

$$\frac{G}{R} = \frac{mC_0}{D}\frac{1-k_0}{k_0} \qquad (3.56)$$

式中,G 为固液界面前沿液相中的实际温度梯度;R 为结晶速度;m 为液相线斜率;D 为液相中溶质的扩散系数;k_0 为分配系数。可见扩散系数 D 对成分过冷的形成产生重要影响。

当扩散系数 D 减小时,溶质扩散受到进一步抑制,扩散更加困难,溶质富集层厚度减小,而根据分配系数,由于已结晶的固相的浓度一定,被排出到液相中的溶质也是一定的。而凝固过程中,液相中的温度梯度是不变的,这将会导致成分过冷的增强。对于氢对 TiAl 合金熔体中溶质 Al 扩散的影响文献未见相关报道,但可通过与合金熔体的性质在某些方面有相同点的非晶态合金进行佐证。Hasegawa 等人研究了氢对非晶态合金的元素扩散的影响,发现氢可降低 Al 的扩散速率。以此为旁证,可推断氢对 TiAl 合金熔体中溶质 Al 的扩散应当是起到一定的抑制作用,也就是氢降低了溶质 Al 的扩散系数 D,从而导致固液界面前沿溶质富集层中成分过冷程度的增强,原理示意图如图 3.34 所示。

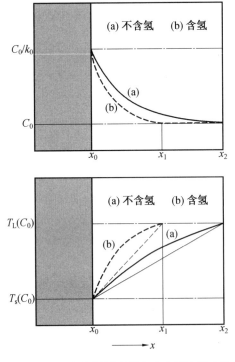

图 3.34　氢对 TiAl 合金凝固过程中成分过冷影响的示意图

　　TiAl 合金的组织形态主要由液固转变过程决定,氢化后合金的组织形态发生了较大变化,不仅体现在晶粒大小的变化,而且出现了六重对称的晶粒。在 TiAl 合金凝固过程中,初生相的形态对合金凝固组织的形态具有重要影响。当 TiAl 合金的 Al 原子数分数低于 55% 时,初生相可能为 α 相或者 β 相。α 相的结构为密排六方,在生长过程中,二次枝晶臂的择优生长方向为 <1120>,故二次枝晶臂之间夹角为 60°。β 相为体心立方,择优生长方向为 <100>,其二次枝晶臂之间夹角为 90°,因此可以根据这些特征推断 TiAl 合金在液固转变时的初生相。对于未氢化的 Ti-44Al 和 Ti-47Al 合金,它们的初生相均为四重对称的 β 相;而氢化后的合金中除了含有 β 相之外,还出现了六重对称的 α 相。根据 McCullough 等人的研究,当 Al 原子数分数低于 49% 时,TiAl 合金的凝固路径为

$$L \rightarrow \beta + L \rightarrow \beta + \alpha \rightarrow \alpha \rightarrow \alpha_2 \rightarrow \alpha_2 + \gamma \tag{3.57}$$

　　因此对于本文研究的 Ti-44Al 和 Ti-47Al 合金,它们的初生相均为 β 相。而 Ti-49Al 合金由于其含 Al 量高,因此未氢化的试样中也出现了部分 α 相。α 相的形成需要液相中有足够高的溶质浓度以满足 α 相的形核,在相同的凝固条件下,氢化的 Ti-44Al 和 Ti-47Al 合金中出现了以 α 相为初生相的树枝晶,由此可推断氢的存在提高了固液界面前沿溶质的富集。无氢时首先生成的 β 相含较多的 Ti,Al 原子被大量排到晶界处,根据 EDS 分析可知,枝晶内含 Ti 多,而晶界处含 Al 量多,被排出的溶质原子 Al 能够向界面前沿低溶质区域进行一定程度的扩散,形成一定的富集,但溶质富集程度较弱,未达到 α 相形核所需要的浓度,因此 α 相不能够在界面前沿较近位置形核。由于固液界面前沿的

溶质浓度始终能够满足 β 相的生长条件,因此 β 相生长较为有利,最终会形成发达的 β 相。

　　然而,氢化后氢的存在抑制了溶质原子的扩散,促进了成分过冷程度的增强,使得界面前沿形成的溶质原子富集层厚度变薄,成分过冷度增加。由于分配系数与未氢化时近似相同,故排出的溶质含量相当,因此当溶质富集层变薄,使得局部区域的溶质浓度比未氢化时增大很多,这些区域的溶质富集可能满足 α 相的形核条件,从而形成 α 相。由于晶界处溶质含量高,因此可以进一步长大。而 α 相的生长又消耗液相中的 Al 原子,使得 α 相界面前沿的溶质浓度降低,反过来又会促进 β 相的形核与生长。因此最终组织为 α 相和 β 相交替形成。以 Ti—44Al—1H 合金为例,其组织形态为 α 相和 β 相交替出现,如图 3.35 所示。而 Ti—49Al 合金由于溶质浓度高,在未氢化的试样中也出现了部分的 α 相,但是氢化后,氢的存在导致了固液界面前沿成分过冷的增强,固液界面前沿成分过冷度增大,促进了进一步的形核,故高 Al 含量的 Ti—49Al 合金也得到了细化。不含氢和含氢的 TiAl 合金液固转变的形核与生长示意图如图 3.36 所示。

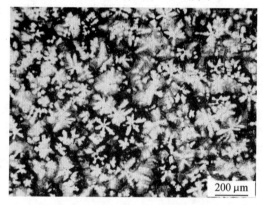

图 3.35　1%氢含量进行液态氢化后 Ti—44Al 合金微观组织

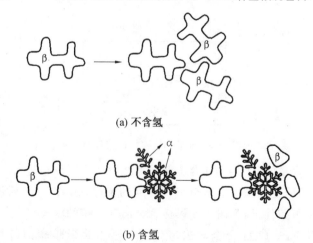

图 3.36　不含氢和含氢的 TiAl 合金液固转变的形核与生长示意图

对于氢在 TiAl 合金液固转变过程中的作用,作者类比了小原子半径的元素细化 TiAl 合金晶粒的机理。以 B 元素为例,B 的原子序数为 5,在已知的 TiAl 的细化元素中,B 的原子半径与氢最为接近,同样为小原子半径的元素,在高温时较为活泼,扩散较快。研究表明,添加 B 元素可以显著细化 TiAl 合金的组织。研究人员针对 B 对 TiAl 合金的细化作用提出了很多种机理,最初硼化物致细化的机理受到了广泛研究,但最近 Cheng 经实验研究,否定了这种细化机理,提出了一种新的细化机理,认为 B 细化 TiAl 合金是由于 B 促进了 TiAl 合金液固转变过程中固液界面前沿的成分过冷,进而促进了形核,导致了 TiAl 合金的细化。该机理受到了关注并获得了其他研究人员的认可。本文所研究的氢细化 TiAl 合金晶粒与 B 对 TiAl 的细化在某种程度上有一定的相似性。

3.4　氢对 TiAl 合金力学性能的影响

3.4.1　液态氢化对 Ti—47Al 合金高温塑性变形行为的影响

1. Ti—47Al 合金的表观热塑性

本实验利用 Gleeble—1500D 热模拟机对三种不同成分的、不同氢含量的 Ti—47Al 合金进行了热压缩实验,以模拟 Ti—47Al 合金的热压缩过程的变形行为。热压缩模拟的实验原理示意图如图 3.37 所示。采用的变形参数如下:变形温度为 1 050 ℃、1 100 ℃ 和 1 150 ℃,应变速率分别为 $1×10^{-3}$ s^{-1}、$1×10^{-2}$ s^{-1}、$1×10^{-1}$ s^{-1}、1 s^{-1}。

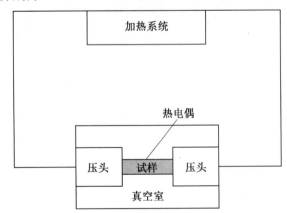

图 3.37　TiAl 合金热压缩模拟实验原理示意图

首先对不同氢含量的 Ti—47Al 合金热压缩之后的宏观形貌进行了观察,分析其表观热塑性,观察了在不同变形条件下合金出现开裂的情况,如图 3.38 所示。在本文所研究的几种高温塑性变形条件下,列出了变形后合金出现开裂的状态。

液态氢化后的 Ti—47Al 合金与未氢化的合金宏观形貌相似,因此仅展示了 Ti—47Al 合金的宏观形貌,如图 3.39 所示,进一步的研究还需要通过应力—应变曲线进行分析。对高温变形后的 Ti—47Al 的宏观形貌的观察表明,Ti—47Al—xH(x=0,05,1)合金在高于 $1×10^{-1}$ s^{-1} 的应变速率下变形时,都将出现严重的开裂;在 1 050 ℃变形时,也

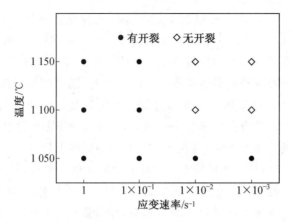

图 3.38　液态氢化前后的 Ti—47Al 合金的热加工窗口图

会出现严重的开裂。因此,可以推断在 1×10^{-1} s^{-1} 和 1 050 ℃时合金均不能进行热压缩变形。其原因是在这些条件下时,应变速率过快或者变形温度过低,合金的加工硬化程度较大,合金无法进行变形。当变形温度大于 1 100 ℃且应变速率低于 1×10^{-2} s^{-1} 时,Ti—47Al—xH 合金均能够进行一定程度的变形且不出现开裂。

图 3.39　Ti—47Al 合金热变形后的宏观照片

随着变形温度的升高和应变速率的降低,Ti—47Al—xH 合金的可变形量逐渐增大。

如当变形温度为 1 100 ℃时,合金可以在 $1×10^{-2}$ s^{-1} 的应变速率下变形 20% 而不产生开裂;而当变形温度为 1 150 ℃时,应变速率降低到 $1×10^{-3}$ s^{-1} 时合金可达到 50% 的变形量而不产生开裂。随着变形温度的继续升高,TiAl 合金可变形量继续增大,达到相同变形量而不产生开裂所需的应变速率逐渐降低。研究表明,随着变形温度的升高和应变速率的降低,Ti-47Al-xH 合金热塑性变形过程中产生裂纹的倾向逐渐降低。张浩研究了 Ti-43Al-5Nb-0.03Y 合金的高温变形性能,发现当变形温度达到 1 250 ℃时,该合金在 $1×10^{-2}$ s^{-1} 的应变速率变形时,可在不产生开裂的情况下达到 50% 的塑性变形量。

在相同的变形温度时,尽管降低应变速率可获得较大的变形量,但是如果应变速率过低,会导致热变形所需时间过长,效率变低。以 $5×10^{-4}$ s^{-1} 为例,尽管在此应变速率时,合金可在不出现开裂的情况下承受较大的变形量,但所需变形时间过长,以变形 50% 为例,仅变形过程就需要 16.7 min。热变形时间过长对设备和模具的要求进一步提高,并能够导致 TiAl 合金与其他元素反应的可能性加大,降低模具的寿命,增加热变形的成本。因此,在实际生产中,尽可能地选择高的应变速率,对于 Ti-47Al 合金而言,$1×10^{-2}$ s^{-1} 和 $1×10^{-3}$ s^{-1} 是比较适合的应变速率参数。

另一方面,随着变形温度升高,也会带来一些与降低应变速率相似的不利因素,因此,尽量选择较低的变形温度。本实验中 1 100 ℃ 和 1 150 ℃ 都能够进行一定的变形,但 1 100 ℃时可变形量较低,因此,比较适宜的变形温度是 1 150 ℃。

2. 高温塑性变形微观机制

组织对合金的力学性能具有重要的影响,TiAl 合金的高温塑性变形机制可通过其微观组织变化进行分析。由于相同氢含量的合金在不同变形条件下的组织演化规律相似,因此仅以 Ti-47Al 合金的显微组织为例说明合金微观组织的变化规律。图 3.40 展示了 Ti-47Al 合金热变形前后的显微组织变化。其中图 3.40(a) 为铸态合金的显微组织,可见变形前合金形貌为典型的树枝晶,树枝晶由 α_2 和 γ 片层组成,图 3.40(b) 为图 3.40(a) 方框区域的放大像。而在 1 100 ℃、$1×10^{-2}$ s^{-1} 条件下变形后,由于变形温度低,应变速率快,变形量小,一些树枝晶在变形过程中被保留下来,可以分辨出初始的树枝晶形貌(图 3.40(c)),另外还存在一些破碎的组织,高倍观察时发现这些组织由弯曲的片层组织和破碎的片层组织组成,在该条件下变形后再结晶数量较少,且主要产生于晶界附近的 γ 相,由于变形快,变形温度低,再结晶晶粒发生的程度较低。在相对较低温度下变形时,加工硬化成为影响合金组织性能的主要因素,在低应变的条件下,材料内部由于位错塞积而产生应力集中并产生裂纹的孕育,在应变进一步增大时,裂纹迅速扩展,从而导致合金的开裂,如图 3.39(a) 和 (b) 所示。

Ti-47Al 合金随着应变速率的降低,合金变形量增加,变形时间延长,动态再结晶程度明显提高(图 3.40(d));而当变形温度提高到 1 150 ℃后,即使在较高的应变速率下 ($1×10^{-2}$ s^{-1}) 变形,合金的再结晶晶粒也呈球化长大的趋势(图 3.40(e))。随着应变速率降低至 $1×10^{-3}$ s^{-1},合金的再结晶程度显著增强,再结晶晶粒所占的体积分数明显增大,如图 3.40(f) 所示。变形温度的升高可促进合金中元素的扩散行为,可加速动态再结晶的进行,并且促进合金中动态再结晶晶粒的不断长大。因此,合金中动态再结晶的体积

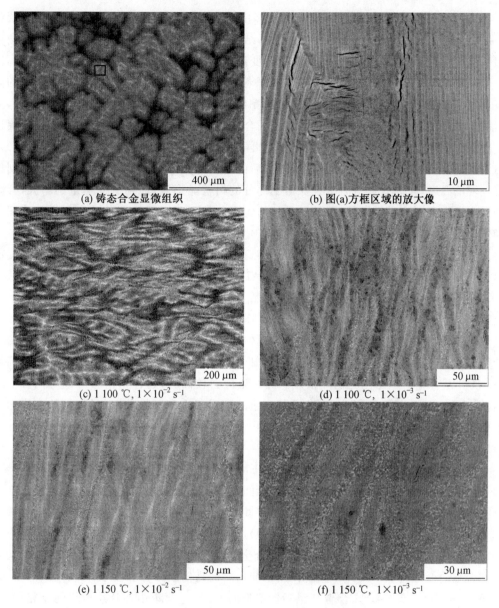

(a) 铸态合金显微组织　　　　　　(b) 图(a)方框区域的放大像

(c) 1 100 ℃, 1×10^{-2} s^{-1}　　　　　(d) 1 100 ℃, 1×10^{-3} s^{-1}

(e) 1 150 ℃, 1×10^{-2} s^{-1}　　　　　(f) 1 150 ℃, 1×10^{-3} s^{-1}

图 3.40　Ti-47Al 合金热变形前后的显微组织

分数随温度的升高而不断提高,并且再结晶晶粒的尺寸也不断长大。当变形温度继续升高时,TiAl 合金可以发生完全再结晶。变形后的合金中还存在一些残余片层组织,该组织的片层法线方向往往与加载方向平行,随着变形温度升高,应变速率降低以及合金的变形量增大,残余片层组织的体积分数逐渐减小。动态再结晶是合金的一种重要的软化机制,变形温度的升高可以促进动态再结晶的进行,而应变速率的降低可以为动态再结晶的进行提供时间,同时,高温可激活位错运动,因此,随着变形温度的升高和应变速率的降低,合金在开裂前可承受更大的变形。通常来说,合金在低温、高应变速率时进行变形会发生剪切开裂;而在高温、低应变速率时,则会在晶界三角处发生楔形开裂。

　　TiAl 合金动态再结晶主要发生于 γ 相,由于动态再结晶晶粒的高温强度低于片层组织的高温强度,随着高温变形过程中动态再结晶程度的不断增大,合金的塑性变形逐渐依赖于分布在片层晶团边界的再结晶晶粒的变形,而片层晶团的塑性变形逐渐被抑制。当温度低于 1 150 ℃时,片层晶团再结晶,γ 晶粒受到大量 α_2 晶粒的抑制,因此,再结晶的晶粒尺寸十分细小;而在此温度下,当应变速率继续降低,合金的变形量增大至 50% 后,元素的扩散更加充分,应变速率的降低延长了合金在高温变形过程中停留的时间,从而促进了材料中的扩散行为,有利于材料的动态再结晶以及再结晶晶粒的长大(图 3.40(f))。对于相同氢含量的 Ti−47Al 合金,其变形后的形貌与变形前具有相似的变化规律,同样是在较低温度、较高变形量时合金保留了部分的树枝晶形貌,而随着变形量的增大,合金的微观组织逐渐变成纤维状,再结晶晶粒的体积分数随着变形温度的升高和应变速率的降低而不断增大。

　　双相 TiAl 基合金的室温变形主要发生于 γ 相。大部分情况下,滑移都在 $\{111\}_\gamma$ 面沿密排方向 $<110>$ 进行,由伯氏矢量为 $\boldsymbol{b}=1/2<110>$ 的普通位错和伯氏矢量为 $\boldsymbol{b}=<101>$ 或 $\boldsymbol{b}=1/2<112>$ 的超位错来进行。除此以外,沿 $1/6<11\bar{2}>\{111\}_\gamma$ 的机械孪生也是 TiAl 基合金变形一种方式。研究表明,TiAl 基合金中的高温塑性变形仍然是主要通过普通位错滑移和机械孪生的方式进行的,伯氏矢量为 $\boldsymbol{b}=<101>$ 的超位错滑移在 TiAl 合金高温塑性变形过程中处于次要地位。由于缺少足够数量的独立滑移系,即使在高温时,TiAl 基合金的加工性能仍然很差。当约束应力较高时,超位错滑移可以不同程度地启动,这在一定程度上可以改善 TiAl 基合金的高温塑性变形性能,但是高的约束应力也会带来一些其他负面效应,可导致 TiAl 基合金在片层界面处产生微裂纹,进而可能导致材料较早地产生流动失稳。

　　Ti−47Al 合金高温塑性变形前后的 TEM 形貌如图 3.41 所示。Ti−47Al 合金铸态组织由平直的片层组织组成,片层组织包括间隔的 α_2 片层和 γ 片层。其中 γ 相中存在一定量的位错,主要是在合金的冷却过程中产生的(图 3.41(a))。而高温变形后有些片层组织发生了强烈的弯折和破碎(图 3.41(b)),这些弯折与破碎的片层组织的原法线方向通常都垂直于加载方向。由于 Ti−47Al 合金主要由 α_2 和 γ 片层组成,由此可见片层组织在合金的变形过程中发挥了重要作用。变形后的高倍放大像如图 3.41(c)和(d)所示,TEM 分析表明,Ti−47Al 合金高温塑性变形时,变形主要集中在片层组织的 γ 相中,这是由于 γ 相中存在高密度的位错(图 3.41(c))以及孪生变形(图 3.41(d)),而在与 γ 相相邻的 α_2 片层中位错密度极小,分析也发现位错与孪生存在于同一个 γ 片层中,这是由于位错滑移产生的高的约束应力可以提供孪生变形所需要的剪切应力。由此可以推断,γ 相的位错滑移与孪生是 Ti−47Al 合金高温塑性变形的主要微观机制。

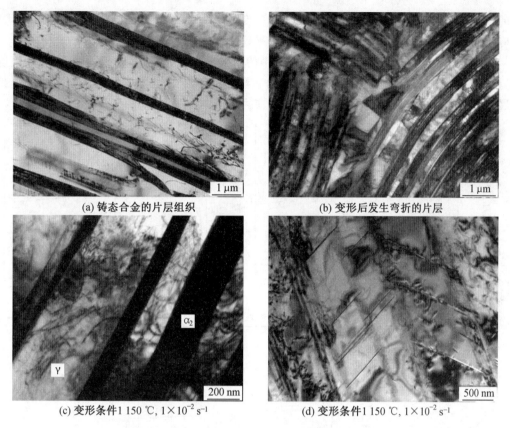

(a) 铸态合金的片层组织　　　　　　　　　　　　(b) 变形后发生弯折的片层

(c) 变形条件1 150 ℃, 1×10⁻² s⁻¹　　　　　　　　(d) 变形条件1 150 ℃, 1×10⁻² s⁻¹

图 3.41　Ti−47Al 合金热变形前后的 TEM 组织

另一方面,孪生变形还能够改变晶体的位向,从而使其中某些原来处于不利取向的滑移系转变到有利于发生滑移的位置。于是,可以激发进一步的滑移变形,对后续塑性变形产生有益的影响。

3. Ti−47Al−xH 合金真应力−真应变曲线及特征分析

图 3.42 所示为不同氢含量(原子数分数,下同)的 Ti−47Al 合金的真应力−真应变曲线,为了更清楚地研究氢对 Ti−47Al 合金热变形行为的影响,图中仅展示了在热加工窗口内变形温度为 1 100 ℃和 1 150 ℃及应变速率为 $1×10^{-2}$ s⁻¹和 $1×10^{-3}$ s⁻¹时的真应力−真应变曲线。

Ti−47Al 合金在热压缩过程中,在加工硬化和动态再结晶所导致的软化的双重作用下出现了典型的分区阶段。在变形初期,γ 片层中的位错快速增殖,大量位错被相界面钉扎,同时产生了大量的变形孪晶,这些位错缠结、钉扎以及位错与孪生和 α₂ 片层的相互作用使得合金中产生了显著的加工硬化行为。在热变形的初始阶段,加工硬化占据主导地位,导致流动应力快速增大并达到峰值。随着变形的继续进行,变形量增大,由于片层晶团之间的强度降低,变形程度相对较大,因此合金中出现片层晶团间 γ 相中的动态再结晶,且随着动态再结晶的 γ 晶粒的体积分数增大,流动应力的上升趋势逐渐平缓;同时,被相界钉扎的大量位错随着温度的升高和变形的增大而逐渐脱钉,随着变形程度的增大,动态再结晶软化逐渐占据了主导地位,从而产生了明显的流变软化行为。对于相同氢含量的 Ti－47Al 合金,随着变形温度的升高和应变速率的降低,合金的流变应力不断降低,真应力－真应变曲线的变化趋势也逐渐趋于平稳。

张浩研究了 TiAl 合金的热变形过程中的显微组织变化规律,结果表明,当变形温度低于 1 200 ℃时,再结晶主要发生在晶界,且随着变形量的增大再结晶从晶界向晶内扩展,再结晶程度逐渐增强,由此而导致流变应力下降。

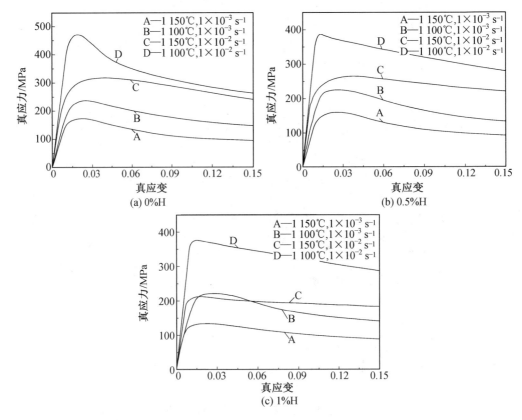

图 3.42　不同氢含量的 Ti－47Al 合金的真应力－真应变曲线

图 3.43 所示为不同氢含量对 Ti－47Al－xH 合金的真应力－真应变曲线的影响。由图可以看出,氢化后的 Ti－47Al 合金的流变应力和峰值应力与未氢化合金相比均有不同程度的降低,且流变应力和峰值应力随着氢含量的增加而逐渐降低。

由图 3.43 可知,当应变速率相同时,随着变形温度的升高,氢化后峰值应力降低的幅度逐渐增大。如变形速率为 $1×10^{-2}$ s^{-1} 时,在 1 100 ℃和 1 150 ℃变形,1%的氢可将峰值应力分别降低约 19% 和 33%。变形速率为 $1×10^{-3}$ s^{-1} 时,在 1 100 ℃和 1 150 ℃变形,1%的氢可将峰值应力分别降低约 7% 和 23%。另一方面,当变形温度相同时,随着应变速率的降低,氢化后峰值应力降低的幅度逐渐减小。

在不同应变速率时,Ti－47Al 合金的峰值应力随变形温度和氢含量的变化如图 3.44 所示。采用不同氢含量进行液态氢化的 Ti－47Al 合金峰值应力降低的百分比见表 3.4。可见,氢降低 Ti－47Al 合金峰值应力的作用是很显著的,尤其当合金在 1 100 ℃和 1 150 ℃变形时,1%的氢可将峰值应力降低 19%($1×10^{-2}$ s^{-1})和 23%($1×10^{-3}$ s^{-1}),峰值应力的降低对于 Ti-47Al 合金的实际生产加工同样具有重要的意义。

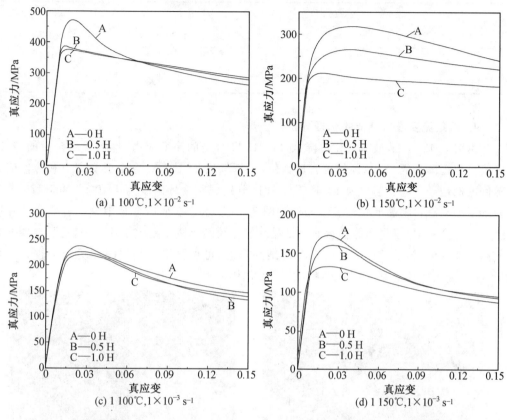

图 3.43　不同氢含量对 Ti-47Al-xH（$x=0$，0.5，1)合金的真应力-真应变曲线的影响

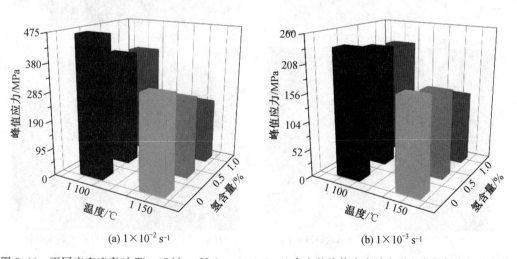

图 3.44　不同应变速率时 Ti-47Al-xH（$x=0$，0.5，1)合金的峰值应力随变形温度和氢含量的变化

表 3.4　不同氢含量降低 Ti—47Al 合金峰值应力的百分比

温度/℃	0.5H		1.0H	
	1×10^{-2} s^{-1}	1×10^{-3} s^{-1}	1×10^{-2} s^{-1}	1×10^{-3} s^{-1}
1 100	17%	5%	19%	7%
1 150	16%	7%	33%	23%

4. 氢致流变应力降低的机理分析

由图 3.43 可见,液态氢化可降低 Ti—47Al 合金的流变应力,且随着氢含量的增大,峰值应力逐渐降低。以 1% 的氢含量为例,分析氢致 Ti—47Al 合金流变应力和峰值应力降低的机理。在应变速率为 1×10^{-2} s^{-1} 时,分别观察变形温度为 1 100 ℃ 和 1 150 ℃ 时变形后的动态再结晶形貌,TEM 图像如图 3.45 所示。变形后合金中分布着残余的片层组织,以及一部分亚晶和等轴状的再结晶晶粒。再结晶主要发生于 γ 相中,且晶粒中分布着高密度的位错,是一种典型的动态再结晶形态,可见再结晶晶粒同样承受了较大的变形,在合金的塑性变形过程中发挥了重要的作用。

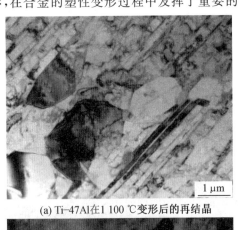

(a) Ti-47Al在1 100 ℃变形后的再结晶

(b) Ti-47Al在1 150 ℃变形后的再结晶

(c) Ti-47Al-1H在1 100 ℃变形后的微观组织

(d) Ti-47Al-1H在1 150 ℃变形后的微观组织

图 3.45　Ti—47Al—xH 合金热变形后的 TEM 图像

随着变形温度的提高与应变速率的降低,Ti—47Al 合金的动态再结晶晶粒体积分数不断增加,可以促进位错滑移在合金高温塑性变形过程中更多地参与变形,从而提高了合金在塑性变形过程中的变形协调能力。通过大量组织图片的对比可以看出在相同的变形条件下,氢化后的合金中动态再结晶晶粒变小,但数量明显增多,可以推测氢的存在促进了动态再结晶晶粒的形核。动态再结晶是一种重要的软化机制,氢致动态再结晶程度的增强可认为是流变应力降低的原因之一。氢促进动态再结晶的形成也在 Ti−6Al−4V 合金中被观察到。

Ti−47Al 合金热塑性变形前的位错形态变化如图 3.46(a)所示,在变形过程中,由于位错的大量增殖,产生了大量的位错塞积和缠结,这将导致高的流变应力。而氢化 1% 的 Ti−47Al 合金,其位错缠结明显减少(图 3.46(b))。而位错与滑移在 Ti−47Al 合金的变形中占有重要地位,位错缠结的减少可降低流变应力。通过 TEM 观察发现,Ti−47Al 合金高温塑性变形过程中,变形主要发生在 γ 相中,这是由于在 γ 相中存在高密度的位错以及孪生变形,而在与 γ 相相邻的 $α_2$ 片层中几乎没有位错产生,且观察发现位错与孪生存在于同一个 γ 片层中,如图 3.46(c)所示,位错滑移产生的高的约束应力可以提供孪生变形所需要的剪切应力,孪生变形还能够改变位错滑移的方向,使位错滑移趋于有利方位,进而促进了后续的塑性变形。

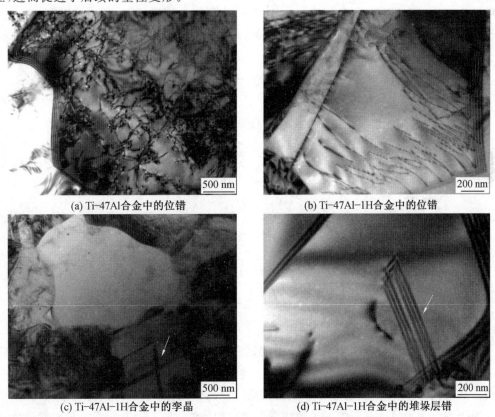

(a) Ti-47Al合金中的位错   (b) Ti-47Al-1H合金中的位错

(c) Ti-47Al-1H合金中的孪晶   (d) Ti-47Al-1H合金中的堆垛层错

图 3.46 Ti−47Al−xH 合金热变形前后的位错形态

据报道,少量的氢可促进位错的运动,提高位错的可动性,促进滑移系的开动,因而可减少位错的缠结与塞积,进而降低热变形过程中的流变应力。经过对比,发现氢化后的合金中产生了更多的孪晶,尤其是在 1 150 ℃变形时更为明显,出现了较多的堆垛层错(图3.46(d)),孪生变形尽管对塑性变形的直接贡献不大,但可调整晶体的位向,使更多的滑移系处于有利方位,进而激发滑移的开动。而更多堆垛层错的出现说明氢化后堆垛层错能的降低,而堆垛层错能的降低又能促进再结晶和孪晶的形成。氢致堆垛层错能的降低同样出现别的合金中,如 Ti－49Al 合金。因此,氢化后 Ti－47Al 合金流变应力的降低可归因于氢促进位错的可动性和再结晶以及孪晶的形成。

3.4.2　氢化及除氢后 Ti－47Al 合金的室温力学性能

　　Ti－47Al 合金(名义成分)及其液态氢化后的室温压缩应力－应变曲线如图 3.47 所示。由应力－应变曲线可以得出液态氢化对 Ti－47Al 合金室温压缩变形性能的影响规律:(1)随着氢含量增加,合金的抗压强度逐渐降低;(2)随着氢含量的增加,合金最大应变逐渐降低;(3)氢的存在使塑性变形阶段在整个变形过程中更为显著。Ti－47Al 合金没有明显的屈服阶段,很难确定屈服点。如果以变形 0.2％作为屈服点,那么其塑性变形量很小,几乎是在弹性阶段即发生断裂。而氢化后 Ti－47Al 合金的屈服强度和最大应变虽然明显降低,也就是说氢化后的 Ti－47Al 合金在室温压缩变形时表现出比较明显的室温脆性现象,但观察其应力－应变曲线后发现,塑性变形区与弹性变形区比例逐渐有所增大。

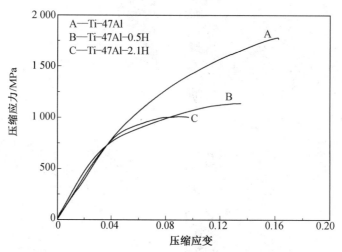

图 3.47　液态氢化后 Ti－47Al 合金的室温压缩应力－应变曲线

　　液态氢化后保留在 Ti－47Al 合金中的氢是产生室温脆性的主要原因,TiAl 合金氢脆的机理已经被研究人员大量研究,其中氢化物致脆性和氢致滞后断裂的机理也被广泛接受。本文认为 Ti－47Al 合金产生室温氢脆的原因也是氢化物致脆性和氢致滞后断裂的共同作用。至于氢的存在增大了塑性变形阶段的比例,研究表明,少量氢可以促进位错的可动性。存在于合金中的原子氢在室温压缩过程中能够随着位错一起运动,能够降低对位错的钉扎作用,并且氢还能够促进位错的发射、增殖和运动,合金在氢致脆性断裂之前能够进行部分程度的塑性变形,故在应力－应变曲线中表现为塑性变形特征更加显著。

Ti—47Al 合金氢化前后压缩断口形貌如图 3.48 所示,这三种合金压缩断口呈现河流状花样,为典型的解理断口。但 Ti—47Al 合金压缩时沿着与应力方向呈 45°方向脆断,而 Ti—47Al—0.5H 与 Ti—47Al—2.1H 断裂时为粉碎性断裂,断口也呈现河流状花样,氢化后为穿晶断裂,但断裂方式的不同可见氢化后的合金承受了更大的塑性变形。

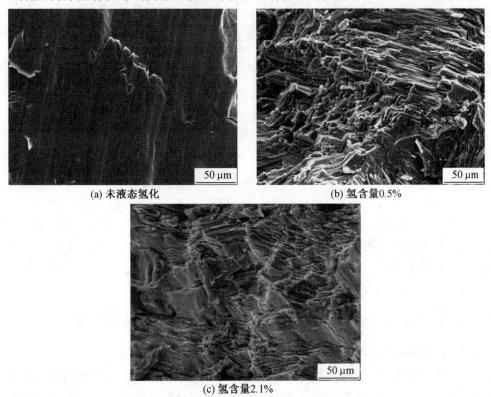

(a) 未液态氢化　　　　　　　　　　(b) 氢含量0.5%

(c) 氢含量2.1%

图 3.48　Ti—47Al 合金液态氢化前后压缩断口形貌

氢及氢化物的存在对 TiAl 合金的室温力学性能具有重要的影响,为了更为清晰地分析液态氢化对 Ti—47Al 合金组织的影响导致其室温力学性能的变化规律,应当尽量避免合金中氢的存在。对液态氢化前后的 Ti—47Al 合金进行了真空退火除氢,并测试了室温硬度的变化,室温硬度的变化如图 3.49 所示。由图可见,随着原始氢含量的增加,硬度呈增大的趋势。据报道,TiAl 的片层组织对合金的硬度具有重要的影响,片层厚度越小,TiAl 合金的硬度越大。根据表 3.3 可知,液态氢化可以减小 TiAl 合金的片层厚度,包括 α_2 和 γ 片层,因此认为室温硬度的增大是由于液态氢化减小了 TiAl 合金的片层厚度。

合金的组织和性能是紧密联系的整体,室温力学性能的变化与液态氢化后合金组织的变化有着重要的联系。如前面所述,液态氢化后 Ti—47Al 合金的组织形态发生了很大变化,尤其晶粒得到了显著的细化,在 1% 左右的较低氢含量时细化效果尤为显著,而在真空退火除氢的过程中,合金的组织形态并未发生较大的变化,氢化后细小的晶粒得以保留下来。霍尔—佩奇(Hall—Petch)关系是一种被大家广泛认可的理论,认为材料的强度与合金晶粒度相关,Hall—Petch 关系为

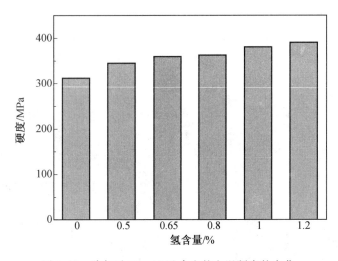

图 3.49　除氢后 Ti—47Al 合金的室温硬度的变化

$$\sigma_y = \sigma_0 + k_y d^{-1/2}$$

式中，σ_y 为材料的屈服强度；σ_0 为与晶格摩擦应力相关的常数；k_y 为与位错开动相关的常数；d 为平均晶粒度。Hall—Petch 关系也常用来解释合金硬度的变化，随着晶粒尺寸的减小，合金的硬度增大。可见 Ti—47Al 合金室温硬度升高的原因之一是液态氢化对 TiAl 合金的细化作用。

3.4.3　液态氢化后 TiAl 合金氧含量变化对力学性能的影响

1. 氧含量变化对硬度的影响

图 3.50 分别为两组不同初始氧含量的 Ti—47Al 合金在不同氢分压液态氢化后的硬度变化。氧含量为 $6\,700 \times 10^{-6}$ 的试样的硬度高于氧含量 800×10^{-6} 的试样，可见随着氧含量增加，合金硬度也增加。而液态氢化后，两组不同初始氧含量的合金却出现了不同的变化规律。初始氧含量为 $6\,700 \times 10^{-6}$ 的合金的硬度随着液态氢化时氢分压的增大而降低，而初始氧含量为 800×10^{-6} 的合金的硬度随着氢分压的增大而升高。这种现象的原因是氧含量和液态氢化对 Ti—47Al 合金的组织细化的共同作用。当氧含量很高时，氧含量的变化占主要作用，随着液态氢化过程中氧含量的降低，硬度逐渐降低。而在氧含量较低的合金中，液态氢化细化组织的作用占主导地位，如 3.3 节所述，液态氢化可以细化 Ti—47Al 合金的晶粒和片层组织，进而增大合金的硬度。初始氧含量为 800×10^{-6} 的试样中，尽管随着液态氢化过程中氢分压的增大，氧含量逐渐降低，但氧含量始终处于一个较低的水平，对合金性能的影响相对较小，此时合金内部的组织结构发挥决定作用，随着氢分压增大，合金的片层厚度减小，因此合金的硬度反而增大。而且发现氢分压为 5 kPa 时合金的硬度达到最大值，这是由于液态氢化在此氢分压时对合金的细化效果最好。

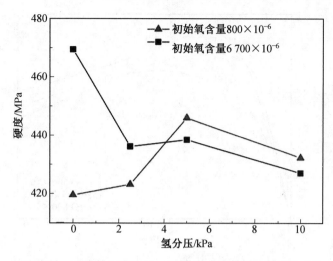

图 3.50　不同氧含量的 Ti—47Al 合金硬度随氢分压的变化

2. 氧含量变化对高温压缩强度的影响

氧含量对 TiAl 合金具有极坏的影响,可以显著恶化 TiAl 合金的力学性能。为了对液态氢化脱氧后的 Ti—47Al 合金在高温使用时的性能进行验证,测试了经不同氢分压进行液态氢化后的 Ti—47Al 合金在 850 ℃压缩变形的行为,为了排除氢的作用,在变形前试样均进行了真空退火除氢,真应力—真应变曲线如图 3.51 所示,应变速率为 5×10^{-3} s^{-1}。原始氧含量为 800×10^{-6} 的试样的压缩强度为 697 MPa,而经液态氢化后,合金的氧含量分别被降低为 450×10^{-6} 和 300×10^{-6},压缩强度相应地被提高至 770 MPa 和 871 MPa,合金强度的提高较为显著。对于 Ti—47Al 合金高温压缩强度的提高,主要原因是氧含量的降低以及氢致组织细化双重作用。首先分析氧含量降低对 Ti—47Al 合金高温强度的影响。室温下,氧可强化 TiAl 合金的强度,降低其塑性,这是由于氧原子对位错的钉扎作用。而在高温下,氧原子扩散速率加快,甚至远远超过位错运动的速率,因此氧原子与缺陷形成的柯氏(Cottrel)气团就不可能阻碍位错的运动。而且高温下,由于热激活的作用,位错通过攀移、交滑移等方式克服诸如 Cottrel 气团以及缺陷等的障碍的能力增强。因此在高温变形时,氧对合金并没有明显的强化作用。另一方面,液态氢化可以细化合金的晶粒和显微组织,合金由原始的柱状晶变为等轴晶,且合金的片层厚度也有所降低。根据 Hall—Petch 关系,材料的强度随着晶粒度的减小而不断增大。Hall—Petch 关系适用于在中低温变形的材料,这是由于在中低温时,晶界强化对于材料的强度起着重要作用。如果材料在很高的温度下变形,则晶界被软化,晶界强化对于材料的强度已经起不到作用,这种趋势随着温度的升高而越来越明显。Liu 等人研究了 Ti—47Al—2Cr—2Nb 合金在室温下和 1 000 ℃时变形的力学性能,认为 Hall—Petch 关系无论是在室温还是在 1 000 ℃时均适用,尤其在 1 000 ℃时,Ti—47Al—2Cr—2Nb 合金随着组织的细化表现出更好的力学性能。因此,认为本文中 850 ℃进行热压缩变形仍然符合 Hall—Petch 关系。因此,认为高温强度的升高主要是由于氢对 Ti—47Al 合金显微组织的细化效果。

氧恶化 TiAl 合金室温力学性能的结论已经被广泛认可,这是由于室温变形时,氧对 1/2<110]型普通位错具有很强的钉轧作用,在常温下变形时,普通位错几乎不能开动,甚

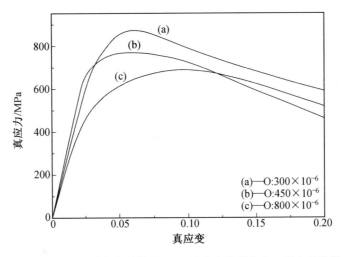

图 3.51　850 ℃不同氧含量的 Ti－47Al 合金的真应力－真应变曲线

至超位错都能够被氧所抑制,因此氧含量越高,TiAl 合金室温塑性越差。氧含量的降低可以显著提高 TiAl 合金的室温塑性和韧性已经被研究人员广泛接受。

3.5　TiAl 合金的脱氢研究

如上文所述,室温下,氢在 TiAl 合金中的溶解度极低,除一小部分固溶在合金中外,高温时溶解的大部分的氢在冷却过程中都转化为氢化物。研究人员对氢脆的机理进行了大量的研究,提出了很多机理,其中最为典型的就是氢化物引起的脆性和氢原子引起的滞后断裂。不论是哪种机理,它们的共性是氢能够显著恶化室温力学性能,尤其是室温塑性,因此合金在使用前必须将氢除去。

真空退火是一种常用的脱氢方法,广泛应用于 Ti 基合金和 TiAl 基合金。对氢在固相合金的扩散规律的研究表明,氢在固相 Ti 合金中的溶解也符合西韦特定律,因此,为除去合金中的氢,必须降低环境中的氢分压。TiAl 合金脱氢的基本方法是将合金加热到一定温度,使合金中的氢化物分解为氢原子,再利用合金内部和表面氢浓度梯度使氢扩散出来。氢在真空退火时的去除包括以下几个步骤:①氢化物分解为氢原子;②由于存在一定的氢浓度梯度,氢原子跨越晶界和相界向合金表面扩散;③扩散到表面的氢原子结合为氢气并逃逸到环境中。本文利用管式高真空热处理炉对 Ti－47Al 合金进行了 6 h 真空退火脱氢。液态氢化的实验参数、氢含量及真空退火脱氢后 Ti－47Al 合金中残余的氢含量见表 3.5。可见,6 h 的真空退火即可将氢降至安全浓度以下。

表 3.5　真空退火之后 Ti－47Al 合金中的氢含量

序号	氢分压 /Pa	熔体温度 /K	氢含量 $/\times 10^{-6}$	脱氢后氢含量 $/\times 10^{-6}$
1	10 000	1 900	497.9	25
2	21 000	1 900	721.6	45

图 3.52 为真空退火脱氢前后 Ti—47Al 合金的显微组织。为方便比较,未氢化的 Ti—47Al 也进行了相同工艺的真空退火处理,而经液态氢化的 Ti—47Al 合金中氢含量 (原子数分数)分别为 0.5% 和 1%,用 Ti—47Al—0.5H 和 Ti—47Al—1H 表示。真空退火后,未氢化的 Ti—47Al 合金仍然由粗大的树枝晶组成,如图 3.52(a)所示。而经液态氢化后的试样在退火后其晶粒仍然由比较细小的树枝晶/等轴晶组成,Ti—47Al—0.5H 真空退火脱氢后的树枝晶形貌如图 3.52(b)所示。Ti—47Al—1H 合金真空退火前由细小的等轴晶组成,如图 3.27(c)所示,真空退火脱氢后,细小的等轴晶基本完整地保留了下来,如图 3.52(c)所示。这主要是由于真空退火是在 750 ℃ 进行的,在该温度热处理,合金元素的扩散相对缓慢,对晶粒的形貌并没有产生明显的影响,但经过退火,可以将氢降低到安全浓度以下,有效避免了氢脆的发生。

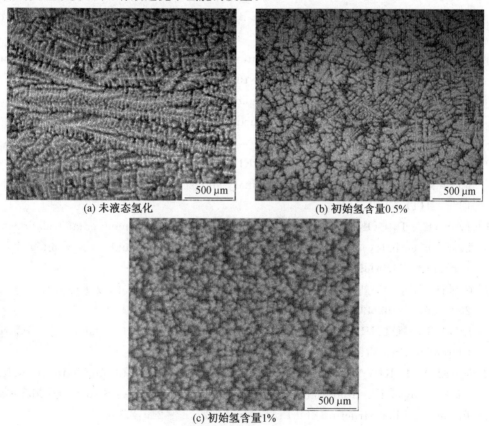

(a) 未液态氢化　　　(b) 初始氢含量0.5%

(c) 初始氢含量1%

图 3.52　真空退火脱氢前后 Ti—47Al 合金的显微组织

本章参考文献

[1] 王亮. 钛合金液态气相置氢及其对组织和性能的影响[D]. 哈尔滨:哈尔滨工业大学,2010:1-102.

[2] 蔡经炳. 关于温度对化学反应方向的影响:兼谈 Van't Hoff 方程式的物理意义[J].

化学通报,1983(9):53-56.

[3] 蒋光锐,刘源,李言祥,等. 多元合金熔体组元活度系数计算方法的改进[J]. 金属学报,2007,43(5):503-508.

[4] SU Yanqing, LIU Yuan, GUO Jingjie, et al. Calculation of activity coefficients for components in Ti-15-3 melt[J]. Journal of Harbin Institute of Technology,1999,6(1):54-57.

[5] 秦峰,范同祥,张荻,等. 三元合金中组分活度系数预测模型[J]. 上海交通大学学报,2009,43(5):708-712.

[6] 丁学勇,王文忠. 二元系熔体中组元活度的计算式[J]. 金属学报,1994,30(22):444-447.

[7] MIEDEMA A R, CHATEL P F D, DE B F R. Cohesion in alloys-fundamentals of a semi-empirical model[J]. Physica,1980,100B:1-28.

[8] HILDEBRAND J H. The regular solution model for binary alloy[J]. Proceedings of the National Academy of Sciences of the United States of America,1927,13:267.

[9] LUPIS C H P, ELLIOTT J F. Prediction of enthalpy and entropy interaction coefficients by the "central atoms" theory[J]. Acta Metallurgica,1967,15(2):265-276.

[10] TANAKA T, GOKCEN N A, MORITA Z. Relationship between enthalpy of mixing and excess entropy in liquid binary alloys[J]. Zeitschrift Für Metallkunde,1990,81(1):49-54.

[11] TANAKA T, GOKCEN N A, MORITA Z I, et al. Thermodynamic relationship between enthalpy of mixing and excess entropy in liquid binary alloys [J]. Zeitschrift Für Metallkunde,1993,84:192-199.

[12] 陈星秋,丁学勇,刘新,等. 二元合金熔体组元活度计算式的改进[J]. 金属学报,2000,36(5):492-496.

[13] LIDA T, GUTHRIE R. The physical properties of liquid metals[M]. Oxford: Clarendon Press,1988:125.

[14] MAEDA M, KIWAKE T, SHIBUYA K, et al. Activity of aluminum in molten Ti-Al alloys [J]. Materials Science and Engineering A: Structural Materials Properties Microstructure and Processing,1997,239-240:276-280.

[15] SOKOLOV V M, FEDORENKO I V. Estimation of hydrogen solubility in liquid alloys of iron, nickel and copper[J]. International Journal of Hydrogen Energy,1996,21(11-12):931-934.

[16] 张华伟,李言祥,刘源. 氢在 Gasar 工艺常用纯金属中的溶解度[J]. 金属学报,2007,43(2):113-118.

[17] 陈永定,余信昌. 金属和合金中的氢[M]. 北京:冶金工业出版社,1988:107-108.

[18] TAKASAKI A, FURUYA Y, OJIMA K, et al. Hydrogen solubility of two-phase (Ti₃Al＋TiAl) titanium aluminides[J]. Scripta Metallurgica et Materialia,1995,

32(11):1759-1764.

[19] SUH D, EAGAR T W. Mechanistic understanding of hydrogen in steel welds[C]. Procedings of International Workshop Conference on Hydrogen Management for Welding Applications. Ottawa:[s. n.],1998.

[20] DEPUYDT P, PARLEE N. The diffusion of hydrogen in liquid iron alloys[J]. Metallurgical and Materials Transactions B,1972,3(2):529-536.

[21] SUARDI K, HAMZAH E, OURDJINI A, et al. Effect of heat treatment on the diffusion coefficient of hydrogen absorption in gamma-titanium aluminide[J]. Journal of Materials Processing Technology,2007,185(1-3):106-112.

[22] ESTUPIÑAN H A, URIBE I, SUNDARAM P A. Hydrogen permeation in gamma titanium aluminides[J]. Corrosion Science,2006,48(12):4216-4222.

[23] MIMURA K, KOMUKAI T, ISSHIKI M. Purification of chromium by hydrogen plasma-arc zone melting[J]. Materials Science and Engineering：A,2005,403(1-2):11-16.

[24] 杜华云,樊丁,张瑞华. GTA 电弧温度场流场数值计算[J]. 兰州理工大学学报,2004,30(5):24-27.

[25] 梁英教,车荫昌. 无机物热力学数据手册[M]. 沈阳：东北大学出版社,1993:449-485.

[26] 王振东,曹孔健,何纪龙. 感应炉熔炼[J]. 北京：化学工业出版社,2007:310.

[27] 苏彦庆,郭景杰,贾均,等. 真空熔炼 TiAl 金属间化合物过程中合金元素的挥发行为[J]. 铸造,1999(3):1-4.

[28] 张志敏,盛文斌. 自耗电极/感应凝壳熔铸 TiAl 基合金成分均匀性研究[J]. 热加工工艺,2007(5):25-28.

[29] 司玉锋,陈子勇,孔凡涛,等. Ti－22Al－25Nb 合金 ISM 熔炼过程中的成分控制[J]. 铸造技术,2004(11):834-836.

[30] 刘贵仲,苏彦庆,郭景杰,等. Ti－13Al－29Nb－2.5Mo 合金 ISM 熔炼过程中多组元挥发损失[J]. 稀有金属材料与工程,2003,32(2):108-112.

[31] 程荆卫,郭景杰,苏彦庆,等. Ti－13Al－29Nb－2.5Mo ISM 过程中 Al 元素的挥发损失速率[J]. 材料科学与工艺,1999,7(S1):124-131.

[32] KIM M C, OH M H, LEE J H, et al. Composition and growth rate effects in directionally solidified TiAl alloys[J]. Materials Science and Engineering：A,1997,239-240:570-576.

[33] JIN Y, WANG J N, YANG J, et al. Microstructure refinement of cast TiAl alloys by β solidification[J]. Scripta Materialia,2004,51(2):113-117.

[34] KIM Y. Microstructural evolution and mechanical properties of a forged gamma titanium aluminide alloy [J]. Acta Metallurgica et Materialia, 1992, 40 (6): 1121-1134.

[35] 李作良. 合金 Ti－44Al－8Nb－1B 在 700 ℃下的氧化行为[D]. 成都：西南交通大

学,2010:1-37.

[36] DENQUIN A, NAKA S. Phase transformation mechanisms involved in two-phase TiAl-based alloys-I. lambellar structure formation[J]. Acta Materialia,1996,44 (1):343-352.

[37] SUN Y. Nanometer-scale, fully lamellar microstructure in an aged TiAl-based alloy[J]. Metallurgical and Materials Transactions A,1998,29(11):2679-2685.

[38] POND R C, SHANG P, CHENG T T, et al. Interfacial dislocation mechanism for diffusional phase transformations exhibiting martensitic crystallography: formation of $TiAl+Ti_3Al$ lamellae[J]. Acta Materialia,2000,48(5):1047-1053.

[39] ZHANG L C, CHENG T T, AINDOW M. Nucleation of the lamellar decomposition in a Ti-44Al-4Nb-4Zr alloy[J]. Acta Materialia, 2004, 52 (1): 191-197.

[40] ZGHAL S, NAKA S, COURET A. A quantitative TEM analysis of the lamellar microstructure in TiAl based alloys[J]. Acta Materialia,1997,45(7):3005-3015.

第 4 章　钛基复合材料的液态氢化

非连续增强钛基复合材料凝固组织中主要包括三部分,即基体相、增强相以及二者的界面。液态氢化制备复合材料的过程中,由于氢加入复合材料时材料处于液态熔融状态,氢直接参与了复合材料的凝固过程,因此氢难免会对其凝固组织产生一定的影响。液态氢化引起复合材料凝固组织改变,将会对复合材料后续的热加工成形以及热加工后的组织产生一系列影响,因此研究液态氢化对复合材料凝固组织的影响规律具有重要意义。

4.1　氢对钛基复合材料凝固行为的影响

4.1.1　液态氢化对相组成的影响

研究表明,氢在钛合金中具有较高的溶解度,且氢在钛合金中为间隙原子,可随机占据四面体与八面体间隙。本文所选用的基体合金为 Ti−6Al−4V 合金,为 α 相与 β 相双相合金,氢在 α 相与 β 相中溶解度差别较大,这主要取决于其不同的晶格结构,α 相中拥有 4 个四面体间隙位置加 2 个八面体间隙位置,而 β 相中拥有 12 个四面体间隙位置外加 1 个置换位置和 6 个八面体间隙位置外加 1 个置换位置。已有的实验结果表明,在室温下,氢在 β 相中的溶解度为 0.4%,远远高于氢在 α 相中的溶解度(0.002%～0.007%)。

图 4.1 为氢含量分别为 0、3.64×10^{-2}%、5.31×10^{-2}% 和 6.39×10^{-2}% 的铸态 Ti−6Al−4V 合金 XRD 结果。Ti−6Al−4V 合金为 α+β 型钛合金,室温下 β 相的体积分数在 10% 左右,因此在 XRD 结果中 β 相的峰并不明显,同时氢为 β 相稳定元素,可以使高温时所存在的 β 相更多地保留在室温组织中。从图 4.1 结果可以看出,随着氢含量增加,β 相的峰会略有增强,当氢含量为 5.31×10^{-2}% 时则最为明显,相对于未氢化的合金,β 相的峰强度明显变大。由于本文中所添加的氢含量较低,因此,XRD 实验结果中并未检测到氢化物的存在。

同时,氢在钛合金中为间隙固溶原子,因此氢的加入势必会引发晶格畸变,从图 4.1 可以看出,随着氢含量的增加,β 相的位置逐渐偏向更小的角度。根据 XRD 的工作原理,X 射线是由原子内层电子在高速运动电子的轰击作用下产生跃迁而形成的辐射,晶体可作为 X 射线的光栅,当 X 射线通过晶体时将产生衍射,衍射波叠加的结果使 X 射线在特定方向上加强或者减弱,当满足衍射条件时,入射的 X 射线波长与晶面间距满足布拉格定律:

$$2d \sin \theta = n\lambda \tag{4.1}$$

式中,d 为平面原子间的夹角;λ 为入射波波长;θ 为入射光与晶面之间的夹角。当入射的 X 射线波长一定时,同一峰 2θ 角减小则意味着该相晶面间距的扩大,从图 4.1 可以看出,随着氢含量的升高,β 相 2θ 角逐渐减小,这意味着氢作为间隙固溶原子增大了 β 相的晶格常数,引起了晶格畸变。

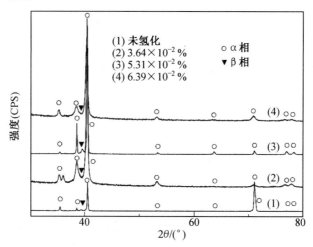

图 4.1　不同氢含量的铸态 Ti−6Al−4V 合金 XRD 图谱

图 4.2 为不同氢含量的钛基复合材料 XRD 衍射图谱,从图中可以看出,与基体合金 Ti−6Al−4V 类似,随着氢含量的增加,β 相衍射峰向较小的 2θ 角移动,氢同样作为间隙固溶原子增大了 β 相的晶面间距,XRD 结果中也同样没有发现氢化物相的存在。从图 4.2 中同样观察到了 TiB 与 TiC 的衍射峰,这说明通过原位自生的方法成功制备了非连续的钛基复合材料,XRD 图谱中并没有观察到 TiB_2 的衍射峰,这是由于钛基复合材料中 Ti−6Al−4V 体积分数接近 95%,而 TiB_2 作为非稳相不能在 Ti 活度较高的熔体中稳定存在,生成的 TiB_2 与过剩的 Ti 熔体反应,进而生成较稳定的 TiB 存在于室温材料中。

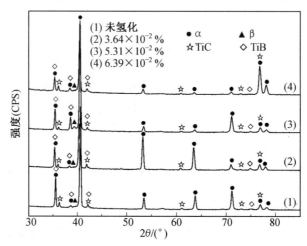

图 4.2　不同氢含量的钛基复合材料 XRD 衍射图谱

4.1.2　液态氢化对相变点的影响

对于钛合金以及钛基复合材料来说,β/(α+β) 相转变点是选取合适的热加工工艺的重要参考标准,在不同的相区进行热变形,不仅变形机制不一样,冷却后材料的室温组织也会不同。氢可以降低 α 相的剪切模量进而引起软化效果,而对于 β 相氢的效果则截然不同,氢在 β 相中固溶度较高,作为间隙原子溶解在 β 相后会引起微弱的固溶强化,氢可以增加 β 相的剪切模量进而引起硬化效果。因此,对于 α 型、近 α 型以及(α+β)型钛合金,氢的最佳增塑效果发生在(α+β)两相区,在 β 单相区进行热加工,氢则会硬化合金;对于 β 型钛合金,氢则会增加流变应力引起硬化效果。

现有的研究结果表明,Ti−6Al−4V 合金的相变点为 980 ℃,对钛合金来说,B 的固溶度较小,一般视其为中性元素,对相变点的影响基本上可以忽略不计;C 为 α 相稳定元素,在一定的溶解度范围内,可提高钛合金的相转变温度。钛合金相转变是一个持续不断的过程,随着温度的升高,会不断有 α 相转变为 β 相,达到相转变点后所有 α 相均转变为 β 相,因此通常定义持续升温过程中所有 α 相完全转化为 β 相的温度,即持续降温过程中 β 相开始转变为 α 相的温度为相变点。本文主要采用差示扫描量热法(DSC)来测量不同氢含量的钛基复合材料相变点,当相变开始时,相变温度对应于 DSC 热流曲线上的拐点,而 DSC 热流曲线对温度的一阶导数上则表现为峰值。

图 4.3 为氢含量对所制备的复合材料 β/(α+β)相变点的影响,未氢化的钛基复合材料相变点为 1 055 ℃,随着氢含量的上升,氢作为 β 相稳定元素逐渐降低复合材料的相转变温度,当复合材料中氢含量分别为 $3.64×10^{-2}$%、$5.31×10^{-2}$%、$6.39×10^{-2}$% 和 $9.5×10^{-2}$%时,复合材料的相转变温度分别降为 1 046 ℃、1 029 ℃、1 011 ℃ 和 989 ℃。

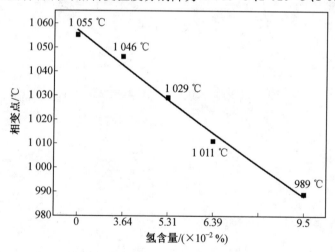

图 4.3　氢含量对复合材料相变点的影响

4.1.3　液态氢化对基体合金组织演变的影响

本文所采用的钛基复合材料中基体合金的体积分数达到 95%,因此基体 Ti−6Al−4V 合金的组织对复合材料组织以及热变形行为具有决定性的影响,为了系统研究氢以及增强相对基体组织的影响,本文首先观察了不同氢含量的 Ti−6Al−4V 合金组织演化规律。

图 4.4 和图 4.5 为氢含量分别为 0、$3.64×10^{-2}$%、$5.31×10^{-2}$% 和 $6.39×10^{-2}$% 的 Ti−6Al−4V 合金光学显微镜(OM)以及 SEM 结果。钛合金的室温组织比较复杂,熔炼

条件、冷却速率、加工工艺以及热处理方法均对其具有重大影响。图 4.4(a)和图 4.5(a)为通过真空电弧熔炼加上水冷铜坩埚冷却得到了 Ti－6Al－4V 合金室温组织,由于晶粒尺寸较为粗大,在 SEM 照片下几乎看不到初始 β 相晶界,β 相晶粒内部主要为相变点以下由初生 β 相转变而成的粗大 α 相板条组织,且板条的排列方向较为一致,长径比较高。由于 β 相稳定元素 V 的存在,少量 β 相可以保留在室温组织中,分布在 α 相板条之间,这种组织称之为集束组织或者 β 转变组织。熔炼时加入少量的氢气,可以看出 Ti－6Al－4V 合金室温组织得到了显著的细化,如图 4.4(b)和图 4.5(b)所示,虽然仍然可以看到粗大的板条状 α 相,但是 α 相板条长径比显著降低,且分布取向更加随机。随着氢含量的进一步提高,合金的组织进一步得到了细化,在图 4.4(c)中甚至可以观察到少量马氏体相,虽然 α 相板条仍然存在,但未氢化试样中粗大的集束组织消失,当氢含量为$6.39×10^{-2}$%时,可以看到合金中 α/β 组织分布纵横交错。

(a) 0　　(b) $3.64×10^{-2}$%　　(c) $5.31×10^{-2}$%　　(d) $6.39×10^{-2}$%

图 4.4　不同氢含量的 Ti－6Al－4V 合金光学显微组织

　　Wang 在研究液态氢化对 Ti－6Al－4V 合金组织演化的影响时指出,少量的氢可以细化合金的组织,这主要是由于氢原子在合金凝固过程中吸附在固液界面前沿从而阻碍晶粒长大。当氢含量进一步提高时,组织细化更加明显,刘鑫旺系统研究了液态氢化对 TiAl 合金组织影响,分析发现氢可以降低凝固过程中的形核功进而提高形核率,且氢可以在固液界面前引起较大的成分过冷,从而细化合金的晶粒大小。在固态相变阶段,氢可以促进溶质原子的再分配,降低马氏体相形成的临界冷却速率以及临界形成温度,促进板

条状 α 相向网篮组织转变,并促进六方马氏体相和斜方马氏体相的形成。

　　与基体合金相比,复合材料中由于增强相的加入,初始 β 相晶粒尺寸会得到极大的细化,Zhang 在 α 钛合金中加入体积分数为 2.5% 的(TiB+TiC)增强相后,初始 β 相晶粒尺寸降低了 90%,继续提高增强相体积分数直至 7.5%,细化效果依旧显著。本研究中 TiB 与 TiC 的加入同样可以细化初始 β 晶粒尺寸,在凝固过程中,从固相中排出的 B 和 C 元素在固液界面处富集,形成富 B 和富 C 的边界层进而阻碍固液界面迁移;另一方面,富集的 B 和 C 元素会在界面处引起强烈的成分过冷,为细小的初生 TiB 和 TiC 增强相的形核长大提供驱动力,进而阻碍晶粒长大。

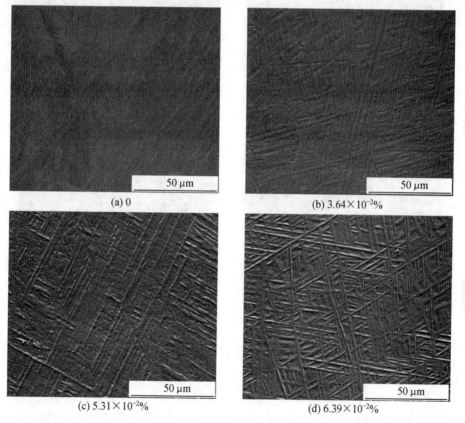

图 4.5　不同氢含量的 Ti−6Al−4V 合金扫描显微组织

　　除了对初始 β 晶粒尺寸的细化,增强相的加入同样可以细化基体合金中的片层间距。图 4.6(a)为 Ti−6Al−4V 合金中添加体积分数为 5% (TiB+TiC)增强相后的片层形貌,与图4.5(a)相对比,α 片层集束的长径比显著降低,且取向更加随机。钛合金固态相变过程中,即在 β/(α+β)相变点以下,α 相以初生 β 相晶界作为形核基底,沿着特定的伯格斯 (Burgers)位向关系析出,即$\{011\}_\beta // \{0001\}_\alpha$ 和$[111]_\beta // [11\overline{2}0]_\alpha$。因此在 Ti−6Al−4V 合金中,由于粗大的初生 β 相晶粒,α 相容易在 β 相晶界内部长成拥有较高长径比的粗大集束。复合材料中由于增强相的引入,产生了更多的初生 β 相晶界,进而极大地降低了 α/β 组织的长径比,同时更多的初生 β 相晶界作为 α 相形核基底,使 β 相晶粒内部的 α/β

组织取向更加随机。另一方面,现有的研究结果表明,增强相颗粒如 TiB 和 TiC 与 α 相

之间也存在着特定的伯格斯位向关系,即 $(011)_{TiB}\,/\!/\,\{0001\}_{\alpha}$ 和 $[010]_{TiB}\,/\!/\,[11\,20]_{\alpha}$,这表

明 α 相可以在增强相颗粒上直接形核长大,且 Tamirisakandala 与 Hill 的研究结果表明

TiB 可作为 α 相的形核质点,并增加 β 相向 α 相转变的相变驱动力,促进 β 相晶粒内部的

α 相分布取向更加随机。

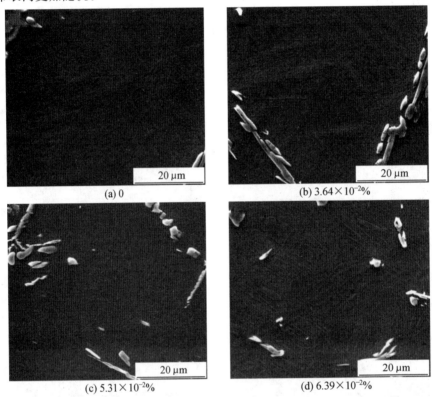

(a) 0　　　　　　　　　　　　(b) $3.64 \times 10^{-2}\%$

(c) $5.31 \times 10^{-2}\%$　　　　　　　　　(d) $6.39 \times 10^{-2}\%$

图 4.6　不同氢含量的复合材料基体扫描显微组织

　　图 4.6(b)～(d)分别为不同氢含量的复合材料基体扫描显微组织,从图中可以看出,随着氢含量的提高,α 片层间距更加细小,原来粗大的 α 片层集束消失,取而代之的是更加细小且分布更加随机的片层。氢加入到 Ti—6Al—4V 合金中后,可以细化初生 β 相晶粒尺寸,减小片层间距并促进六方马氏体相以及斜方马氏体相的生成,在钛基复合材料的基体合金组织形貌中,并没有发现马氏体相的存在,这主要是由于 B 的 C 的加入提高了材料的相转变点,因此,氢对复合材料中基体合金组织的影响更多体现在片层的细化。在复合材料的高温变形过程中,更加细小的 α/β 片层间距会产生更多的晶界,这对于复合材料在后续热加工过程中动态再结晶的发生具有重要的促进作用,因为热变形后破碎的晶界可作为动态再结晶晶粒形核质点,而动态再结晶体积分数的提高可以降低复合材料热加工时的流变应力,相关内容将在下文中详细阐述。

4.2　氢对钛基复合材料增强相分布的影响

复合材料热加工能力取决于两方面的共同影响,即基体合金的组织以及增强相的分布,增强相是由原位合成反应直接从液相中析出的,因此凝固过程中涉及的热流环境、凝固路径以及固液界面前的溶质条件对增强相的最终分布都具有重要的影响。本节主要通过相图来分析复合材料的凝固路径,并讨论热流条件以及液态氢化对复合材料凝固组织中增强相分布的影响。

4.2.1　复合材料凝固过程

本文所选取的钛基复合材料凝固过程可通过 Ti－B－C 三元相图来进行分析,根据 Duschanek 对 Ti－B－C 三元相图的研究,复合材料凝固过程中会出现两个二元共晶反应和一个三元共晶反应,其中在 1 650 ℃时发生二元共晶反应 L→β－Ti＋TiC,在 1 541 ℃时发生二元共晶反应 L→β－Ti＋TiB,当温度冷却至 1 510 ℃时,发生三元共晶反应 L→β－Ti＋TiB＋TiC。除此之外,在 2 620 ℃时,还存在另外一个二元共晶反应即 L→TiB$_2$＋TiC,但在本文的研究中,由于钛合金基体的体积分数达到 95％,因此 Ti 的活度很高,并不符合此二元共晶反应发生的溶质条件,且 TiB$_2$ 无法在过量的 Ti 熔体中稳定存在,因此可以推断,此二元共晶反应不会发生。

图 4.7 为 Ti－B－C 三元相图的液相面投影,本文中 B 和 C 摩尔比为 1∶1,且二者的添加量极少,换算成原子数分数后,二者均处于图 4.7(b)中左下角箭头所示的三角形区域中,结合增强相生成的原位反应的溶质条件及反应温度,复合材料的凝固过程可总结如下。

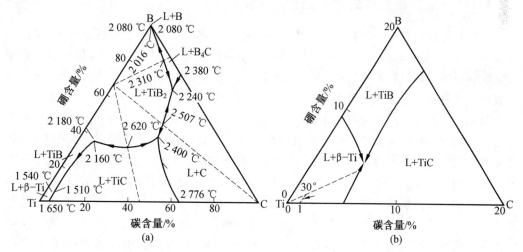

图 4.7　Ti－B－C 三元相图的液相面投影

(1)初生 β 相的形成。复合材料达到液相线之后,β 相首先从熔体中形核析出,由于复合材料中 B 和 C 的添加量极少,生成增强相的原位反应对熔体中 B 和 C 的浓度要求较高,因此初生 β 相晶粒尺寸较大,且液相中溶质原子的扩散速率较快,也会促进初生 β 相晶粒的长大。

(2)二元共晶反应中 TiC 的析出。随着初生 β 相晶粒的长大,固相中排出的 B 原子和 C 原子富集在固液界面前,符合原位反应发生的溶质条件,当温度降低至 1 650 ℃时发生二元共晶反应 L→β－Ti＋TiC,此时液相中原子扩散速率较快,生成的 TiC 颗粒大部分偏聚在初生 β 相晶界处且尺寸较大。

(3)二元共晶反应中 TiB 的析出。初生 β 相晶粒以及 TiC 的共晶反应进一步消耗了液相,此时 B 原子大量富集在固液界面,当温度达到 1 541 ℃时发生二元共晶反应 L→β－Ti＋TiB,由于 B 原子容易在界面前沿引起强烈的成分过冷进而促进 TiB 的形核与成长,且 TiB 具有特定的择优生长方向,因此 TiB 晶须尺寸较长,长径比较大,且生成的 TiB 晶须靠近二元共晶反应生成的 TiC 颗粒,大部分生成的 TiB 偏聚在初生 β 相晶界处。

(4)三元共晶反应中 TiB 与 TiC 的生成。由于初生 β 相晶粒以及二元共晶反应生成的 TiB 与 TiC 消耗了大部分的液相,且此时固相中原子扩散速率较慢,因此三元共晶反应生成的 TiB 晶须和 TiC 颗粒尺寸较为细小,且三元共晶反应的温度与二元共晶反应生成 TiB 的温度极为接近,仅相差 30 ℃,因此可看作二者几乎同时发生。

(5)α 相同素异构转变。在相变点以下,初生 β 相内部 α 相沿着特定的位相关系在 β 相晶界处析出,由于 β 相稳定元素 V 的存在,初生 β 相内部形成了典型的 α/β 组织,且部分 α 相会在增强相 TiB 以及 TiC 界面处直接析出,因此保留到室温的组织分别为 α 相、β 相、TiB 以及 TiC。

复合材料的凝固过程对增强相的分布以及形态具有重要影响,氢虽然不能改变其凝固路径,却会引起固液界面前的成分过冷并激活原子扩散,因此可显著影响增强相的形态与分布,具体的分析将在下文中呈现。

4.2.2　增强相分布的梯度组织

本文中复合材料是通过真空电弧熔炼加水冷铜坩埚冷却制备,在熔炼过程中,试样的顶部、中心以及底部的热流环境完全不同,因此便会产生完全不同的初生 β 相形貌。根据前文所分析的复合材料凝固过程,大部分增强相分布在初生 β 相晶界处,因此初生 β 相的形貌也直接决定了增强相的分布状况。

图 4.8 为不含氢的复合材料中试样顶部、中部与底部的增强相分布状况,从图中可以看出,在试样的顶部,增强相环绕分布在初生 β 相晶界处,增强相虽然没有直接相连,但环形或者椭圆形的分布形貌可定义为近似的网状分布结构,且初生 β 相晶粒内部极少含有增强相,只有零星的三元共晶反应生成的 TiB 或者 TiC 会被捕获,如图 4.8(a)、(b)所示;试样中心部位的组织则与顶部完全不同,初生 β 相晶界完全消失,大部分增强相直接分布在初生 β 相晶粒内部,且 TiB 的晶须分布方向随机,没有特定的取向,这间接说明了试样中心部位拥有最均匀的热流方向,如图 4.8(c)、(d)所示;与顶部和中心部位不同,试样底部初生 β 相为长条状柱状晶,增强相仍然偏聚在晶界处,但 TiB 晶须存在着特定的取向,且长径比极大,TiC 颗粒则与 TiB 晶须依附生长,呈现出定向排列的特征。

在熔炼制备复合材料的过程中,试样顶部与电弧直接接触,过热度最大,处于完全熔化状态,因此试样顶部初生 β 相晶粒尺寸最大,增强相大部分偏聚在初生 β 相晶界处;试样中心的热流环境较为均匀,初生 β 相晶界并不明显,大部分初生 β 相晶粒内部可以捕获增强相,且 α 相可在 TiB 与 TiC 表面直接形核长大,因此试样中心部位的增强相分布最为均匀,呈现出完全均匀的弥散分布。

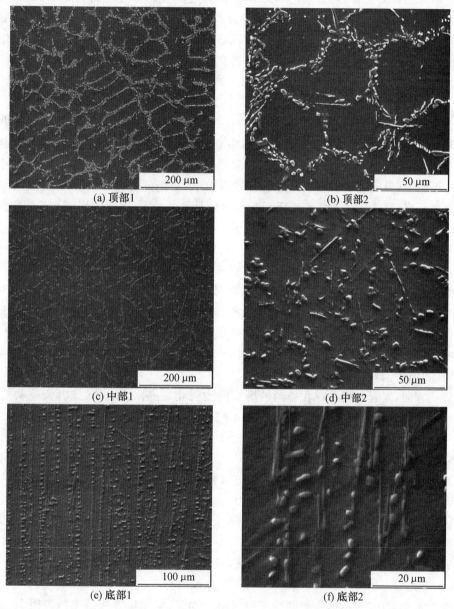

(a) 顶部1　　　　　　　　　　　　　　　　(b) 顶部2

(c) 中部1　　　　　　　　　　　　　　　　(d) 中部2

(e) 底部1　　　　　　　　　　　　　　　　(f) 底部2

图 4.8　不含氢的复合材料中试样顶部、中部与底部的增强相分布状况

同时,由于试样底部与水冷铜坩埚直接接触,大部分从电弧获得的热流会直接被冷却水带走,因此大部分情况下,试样底部存在凝壳,即在试样的熔炼过程中底部与坩埚接触的部分始终处于固态,且试样底部存在着极大的温度梯度,复合材料在凝固的过程中,由于定向的温度梯度,试样底部的初生 β 相易长大为柱状晶形貌,而增强相依旧分布在初生 β 相晶界处。

由于增强相的分布对复合材料热加工性能具有不可忽略的影响,且铸态合金试样顶部、中部以及顶部组织的差别较大,因此热变形试样的选区位置也会影响合金的热加工性能。在熔炼制备复合材料的过程中,熔体顶部的过热可以通过控制电流来实现,电流越大,熔炼温度越高,复合材料中最终的组织也会自上而下呈现出变化,因此为了排除熔炼条件的不同对实验结果的影响,所有试样在熔炼制备过程中,均保持电流 450 A,熔炼时间 5 min,翻转 5 次。另一方面,为了排除热变形试样位置选取的不同对实验最终结果的影响,在本研究中,所有的组织形貌及热变形试样均取自铸态合金的中心部位。

4.2.3　增强相分布演变及机理

图 4.9 分别为不同氢含量的复合材料中心部位增强相分布的光学显微组织,从图中可以看出当复合材料不含氢时,增强相弥散均匀分布在 Ti－6Al－4V 基体上,初生 β 相晶界并不明显,说明在复合材料熔炼制备过程中,中心部位的热流最为均匀,初生 β 相的生长速率不高,且生成的增强相会阻碍初生 β 相晶粒的长大,因此试样中心部位增强相呈现出均匀弥散分布的特征,如图 4.9(a)所示。

随着氢含量的提高,复合材料中初生 β 相晶界更加明显,增强相的分布呈现出一定的偏聚,主要分布的晶界处。当氢含量为 $3.64 \times 10^{-2}\%$ 和 $5.31 \times 10^{-2}\%$ 时,增强相的分布比较相似,虽然整体仍旧是均匀分布,但是在微观领域则环绕初生 β 相分布,且相对于未氢化复合材料,氢化后组织内细小弥散分布的增强相则大量减少。当氢含量为 $6.39 \times 10^{-2}\%$ 时,增强相的分布则与前者明显不同,此时可以看出增强相环绕初生 β 相分布,初生 β 相呈现出树枝晶生长的形貌,内部几乎不含捕获的增强相颗粒,由于初生 β 相生长速率较快,增强相偏聚在晶界处连接成网。

另一方面,复合材料中存在着两种形态的增强相,一种为晶须状或者长条状的 TiB,另一种为等轴状的颗粒 TiC,二者形貌的不同主要由其晶体结构所决定。如前文所述,TiB 为斜方 B27 结构,其在特定方向[010]上的生长速率较其他方向要快,因此易长成晶须状或者长条状,而 TiC 则没有特定的择优生长方向,因此经常以等轴状的颗粒存在。

图 4.10 为不同氢含量的复合材料 SEM 组织,从图中可以看出,在不含氢的复合材料中,晶须状的 TiB 与颗粒状的 TiC 弥散均匀地分布在基体上,且 TiB 晶须分布取向随机,由于 TiB 的形核生长时具有特定的择优生长方向,容易沿着热流方向生长成为长径比较高的晶须。但在未氢化的复合材料中,并没有发现 TiB 沿着特定的方向定向排列,且未氢化复合材料中 TiB 大部分为短棒状,长径比不高,如图 4.10(a)所示,因此可以判断,在未氢化时,试样中心部位热流均匀,无较大温度梯度。

随着氢含量的升高,增强相的分布仍然整体均匀,但初生 β 相晶界越发明显,当氢含量达到 $5.31 \times 10^{-2}\%$ 时,可以从组织中观察到个别长径比较高的 TiB 晶须,这说明在熔体内部存在着局部的温度梯度,TiB 沿着特定的方向快速生长,同时增强相的偏聚越发严重,部分区域出现了不含增强相的初生 β 相晶粒,如图 4.10 中圆圈所示。当氢含量达到 $6.39 \times 10^{-2}\%$ 后,试样中心组织大部分被初生 β 相晶粒所占据,增强相基本上全部环绕初生 β 相晶粒,沿着晶界呈网状结构分布。

哈尔滨工业大学耿林教授以及黄陆军等人,通过在 Ti－6Al－4V 颗粒表面球磨混粉

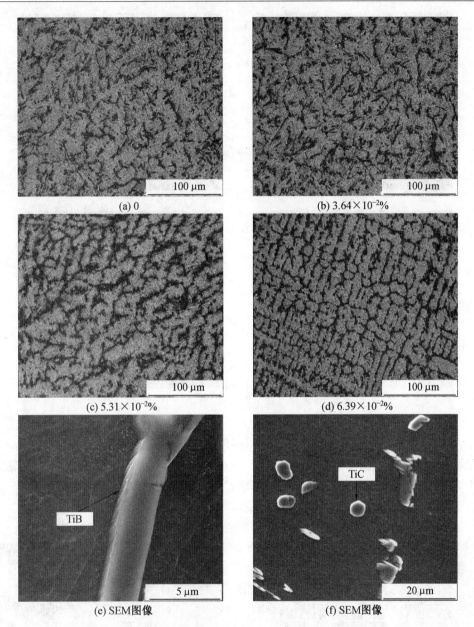

图 4.9　不同氢含量的复合材料中心部位增强相分布的光学显微组织

包裹 TiB 或者 TiC 颗粒,然后进行真空热压烧结,进而制备了增强相呈网状分布的复合材料,部分实现了原位自生钛基复合材料中增强相分布的可控,典型组织如图 4.11 所示。本文中复合材料试样顶部的组织与其具有一定的相似性,增强相均环绕着 Ti−6Al−4V 基体分布,因此将复合材料试样顶部的组织定义为近似网状分布组织。

由于本文所采用的钛基复合材料中 B 和 C 的含量较低,根据复合材料的凝固过程分析结果得知,只有当大部分液相被初生 β 相消耗之后,固液界面前才会满足增强相原位生成的共晶反应所需的溶质条件,因此增强相的分布受到初生 β 相晶粒尺寸以及晶界迁移速率的强烈影响。增强相的分布随氢含量不同所产生的变化可由初生 β 相生长速率来解

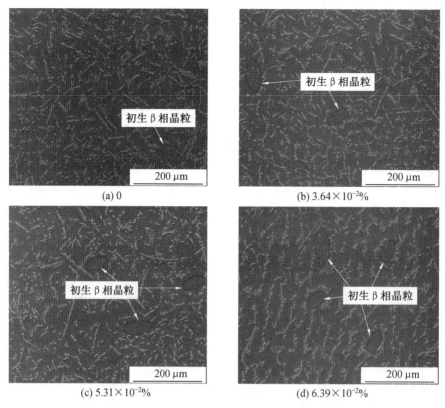

(a) 0　　　　　　　　　　　(b) 3.64×10⁻²%

(c) 5.31×10⁻²%　　　　　　　(d) 6.39×10⁻²%

图 4.10　不同氢含量的复合材料扫描显微组织

释,热流条件可明显改变复合材料初生β相的尺寸进而影响增强相的分布形貌。Lalev 在研究氢等离子弧熔炼净化铜基合金时发现,相对于在纯氩气氛围下熔炼金属,在氢氩混合气体下,合金熔体表面会产生 300～500 ℃的过热。熔体表面过热度提高会增加合金熔体的原子活性,加快扩散,由于初生β相首先在液相中形核长大,因此原子活性增加以及扩散速率的加快必然会导致初生β相生长速率的加快,进而导致初生β相晶粒尺寸变大。

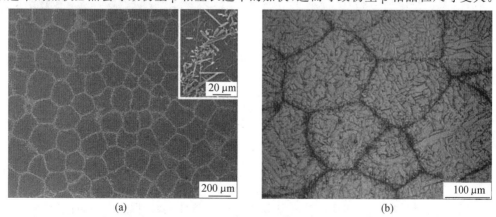

(a)　　　　　　　　　　　(b)

图 4.11　增强相呈网状分布的复合材料

液态氢化对复合材料中心部位增强相分布形貌的影响机理如图 4.12 所示,从图4.12

中可以看出,在纯氩气氛下熔炼制备的复合材料中,初生 β 相晶粒尺寸细小且晶界不明显,增强相分布整体均匀,大部分初生 β 相晶粒可捕获增强相,TiB 晶须无特定分布取向,且生成的 TiB 晶须长径比较低,TiC 颗粒尺寸较为细小。利用液态氢化制备的复合材料中,初生 β 相生长速率较快且晶粒较为粗大,大部分生成的增强相偏聚在晶界处,很少有初生 β 相晶粒可捕获增强相,且生成的 TiB 晶须长径比升高,TiC 颗粒尺寸加大。由前文所讨论的复合材料中增强相分布的梯度组织可以看出,顶部为增强相偏聚于初生 β 相晶粒处的近似网状结构,只有中心区域为增强相均匀弥散分布的组织。液态氢化在熔体表面引起过热从而激活原子扩散,这造成了初生 β 相以及 TiB 与 TiC 增强相的生长速率加快,因此复合材料中心部分增强相的分布由均匀弥散分布转变为近似网状结构。

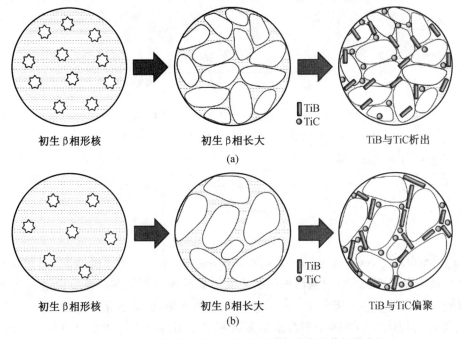

图 4.12　液态氢化对复合材料中心部位增强相分布形貌的影响机理

　　由于本文所有复合材料在熔炼制备过程中加载电流、熔炼时间以及翻转次数均保持一致,所以基本上排除了因为熔炼条件不同而导致的增强相分布的变化。另一方面,复合材料的组织与试样的选取位置有很大的关系,由于试样中梯度组织的存在,试样选取位置不一样,增强相的分布自然不同。在本研究中,所有的组织试样均严格取自中心部位,因此可以确定,复合材料中增强相的分布由不含氢时的均匀弥散分布转变为偏聚在初生 β 相晶界处的近似网状分布是由液态氢化引起的。换言之,液态氢化对复合材料中增强相分布的影响,本质上是因为液态氢化引起的过热以及 β 相生长速率的加快,使试样顶部网状组织向试样底部移动,试样中心部位原本均匀弥散分布的增强相被近似网状组织所取代。

　　除此之外,从图 4.10 中增强相分布可以看出,在不含氢的复合材料中,部分初生 β 相晶粒可以捕获少量的增强相,而随着氢含量的上升,大部分增强相分布在初生 β 相晶界处,很少有增强相分布在初生 β 相晶粒内部。一般来说,当复合材料处于液态时,增强相完全溶于液态合金中,但本文所添加的陶瓷相熔点极高,TiB 和 TiC 熔点分别为2 473 ℃ 和 3 433 ℃,远高出钛的熔点,因此当复合材料处于液相时,增强相可能并未完全熔化,而 是以大分子团簇的形式存在与液态合金中,此时增强相粒子的分布会受到界面捕获以及 界面推移效应的影响。处在固液界面处的固相颗粒,受到的作用力主要包括界面张力引 起的排斥力 F_σ、来自液相的浮力 F_b 以及增强相在移动过程中受到的黏滞力 F_n,如图 4.13所示。

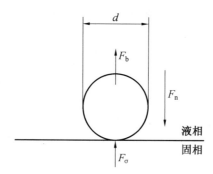

图 4.13 增强相在固液界面处的受力图

d— 直径;F_b— 浮力;F_σ— 排斥力;F_n— 黏滞力

三者可由下式来计算:

$$F_\sigma = \Delta\sigma A \tag{4.2}$$

$$F_b = \frac{4}{3}\pi\left(\frac{d}{2}\right)^3 g(\rho_L + \rho_P) \tag{4.3}$$

$$F_n = 3\pi d\eta u_p \tag{4.4}$$

且 $\Delta\sigma = \Delta\sigma_0(l_0/l)$,$\Delta\sigma_0 = \sigma_{PS} - (\sigma_{PL} + \sigma_{SL})$,式中,$\sigma_{PS}$、$\sigma_{PL}$ 和 σ_{SL} 分别为增强相、固相以及液相 三者之间的界面能;$\Delta\sigma_0$ 为增强相被固液界面捕获时所引起的界面能变化量;l 为增强相 与固液界面的距离;l_0 为增强相与固液界面的最小间距,通常为其原子间距;A 为界面面 积;g 为重力加速度;ρ_L 和 ρ_P 分别为液态金属和增强相的密度;η 为合金熔体的黏度;u_p 为 颗粒的移动速度。

三者之间满足关系:

$$F_n = F_b + F_\sigma \tag{4.5}$$

可以得到

$$u_p = \frac{d}{3\eta}\left[\frac{1}{6}g(\rho_L - \rho_P) + a\Delta\sigma_0\left(\frac{l_0}{l}\right)^n\right] \tag{4.6}$$

当固液界面的迁移速率大于 u_p 时,增强相容易被界面捕获;而当固液界面的迁移速 率小于 u_p 时,增强相容易被界面推走。从式(4.6)可以看出,如果增强相颗粒的密度大于 合金熔体的密度,则增强相所受的重力大于浮力,即增强相容易被界面捕获,反之则增强 相容易被界面推走。本文所选取的增强相颗粒中,TiB 密度为 4.56 g/cm³,TiC 颗粒密度 为 4.99 g/cm³,均大于钛合金熔体的密度(4.5 g/cm³),因此式(4.6)中第一项表现为固 液界面对增强相的捕获作用。同时由式(4.6)可知,只要 $\Delta\sigma > 0$,则固液界面对增强相表 现为排斥力,根据已有的研究结果,结合本文中复合材料的制备方法,$\Delta\sigma$ 的值适用于定向

凝固条件下的热力学判据,即在界面捕获增强相颗粒使系统自由能增加的情况下,将产生颗粒推移效应:

$$\Delta\sigma_0 = \sigma_{PS} - (\sigma_{PL} + \sigma_{SL}) > 0 \tag{4.7}$$

从式(4.7)可以看出,该判据同时也是判断增强相颗粒是否可作为异质形核基底的判据,可见增强相被固液界面捕获或者推移取决于增强相颗粒是否可以作为异质形核基底。现有的研究结果认为,在增强相表面 β 转变组织即次生 α 相可直接析出,但增强相一般不会作为初生 β 相的异质形核基底,因此大部分增强相颗粒会被固液界面推走而不是被捕获。

由于测量界面能的方法十分有限,受制于实际操作的难度,只能从理论上进行定性分析。假设单位面积的增强相颗粒与固相和液相之间的界面能分别为 σ'_{PS} 和 σ'_{PL},增强相颗粒直径为 r,则式(4.7)可表示为

$$\Delta\sigma_0 = 4\pi r^2 \sigma'_{PS} - (4\pi r^2 \sigma'_{PL} + \sigma_{SL}) = 4\pi r^2 (\sigma'_{PS} - \sigma'_{PL}) - \sigma_{SL} \tag{4.8}$$

假设处于固液界面以及晶内的增强相颗粒其界面能相同,从式(4.8)可以看出,$\Delta\sigma_0$ 的大小主要取决于增强相颗粒的尺寸,当增强相颗粒尺寸较大时 $\Delta\sigma_0 > 0$,增强相被界面推移;而当增强相颗粒尺寸较小时 $\Delta\sigma_0 < 0$,则增强相容易被界面捕获。

本文中液态氢化在熔体表面引起过热,加快了原子的扩散迁移,因此相对于未氢化的复合材料,TiB 与 TiC 增强相以及初生 β 相生长速率较快导致其均具有较大的尺寸,因此随着氢含量升高,初生 β 相捕获的增强相数量变少,大部分增强相偏聚在初生 β 相晶界处形成了近似的网状分布结构。由于 TiB 和 TiC 等增强相都是高硬度、高刚度的陶瓷颗粒,可以显著提高合金的室温以及高温性能,因此复合材料的热加工性能也会因增强相的分布变化而改变,增强相分布对材料热加工能力的影响将在后文中详细讨论。

4.3　氢对钛基复合材料组织形态的影响

4.3.1　液态氢化对增强相形貌的影响

为了系统研究原位自生钛基复合材料中增强相的形貌变化,方便与同时添加 TiB 与 TiC 的复合材料组织进行对比,本文分别研究了单独添加 TiB 和 TiC 的 Ti—6Al—4V 基复合材料中增强相的形态。由于本研究中所采用的复合材料中增强相的总体积分数为 5%,TiB 与 TiC 的摩尔比为 1∶1,因此在接下来的研究中,分别单独添加了体积分数为 2.5% 和 5% 的 TiB 以及 TiC 制备复合材料,并研究液态氢化对其组织形貌的影响。图 4.15 分别为添加体积分数为 2.5% 和 5% 的 TiC 的 Ti—6Al—4V 基复合材料中 TiC 组织形貌,根据图 4.14 所示的 Ti—C 二元相图,共晶点处 C 的原子数分数约为 1.8%,质量分数为 0.5%,因此当添加 TiC 体积分数为 2.5% 时为亚共晶成分,TiC 体积分数为 5% 时为共晶或近共晶成分。

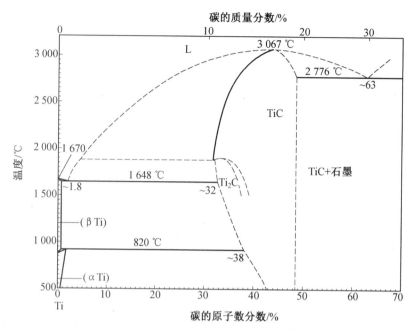

图 4.14　Ti—C 二元相图

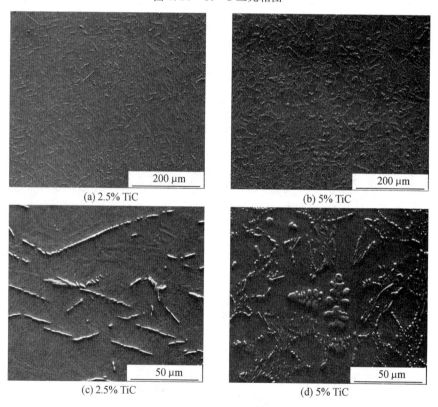

图 4.15　复合材料中 C 含量对 TiC 形貌的影响

　　根据图 4.15(a)、(c)所示,当添加体积分数为 2.5% 的 TiC 时,复合材料中主要为短棒状或者羽毛状的 TiC,增强相分布弥散均匀且 TiC 颗粒较为细小;根据图 4.15(b)、(d)所示,当添加体积分数为 5% 的 TiC 时,复合材料中主要有两种形态的 TiC,一种为尺寸较大的初生 TiC,具有鱼骨状或者枝晶状形貌,另一种为尺寸较小的共晶 TiC 颗粒。由于钛合金中 Al 和 V 元素的加入,合金的液相线、相变温度以及共晶转变温度和共晶成分点等都会发生相应的变化,根据 Ti－C 二元相图,当 TiC 体积分数较低时(2.5%),复合材料中主要为共晶 TiC,具有棒状或者羽毛状形貌,且 TiC 的尺寸较小,这主要是由于其长大时间较短所导致的;当 TiC 体积分数较高时(5%),初生 TiC 尺寸较大,这主要是由于 C 的加入提高了钛合金的液相线,初生 TiC 在液相中较早析出且具有充分的时间长大,此时液相内原子扩散速率较快,TiC 容易长成粗大的枝晶状或者鱼骨状。结合 Ti－C 相图可以看出,复合材料在凝固时首先析出初生 β 相,待其消耗了大部分液相后,熔体成分达到共晶点,β－Ti 与 TiC 发生共晶反应进而从液相中析出。由于 C 含量不同可引起液相线的变化,因此初生 TiC 的尺寸及形貌受 C 含量影响较大,TiC 从低浓度时的羽毛状转变为高浓度时的鱼骨状,C 含量较低时,共晶 TiC 主要为羽毛状;C 含量较高时,共晶 TiC 主要为颗粒状,且分布均匀弥散。

　　图 4.16 为氢化前后的 TiC/Ti－6Al－4V 复合材料中的组织形貌,试样经过 30 s 深腐蚀以方便观察增强相的分布以及形貌。由于本文所选取的复合材料中增强相总体积分数为 5%,TiB 与 TiC 摩尔比为 1∶1,且 TiB 与 TiC 的密度接近,因此本文制备了单独添加体积分数为 2.5% 的 TiC 复合材料来研究氢对 TiC 形貌及分布的影响。

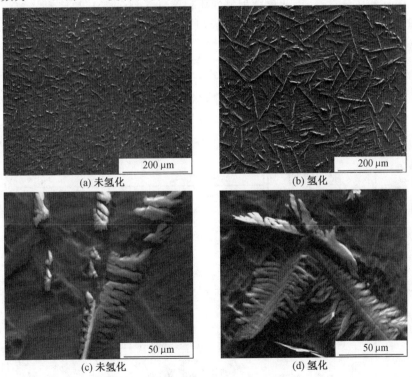

图 4.16　液态氢化对复合材料中 TiC 形貌的影响

从图 4.16 中可以看出,未氢化复合材料中 TiC 为羽毛状且尺寸较为细小,长度一般不超过 50 μm,且分布弥散均匀;高倍组织下可以看出 TiC 的树枝形貌并不发达,如图 4.16(c)所示,这说明在不含氢气氛下制备复合材料时,原子扩散速率有限,TiC 的生长速率不高,在熔体中析出时 TiC 并没有向四周长成发达的树枝状。氢化后 TiC 的形态和分布则产生了显著的变化,一方面,相对于不含氢复合材料,TiC 的尺寸变大,大部分 TiC 长度达到了 100 μm,由原本的细小羽毛状变为拥有较高长径比的片状 TiC,高倍组织下可以看出 TiC 向四周生长成为发达的树枝状形貌;另一方面,TiC 的分布则由原来的均匀分布转变为偏聚在初生 β 相晶界处。如前文所述,氢可以增加熔体表面过热度并促进原子扩散,二者形貌与分布的不同主要是由于不同的原子扩散速率引起的,在含氢气氛下制备复合材料,氢引起的过热以及氢激活原子扩散迁移使初生 β 相和增强相的生长速率均变快,进而使生成的复合材料中初生 β 相尺寸粗大,TiC 的生长速率变快则导致了 TiC 树枝状形貌发达。

图 4.18 分别为添加体积分数为 2.5% 和 5% 的 TiB 的 Ti-6Al-4V 基复合材料中 TiB 组织形貌,根据图 4.17 所示的 Ti-B 二元相图,本文所添加的 TiB 均为亚共晶成分。根据图 4.18(a)所示,当添加体积分数为 2.5% 的 TiB 时,复合材料中主要为短棒状或者晶须状的 TiB,增强相分布整体均匀,且复合材料中 TiB 长径比较低,并无细长针状的 TiB 产生;当添加体积分数为 5% 的 TiB 时,大部分仍然为短棒状的 TiB,但是部分 TiB 长径比升高,且初生 β 相晶界不明显,复合材料细化程度高,这是由于 B 在钛合金中固溶度较小,且在复合材料凝固过程中,初生 β 相最先从熔体中析出长大,因此 B 富集在固液界面前引起强烈的成分过冷,因此复合材料细化程度高且部分 TiB 长径比增加。由于此时添加体积分数为 2.5% 和 5% 的 TiB 的复合材料中 B 均处于亚共晶成分,因此二者形貌

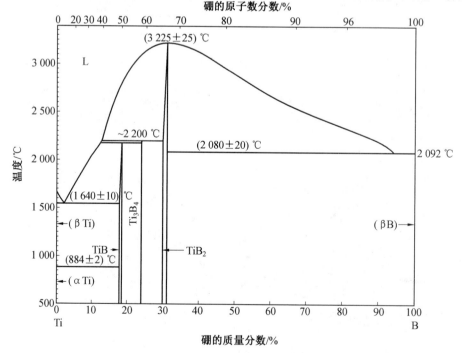

图 4.17　Ti-B 二元相图

并无本质区别。

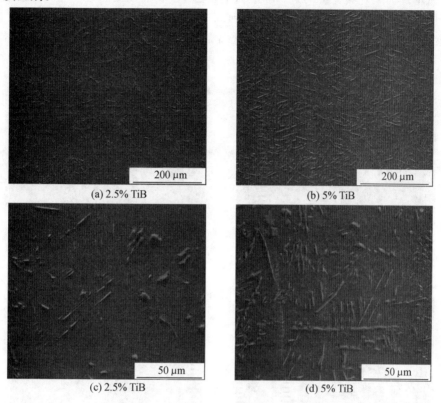

图 4.18　复合材料中 B 含量对 TiB 形貌的影响

　　为了研究液态氢化对 TiB 形貌的影响,本文制备了添加体积分数为 2.5% TiB 的 Ti—6Al—4V基复合材料,图 4.19 为氢化前后的 TiB/Ti—6Al—4V 复合材料的组织形貌。如图 4.19(a)、(c)所示,未氢化复合材料中 TiB 均为短棒状或者晶须状,长度介于 10~30 μm 之间,几乎没有出现长度在 50 μm 以上的 TiB 晶须,这说明 TiB 在析出过程中生长速率有限;氢化制备的复合材料中 TiB 形貌如图 4.19(b)和(d)所示,从图中可以看出 TiB 长径比明显增加,大部分 TiB 长度超过 50 μm,个别 TiB 长度超过 100 μm,由于 TiB 为斜方 B27 结构,存在择优生长方向,因此其生长速率受到原子扩散速率的影响,液态氢化引起的过热以及 Ti 原子和 B 原子扩散速率加快,使 TiB 沿着[010]方向快速堆垛进而引起了 TiB 长径比的升高。

　　增强相的形貌对复合材料高温变形后的组织具有重要影响,图 4.20 为不同氢含量的复合材料中增强相的背散射形貌,从图中可以看出,复合材料中基体合金主要为 Ti,原子序数相对较高,因此为亮白色衬度,增强相中主要含有 B 和 C,原子序数较低,因此背散射模式下,显示为暗黑色衬度。从图中可以看出,复合材料中主要有两种形貌的增强相,如图 4.20(a)所示,一种为长条状的 TiB,另一种为等轴状颗粒 TiC,在不含氢的试样中,初生 β 相晶界不明显,二者在基体合金中均匀弥散分布,且很少有 TiB 具有较高的长径比,大部分 TiB 是较短的晶须;随着氢含量的升高,一方面初生 β 相晶界变得越发明显,增强相出现一定程度的偏聚,另一方面复合材料中 TiB 的长度略微增加,出现了个别具有较高长径比的 TiB 晶须,长度可达 100 μm,而 TiC 颗粒的形貌并没有发生明显变化,只是尺寸略微增加。随着氢含量的进一步提高,除了增强相的偏聚越发严重外,复合材料中 TiB 的长径比明显提高,尤其当氢含量达到 $6.39 \times 10^{-2}\%$ 后,大部分 TiB 的长度超过了 $100\ \mu m$,甚至出现了长度达到 $200\ \mu m$ 的 TiB 晶须,而 TiC 颗粒由不含氢试样的弥散分布转变为含氢试样中分布在 TiB 晶须附近,且其形貌并出现显著改变,由未氢化复合材料中的颗粒状转变为氢化后的短棒状。

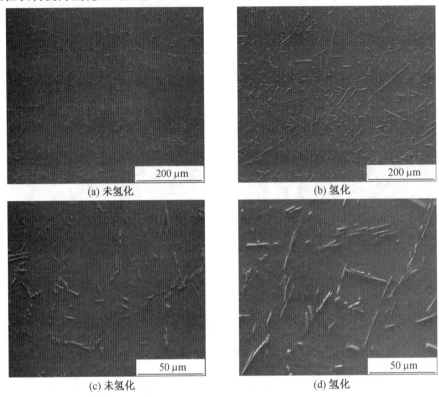

图 4.19　液态氢化对复合材料中 TiB 形貌的影响

　　相比在纯氩气氛下熔炼制备复合材料,氢气的加入可以明显导致试样表面过热,过热度的提高则可以加快原子扩散,由于 TiB 的晶体结构为斜方 B27 结构,在[010]方向通过 B 原子的堆垛可长成长条状的形貌,氢导致的原子扩散加剧促使 B 原子在生长方向的堆垛速度加快,因此随着氢含量的提高,复合材料中 TiB 的长径比明显提高。另一方面,由于 TiC 具有完全对称的晶体结构且没有择优成长方向,因此氢导致的原子扩散加剧会整体上提高 TiC 颗粒的尺寸,因此随着氢含量的增加,具有较大尺寸的 TiC 颗粒的数量明显升高,但是在组织形貌下,TiC 颗粒尺寸的增加并没有 TiB 长径比的提高更直观。

　　Han 计算了氢对钛合金中溶质原子自扩散系数的影响,计算结果表明在 Ti—H 体系中,氢可以明显降低 α—Ti 的自扩散迁移能和扩散激活能,在同一温度下,含氢 α—Ti 的自扩散系数高于不含氢 α—Ti。因此除了氢引起的表面过热可以激活原子扩散以外,氢存在本身也可以增加原子的扩散系数,随着氢含量的上升,TiB 生长所需要的 Ti 原子以及 B 原子扩散能力不断增强,有利于 TiB 生长为长径比较高的晶须,图 4.21 为不同氢含量的复合材料 SEM 形貌。

　　如图 4.21 所示,在二次电子模式下,可以更加清晰地看到 TiB 以及 TiC 颗粒的形貌

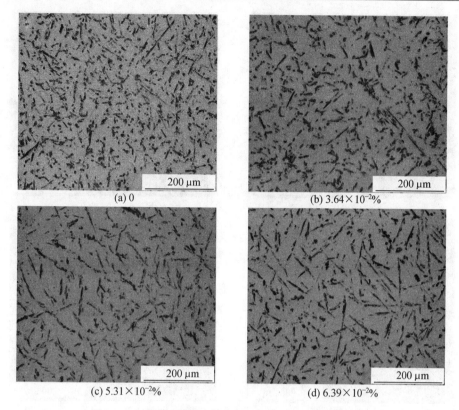

(a) 0　　(b) 3.64×10⁻²%

(c) 5.31×10⁻²%　　(d) 6.39×10⁻²%

图 4.20　不同氢含量的复合材料中增强相的背散射形貌

变化。如图 4.21(a)～(d)所示,随着氢含量的增加,复合材料中出现了更多具有较高长径比的 TiB 晶须,当氢含量为 $5.31×10^{-2}$ %时,大部分的 TiB 晶须长度超过了 100 μm,且 TiC 颗粒由不含氢时的等轴状小颗粒变为短而粗的小棒;当氢含量达到 $6.39×10^{-2}$ %时,复合材料中的大部分 TiB 长度超过了 200 μm,这说明氢含量可以显著影响 TiB 的形貌,并增加 TiC 颗粒的尺寸。

图 4.21(e)、(f)分别为不含氢和含氢 $6.39×10^{-2}$ %的复合材料中增强相形貌的高倍组织照片,从图中可以看出,除了 TiB 的长径比明显增加之外,原本等轴状的 TiC 颗粒基本上消失不见,取而代之的是短而粗的棒状 TiC,且不含氢试样中原本均匀弥散分布的增强相偏聚在初生 β 相晶界处,而且 TiC 颗粒分布在 TiB 晶须的侧面。按照上文所分析的复合材料凝固过程,TiC 的原位自生反应温度为 1 650 ℃,高于 TiB 的原位合成反应温度 1 541 ℃,因此 TiC 颗粒先于 TiB 析出,二者共晶反应的温度仅相差 100 ℃左右,但是在凝固过程中,一方面 B 在钛基体中固溶度较小,另一方面 B 在界面前沿引起的成分过冷远远强于 C,因此 TiB 在凝固过程中的析出动力远远大于 TiC,可以推测二者在复合材料中析出时的顺序十分接近。与不含氢时的复合材料不同,含氢复合材料在凝固过程中初生 β 相生长速率以及晶粒尺寸均会有所提高,所以固液界面前剩余的液相数量较少,导致 B 和 C 元素富集更加严重,因此凝固后,初生 β 相内部的增强相含量较低,TiB 和 TiC 均在初生 β 相晶界处偏聚,且 TiB 与 TiC 二者相互依附生长,组成了如图 4.21(f)所示的形貌。

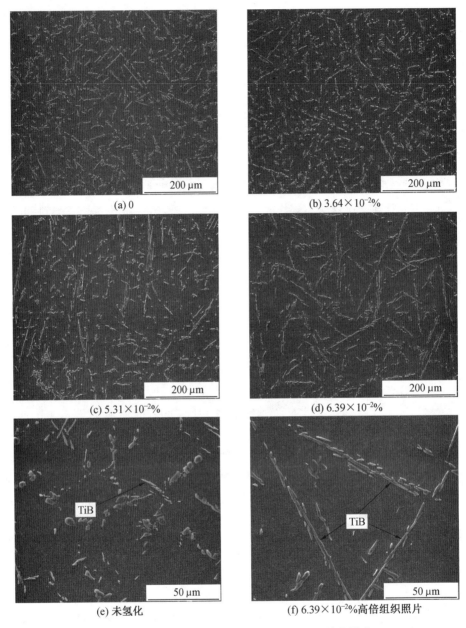

(a) 0

(b) $3.64×10^{-2}$%

(c) $5.31×10^{-2}$%

(d) $6.39×10^{-2}$%

(e) 未氢化

(f) $6.39×10^{-2}$%高倍组织照片

图 4.21　不同氢含量对复合材料中增强相形貌的影响

4.3.2　液态氢化对复合材料界面的影响

　　界面问题是复合材料制备过程中最重要的问题,干净牢固的界面对复合材料最终的力学性能十分有利。原位自生复合材料之所以具有较高界面结合质量,是因为增强相是从液相中通过原位合成反应直接析出,因此增强相与基体的界面处干净无污染、无夹杂物且无过渡层。B 和 C 等元素在钛合金中的增强效果好,主要是由于 TiB 以及 TiC 与钛合金基体原子半径接近且线膨胀系数相差小,尤其是 TiB 晶须与钛合金的共格关系良好,界面错配度低,且弹性模量是基体合金的 4～5 倍,增强相效果极佳。

　　前文系统阐述了液态氢化对复合材料中基体组织、增强相分布以及形态的影响,但是关于氢对复合材料界面的影响则很少有文献报道,本文接下来将通过扫描组织、透射明场像、能谱、选区电子衍射以及高分辨显微组织来分析氢对复合材料中界面结合的影响。

　　图 4.22 为不同氢含量的复合材料中增强相与基体结合界面形貌,从图中可以看出,在未氢化的复合材料中,TiB 具有较低的长径比且 TiC 具有较小的尺寸,二者与基体合金的结合界面干净无反应物。随着氢含量的升高,除了 TiB 长径比明显变大且 TiC 尺寸明显增加外,增强相与基体合金界面处并没有出现显著的变化,界面依然平直光滑无反应物。对于颗粒增强金属基复合材料,其承受的载荷是由增强相与基体共同承担,载荷的传递是通过界面由基体传至增强相,由于界面处能量较高且化学成分、原子结构与结合方式与两侧的基体和增强相明显不同,因此在界面处更容易发生化学反应。

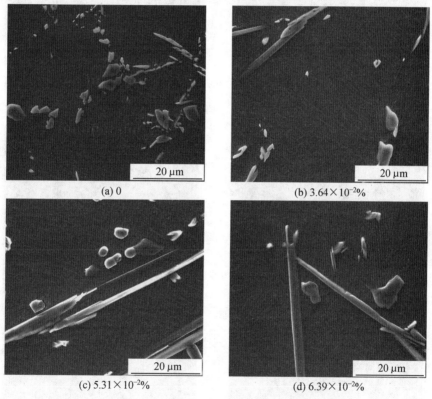

(a) 0　　　　　　　　　　　　　　(b) $3.64 \times 10^{-2}\%$

(c) $5.31 \times 10^{-2}\%$　　　　　　　　　(d) $6.39 \times 10^{-2}\%$

图 4.22　不同氢含量的复合材料中增强相与基体结合界面形貌

　　颗粒增强相复合材料的界面可以分为三类:第一类界面为基体与增强相既不反应也不溶解,界面光滑平整无反应物,界面结合处只有分子层厚度;第二类界面为基体与增强相溶解但不反应,界面结合为犬牙交错的溶解扩散型形貌;第三类界面为反应型界面,界面处会形成微米尺度的反应层。原位自生型钛基复合材料中增强相一般选用热物理性比较稳定的陶瓷颗粒,且增强相通过化学反应原位合成直接从熔体中析出,因此其界面结合较为稳定,为了进一步观察氢对复合材料界面形貌的影响,本文接下来选用透射电镜对界面形貌进行观察。

　　由于在透射电镜下增强相与基体合金相比称度不明显,所以本文选取能谱面扫描的方式来确定增强相的位置和种类。图 4.23 为在透射电镜下铸态复合材料中各元素分布特征,从图 4.23(a)和(e)中可以看出,B 元素富集在特定区域,形成明显的称度,且 B 的富集区域具有晶须状的形貌,与 TiB 的形态极为接近;其他元素如图 4.23(b)~(f)所示,除了 Al 在 B 富集的区域分布极少外,其余各元素均匀分布在材料内部。由于透射电镜的能谱分析精度较高,因此可以推测在能谱面分布结果中,B 富集区域可以推测为 TiB 晶须。从图中可以看出 TiB 晶须尺寸较小,长度在 500 nm 左右,推测其为三元共晶反应生成的增强相。为了更加精确地完成相鉴定,将采用选区电子衍射对富 B 晶须进行分析。

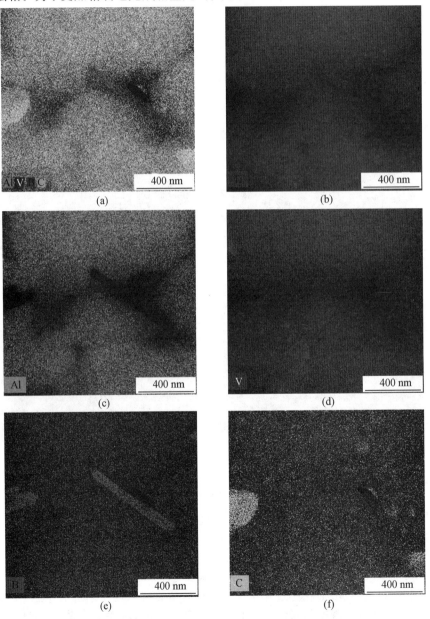

图 4.23　透射电镜下铸态复合材料中各元素分布特征

图 4.24 分别为不同氢含量的增强相 SEM 组织、透射明场像形貌、高分辨形貌以及选区电子衍射图,从图 4.24(a)、(b)可以看出 TiB 与 TiC 的形貌受氢含量的影响发生了变化,TiB 长径比和 TiC 颗粒尺寸均增加,在透射明场像下,相对于不含氢的复合材料,含氢复合材料中 TiB 的长度略微增加,且 TiB 与基体结合界面干净无反应物。由于本文中所添加的氢含量较低,因此大部分氢原子以间隙原子的形式存在于材料内部,虽然增强相与基体结合界面处能量较高,易发生化学反应,但由于氢添加量较少,因此界面处并没有氢化物或者反应层的生成。

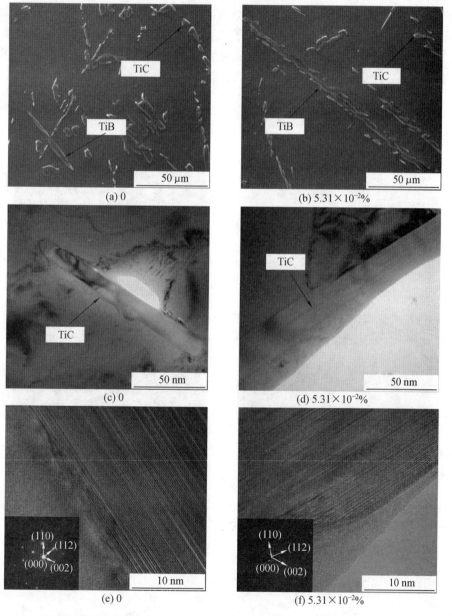

图 4.24 不同氢含量下的增强相 SEM 组织、透射明场像形貌、高分辨形貌及选区电子衍射图

　　图 4.24(e)、(f)为不同氢含量下 TiB 的高分辨图像与选区电子衍射图,由于 Ti 活度较高,TiB$_2$不能稳定存在于材料内部,结合选区电子衍射图标定结果,可以确定本文所观察的增强相均为 TiB,高分辨图像显示 TiB 与基体结合界面处共格关系良好,没有明显的台阶,结合处以原子键合的方式直接连接。氢虽然以间隙原子的形式存在于材料内部,但是由于氢原子直径较小,固溶在材料内部并不会引起明显的晶格畸变,界面结合处并未观察到明显的晶格扩张,因此可以判断,氢不会在 TiB 界面处引起化学反应进而影响界面处的结合质量。

　　同理,为了系统研究氢对 TiC 与基体结合界面的影响,图 4.25 为复合材料内部各元素的分布状况,从图中可以看出,C 元素富集在特定的区域内,而与 TiB 的能谱结果类似,在 C 富集的区域,Al 元素分布极少,其余元素如 Ti、V、B 等均匀分布在材料内部,因此可以推测,图 4.25 中所显示的富 C 颗粒为 TiC 增强相。

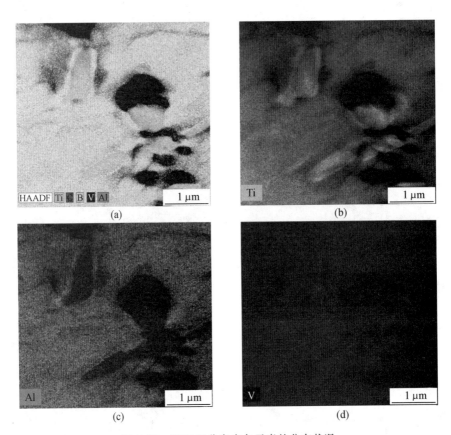

图 4.25　EDS 面分布中各元素的分布状况

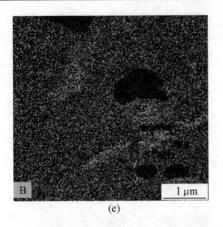

(e)　　　　　　　　　　　　　　　　(f)

续图 4.25

为进一步完成相鉴定,图 4.26 为选定颗粒的透射明场像及选区电子衍射图,根据选区电子衍射的标定结果,再结合能谱面扫描的元素分布状况,可以确定等轴状的颗粒为 TiC 增强相。从明场像中可以看出,与 TiB 的形貌不同,TiC 颗粒大部分具有等轴状的形貌。TiB 与基体结合界面光滑平直且无反应物,且结合界面处以分子层的形式过渡,这是由于 B 在钛合金中的固溶度较低,且 TiB 为标准化学计量比陶瓷相,因此当 TiB 生成后便可在基体中稳定存在,不会在界面处与基体合金发生反应。与 TiB 不同,C 在钛合金中具有一定的固溶度,且 TiC 为非严格化学计量比陶瓷相,因此在界面结合处可能会存在微小的过渡层,如图 4.26(a)所示。氢化后,TiC 界面处的过渡层变小,这主要是由于氢在 TiC 析出过程中具有激活原子扩散的作用,TiC 形核长大之后,由于界面处能量较高,稳定性较差,氢可促使 C 原子向钛合金基体内部扩散,因此会在界面结合处使增强相与基体合金两侧的 C 分布更加均衡,从而减小过渡层的厚度。

TiC 界面形貌受到制备方法的影响较大,Konitzer 和 Wanjara 等人利用粉末冶金制备了 TiC 增强的 Ti－6Al－4V 基复合材料材料,研究结果发现 TiC 与基体界面处存在 Ti_2C 的环形过渡层,由于 TiC 中元素并非严格的化学计量比,因此当采用粉末冶金制备复合材料时,如果 Ti 活度较高,所生成的 TiC 内部 C 原子数分数一般低于 50%,C 原子会在界面处向基体合金扩散,进而生成类似于 Ti_2C 的环形过渡层。而熔铸法制备的 TiC 表面一般较为清洁,无反应物或者过渡层。Cao 利用熔铸法制备的 TiC/Ti－6Al－4V 复合材料中发现,大部分界面结合牢固,干净无污染,但在个别的 TiC 颗粒界面处存在 Ti_3AlC 的反应产物,分析认为这主要是由于在凝固过程中,固液界面前沿会存在个别 Al 元素富集的区域,进而导致 Ti 的活度降低,而 Ti_3AlC 多见于熔铸法制备的 TiAl 基 TiC 增强相复合材料中。本文所制备的复合材料中大部分 TiC 界面无反应物或者微米级过渡层,只存在分子级别厚度的过渡层,氢并没有显著改变界面处的结合形貌,但是氢具有激活原子扩散的作用,因此会促进界面处的 C 原子向基体合金内部扩散。

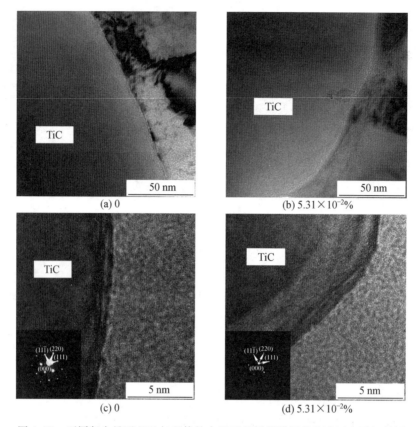

图 4.26　不同氢含量下 TiC 与基体结合界面的透射明场像及选区电子衍射图

4.4　氢对钛基复合材料力学性能的影响

4.4.1　液态氢化对复合材料不同温度下变形行为的影响

　　为系统研究钛基复合材料的高温变形行为，本文首先以 Ti－6Al－4V 基体合金为对比，研究了同样实验条件下其高温变形行为，图 4.27 为不同氢含量的 Ti－6Al－4V 合金在应变速率 0.01 s^{-1}，变形温度分别为 700 ℃、750 ℃、800 ℃和 850 ℃时的真应力－真应变曲线。所有真应力－真应变曲线均出现同样的变化规律，在变形初始阶段，流变应力显著上升，达到峰值后缓慢下降，最后达到稳定流变状态。在热变形初期，加工硬化效果显著，此时合金内部位错密度迅速上升，动态回复不足以消耗积累的位错，而动态再结晶需要合金内部储存一定的变形能，因此动态再结晶在变形初始阶段程度较低，此时合金内部大量增殖的位错发生塞积缠结引起加工硬化效果，进而导致流变应力上升；随着变形的继续，合金内部储存的变形能达到临界值，动态再结晶形核并长大，加工硬化效果与动态再结晶引起的软化效果达到平衡时流变应力达到峰值；随着变形的继续，动态再结晶的驱动力增加，合金内部的变形组织开始被新生成的动态再结晶组织代替，软化效果超过了加工硬化效果，合金流变应力开始稳定下降，这是由于动态再结晶晶粒长大需要一定的时间。

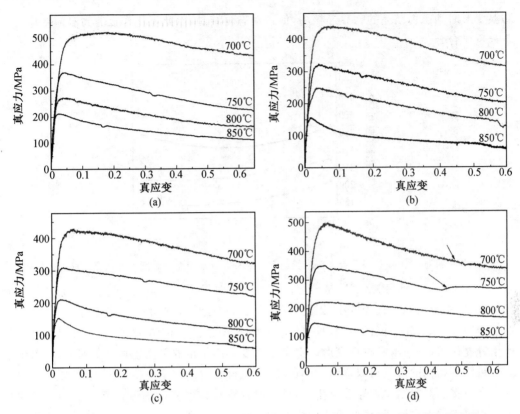

图 4.27　氢对 Ti－6Al－4V 合金在应变速率 0.01 s^{-1} 及不同变形温度下热压缩曲线的影响

　　此外,从图中还可以看出,Ti－6Al－4V 合金的高温变形对温度十分敏感,这主要是由于变形温度升高可以降低合金中原子间结合力,进而导致材料软化。另一方面,合金高温变形过程中,动态回复和动态再结晶是主要的软化机制,对于高层错能材料,由于其内部位错容易开动,易发生滑移甚至攀移,因此材料内部的位错密度以及储存的变形能较低,因此动态再结晶难以发生,其高温变形时的软化机制主要是动态回复;而对于低层错能合金,例如近 α 钛合金和钛铝合金,由于其主要由密排六方结构的 α 相或者 α₂ 相组成,合金内部位错难以开动,材料在变形过程中位错密度上升迅速,合金内部储存变形能较高,动态再结晶容易发生,因此其高温变形的软化机制为动态再结晶。对于本文研究的 Ti－6Al－4V 合金和钛基复合材料来说,动态再结晶是主要的软化方式,而动态再结晶的程度与变形温度密切相关,温度越高,动态再结晶晶粒体积分数越高,同时变形温度越高,合金内部的位错可动性和软质 β 相含量越高,因此软化效果越明显。

　　峰值流变应力是衡量材料热加工性能的重要指标,图 4.28 为不同氢含量的 Ti－6Al－4V合金在不同变形温度下的峰值流变应力变化,从图中可以看出,变形温度的不同使 Ti－6Al－4V 合金峰值流变应力产生不同的变化规律,当变形温度较高时,由于氢可以促进材料内部动态再结晶,增加位错可动性,并提高软质 β 相含量,因此在温度较高时,氢降低了材料高温变形时的流变应力。另一方面,当变形温度较低时,Ti－6Al－4V 合金流变应力随氢含量上升出现先降低后升高的现象。当氢含量较低时,氢引起的弱键作用可以降低合金内部原子间的结合力,进而降低材料流变应力,且氢可以降低合金高温变形时动态再结晶的临界形核功,促进动态再结晶,因此氢化合金的高温流变应力低于未氢化合金。

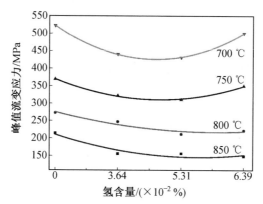

图 4.28　氢对 Ti—6Al—4V 合金在应变速率 0.01 s^{-1} 及不同变形温度下峰值流变应力的影响

　　Y. Z. Chen 在研究氢对 Pd 基合金的塑性变形时发现,氢对材料可同时引起软化与硬化的效果,由于氢原子直径较小,因此氢引起的固溶强化几乎可以忽略不计,且材料在变形过程中,氢原子先于位错运动,且氢原子运动速率远高于位错,因此氢不会对运动位错产生钉扎作用,进而阻碍材料变形。但是塑性变形与位错的运动密切相关,氢可以影响螺型位错双弯结构的形成与双弯结构的运动,降低合金内部螺型位错的形成能,因此可以诱发产生更多的双弯结构并导致软化,但是同时双弯结构所伴随的流体静压力会在位错周围吸收更多的溶质原子,从而使螺型位错的开动更加困难,溶质原子钉扎位错进而导致流变应力上升。一般认为当氢含量较高时,材料流变应力的上升主要是因为氢化物析出时,其与基体组织强烈的晶格差异而产生大量的位错,位错在氢化物附近塞积缠结,且氢化物钉扎位错运动而导致硬化效果,但是本文试样中氢含量较低,且根据本文 XRD 结果,并无氢化物存在,因此,当氢含量较高时,主要是由于氢诱发产生的螺型位错双弯结构附近聚集了大量的溶质原子阻碍位错运动,进而导致硬化效果。

　　钛基复合材料在相同变形条件下的真应力—真应变曲线如图 4.29 所示,从图中可以看出,复合材料的流变曲线与基体 Ti—6Al—4V 合金呈现出相同的变化规律,均在变形初期流变应力迅速上升,达到峰值,然后稳步下降,最后达到持续软化的状态。由于复合材料中基体合金占比接近 95%,因此复合材料与 Ti—6Al—4V 合金相同,在高温变形时均为动态再结晶软化,当氢含量为 3.64×10^{-2}% 时,从图 4.29(b)中可以看出,700 ℃变形的复合材料流变应力下降更为迅速。如图 4.29(c)中灰色箭头所示,当应变达到 0.6时,其流变应力几乎与 750 ℃变形时的流变应力相同,同样的现象也发生在氢含量为5.31×10^{-2}% 的复合材料中,700 ℃变形的复合材料流变应力在变形后期接近 750 ℃变形时的应力,且当复合材料在 750 ℃变形时,材料在更低的应变达到峰值应力,如图 4.29(c)中黑色箭头所示。

　　由于动态再结晶是复合材料高温变形时流变应力降低的主要方式,且动态再结晶晶粒在长大过程中可以消耗大量位错并取代变形组织,此过程中合金内部储存的变形能被消耗,相较于 Ti—6Al—4V 合金,复合材料的流变曲线在达到峰值点后下降更为迅速,此现象不仅发生在含氢复合材料中,在不含氢复合材料中也可以发现。这主要是由于二者组织差异所引起的,Ti－6Al－4V 合金中组织主要为 β 转变组织,初生 β 相在达到相转变点以下转变为 α 相和残余 β 相片层,氢细化了合金组织,可以导致更多的相界,合金在高温变形时,原始 α 相和 β 相破碎、球化并发生动态再结晶。但是对于钛基复合材料,由于增强相的加入,合金初生 β 相晶粒尺寸急剧下降,细化程度要远远超过氢引起的细化效果,另一方面,增强相还可以阻碍动态再结晶晶粒的长大,因此相较于 Ti－6Al－4V 合金,复合材料中动态再结晶程度更高。现有的研究已经表明,氢不仅可以降低动态再结晶的临界形核功,还可以导致动态再结晶提前发生,动态再结晶的提前发生可使复合材料在热变形时达到峰值应力的临界应变降低,促使材料提前发生软化。

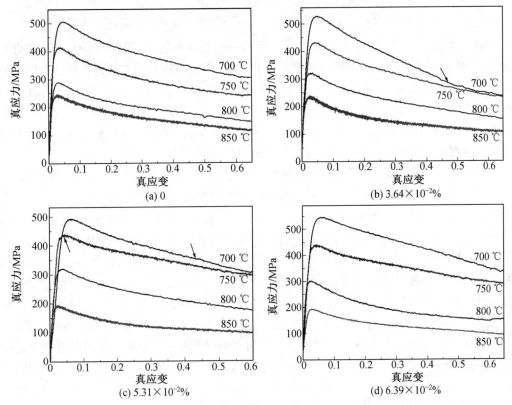

图 4.29　氢对复合材料在应变速率 0.01 s^{-1} 及不同变形温度下热压缩曲线的影响

　　复合材料中由于增强相的加入,其高温变形时流变应力的变化将会呈现出明显的不同,本文综合 Ti－6Al－4V 基体合金流变应力的变化,并考虑增强相的分布对其热加工性能的影响,来系统研究氢化对钛基复合材料高温变形的影响。图 4.30 为钛基复合材料在不同温度下变形时的峰值应力变化,相关数据直接从图 4.29 中获得,从图 4.30 中可以看出,变形温度不同时,氢对复合材料高温变形时的峰值应力将产生截然不同的影响。当变形温度为 850 ℃时,随着氢含量的上升,复合材料的峰值流变应力逐渐下降,氢引起了软化效果;当变形温度低于 850 ℃时,如图 4.30 所示,700 ℃、750 ℃以及 800 ℃时,随着氢含量的上升,含氢复合材料的峰值流变应力均高于未氢化复合材料,氢引起硬化效果。

　　由于复合材料中基体合金占到了绝大部分,因此基体合金的流变应力变化对复合材

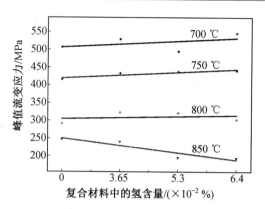

图 4.30　氢对复合材料在应变速率 $0.01\ \text{s}^{-1}$ 及不同变形温度下峰值流变应力的影响

料影响巨大,在 850 ℃变形时,如图 4.28 所示,随着氢含量的上升,基体合金流变应力逐渐下降,这与复合材料在 850 ℃变形时的规律一致;但是基体合金与复合材料流变应力的变化规律在 800 ℃时则出现了不一致,Ti－6Al－4V 基体合金在 800 ℃变形时,氢仍然可以降低流变应力,引起软化效果,但复合材料在 800 ℃变形时,氢则增加了流变应力。因此,复合材料的热加工性能完全取决于基体是不科学的,基体合金对复合材料高温变形具有重大影响,但是增强相的分布对流变应力的作用同样不可忽视。

　　当变形温度较高时(850 ℃),复合材料的软化效果主要来源于氢对基体合金的软化,现有的研究结果表明,氢对材料高温变形时的积极作用主要来源于三方面:①氢促进动态再结晶。动态再结晶的软化机理如图 4.31 所示,复合材料在热变形时,随着应变增加,复合材料内部位错密度显著上升,出现了大量高密度位错区域,这些区域因能量较高而处于不稳定状态,因此动态再结晶晶粒优先在此处形核并长大,随着动态再结晶过程的继续,复合材料内部位错密度显著降低,因此复合材料在达到峰值应力后出现了持续的软化现象,同时动态再结晶进程受到变形温度的强烈影响,变形温度升高促进了位错运动以及晶界的迁移,并增加了原子扩散速率,因此变形温度升高有利于促进动态再结晶的发生,因此其软化效果越明显。②氢可以增加位错的可动性,并诱发产生更多的螺型位错双弯结构,且氢的运动先于位错开动,氢的运动速率远高于位错,会对位错的运动施加附加的作用力。③氢可以降低 α 相的剪切模量并软化 α 相,氢作为 β 相稳定元素,可以增加 β 相的体积分数,而 β 相相较于 α 相拥有更多的滑移系,有利于材料流变应力的降低。

　　而以上三个对合金高温变形有利的因素均与变形温度密切相关,变形温度越高,原子扩散迁移速率和晶界迁移速率增加,动态再结晶程度增加,且动态再结晶晶粒生长速率变大;变形温度越高,位错受到热激活作用可动性增加,合金内部的位错塞积缠结变少,有利于降低材料流变应力;随着变形温度的升高,会不断有 α 相转化为 β 相,温度越接近相转变点,β 相体积分数越高,且氢降低了钛基合金的相转变点,因此相对于不含氢合金,含氢合金中 β 相体积分数更高,β 相拥有更多的滑移系,有利于降低材料高温变形时的流变应力,综上所述,当变形温度较高时,氢诱发的软化效果较强,虽然氢在铸态复合材料中诱发的网状分布增强相拥有较高的应力承载能力,但是不足以抵消氢对基体合金的软化效果,此时软化效果为主导机制。

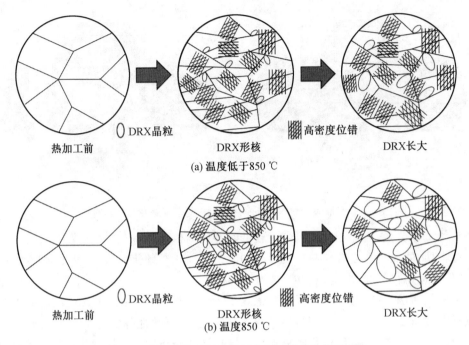

图 4.31　液态氢化对复合材料热加工时的软化机理图

当变形温度为 800 ℃时,基体合金与复合材料流变应力变化则出现了相反的趋势,这与复合材料中增强相的分布有关。随着氢含量的上升,复合材料中初生 β 相晶粒尺寸变大,增强相偏聚在晶界处形成了网状分布结构,如图 4.9 和图 4.10 所示,增强相的分布同样会对复合材料的流变应力产生影响。Huang 利用球磨混粉加真空热压烧结的方法制备了准连续增强网状复合材料,网状分布的增强相会对复合材料产生类似于晶界强化的效果进而增加复合材料的性能,如图 4.32 所示。本文中氢含量较高时,复合材料偏聚在晶界处会使其在高温变形时承受更多的载荷,因此会产生硬化效果。当变形温度较高时(850 ℃),网状分布的增强相对复合材料的硬化效果低于氢化产生的软化效果,因此850 ℃变形时,软化为主导机制。当变形温度为 800 ℃时,如前文所述,氢对复合材料高温变形的三种积极作用与温度密切相关,温度降低时,动态再结晶程度减弱,不足以抵消全部的加工硬化效果,且温度降低时,位错可动性降低,材料内部容易发生位错塞积与缠结,同时 β 相体积分数降低。因此在复合材料变形温度为 800 ℃时,氢仍然可以对基体合金引起软化效果,但是弱化效果与 850 ℃时相比大幅减弱,此时增强相的网状分布结构因为具有更好的载荷承载能力会对复合材料热变形产生较强的硬化效果,硬化在复合材料变形温度为 800 ℃时为主导效果。

当变形温度为 700 ℃和 750 ℃时,随着氢含量的升高,基体合金流变应力先下降后上升,但是所有含氢复合材料的流变应力在 700 ℃和 750 ℃时均高于未氢化复合材料。随着变形温度的降低,复合材料中动态再结晶程度、位错可动性以及 β 相含量均下降,少量的氢含量仍然可以软化基体合金,但是软化效果相对于 800 ℃和 850 ℃时均大幅下降,氢引发的软化效果在 800 ℃时尚不能抵消因网状结构引起的硬化效果,因此在 700 ℃和750 ℃时,所有氢化复合材料流变应力均高于未氢化材料;在氢含量为 6.39×10^{-2}%时,

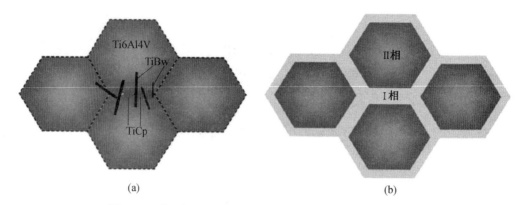

图 4.32　增强相准连续分布复合材料的晶界强化效应机理图

氢硬化了基体合金,因此相对于氢含量较低时,复合材料流变应力提升较多。

综上所述,氢可在复合材料热变形时同时诱发软化与硬化效果,当变形温度为 850 ℃时,氢促进动态再结晶,增加位错的可动性并提高了 β 相体积分数,软化效果超过了网状分布增强相所诱发的硬化效果,因此软化效果为主导机制,氢加剧了材料高温时的软化;当变形温度低于 850 ℃时,动态再结晶程度减弱,位错可动性降低,β 相体积分数减少,氢仍然可以软化基体合金,但软化效果不足以抵消网状分布增强相诱发的硬化效果,因此硬化效果为主导机制,氢加剧了低温变形时的硬化效果。由以上分析可知,复合材料高温变形时液态氢化引起硬化向软化的转变阈值温度为 800 ～850 ℃。

4.4.2　液态氢化对复合材料不同应变速率下高温变形行为的影响

为系统研究不同应变速率下复合材料的高温变形行为,本文以 Ti－6Al－4V 合金为对比,选用变形温度 850 ℃,应变速率分别为 0.1 s^{-1}、0.01 s^{-1} 和 0.001 s^{-1} 进行高温压缩实验。图 4.33 为不同应变速率下氢含量对 Ti－6Al－4V 合金峰值流变应力的影响,从图中可以看出,在高应变速率下(0.1 s^{-1}),Ti－6Al－4V 合金峰值流变应力随氢含量上升稳步下降;在低应变速率下,少量氢可以大幅降低合金峰值应力,在氢含量较高时应力则出现了上升。应变速率对热变形时合金内部位错密度以及动态再结晶程度影响较大,当应变速率较高时,合金内部位错密度迅速增加,加工硬化效果显著,同时由于变形时间较短,动态再结晶晶粒来不及长大,加工硬化效果不能完全被抵消,因此峰值流变应力最高。应变速率降低时,材料内部的位错滑移及攀移具有更多的时间,且动态再结晶形核充分,从位错运动的角度出发,位错运动速率与临界切应力的关系可以表达为

$$v = v_0 \exp(C/T\tau) \tag{4.9}$$

式中,v 为位错的运动速率;v_0 为声音在材料内的传播速率;C 为材料常数;T 为变形温度;τ 为临界切应力。当变形温度恒定时,v 增加会导致 τ 增加,进而导致合金高温变形时流变应力增加。

但是氢在高应变速率下对合金仍然具有软化作用,随着氢含量的上升,流变应力稳步降低,相对于未氢化合金,氢可以促进动态再结晶并降低流变应力。与应变速率为 0.1 s^{-1} 时不同,当应变速率降低时,合金内部动态再结晶晶粒具有充分时间长大,微量的

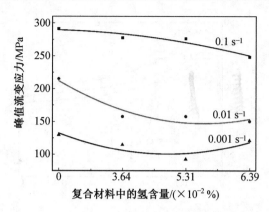

图 4.33　氢对 Ti－6Al－4V 合金在 850 ℃及不同应变速率下峰值流变应力的影响

氢即可显著降低流变应力,例如,当应变速率为 0.01 s^{-1}时,合金流变应力从未氢化时的
215 MPa 降低至氢含量为 3.64×10^{-2}％时的 157.43 MPa;当应变速率为 0.001 s^{-1}时,
合金流变应力从未氢化时的 129.44 MPa 降低至氢含量为 5.31×10^{-2}％时的
92.38 MPa。除此之外,从图中可以看出,含氢 6.39×10^{-2}％时合金在应变速率为
0.01 s^{-1}时的流变应力与不含氢合金 0.001 s^{-1}时的流变应力十分接近,这说明氢可以使
合金的应变速率提高一个数量级。氢含量较高时,由于动态再结晶程度的增加,部分新生
成晶粒过于粗大,因此流变应力出现了轻微的上升。

　　图 4.34 和图 4.35 分别为 850 ℃,应变速率分别为 0.1 s^{-1}、0.01 s^{-1}和 0.001 s^{-1}下
Ti－6Al－4V 合金(Ti64)与复合材料的真应力－真应变曲线。从图中结果可以看出,在
同样的含氢条件下,由于增强相的加入,复合材料的流变应力普遍高于基体 Ti－6Al－
4V 合金,且随着应变速率的升高,复合材料及基体合金的流变应力显著上升。除此之
外,复合材料的高应变速率变形时出现持续的软化现象,真应力在达到峰值后稳步下降;
而与复合材料不同,基体 Ti－6Al－4V 合金则出现了部分失稳现象,在应变速率为
0.1 s^{-1}时,应力在达到峰值后出现了下降,但是随着应变继续增加,Ti－6Al－4V 合金应
力出现了上升,随后进入了稳定流变阶段,持续软化的效果并不明显。从前文分析可知,
由于加入增强相可以极大细化基体合金的初生 β 相晶粒尺寸,复合材料中含有更多的初
生 β 相晶界,且增强相在复合材料高温变形时阻碍动态再结晶晶粒的长大,复合材料经高
温变形后,动态再结晶体积分数较高,因此相对于 Ti－6Al－4V 合金,其软化效果更加明
显,流变应力达到峰值之后会出现持续的软化。另一方面,材料在高速应变时失稳区的减
小主要是由于动态再结晶含量的升高以及动态再结晶的提前发生。以氢含量为 5.31×
10^{-2}％的复合材料为例,图 4.36 为复合材料在 850 ℃以及不同应变速率下氢对其真应
力－真应变曲线的影响,从图中可以看出,在应变速率 0.1 s^{-1}时,氢显著缩小了复合材料
高温变形的失稳区,氢除了可以导致动态再结晶提前发生并增加动态再结晶晶粒体积分
数外,还可以促进位错的运动,因此,氢化后复合材料应力－应变曲线更接近其低应变速
率时的形状。

　　当应变速率为 0.01 s^{-1}时,氢主要引起软化效果,从图 4.34(b)和图 4.35(b)中可以
看出,随着氢含量的上升,基体合金及复合材料流变应力均呈下降趋势;当应变速率为

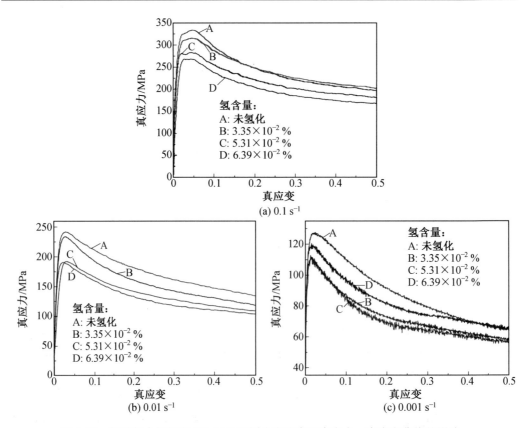

图 4.34　氢对复合材料在 850 ℃ 及不同应变速率下真应力-真应变曲线的影响

$0.001\ \mathrm{s}^{-1}$ 时,较低的氢含量可以软化基体合金与复合材料,当氢含量为 6.39×10^{-2} ％时,流变应力则出现了轻微上升。当复合材料高温变形时应变速率过低时,复合材料中增强相发生转动的数量增多而发生折断的数量减少,且增强相与基体界面处的结合能力降低,进而易导致界面脱黏,热变形后的复合材料在界面处易累积缺陷,且应变速率过低时,动态再结晶晶粒粗大,因此当氢含量较高时,流变应力会出现轻微的上升。

　　从前文对复合材料高温变形行为的分析可知,复合材料在 850 ℃ 以上变形时,液态氢化引起软化作用可提高复合材料的热加工能力,且复合材料在 $0.01\ \mathrm{s}^{-1}$ 变形时,液态氢化引起的软化效果最为显著,因此本文接下来将在变形温度 900 ℃ 且应变速率为 $0.01\ \mathrm{s}^{-1}$ 的变形条件下衡量氢含量对复合材料高温变形时峰值应力的影响。

　　图 4.37 为不同氢含量下所制备的复合材料在 900 ℃ 以及应变速率 $0.01\ \mathrm{s}^{-1}$ 下变形的峰值应力变化,混合气体中氢气的体积分数分别为 0、20％、40％、50％ 以及 60％,从图中峰值应力变化结果可以看出,未氢化制备的复合材料峰值应力为 119.03 MPa,随着混合气体中氢气的体积分数逐渐上升,所制备的复合材料在同样的变形条件下峰值应力逐渐下降,分别降为 74.084 MPa、62.097 MPa 以及 42.863 MPa,当气氛中氢气的体积分数为 60％ 时,峰值应力升为 59.8 MPa,因此液态氢化制备的复合材料中最佳的热加工性能对应于气氛中氢气占比 50％,此时对应的复合材料中氢含量为 9.5×10^{-2} ％。液态氢化对复合材料热加工时引起的软化效果与变形温度以及氢含量密切相关,氢含量越高且变

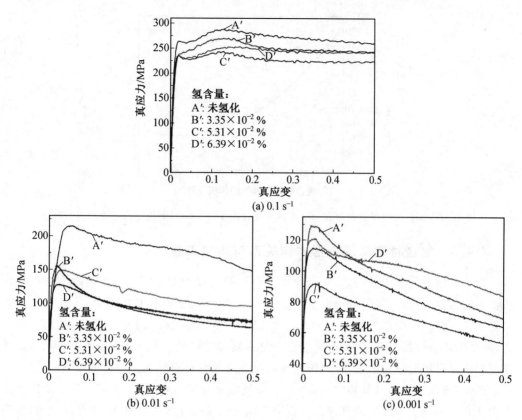

图 4.35　氢对 Ti-6Al-4V 合金在 850 ℃及不同应变速率下真应力-真应变曲线的影响

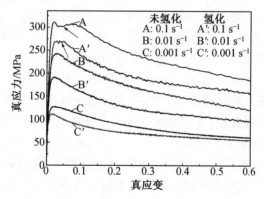

图 4.36　未氢化及含 5.31×10^{-2} %氢的复合材料在 850 ℃及不同应变速率下的热压缩曲线

形温度越高,软化效果越强,因此随着氢含量上升,复合材料高温变形时峰值应力不断下降。当氢含量超过一定值后,氢促进位错增殖,且氢促进了位错与位错周边溶质原子的交互作用,位错运动时受到其周边溶质原子富集引起的钉扎作用而导致流变应力升高,因此复合材料在热加工时存在最佳的氢含量。为了系统研究液态氢化对复合材料高温变形本构关系及热加工图的影响,本文选取热加工性能最好的含 9.5×10^{-2} %氢的复合材料。

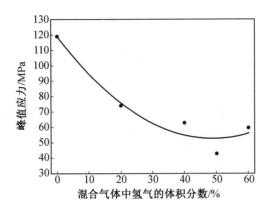

图 4.37　氢含量对复合材料在 900 ℃ 及应变速率下 0.01 s⁻¹ 下热变形峰值应力的影响

4.4.3　复合材料高温变形本构关系与热加工图

为了更加系统地研究液态氢化对复合材料热加工性能的影响,本文选取含 9.5×10^{-2}% 氢的复合材料,采用燕山大学 Gleeble－3500 型动态热模拟实验机,系统研究液态氢化对复合材料在变形温度 700～1 000 ℃ 以及应变速率 1～0.001 s⁻¹ 时的高温变形行为,并采用动态材料模型(DMM)建立复合材料高温变形的本构方程,采用功率耗散因子作出了复合材料的热加工图,进而研究液态氢化对复合材料热加工窗口的影响。

图 4.38 分别为不含氢和含 9.5×10^{-2}% 氢的复合材料在 700～1 000 ℃ 以及应变速率为 0.001～1 s⁻¹ 下变形的真应力－真应变曲线。从图 4.38(a)和(b)中可以看出,当应变速率为 1 s⁻¹ 和 0.1 s⁻¹ 时,复合材料在 700 ℃ 变形时峰值流变应力接近,氢并没有表现出明显的软化或者硬化效果,应变继续加大,氢化复合材料的流变应力在后期高于未氢化复合材料;而当应变速率为 0.01 s⁻¹ 和 0.001 s⁻¹ 时,如图 4.38(c)和(d)所示,复合材料在 700 ℃ 变形时,氢增加了复合材料流变应力引起硬化的效果。液态氢化在复合材料热变形时引发软化与硬化的双重效果,高温变形时加剧软化而低温变形时加剧硬化,从图4.38中所观察到的实验结果与前文的分析一致;当变形温度继续升高达到 800 ℃ 以及 900 ℃ 时,与前文分析的不同,液态氢化在不同应变速率下均降低了复合材料的流变应力。

图 4.39 为液态氢化对不含氢和含 9.5×10^{-2}% 氢的复合材料高温变形时峰值应力的影响,相关数据直接从图 4.38 中获取。从图中可以看出,复合材料在 700 ℃ 变形且应变速率为 1 s⁻¹ 和 0.1 s⁻¹ 时,氢化复合材料峰值应力低于未氢化复合材料;当应变速率为 0.1 s⁻¹ 和 0.001 s⁻¹ 时,氢化复合材料峰值应力高于未氢化复合材料,且二者数据较为接近,这说明在较低温度变形时,液态氢化的软化效果并不明显。当变形温度升至 800 ℃ 以及 900 ℃ 时,氢化复合材料的峰值应力大幅低于未氢化复合材料,例如在 800 ℃ 以及 1 s⁻¹ 和 0.1 s⁻¹ 时下变形时,峰值应力从 371.26 MPa 和 319.95 MPa 分别降至 270.91 MPa 以及 241.88 MPa;在 900 ℃ 以及 0.1 s⁻¹ 和 0.01 s⁻¹ 下变形时,峰值应力从 174.58 MPa 和 119.03 MPa 分别降至 92.482 MPa 和 59.798 MPa,降幅超过 50%,如图 4.39(b)和(c)所示。

当变形温度继续升高至 1 000 ℃ 时,部分氢化后的复合材料流变应力超过了未氢化

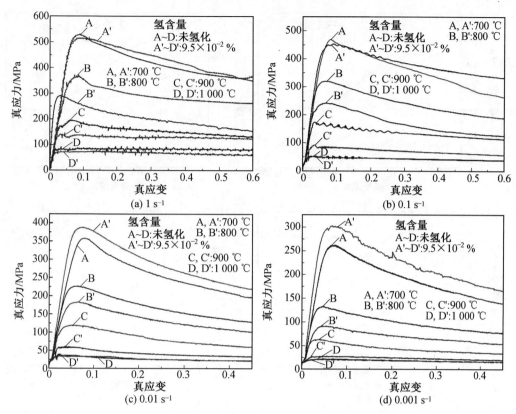

图 4.38　液态氢化对复合材料在应变速率 0.001～1 s^{-1} 以及变形温度 700～1 000 ℃下热压缩曲线的影响

复合材料,由于基体合金软化严重,原子结合力较弱且增强相与基体合金的结合界面强度较低,未氢化与氢化的复合材料流变应力均处于较低水平。除此之外,变形温度达到 1 000 ℃时,由图 4.3 所示的不同氢含量的复合材料相变点结果可知,1 000 ℃的变形温度接近甚至已经超过了复合材料的相变点。Senkov 在研究氢化处理对钛合金的热加工性能时指出,氢可以降低 α 相并增加 β 相的弹性模量,换言之,氢软化了钛合金中的 α 相并硬化了 β 相,因此钛合金的氢化处理一般应用在(α＋β)两相区变形之内,在 β 单相区变形时,氢通常会引起硬化效果。

　　氢化处理可以增加钛基合金的热加工性能,主要表现在可以使材料在更低的温度以及更高的应变速率下变形,前文所分析的硬化效果主要由于变形温度降低时,软质 β 相含量降低、位错可动性以及动态再结晶体积分数下降,氢引起的软化效果不足以抵消增强相网状分布所引起的硬化效果,因此复合材料流变应力上升。同理更高的氢含量在相同的变形条件下可以引起更强的软化效果,在本章节中,氢含量达到 9.5×10^{-2}％,高于前文展示的最高 6.39×10^{-2}％,因此液态氢化只在 700 ℃时引起硬化效果,在 800 ℃及以上温度变形时软化效果为主导作用,换言之,当氢含量为 9.5×10^{-2}％时,液态氢化引起的硬化与软化效果转变的阈值温度为 700～800 ℃,低于氢含量不超过 6.39×10^{-2}％时的 800～850 ℃,如图 4.38 和图 4.39 所示。

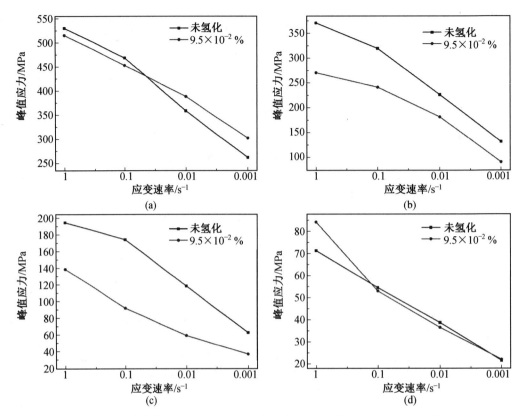

图 4.39　液态氢化对复合材料在不同应变速率及变形温度下峰值应力的影响

　　本构方程主要用于表示材料在高温变形时其流变应力与应变量、变形温度以及应变速率之间的关系,其表达式通常为

$$\bar{\sigma} = \sigma^0(\bar{\varepsilon}^{\mathrm{pl}},\ \theta,\ f_{\mathrm{i}}) B(\dot{\bar{\varepsilon}}^{\mathrm{pl}},\ \theta,\ f_{\mathrm{i}}) \tag{4.10}$$

式中,σ^0 定义为材料的为静态应力-应变关系;$\bar{\varepsilon}^{\mathrm{pl}}$ 表示等效屈服应力,f_{i} 和 $\dot{\bar{\varepsilon}}^{\mathrm{pl}}$ 分别表示材料的塑性应变以及应变速率;θ 和 f_{i} 分别为变形温度以及场变量;B 定义为流变应力与静态屈服应力的比。通常采用 Sellar 和 McTegart 提出了包含原子激活能 Q 和温度 T 的双曲正弦模型来计算 B 值,其表达式简单且精度较高,且大量的研究结果表明,钛合金及复合材料的高温变形是热激活稳态变形行为,满足双曲正弦模型,其表达式为

$$\dot{\varepsilon} = A f(\sigma) \exp(-Q/RT) \tag{4.11}$$

　　而按照 $f(\sigma)$ 的大小其通常有如下几种表达方式:

　　低应力($\alpha\sigma < 0.8$)水平时:

$$\dot{\varepsilon} = A_1 \sigma^{n_1} \exp(-Q/RT) \tag{4.12}$$

　　高应力($\alpha\sigma > 1.2$)水平时:

$$\dot{\varepsilon} = A_2 \exp(\beta\sigma) \exp(-Q/RT) \tag{4.13}$$

　　整个应力区间:

$$\dot{\varepsilon} = A \sinh(\alpha\sigma)^n \exp(-Q/RT) \tag{4.14}$$

式中，n 和 n_1 为材料的应力指数；A 和 T 分别为结构因子和热力学温度；R 为气体常数；Q 为热变形激活能；σ 为热变形时的流变应力，可以代表一定应变下的流变应力，也可代表峰值应力；$\dot{\varepsilon}$ 为应变速率。

同时 Zener 和 Hollomon 提出了采用温度补偿的变形速率因子 Z 来对应变速率、温度以及流变应力进行实验验证，进而衡量本构方程的可靠性，其表达式为

$$Z = \dot{\varepsilon}\exp(Q/RT) = A\,\sinh(\alpha\sigma)^n \tag{4.15}$$

式中，α 为应力水平参数（MPa^{-1}），根据双曲正弦函数的定义，应有

$$\operatorname{arcsinh}(\alpha\sigma) = \ln[(\alpha\sigma) + ((\alpha\sigma)^2 + 1)^{1/2}] \tag{4.16}$$

因此，流变应力 σ 可用 Z 表示，即

$$\sigma = \frac{1}{\alpha}\ln\{(Z/A)^{\frac{1}{n}} + [(Z/A)^{\frac{2}{n}} + 1]^{1/2}\} \tag{4.17}$$

由式（4.15）和式（4.17）可知，只要计算出材料中的 A、n、α 以及 Q 等值，便可计算出任意应变下材料高温变形时的流变应力。

对式（4.12）和式（4.13）分别进行自然对数求导可得

$$\ln\dot{\varepsilon} = A_3 + n_1\ln\sigma \tag{4.18}$$

$$\ln\dot{\varepsilon} = A_4 + \beta\sigma \tag{4.19}$$

取图 4.39 中未氢化以及氢化复合材料高温变形时的峰值流变应力，分别作 $\ln\sigma-\ln\dot{\varepsilon}$ 和 $\sigma-\ln\dot{\varepsilon}$ 的关系图，并采用 Origin 软件对所作出的点线图进行最小二乘法线性回归，如图 4.40 所示。回归结果表明，未氢化以及氢化复合材料的 $\ln\sigma-\ln\dot{\varepsilon}$ 和 $\sigma-\ln\dot{\varepsilon}$ 在 700 ℃ 以及 1 000 ℃ 时的线性回归系数均大于 0.99，较好地符合线性关系，其余温度的线性回归系数大于 0.97，因此选用图 4.38(a) 和 (b) 中 700 ℃ 以及 1 000 ℃ 时的斜率倒数的平均值为 β，可得未氢化与氢化复合材料的 β 分别为 0.133 79 MPa^{-1} 和 0.223 285 MPa^{-1}；选用图 4.38(c) 和 (d) 中 700 ℃ 以及 1 000 ℃ 时的斜率平均值为 n_1，可得未氢化与氢化复合材料的 n_1 分别为 20.013 18 和 23.119 36；根据 $\alpha = \beta/n_1$ 可得未氢化与氢化复合材料的 α 分别为 0.006 685 1 MPa^{-1} 和 0.009 658 MPa^{-1}。

对式（4.14）两边去自然对数可得

$$\ln\dot{\varepsilon} = A_5 + n\ln[\sinh(\alpha\sigma)] \tag{4.20}$$

将不同变形条件下的流变应力、变形温度以及应变速率分别代入式（4.20），绘制 $\ln[\sinh(\alpha\sigma)]-\ln\dot{\varepsilon}$ 散点图，并利用 Origin 采用最小二乘法进行线性回归，回归结果如图 4.41(a) 和 (b) 所示，未氢化与氢化复合材料的在所有变形温度下 $\ln[\sinh(\alpha\sigma)]-\ln\dot{\varepsilon}$ 的线性相关系数均大于 0.97，且在 700 ℃ 以及 1 000 ℃ 下的线性相关系数大于 0.99，这说明双曲正弦模型可以很好地描述复合材料在高温变形时的本构关系。

当复合材料高温变形应变速率不变时，假设材料高温变形的热激活能 Q 在同一变形温度区间内保持恒定，根据式（4.14）可得

$$\ln[\sinh(\alpha\sigma)] = A_6 + A_7/T \tag{4.21}$$

将不同应变速率下复合材料的变形温度以及峰值流变应力代入式（4.21），并绘制 $\ln[\sinh(\alpha\sigma)]-1/T$ 散点图，线性回归结果如图 4.41(c) 和 (d) 所示，未氢化与氢化复合材料的在所有变形温度下 $\ln[\sinh(\alpha\sigma)]-1/T$ 的线性相关系数均大于 0.97，且在 700 ℃ 以

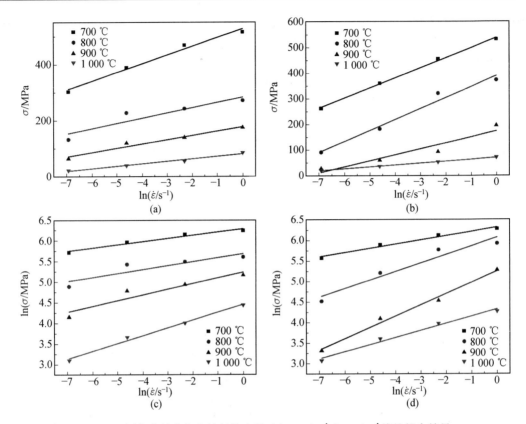

图 4.40　不同氢含量的复合材料热变形时 $\ln \sigma - \ln \dot{\varepsilon}$ 和 $\sigma - \ln \dot{\varepsilon}$ 线性拟合结果

及 1 000 ℃下的线性相关系数大于 0.99。

对式(4.14)两边取自然对数并进行微分,可得到复合材料高温变形的热激活能 Q 为

$$Q=R \left\{\frac{\partial \ln \dot{\varepsilon}}{\partial \ln [\sinh(\alpha\sigma)]}\right\}_T \cdot \left\{\frac{\partial \ln [\sinh (\alpha\sigma)]}{\partial (1/T)}\right\}=R \cdot n_1 \cdot n_2 \tag{4.22}$$

式中,n_1 为图 4.41(a)和(b)中拟合曲线的斜率平均值;n_2 为图 4.41(c)和(d)中拟合曲线斜率倒数的平均值。将图 4.41 中拟合结果分别代入式(4.22)可得未氢化与氢化复合材料在两相区变形的热激活能分别为 339.65 kJ/mol 和 286.5 kJ/mol,氢化后,复合材料热激活能更低,这表明氢化复合材料热加工性能得到了提升。

对式(4.15)两边取自然对数可得

$$\ln Z=\ln A+n\ln[\sinh(\alpha\sigma)] \tag{4.23}$$

将计算所得的复合材料热变形激活能、变形温度以及应变速率代入式(4.15)和式(4.23)可得不同变形条件下的 Z 值,绘制 $\ln Z-\ln[\sinh (\alpha\sigma)]$ 散点图,并利用 Origin 采用最小二乘法进行线性回归,回归结果如图 4.42(a)和(b)所示,回归分析表明,未氢化与氢化复合材料 $\ln Z-\ln[\sinh (\alpha\sigma)]$ 的线性相关系数大于 0.99,同时,根据式(4.23)可得应力指数值 n 为回归直线的斜率,其截距为 $\ln A$,计算可得,未氢化复合材料的 n 为 2.885 48,A 为 $1.372×10^{13}$;氢化复合材料 n 为 2.120 89,A 为 $7.245 53×10^{10}$。

因此可得到未氢化复合材料高温变形的本构方程为

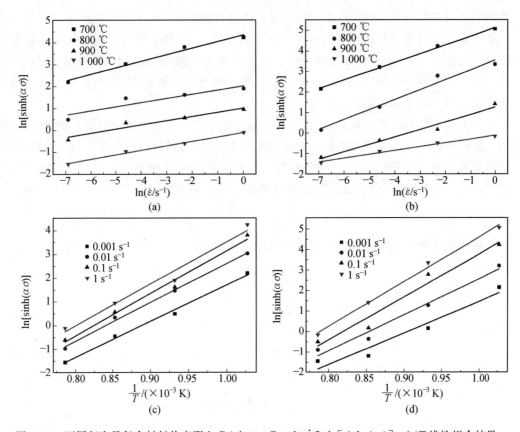

图 4.41　不同氢含量复合材料热变形 $\ln[\sinh(\alpha\sigma)]-\ln\dot{\varepsilon}$ 和 $\ln[\sinh(\alpha\sigma)]-1/T$ 线性拟合结果

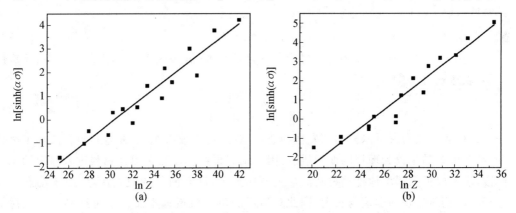

图 4.42　不同氢含量的复合材料热变形时 $\ln Z-\ln[\sinh(\alpha\sigma)]$ 线性拟合结果

$$\dot{\varepsilon}=1.372\times10^{13}\sinh(0.006\,685\,1\sigma)^{2.885\,48}\exp(-33\,965\,551/RT) \quad (4.24)$$

氢化复合材料高温变形的本构方程为

$$\dot{\varepsilon}=7.245\,53\times10^{10}\sinh(0.009\,658\sigma)^{2.120\,89}\exp(-28\,650\,248/RT) \quad (4.25)$$

　　热加工图是研究材料高温变形的重要方法,其本质是在有应变速率和变形温度的功率耗散二维图像上叠加材料变形的失稳区。根据热加工图中的最大功率耗散区结合材料高温变形的失稳区,可选取材料最佳的塑性变形工艺。功率耗散图是根据 Prasad 等人提出的动态材料模型(DMM)所建立的。基于动态材料模型,可以阐明材料热加工时外界的输入能量如何通过材料内部的塑性变形而消耗掉,同时基于热加工图中的功率耗散区以及失稳区,可直观描述特定变形条件下例如应变速率、变形温度以及应变量下材料的变形机制。本文基于 DMM,结合 Prasad 建立的材料热变形失稳判据,绘制了未氢化以及氢化复合材料的热加工图。

根据动态材料模型的假设,进行高温变形的试样是一个非线性的能量耗散单元,外界输入至材料内部的能量主要通过两种途径来耗散,一是通过材料内部发生塑性变形,将外界的能量转化为黏塑性热,二是通过材料内部发生组织变化例如回复、相变、再结晶以及裂纹的形式耗散,二者分别用耗散量 G 和耗散协量 J 表示:

$$P = \sigma \dot{\varepsilon} = G + J = \int_0^{\dot{\varepsilon}} \sigma \mathrm{d}\dot{\varepsilon} + \int_0^{\sigma} \dot{\varepsilon} \mathrm{d}\sigma \tag{4.26}$$

通过这两种形式所耗散的能量占比可用下式表示:

$$m = \frac{\mathrm{d}J}{\mathrm{d}G} = \frac{\dot{\varepsilon} \mathrm{d}\sigma}{\sigma \mathrm{d}\dot{\varepsilon}} = \frac{\mathrm{dlg}\,\sigma}{\mathrm{dlg}\,\dot{\varepsilon}} \tag{4.27}$$

m 定义为应变速率敏感因子,当变形条件一定时,材料的高温流变应力与应变速率存在以下关系:

$$\sigma = K \dot{\varepsilon}^{m} \tag{4.28}$$

同时耗散协量 J 可表示为

$$J = \int_0^{\sigma} \dot{\varepsilon} \mathrm{d}\sigma = \frac{m}{m+1} \sigma \dot{\varepsilon} \tag{4.29}$$

一般情况下,m 值处在 0~1 之间,当材料的能量耗散处于线性状态时,即耗散协量 J 达到最大值 J_{max}:

$$J_{max} = \sigma \dot{\varepsilon} / 2 \tag{4.30}$$

结合式(4.29)和式(4.30),可得到功率耗散效率 η,一般来说 η 越高,越有利于塑性变形,表达式为

$$\eta = \frac{J}{J_{max}} = \frac{2m}{m+1} \tag{4.31}$$

材料通过热变形可以使内部发生动态再结晶,进而改善组织,复合材料在热加工过程中,动态再结晶是较为理想的变形机制,因为动态再结晶不仅可以使材料进入稳定的流变阶段,还可以极大程度地抵消材料的加工硬化效果;动态回复的效果次之,由于动态回复过程不涉及新晶粒的形核与长大,因此其消耗的位错数量远不及动态再结晶。但在材料实际的热加工过程中,难免会出现应变失效、裂纹孔洞以及绝热剪切带(SBs)等诸多不利影响。一般来说,对于导热性较差的钛合金以及钛基复合材料,在低温高速变形时材料内部变形不协调,容易出现绝热剪切带。为了避免在材料热加工时引入这些缺陷,防止材料在达到最大变形量时提前开裂,Prasad 判据以不可逆热力学极值原理为基础建立,可应用于大塑性变形条件,在现有的研究中应用最为广泛。

Prasad 判据认为当在特定的变形温度下,如果功率耗散函数 D 和应变速率满足如下关系,则会出现变形失稳:

$$\frac{\mathrm{d}D}{\mathrm{d}\dot{\varepsilon}}<\frac{D}{\dot{\varepsilon}} \tag{4.32}$$

按照 DMM 的定义,式(4.32)中的 D 即为 J,则材料热变形时的失稳判据可变为

$$\xi(\dot{\varepsilon})=\frac{\partial\ln\dfrac{m}{m+1}}{\partial\ln\dot{\varepsilon}}+m<0 \tag{4.33}$$

本文通过采用图 4.39 中的峰值流变应力,计算了未氢化以及氢化复合材料高温变形时的功率耗散效率 η,并结合失稳判据绘制出了材料高温变形时的失稳区,二者叠加之后,未氢化与氢化复合材料的热加工图如图 4.43 所示。图 4.43(a)为未氢化复合材料的热加工图,根据 η 值的分布规律,未氢化复合材料热加工图主要包含以下三个区域。

(1)$\eta>0.5$ 的区域,该区域集中在中温 775～850 ℃以及低应变速率 0.001 s^{-1}～0.005 s^{-1}处,复合材料在该区域获得较高的 η 值主要是由超塑性变形引起的。

(2)$\eta<0.23$ 的区域,该区域集中在应变速率 0.01～1 s^{-1}以及所有变形温度处,复合材料在该变形条件下变形时功率耗散效率较低,大部分是由变形失稳造成的。

(3)η 介于 0.22～0.5 之间的区域,该区域集中在应变速率 0.001～0.01 s^{-1}处以及所有变形温度下,在该区域内复合材料只发生了部分动态再结晶。

从图 4.43(a)所示的热加工图结果可以看出,未氢化复合材料塑性变形区间较窄,仅集中在中温 775～850 ℃以及低应变速率 0.001～0.005 s^{-1}处。

图 4.43(b)为氢化复合材料的热加工图,氢化复合材料热加工图同样包括以下三个区域。

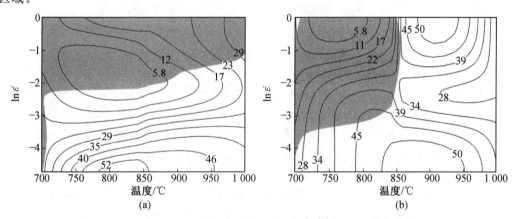

图 4.43　未氢化与氢化复合材料的热加工图

(1)$\eta>0.5$ 的区域,该区域包括两部分,分别为中高温 825～950 ℃以及中低应变速率 0.001～0.01 s^{-1}处,和中高温 900～950 ℃以及高应变速率 0.5～1 s^{-1}处。

(2)$\eta<0.22$ 的区域,该区域主要集中在低温 700～825 ℃以及中高应变速率 0.1～1 s^{-1}处,复合材料在该变形条件下变形时功率耗散效率较低,大部分是由变形失稳造成的。

(3)η 介于 0.22～0.5 之间的区域,该区域包括两部分,分别为中低温 700～825 ℃以及中低应变速率 0.001～0.01 s^{-1}处,和中高温 850～1 000 ℃以及中应变速率 0.01～

0.1 s^{-1}处;该区域复合材料只发生了部分动态再结晶。

从图 4.43(b)所示的热加工图结果可以看出,液态氢化显著拓展了复合材料的最佳塑性变形窗口。实际工业生产上通常采取常规锻造即(α+β)相区锻造来对复合材料进行热加工成形,变形温度在 β/(α+β)相变点以下 30～100 ℃。根据图 4.39 所示的结果,液态氢化在 700 ℃时对复合材料软化效果不明显,但在 800 ℃以及 900 ℃下可大幅降低其流变应力,这也与图 4.43 中液态氢化对热加工图的影响相一致,液态氢化轻微提高了复合材料最佳塑性变形温度,但是却大幅增加了 800 ℃以及 900 ℃下变形的功率耗散效率,且在 800 ℃以及 900 ℃下变形时,复合材料在整个应变速率区间内均具有较高的功率耗散效率。同时根据图 4.3 所示的液态氢化对复合材料 β/(α+β)相变点的影响结果,本文中大部分变形温度均处在(α+β)相区,800 ℃以及 900 ℃更接近常规锻造所采用的温度。因此液态氢化拓宽了复合材料最佳塑性变形区间,可以使复合材料在进行常规(α+β)相区锻造时获得更高的应变速率。

本章参考文献

[1] BHOSLE V, BABURAJ E G, MIRANOVA M, et al. Dehydrogenation of nano-crystalline TiH$_2$ and consequent consolidation to form dense Ti[J]. Metallurgical and Materials Transactions A, 2003,34(12):2793-2799.

[2] BHOSLE V, BABURAJ E G, MIRANOVA M, et al. Dehydrogenation of TiH$_2$[J]. Materials Science & Engineering A, 2003, 356(1-2):190-199.

[3] HASHI K, ISHIKAWA K, SUZUKI K, et al. Hydrogen absorption and desorption in the binary Ti-Al system[J]. Journal of Alloys and Compounds, 2002, 330:547-550.

[4] YUAN Baoguo, ZHENG Yubin. Effect of hydrogen content on microstructures and room temperature compressive properties of TC21 alloy[J]. Materials & Design, 2016,94:330-337.

[5] WANG Xuan, WANG Liang, YANG Fei, et al. Hydrogen induced microstructure evolution of titanium matrix composites[J]. International Journal of Hydrogen Energy, 2018,43(20):9838-9847.

[6] GAISIN R A, IMAEV V M, IMAEV R M. Effect of hot forging on microstructure and mechanical properties of near alpha titanium alloy/TiB composites produced by casting[J]. Journal of Alloys and Compounds, 2017,723:385-394.

[7] SENKOV O N. Thermohydrogen processing of titanium alloys[J]. International Journal of Hydrogen Energy, 1999,24:565-576.

[8] ZONG Yingying, SHAN Debin, LU Yan, et al. Effect of 0.3wt% H addition on the high temperature deformation behaviors of Ti-6Al-4V alloy[J]. International Journal of Hydrogen Energy, 2007,32:3936-3940.

[9] 马凤仓. 热加工对原位自生钛基复合材料组织和力学性能影响的研究[D]. 上海:上海交通大学, 2006:35-40.

[10] MA Fengcang, LU Weijie, QIN Jinjing, et al. Strengthening mechanisms of carbon element in in-situ TiC/Ti-1100 composites [J]. Journal of Materials Science, 2006, 41 (16):5395-5398.

[11] 陈云. 低成本 Ti－Al－V－Fe－O 合金的组织和性能[D]. 哈尔滨:哈尔滨工业大学, 2014:19-21.

[12] SU Yanqing, WANG Liang, LUO Liangshun, et al. Investigation of melt hydrogenation on the microstructure and deformation behavior of Ti-6Al-4V alloy[J]. International Journal of Hydrogen Energy, 2011, 36:1027-1036.

[13] 刘鑫旺. γ－TiAl 基合金液态氢化及其对组织和力学性能的影响[D]. 哈尔滨工业大学, 2011:2-3.

[14] ZHANG Changjiang, KONG Fantao, XIAO Shulong, et al. Evolution of microstructure and tensile properties of in situ titanium matrix composites with volume fraction of (TiB+TiC) reinforcements[J]. Materials Science and Engineering A, 2012, 548:152-160.

[15] BURGERS W G. On the process of transition of the cubic body centered modification into the hexagonal close packed modification of zirconium [J]. Physica, 1934, 1:561-586.

[16] ZHU J, KAMIYA A, YAMADA T, et al. Influence of boron addition on microstructure and mechanical properties of dental cast titanium alloys[J]. Materials Science and Engineering A, 2003, 339(2):53-62.

[17] TAMIRIASKANDALA S, BHAT R B, TILEY J S, et al. Grain refinement of cast titanium alloys via trace boron addition[J]. Scripta Materialia, 2005, 53 (12):1421-1426.

[18] HILL D, BANERJEE R, HUBER D, et al. Formation of equiaxed alpha in TiB reinforced Ti alloy composites[J]. Scripta Materialia, 2005, 52(5):387- 392.

[19] DUSCHANEK H, ROGL P, LUKAS H L. A critical assessment and thermodynamic calculation of the boron-carbon-titanium [B-C-Ti] ternary system [J]. Journal of Phase Equilibria, 1995, 16(1):46-60.

[20] 黄陆军. 增强体准连续网状分布钛基复合材料研究[D]. 哈尔滨:哈尔滨工业大学, 2010:11-12.

[21] LALEV G M, LIM J W, MUNIRATHNAM N R, et al. Concentration behavior of non-metallic impurities in cu rods refined by argon and hydrogen plasma arc zone melting[J]. Materials Transactions, 2009, 50(3):618-621.

[22] RANGANATH S. A review on particulate-reinforced titanium matrix composites [J]. Journal of Materials Science, 1997, 32(1):1-16.

[23] 刘志科. 原位合成铁基复合材料的微结构特征、生长机制以及界面反应机理的研究[D]. 南宁:广西大学, 2006:67-70.

[24] 曹磊. 熔铸法制备 TiC/Ti－6Al－4V 复合材料组织与力学性能研究[D]. 哈尔滨:

哈尔滨工业大学，2010:18-38.
[25] 黄菲菲. 原位 TiB 增强高温钛合金基复合材料的组织与性能研究[D]. 哈尔滨:哈尔滨工业大学，2014:43-44.
[26] HAN Xiuli, WANG Qing, SUN Dongli, et al. First-principles study of the effect of hydrogen on the Ti self-diffusion characteristics in the alpha Ti-H system [J]. Scripta Materialia, 2007,56:77-80.
[27] HAN Xiuli, WANG Qing, SUN Dongli, et al. First-principles study of hydrogen diffusion in alpha Ti[j]. International Journal of Hydrogen Energy, 2009, 34: 3983-3987.
[28] HASAN S T, BEYNON J H, FAULKNER R G. Role of segregation and precipitates on interfacial strengthening mechanisms in SiC reinforced aluminium alloy when subjected to thermomechanical processing[J]. Journal of Materials Processing Technology, 2004,153(SI1):758-764.
[29] DE HOSSON J, GOREN H B, KOOI B J, et al. Metal-ceramic interfaces studied with high-resolution transmission electron microscopy[J]. Acta Materialia, 1999, 47(15-16):4077-4092.
[30] KONITZER D G, LORETTO M H. Microstructural assessment of Ti6A14V-TiC metal matrix composite[J]. Acta Metallurgica, 1989,37(2):397-406.
[31] WANJARA P, DREW R, ROOT J, et al. Evidence for stable stoichiometric Ti_2C at the Interface in TiC particulate reinforced Ti alloy composites [J]. Acta Materialia, 2000,48(7):1443-1450.
[32] CAO Lei, WANG Hongwei, ZOU Chunming, et al. Microstructural characterization and micromechanical properties of dual phase carbide in arc melted titanium aluminide base alloy with carbon addition[J]. Journal of Alloys and Compounds, 2009,484(1-2):816-821.
[33] MCQUEEN H J, YUE S, RYAN N D, et al. Hot working characteristics of steels in austenitic state[J]. Journal of Materials Processing Technology, 1995,53(1-2):293-310.
[34] CHEN Yuzeng, MA Xiaoyong, SHI Xianghu, et al. Hardening effects in plastically deformed Pd with the addition of H[J]. Scripta Materialia, 2015,98: 48-51.
[35] LU Junqiang, Qin Jining, LU Weijie, et al. Hot deformation behavior and micro-structure evaluation of hydrogenated Ti-6Al-4V matrix composite [J]. International Journal of Hydrogen Energy, 2009,34: 9266-9273.
[36] LU Junqiang, QIN Jining, LU Weijie, et al. Effect of hydrogen on microstructure and high temperature deformation of (TiB + TiC)/Ti-6Al-4V composite[J]. Materials Science and Engineering A, 2009,500:1-7.
[37] CHEN Ruirun, MA Tengfei, GUO Jingjie, et al. Deformation behavior and mi-

crostructural evolution of hydrogenated Ti44Al6Nb alloy during thermo compression at 1 373-1 523 K[J]. Materials & Design, 2016,108: 259-268.

[38] TAL-GUTELMACHER E, ELIEZER D, BOELLINGHAUS T. Investigation of hydrogen deformation interactions in beta-21S titanium alloy using thermal desorption spectroscopy [J]. Journal of Alloys and Compounds, 2007, 440: 204-209.

[39] HUANG Lujun, GENG Lin. In situ (TiBw+TiCp)/Ti6Al4V composites with a network reinforcement distribution [J]. Materials Science and Engineering A, 2010,527:6723-6727.

[40] 谢建新, 刘静安. 金属挤压理论与技术[M]. 北京:冶金工业出版社,2001:101.

[41] 周计明, 齐乐华, 陈国定. 双曲正弦本构模型在 Abaqus 软件上的实现方法仿真 [J]. 系统仿真学报,2006(8):2122-2124.

[42] SELLARS M C, MCTEGART J W. On the mechanism of hot deformation[J]. Acta Metallurgica, 1966,14(9):1136-1138.

[43] ZENER C, HOLLOMON H J. Effect of strain rate upon the plastic flow of steel [J]. Journal of Applied Physics, 1944,15(1):22-32.

[44] PRASAD Y. Dynamic materials model: basis and principles-reply [J]. Metallurgical and Materials Transactions A, 1996,27(1):235-236.

[45] PRASAD Y. Recent advances in the science of mechanical processing[J]. Indian Journal of Technology, 1990,28(6-8):435-451.

[46] PRASAD Y, SESHACHARYULU T. Processing maps for hot working of titanium alloys[J]. Materials Science and Engineering A, 1998,243(1-2): 82-88.

[47] ROBI P S, DIXIT U S. Application of neural networks in generating processing map for hot working[J]. Journal of Materials Processing Technology, 2003,142 (1):289-294.

第5章 非晶合金的液态氢化

早期人们制备非晶合金主要是通过快速凝固的方法,其冷却速率为 $10^4 \sim 10^9$ K/s,利用大的冷却速率来抑制晶体相的产生,从而得到非晶态合金。而后人们通过多组元合金化的方法,开发出一系列可以在较低冷却速率下制备的非晶合金体系,从而为非晶合金的研究开辟了新的天地。到目前为止,制备非晶合金的方法已有很多种,早期主要通过快速凝固法、气相凝固法、固体反应法等制备非晶合金,后来人们又通过熔体水淬法、金属模铸造法、电弧熔炼吸铸法等来制备块体非晶合金。

在固体反应制备非晶合金的过程中,人们发现氢可以使一些金属间化合物相转变成非晶相。20 世纪 70 年代后期,人们对 La—Ni 合金、$CeFe_2$、$GdNi_2$ 和 GdM_2(M=Mn,Fe,Co,Ni)进行氢化处理后,通过 XRD 检测发现它们的布拉格衍射峰完全消失,认为可能形成了非晶态结构。Yeh 等人对 Zr_3Rh 进行氢化处理后首次证明了非晶相的形成,研究表明在小于 200 ℃下亚稳化合物 Zr_3Rh 与氢反应形成非晶氢化物 $Zr_3RhH_{5.5}$,而对相同的成分快淬法制备的非晶合金进行氢化处理后也发现了相似的非晶氢化物,而后通过 XRD 检测,密度和超导性能的检测都证明了氢使晶体相转变成非晶相。基于上述实验结果,Yeh 等人认为非晶相形成需要具有三个要素:(1)至少三种元素组成;(2)两类组元的原子扩散速率相差很大;(3)不存在与非晶相类似的多晶相。

人们将氢使晶体转变成非晶的过程称作氢致非晶化(HIA),日本学者 Aoki 等人对氢致非晶化做了大量的研究工作。到目前为止人们已发现很多种的金属间化合物具有氢致非晶化现象。通过对 C15 型 AB_2 拉弗斯(Laves)相化合物的系统研究,人们发现了氢致非晶化的机理。C15 型 AB_2 Laves 相化合物由密堆积的圆球组成,而对于理想的密堆模型中的原子半径比值 $r_A/r_B=1.225$。实际上这种堆垛条件是相对灵活的,在原子半径比值 $r_A/r_B=1.05 \sim 1.68$ 之间发现有很多这种结构的化合物相的存在,而这其中有近一半的化合物相都具有氢致非晶化现象。Aoki 等人发现只有高登史密特(Goldschmidt)原子半径比值 $R_A/R_B > 1.37$ 时氢致非晶化才能产生。这个经验规律意味着晶格应该是不稳定,它必须承受着由于尺寸错配产生的内部不稳定性。当氢致非晶化出现后,晶体化合物的分解温度或熔点温度小于 1 650 K,这也证明了晶格只具有有限的稳定性。人们对一系列的 Laves 相化合物 RFe_2(R=稀土元素)氢致非晶化过程进行了研究。

为了更加详细地理解氢原子的局域环境,Itoh 等人对比了吸入氘的 $TbFe_2D_x$,并使用 XRD 和中子衍射(ND)对 $TbFe_2D_x$ 进行了研究。氘致非晶化后发现 Tb—Tb 的原子距离和配位数都有所增加,趋势与 a—$GdFe_2H_x$ 很相近,另外 Fe—Fe 的配位数也有所增加,说明 Tb 原子和 Fe 原子发生团簇现象。而通过中子衍射(ND)分析发现 D 原子在晶体和非晶中都位于四面体位置,不同的是在晶体 c—$TbFe_2D_{3.8}$ 中 D 原子占据了 2Tb+2Fe 的位置,而在非晶 a—$TbFe_2D_x$ 中 D 原子占据的位置是由 4Tb、3Tb+1Fe 和 2Tb+2Fe 组成的。间隙原子氢的局域环境的改变被认为是由于从晶体转变成非晶氢化物的过程中热函值降低形成的。在氢化物 C15 Laves 化合物中氢原子占据的 T 位置由 2R＋2M 和 1R＋3M 组成,而在非晶合金氢化物 a－RM$_2$H$_x$ 中容纳氢原子的 T 位置主要由 3R＋M 和/或 4R 组成,是由于大量形成稳定的 R－H 键降低了非晶相的热函值。

经过对不同材料进行研究发现,不同材料的氢致非晶化过程是不同的。在 Co 基 C15 化合物中 RCo$_2$ 与 RFe$_2$ 相似,而 Ni 基化合物 RNi$_2$ 与它们不同。Co 基合金中在室温条件下同时发生氢致非晶化和吸氢反应,而最终的产物为 RH$_2$＋RNi$_5$,而不是 RH$_2$＋Ni。最后产物的不同将会影响氢致非晶化工程中的能量学。对于结构为 Ll2 的亚稳化合物 Zr$_3$Rh,在温度约为 200 ℃ 发生氢化作用时直接转变成非晶相,而当温度升高到约为 400 ℃ 时则转变成 E9$_3$ 结构。

人们对 Zr－Cu－Ni－Al 纳米晶通过电化学方法充氢后,研究了氢对纳米晶的影响,材料中的布拉格衍射峰主要是 NiTi$_2$ 结构的 FCC 相,随着氢含量的增加,XRD 中的布拉格衍射峰逐渐减少,而当氢含量(每摩尔 H 原子的个数)达到 1.2 时,布拉格衍射峰完全消失,通过 TEM 研究证明充氢后样品结构完全转变为非晶相。彭德林通过电化学方法对含有纳米晶体的 Zr 基非晶合金充氢后,利用差热分析、XRD、TEM 等方法研究了充氢后的 Zr 基非晶合金,发现其中的纳米晶体完全消失,氢的加入可以使纳米晶体转变为非晶结构。

对氢致非晶合金化的研究使我们意识到,氢的引入会对非晶合金的形成过程产生影响。采用固态反应或电化学方法充氢后引起氢致非晶化现象的试样多为粉末状或者为微米级别的带状试样,而很少见到有针对块体非晶合金充氢的试样进行研究的。本章采用的液态氢化技术,是一种在氢氩气氛下熔炼合金时将氢引入合金中的氢化方法,利用该方法可以研究氢对块体非晶合金形成能力的影响。

5.1　氢对非晶合金形成能力的影响

微量合金添加或者微合金化是 20 世纪后半叶,用于开发设计新型金属材料的一种重要的技术,通过微量元素的添加可以起到改变材料组织、结构和性能的作用。典型的例子为韧性 Ni$_3$Al 金属间化合物的设计,通过添加少量的 B,大幅度提高了 Ni$_3$Al 金属间化合物的室温韧性,最后延伸率增加到 53.8％。在块体非晶合金的制备过程中,组元的数量和性质、合金成分与纯度都是影响非晶形成的内在因素。而块体非晶合金的玻璃形成能力和性能对合金的成分非常敏感,所以对于块体非晶合金来说,微合金化技术也将对它的形成能力与性能起到重要的作用。目前的研究工作表明,适量合金元素的添加有利于非晶合金的形成与性能的提高,根据添加合金元素的原子半径的大小,可将其分为三大类:(1)原子半径较小的非金属元素,例如 C、Si、B 等;(2)中间级别的过渡族元素,例如 Fe、Ni、Co、Cu、Mo、Zn、Nb、Ta、Ti;(3)原子半径较大的元素,例如 Zr、Sn、Sc、Sb、Y、La、Ca。气体元素作为一类较特殊的元素,由于在块体非晶合金制备过程中苛刻的制备条件,所以很少作为合金元素被用于研究。而近年来,随着一些对气体元素,例如 N 等研究报道的出现,其作为一种引入的合金元素引起了人们的关注。同样作为气体元素的氢却很少有在块体非晶合金中应用的报道,而如前面第 1 章介绍的早期氢致非晶化的研究中发现,氢的加入会促进一些金属间化合物相的结构转变成非晶态结构。基于上述原因,本节将氢作为一种合金元素,通过液态氢化的方法引入已有的合金体系 $Zr_{55}Cu_{30}Ni_5Al_{10}$ 合金中,以期进一步提高其玻璃形成能力,同时探讨了微量氢影响非晶形成能力的作用机理。

5.1.1 液态氢化对 $Zr_{55}Cu_{30}Ni_5Al_{10}$ 合金凝固组织的影响

锆基块体非晶合金是经常被用于研究的合金体系之一,该合金体系具有较强的玻璃形成能力,其临界冷却速率一般在 $1\sim100$ K/s 之间,制备相对容易,同时该合金体系具有诸多的优异性能,所以有广阔的应用前景。现有的 Zr 基块体非晶合金体系主要是以由 A. Inoue 等人研发的 Zr－Cu－Ni－Al 体系和由 W. L. Johnson 等人研发的 Zr－Ti－Cu－Ni－Be 合金体系为基础,通过调整合金成分比例与添加元素等方法,来获得具有更高的非晶玻璃形成能力的合金体系。

图 5.1(a)为液态氢化后 $Zr_{55}Cu_{30}Ni_5Al_{10}$(原子数分数,%)合金铸锭的宏观形貌,外观呈现光亮的纽扣状,通常被称作纽扣锭,纽扣锭为制备非晶合金的母合金,氢的引入也是在这一过程中完成的。研究表明非晶相的结构依赖于原始母合金纽扣锭的结构,因此有必要对 $Zr_{55}Cu_{30}Ni_5Al_{10}$ 合金纽扣锭的凝固组织与结构进行深入的研究。为了避免其他元素的影响,所以实验中选用了纯度较高的原料($\geqslant99.9\%$),在高真空条件下进行熔炼。氢元素通过液态氢化的方式加入到非晶合金中,通过氢氩混合气氛中氢含量(体积分数,下同)的不同来控制氢在非晶合金中的含量,合金中的氢含量以制备条件来表示,分别为 Ar(不含氢)、Ar+5%H_2、Ar+10%H_2、Ar+15%H_2、Ar+20%H_2,其中氢氩混合气体的总量为 100%。首先将熔炼室抽真空至 6×10^{-3} Pa,之后冲入氢氩保护气体至 50 kPa,在氢氩保护气氛下进行电弧熔炼,熔炼 $4\sim5$ 次,并使用电磁搅拌,最后制得合金纽扣锭,试样的质量控制在 20 g。将纽扣锭试样采用电火花线切割,从中间切开后,得到的截面示意图如图 5.1(b)所示,取其中心部位进行 XRD、SEM、TEM 分析。

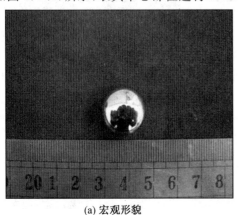

| (a) 宏观形貌 | (b) 截面示意图 |

图 5.1 液态氢化后 $Zr_{55}Cu_{30}Ni_5Al_{10}$ 合金纽扣锭

对不同比例氢气与氩气混合气氛下获得的 $Zr_{55}Cu_{30}Ni_5Al_{10}$ 合金纽扣锭的凝固组织进行了对比观察。首先观察了在高纯 Ar 气氛下制备的 $Zr_{55}Cu_{30}Ni_5Al_{10}$ 纽扣锭的凝固组织,图 5.2 是在高纯 Ar 气氛下制备的 $Zr_{55}Cu_{30}Ni_5Al_{10}$ 合金纽扣锭的凝固组织,发现从纽扣锭底部靠近坩埚壁部位开始到纽扣锭顶部结束,可以将纽扣锭凝固的微观组织从由下向上的方向分成 3 个区域,如图 5.2(a) 中的 A、B、C 区域,其中 A 与 B 区代表制备时与水冷铜坩埚底部接触的区域,将它们进一步放大观察,可以发现靠近坩埚底部区域呈现为细小的等轴晶(图 5.2(b)),值得注意的是该部位为整个铸锭中冷却速率最快的部分,但最终并没有形成非晶态结构。Inoue 等人认为晶体在冷却速率最大处析出的原因是合金熔体与坩埚底部因欧姆接触引发成核,该区域的结晶是很难被避免的。之后形成的为粗大的枝晶(图 5.2(c)),该枝晶具有一定的生长方向,如图 5.2(a) 中箭头所示,在纽扣锭凝固过程中,热流传导方向可以近似认为是自上而下的,导致枝晶沿该方向生长。在 $Zr_{55}Cu_{30}Ni_5Al_{10}$ 合金纽扣锭的中上部分,凝固组织变成较细小的等轴晶,如图 5.2(d) 所示。

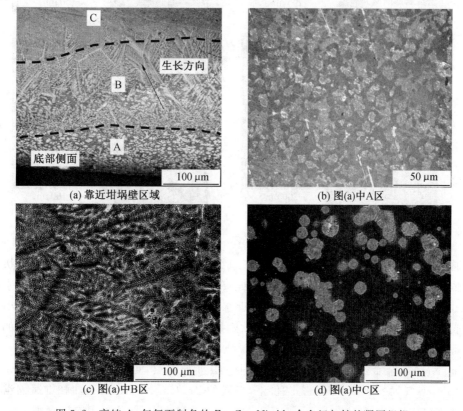

(a) 靠近坩埚壁区域　　　　　　　　(b) 图(a)中A区

(c) 图(a)中B区　　　　　　　　　(d) 图(a)中C区

图 5.2　高纯 Ar 气氛下制备的 $Zr_{55}Cu_{30}Ni_5Al_{10}$ 合金纽扣锭的凝固组织

　　当 $Zr_{55}Cu_{30}Ni_5Al_{10}$ 合金纽扣锭在 $Ar+10\%H_2$ 气氛下经过熔化凝固后,形成的 $Zr_{55}Cu_{30}Ni_5Al_{10}$ 合金凝固组织发生了显著的变化,其凝固组织如图 5.3 所示。如图 5.3(a) 中 A 部分所示,在靠近坩埚底部的 $Zr_{55}Cu_{30}Ni_5Al_{10}$ 合金纽扣锭组织仍然呈现为细小的晶体;继续向上观察,会发现 $Zr_{55}Cu_{30}Ni_5Al_{10}$ 合金纽扣锭凝固组织中形成了具有一定生长方向的细小枝晶区,如图 5.3(a) 与(b) 中的 B 区所示;对 $Zr_{55}Cu_{30}Ni_5Al_{10}$ 合金纽扣锭的中上部区域进行观察,会发现纽扣锭的凝固组织发生了明显的变化,出现大面积单一无衬度区域,这是一种典型的非晶微观形貌,而且晶体与非晶转变区域具有明显的边界,如图 5.3(b) 中所示,在较大视野与较小视野中很难发现晶体的存在(图 5.3(c) 与(d)),由此可以说明在 Ar+10％H₂ 气氛下制备的 $Zr_{55}Cu_{30}Ni_5Al_{10}$ 合金纽扣锭的中上部区域形成了大面积的单相非晶区域。

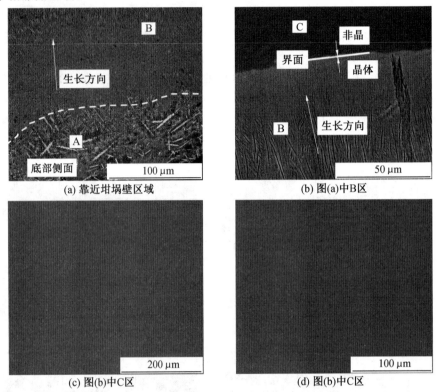

图 5.3　Ar+10％H₂ 气氛下制备的 $Zr_{55}Cu_{30}Ni_5Al_{10}$ 合金纽扣锭的凝固组织

　　通过对高纯 Ar 气氛与 Ar+10％H₂ 气氛下制备的 $Zr_{55}Cu_{30}Ni_5Al_{10}$ 合金纽扣状铸锭的凝固组织的对比研究可以发现，高纯 Ar 气氛与 Ar+10％H₂ 气氛下制备的 $Zr_{55}Cu_{30}Ni_5Al_{10}$ 合金纽扣锭凝固组织在靠近水冷铜坩埚附近的激冷区域，都有细小晶体的形成，该区域的形成主要是上面介绍的欧姆接触引发成核所致，该区域的晶体相的形成在制备过程中是很难避免的。而对于高纯 Ar 气氛与 Ar+10％H₂ 气氛下制备的 $Zr_{55}Cu_{30}Ni_5Al_{10}$ 合金纽扣锭的中上部凝固组织进行观察，可以发现在高纯 Ar 气氛与 Ar+10％H₂ 气氛下两种不同制备条件下，形成的 $Zr_{55}Cu_{30}Ni_5Al_{10}$ 合金纽扣锭凝固组织发生了显著的变化，在 Ar+10％H₂ 气氛下的 $Zr_{55}Cu_{30}Ni_5Al_{10}$ 合金纽扣锭呈现典型的非晶形貌，由此可见在液态氢化的过程由于氢的加入对 $Zr_{55}Cu_{30}Ni_5Al_{10}$ 合金纽扣锭的凝固组织产生了显著的影响作用。

　　图 5.4 中通过 SEM－BSE 对高纯 Ar、Ar+5％H₂、Ar+10％H₂ 气氛下制备的 $Zr_{55}Cu_{30}Ni_5Al_{10}$ 合金纽扣锭中部的凝固组织（图 5.1(b) 所示位置）进行了对比观察，可以发现相同视野范围内，在高纯 Ar 下制备的 $Zr_{55}Cu_{30}Ni_5Al_{10}$ 合金纽扣锭中存在大量的晶体相（图 5.4(a)）；随着氢氩混合气氛中氢含量的逐渐增加，$Zr_{55}Cu_{30}Ni_5Al_{10}$ 合金纽扣锭中晶体相数量逐渐减少，如图 5.4(b) 所示；而当氢氩混合气氛中的氢含量增加到 10％时，$Zr_{55}Cu_{30}Ni_5Al_{10}$ 合金纽扣锭中晶体相完全消失，充分说明在 Ar+10％H₂ 气氛下制备

$Zr_{55}Cu_{30}Ni_5Al_{10}$ 合金纽扣锭时更加有利于其非晶结构的形成。

(a) 高纯Ar　　　　　　　　　(b) Ar+5%H₂

(c) Ar+10%H₂

图 5.4　高纯 Ar、Ar＋5％H₂，Ar＋10％H₂气氛下制备的 $Zr_{55}Cu_{30}Ni_5Al_{10}$ 合金纽扣锭的 SEM－BSE 图

5.1.2　液态氢化对 $Zr_{55}Cu_{30}Ni_5Al_{10}$ 合金相结构的影响

对液态氢化后 $Zr_{55}Cu_{30}Ni_5Al_{10}$ 合金纽扣状铸锭的中部进行 XRD 分析（图 5.1(b)所示位置），结果如图 5.5 所示。为了对比液态氢化后对 $Zr_{55}Cu_{30}Ni_5Al_{10}$ 合金纽扣锭相结构的影响，首先研究了高纯 Ar 下制备的 $Zr_{55}Cu_{30}Ni_5Al_{10}$ 合金纽扣锭的相结构，从其 XRD

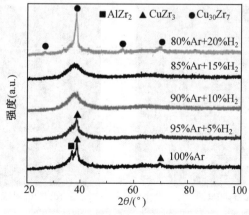

图 5.5　Ar＋x％H₂气氛下制备的 $Zr_{55}Cu_{30}Ni_5Al_{10}$ 合金纽扣锭的 XRD 谱线

谱线可以发现,在高纯 Ar 下制备的 $Zr_{55}Cu_{30}Ni_5Al_{10}$ 合金纽扣锭的相结构不是完全的非晶态结构,在非晶漫散射峰上分散着一些尖锐的布拉格(Bragg)衍射峰,与前面图 5.4(a)所示的一些晶体相对应,通过 PDF 卡片的对比,可以初步确定这些晶体相所对应的相为 $AlZr_2$ 与 $CuZr_3$。通过 TEM 进一步分析,可以确定这些晶体相为具有 DO_{19} 结构的 $CuZr_3$,其所对应的晶格常数为 $a=b=4.541$ Å(1 Å $=0.1$ nm),$c=3.719$ Å,图 5.6(a)和(b)是 $CuZr_3$ 相的 TEM 照片与对应的选区电子衍射图;$B8_2$ 结构的 $AlZr_2$ 对应的晶格常数为 $a=b=4.890\ 9$ Å,$c=5.924\ 5$ Å,图 5.6(c)和(d)是 $AlZr_2$ 相的 TEM 照片与其所对应的选区电子衍射图。研究表明,在 Zr—Cu—Ni—Al 块体非晶合金中,结晶与晶化产物主要为 Zr—Cu、Zr—Al、Zr—Ni 之间形成的金属间化合物,非晶态合金的形成主要是依赖于这些金属间化合物的相互竞争生长后达到平衡而获得,而当平衡被打破,一些晶体相就会出现,造成非晶合金的玻璃形成能力下降。通过上面的 XRD 分析结果可知,在高纯 Ar 下制备的 $Zr_{55}Cu_{30}Ni_5Al_{10}$ 合金纽扣锭中的过剩竞争相为 Zr—Cu 与 Zr—Al 之间形成的金属间化合物。当将 $Zr_{55}Cu_{30}Ni_5Al_{10}$ 合金纽扣锭放置在不同比例的氢氩混合气氛下制备时,发现随着氢氩混合气氛中氢含量的增加,对应的 XRD 谱线中 Bragg 峰数量逐渐减少;当氢氩混合气氛中氢含量达到 10%～15% 时,XRD 谱线中的 Bragg 峰完全消失,XRD 曲线呈现为典型的非晶漫散射峰,说明此时 $Zr_{55}Cu_{30}Ni_5Al_{10}$ 合金纽扣锭的结构为完全的非晶态结构。Aoki 等人对金属化合物氢化的研究发现,具有氢致非晶化现象的金属间化合

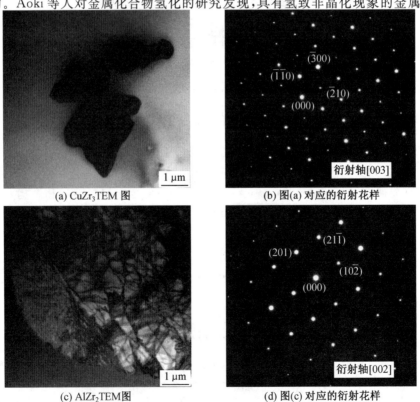

(a) $CuZr_3$TEM 图　　　　　　(b) 图(a) 对应的衍射花样

(c) $AlZr_2$TEM图　　　　　　(d) 图(c) 对应的衍射花样

图 5.6　高纯 Ar 气氛下制备的 $Zr_{55}Cu_{30}Ni_5Al_{10}$ 合金纽扣锭中的晶体相

物化学计量比通常为 AB_2、A_2B、AB、A_3B,晶体结构为 $L1_2$、$D0_{19}$、C23、B8、C15。通过 TEM 电镜研究发现在制备 $Zr_{55}Cu_{30}Ni_5Al_{10}$ 合金纽扣锭时过剩的晶体相结构为上面所提到的结构,因此可以认为氢的加入有利于合金中这些晶体相的非晶化转变;当氢氩混合气氛中氢含量增加到 20% 后,尖锐的 Bragg 峰又出现在 XRD 曲线上。由此可见,当合金中的氢含量超过一定量时反而不利于 $Zr_{55}Cu_{30}Ni_5Al_{10}$ 非晶合金的形成。

5.1.3　液态氢化非晶合金的相对玻璃形成能力

目前为止,已有多种方法用于评价非晶合金的玻璃形成能力,而其中对非晶合金的玻璃形成能力最为直观的评价方法为测量样品临界尺寸和临界冷却速率,楔形试样由于其特殊的结构,既可以用来评价样品的临界尺寸,也可以研究不同的冷却速率对非晶合金的影响。基于上述原因,本章选用了楔形试样用于衡量不同氢氩混合气氛下 $Zr_{55}Cu_{30}Ni_5Al_{10}$ 合金的玻璃形成能力,所用楔形试样的示意图如图 5.7(a)所示,其中楔角为 13°,宽度为 15 mm,将制备得到的楔形试样沿虚线部分分别切取不同厚度的切片进行 XRD 分析,确定在不同比例氢氩混合气氛下制备的 $Zr_{55}Cu_{30}Ni_5Al_{10}$ 合金的最大非晶形成尺寸,即临界尺寸 Z_c。在非晶合金的制备过程中,工艺条件对其玻璃形成能力的影响较大,即使对于同一种合金成分获得的非晶临界尺寸也是不同的,因此在楔形试样的制备过程需采用相同的工艺条件,在制备过程采用相同质量的 $Zr_{55}Cu_{30}Ni_5Al_{10}$ 母合金,保证在不同氢氩混合气氛下制备 $Zr_{55}Cu_{30}Ni_5Al_{10}$ 合金所用的熔炼时间、电弧熔炼的电流等参数要相一致。此外,每种氢氩混合气氛下制备的 $Zr_{55}Cu_{30}Ni_5Al_{10}$ 合金楔形试样要重复制备多个,以确定得到其稳定的非晶合金临界形成尺寸。通过前面对不同氢氩混合气氛下制备的 $Zr_{55}Cu_{30}Ni_5Al_{10}$ 母合金纽扣锭的研究表明,在 Ar + 10% H_2 气氛下制备的 $Zr_{55}Cu_{30}Ni_5Al_{10}$ 母合金中非晶含量最多,因此又在 Ar + 10% H_2 气氛下制备了 $Zr_{55}Cu_{30}Ni_5Al_{10}$ 合金的楔形试样。图 5.7(b)和(c)为在高纯 Ar 气与 Ar+10% H_2 气氛下制备的 $Zr_{55}Cu_{30}Ni_5Al_{10}$ 合金楔形试样中不同界面厚度处切片的 XRD 谱线。从 XRD 谱线中可以清楚地发现,在高纯 Ar 下制备的非晶合金的临界尺寸为 $Z_c=4$ mm,而在 Ar+10% H_2 气氛下制备的 $Zr_{55}Cu_{30}Ni_5Al_{10}$ 合金的非晶形成尺寸明显增大,对应的临界尺寸为 $Z_c=8$ mm。为进一步确定 Ar+10% H_2 气氛下制备的 $Zr_{55}Cu_{30}Ni_5Al_{10}$ 合金 8 mm 处的非晶性质,对其进行了 TEM 观察和选区电子衍射分析,如图 5.7(d)所示,此时在 $Zr_{55}Cu_{30}Ni_5Al_{10}$ 合金中并未发现晶体相的存在,其对应的衍射花样呈现为典型的非晶漫散射环,证明在 8 mm 处的 $Zr_{55}Cu_{30}Ni_5Al_{10}$ 合金为完全非晶结构。表 5.1 中列出了不同比例氢氩混合气氛下制备的 $Zr_{55}Cu_{30}Ni_5Al_{10}$ 合金楔形试样的临界尺寸的具体数值 Z_c,可以发现与氢氩混合气氛中制备的纽扣锭组织与结构变化规律相似,在非晶含量最多的 Ar+10% H_2 气氛下制备的 $Zr_{55}Cu_{30}Ni_5Al_{10}$ 合金楔形试样的临界尺寸的数值 Z_c 最大,而当 $Zr_{55}Cu_{30}Ni_5Al_{10}$ 合金中氢含量进一步的增加,$Zr_{55}Cu_{30}Ni_5Al_{10}$ 合金的玻璃形成能力反而下降。可见与大多数通过添加微量元素提高非晶合金玻璃形成能力的方法相似,氢的加入同样需要合理适当的含量,对应氢在 $Zr_{55}Cu_{30}Ni_5Al_{10}$ 合金中的具体含量列于表 5.1中。

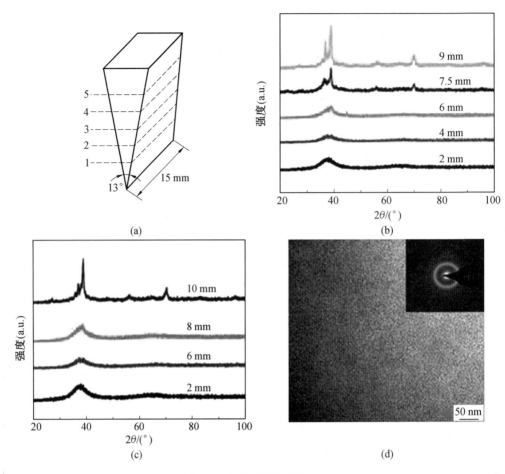

图 5.7　楔形试样衍射图

表 5.1　Ar＋$x\%$H₂气氛下制备的 Zr₅₅Cu₃₀Ni₅Al₁₀合金氢含量 C_H、楔形试样临界尺寸 Z_c及对应的玻璃产生温度 T_g、晶化初始温度 T_x、液相线温度 T_l和约化温度 T_{rg}

Ar＋$x\%$H₂	C_H (±0.05×10⁻⁶) /×10⁻⁶	Z_c (±1 mm) /mm	T_g (±1 K) /K	T_x (±1 K) /K	T_l (±1 K) /K	T_{rg} (±0.001 K) /K
0	20.00	4	687	770	1 164	0.590
5%	170.05	6	694	774	1 160	0.598
10%	210.00	8	695	760	1 157	0.601
15%	260.00	7	694	758	1 160	0.598
20%	330.05	5	694	757	1 162	0.597

5.1.4   液态氢化对 $Zr_{55}Cu_{30}Ni_5Al_{10}$ 合金热物性质的影响

图 5.8 是 $Ar+x\%H_2$ 气氛下制备的 $Zr_{55}Cu_{30}Ni_5Al_{10}$ 合金在升温过程中的 DSC 曲线。图 5.8(a)对应其晶化行为曲线,由图中可以看到 $Ar+x\%H_2$ 气氛下制备的合金试样都具有明显的玻璃转变点与一个晶化时产生的放热峰;而合金在熔化过程只对应一个吸热峰,如图 5.8(b)所示。表 5.1 中列出了 DSC 曲线中的玻璃产生温度 T_g、晶化初始温度 T_x、液相线温度 T_l、约化温度 T_{rg} 几种热物参数的具体数值。其中 T_l 与 T_{rg} 随着氢氩混合气氛中氢含量的变化规律在图 5.9 中给出。由图 5.9(a)中可见,$Zr_{55}Cu_{30}Ni_5Al_{10}$ 合金液相线温度 T_l 曲线呈一个近似的"V"形,液相线温度 T_l 随氢氩混合气氛中氢含量的增加而降低,在氢氩混合气氛中氢含量为 10% 时,$Zr_{55}Cu_{30}Ni_5Al_{10}$ 合金的液相线温度到达最低值。对应的约化温度 T_{rg},随着氢氩混合气氛中氢含量的增加而逐渐增加,当氢氩混合气氛中的氢含量为 10% 时,T_{rg} 达到最大值,约化温度值 T_{rg} 曲线呈一个近似的倒"V"形(图 5.9(b))。液相线温度 T_l 与约化温度 T_{rg} 是两种经常用来判断块体非晶合金玻璃形成能力的热力学参数,当块体非晶具有较低的液相线温度 T_l、较大的约化温度 T_{rg} 时,通常块体非晶合金都会具有较大的玻璃形成能力。图 5.9 给出的两种参数的变化规律与实际制备出的 $Zr_{55}Cu_{30}Ni_5Al_{10}$ 合金的临界尺寸的变化规律符合得很好,在氢氩混合气氛中氢含量为 10%、制备的 $Zr_{55}Cu_{30}Ni_5Al_{10}$ 合金获得最大非晶合金临界尺寸时,得到了最低的合金液相线温度 T_l 与最大的约化温度 T_{rg}。由此可见,适量的氢有助于提高 $Zr_{55}Cu_{30}Ni_5Al_{10}$ 合金的非晶形成能力。

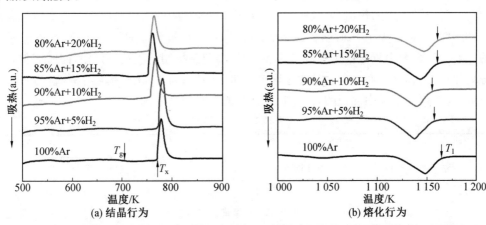

图 5.8 $Ar+x\%H_2$ 气氛下制备的 $Zr_{55}Cu_{30}Ni_5Al_{10}$ 非晶合金的结晶行为与熔化行为的 DSC 曲线

Inoue 等人给出非晶合金具有较大的玻璃形成能力的三条原则:(1)由三种或三种以上的合金成分组成非晶合金体系;(2)三种或三种以上主要的组元原子半径差值要超过 12%;(3)主要组元之间形成的负混合热要有大的绝对值。非晶合金体系具备以上三条原则时,将具备很高的玻璃形成能力,此时非晶合金体系结构将具有更高的原子随机配位密度,相比该合金体系对应的晶体相将拥有不同的近邻原子配位。此外,非晶合金体系在长程范围上将具有更加均匀的原子配位。表 5.2 中列出了 $Zr_{55}Cu_{30}Ni_5Al_{10}$ 合金中不同组元的原子半径,其中 Zr 的原子半径为 0.162 nm,Cu 的原子半径为 0.128 nm,Ni 的原子半

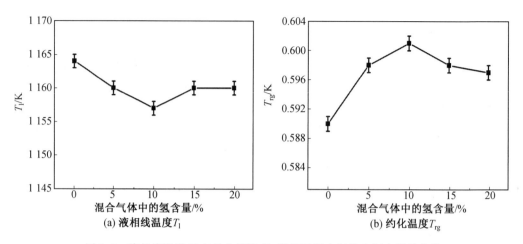

图 5.9　液相线温度 T_l 与约化温度 T_{rg} 随氢氩混合气体中氢含量的变化

径为 0.125 nm,Al 的原子半径为 0.143 nm,氢的原子半径为 0.037 nm。可见氢的原子半径与其他四种组元的原子半径相差很大,适量氢的加入将导致很大的原子尺寸的错配度,产生更加有效的原子堆垛结构,导致黏度系数变大,使原子的扩散能力降低,从而抑制晶体相的形核与长大,使非晶合金的玻璃形成能力得到提高。表 5.3 中列出了不同元素的混合热,其中 Zr—H 的混合热是 −69 kJ/mol,Cu—H 的混合热是 −6 kJ/mol,Ni—H 的混合热是 −23 kJ/mol,Al—H 的混合热是 −8 kJ/mol。可见氢加入后,与四种组元元素的混合热都为负值,这将导致新的原子对的产生,改变原子的局部结构。新的原子对将起到阻碍原子扩散的作用,同时还将提高化学短程有序和拓扑短程有序,这些将提高液相的稳定性,氢含量为 10% 时制备的 $Zr_{55}Cu_{30}Ni_5Al_{10}$ 非晶合金的熔点最低,可以证明前面的观点。当合金中氢含量达到适当的含量时,会起到抑制初生相的作用,同时调整合金成分更加接近共晶点;而当氢含量超过这个含量时,将破坏初始的密堆结构,新的初生相将形成,就如前面结果中发现的,此时非晶合金的形成能力将降低。

表 5.2　元素的半径

元素	Zr	Cu	Ni	Al	H
原子半径/nm	0.162	0.128	0.125	0.143	0.037

表 5.3　元素间的混合热

原子对	Zr—H	Cu—H	Ni—H	Al—H
混合热/(kJ·mol⁻¹)	−69	−6	−23	−8

5.2　氢对非晶合金熔体性质与结构的影响

非晶合金的形成过程指的是合金熔体在连续冷却时避免晶核形成的过程,对非晶合金的形成过程需要从结构、热力学和动力学等方面进行考虑。从结构角度考虑,多组元大块非晶合金由于多个组元间具有较大的结构尺寸差,大小原子间形成更稳定的无序有效堆积,合金的固/液界面能将由于这种结构得以增加,从而使晶体形核过程变得困难。同时,这种结构还将在过冷过程急剧增加合金熔体的黏度,使过冷态合金熔体中原子扩散变困难,从而抑制晶体相的形核和生长。从热力学的角度考虑,合金体系获得较大的非晶玻璃形成能力的条件是合金熔体向晶体相转变的系统自由能差 ΔG 要尽量小。多组元体系使大块非晶合金在形成过程中的熵变增大,各组元间具有大的原子尺寸差使系统的焓变减少,导致系统自由能差 ΔG 变小,使非晶合金玻璃形成能力变大,更加有利于非晶合金的玻璃形成能力。从动力学的角度考虑,合金熔体在凝固过程中,当有效地抑制熔体中晶体相的形核与生长时,就可以形成非晶态合金。过冷液体中结晶的均匀形核率 I 和生长速率 u 减小,将导致玻璃形成能力的增加。

通过 5.1 节的研究发现,液态氢化后可以增加非晶合金的形成能力,本节将从非晶合金形成热力学与动力学的角度来探讨氢的加入对非晶合金玻璃形成能力的影响。此外,通过正电子湮没技术研究了液态氢化后 $Zr_{55}Cu_{30}Ni_5Al_{10}$ 合金的原子结构,探讨了氢加入后 $Zr_{55}Cu_{30}Ni_5Al_{10}$ 合金的原子结构的变化与玻璃形成能力的关系。

5.2.1　液态氢化对过冷熔体黏度的影响

为什么某些合金成分具有很强的玻璃形成能力,在很低的冷却速率下就可以制备成大尺寸的非晶合金呢? 通常对这一问题的讨论,首先都会从热力学与动力学这一永恒不变的主题来进行讨论。过冷液体形成非晶态合金的过程其实是一个抑制晶体相形核与长大的过程,而晶体相的形核与生长过程是由热力学与动力学因素共同决定的,因此研究液态氢化后 $Zr_{55}Cu_{30}Ni_5Al_{10}$ 合金非晶的热力学与动力学因素就显得尤为重要了。

由经典形核理论可知,为获得大尺寸的非晶合金,需要尽可能地控制形核率与生长速率,下面给出了经典形核理论的形核率与生长速率公式:

$$I=\frac{A_v}{\eta}\exp\left(-\frac{16\pi\sigma^3}{3k_BT\Delta G_{l-s}^2}\right) \tag{5.1}$$

$$u=\frac{k_BT}{3\pi a_0^2\eta}\left[1-\exp\left(-\frac{n\Delta G_{l-s}}{k_BT}\right)\right] \tag{5.2}$$

式中,A_v 为形核时的动力学常数;k_B 为 Boltzmann 常数;η 为过冷液体的黏度随温度变化的函数;σ 为固液之间的表面能;a_0 为原子平均直径;n 为原子平均体积;T 为绝对温度。

由经典形核理论公式可知,黏度系数是在诸多影响晶体相形核与生长过程中的一个关键因素。液态金属的原子迁移能力可以从黏滞性上得以体现,它是反映原子之间结合力与原子输运性质的重要因素。合金熔体的微观结构与黏度系数具有直接关系。在动力学黏滞效应的作用下,过冷合金熔体将避免形核与生长过程,最后将形成非晶态结构,所以黏度的大小与合金的玻璃形成能力具有紧密的关系。非平衡凝固理论认为,当临界冷却速率足够大时,将会急剧提高液体的黏度系数,减慢原子的迁移速度,从而可以使结构弛豫得以避免,当温度继续降低时,材料仍然保持着非平衡状态,此时将发生玻璃化转变,可见黏度的大小对晶体相的形核和长大具有明显的抑制作用。Turnbull 采用下列方程计算了非晶合金的黏度随温度的变化情况:

$$\eta = 10^{-3.3} \exp\left(\frac{3.34 T_m}{T - T_g}\right) \tag{5.3}$$

式中，η 为黏度；T_m 为合金的熔点；T_g 为玻璃转变温度。

由图 5.8 与表 5.1 中给出的热力学参数 T_m 与 T_g，根据式(5.3)可以得到不同比例氢氩混合气氛下制备的 $Zr_{55}Cu_{30}Ni_5Al_{10}$ 合金在过冷液相区黏度随温度的变化情况，结果如图 5.10 所示。由此图可见，随着温度的降低，Ar、Ar+5％H_2 与 Ar+10％H_2 下制备的 $Zr_{55}Cu_{30}Ni_5Al_{10}$ 合金的黏度变化呈逐渐增加的趋势。在相同温度下，氢氩混合气氛下制备的 $Zr_{55}Cu_{30}Ni_5Al_{10}$ 合金在过冷液相区的黏度要明显高于在高纯 Ar 下制备的 $Zr_{55}Cu_{30}Ni_5Al_{10}$ 合金的黏度。由此可见，氢的加入增加了 $Zr_{55}Cu_{30}Ni_5Al_{10}$ 合金熔体黏度，意味着氢原子的加入导致 $Zr_{55}Cu_{30}Ni_5Al_{10}$ 合金中原子间的摩擦力变大，使原子间的结构重组变困难，从而起到抑制晶体产生的作用，最终起到提高 $Zr_{55}Cu_{30}Ni_5Al_{10}$ 合金玻璃形成能力的作用。

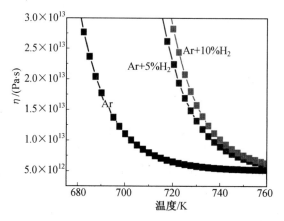

图 5.10　Ar、Ar+5％H_2 与 Ar+10％H_2 下制备的 $Zr_{55}Cu_{30}Ni_5Al_{10}$ 非晶合金在过冷液相区的黏度曲线

5.2.2　液态氢化对脆性参数的影响

美国学者 Angell 于 1985 年提出过冷液体脆性概念，从动力学的角度区分了液体的不同状态。之后，Angell 采用一种简单的约化画法，即欧戈（Angell）图，表达了黏度在过冷区域内随 T_g^*/T 的变化情况，如图 5.11 所示。根据液体黏度随过冷度的变化规律，从 Angell 图上可以将液体分为刚性液体（strong liquids）与脆性液体（fragile liquids）。刚性液体黏度在 Angell 图上呈现一个近似的直线，而脆性液体黏度 η 随温度 T 的变化关系符合沃格尔－福歇尔－塔曼（Vogel－Fulcher－Tammann，VFT）关系：

$$\eta = \eta_0 \exp\left(\frac{DT_0}{T - T_0}\right) \tag{5.4}$$

式中，η_0、D 为与液体性质有关的常数；T_0 为理想的动力学玻璃转变温度。

通常将 Angell 图中的 $T_g^*/T = 1$ 处的斜率作为脆性参数 m，可以作为衡量过冷液体脆性大小的物理量。脆性参数 m 的表达式可以表示为

$$m = \lim_{T \to T_g} \frac{\mathrm{d}\lg \eta}{\mathrm{d}(T_g/T)} \tag{5.5}$$

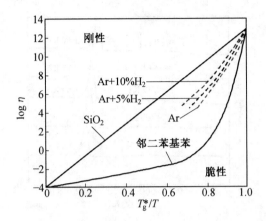

图 5.11　Ar、Ar+5％H$_2$ 与 Ar+10％H$_2$ 下制备的 Zr$_{55}$Cu$_{30}$Ni$_5$Al$_{10}$ 非晶合金的 Angell 示意图

式中，η 为过冷液体的黏度；T_g 为玻璃转变温度。

将式(5.4)代入式(5.5)中可以得到脆性参数 m 的表达式为

$$m = \frac{AT_g}{(T_g - T_g^0)^2 \ln 10} \tag{5.6}$$

式中，A 为常数；T_g^0 为玻璃转变温度的渐进值。

采用热分析方法可以分析不同升温速率下非晶合金的玻璃转变温度的变化情况，玻璃转变温度与升温速率的变化关系可以由 Vogel－Fulcher－Tammann(VFT)公式来表示：

$$\beta = B\exp\left(\frac{A}{T_g^0 - T_g}\right) \tag{5.7}$$

式中，A、B 为常数；β 为升温速率；T_g^0 为玻璃转变温度的渐进值。

上式等价于下面的关系式：

$$T_g = T_g^0 + \frac{A}{\ln(B/\beta)} \tag{5.8}$$

对 Ar、Ar+5％H$_2$ 与 Ar+10％H$_2$ 下制备的 Zr$_{55}$Cu$_{30}$Ni$_5$Al$_{10}$ 非晶合金进行不同升温速率的 DSC 测试，获得不同升温速率下 Zr$_{55}$Cu$_{30}$Ni$_5$Al$_{10}$ 非晶合金的玻璃转变温度 T_g 的变化规律。图 5.12 是 Ar+10％H$_2$ 下制备的 Zr$_{55}$Cu$_{30}$Ni$_5$Al$_{10}$ 非晶合金在不同升温速率下的 DSC 曲线，该图中升温过程具有典型的玻璃转变特征，随着升温速率的增加，Zr$_{55}$Cu$_{30}$Ni$_5$Al$_{10}$ 非晶玻璃转变温度 T_g 也向高温区域移动，如图中箭头所示。

将 Ar、Ar+5％H$_2$ 与 Ar+10％H$_2$ 下制备的 Zr$_{55}$Cu$_{30}$Ni$_5$Al$_{10}$ 非晶合金进行不同升温速率的 DSC 测试，得到的玻璃转变温度 T_g 与升温速率的关系绘制于图 5.13 中，对 DSC 实验数据采用式(5.8)进行拟合，结果如图 5.13 中的实线所示，可见两者具有很好的拟合性，最终的拟合参数 T_g^0、A、B 列于表 5.4。将拟合参数代入式(5.6)中可以得到 Ar、Ar+5％H$_2$ 与 Ar+10％H$_2$ 下制备的 Zr$_{55}$Cu$_{30}$Ni$_5$Al$_{10}$ 非晶合金所对应的脆性参数 m 分别为 56、54、51，见表 5.4。脆性参数数值的大小表征液态结构在过冷液相区随温度变化的难易程度，根据 Angell 图的分类方法，可知刚性液体的脆性参数 m 介于 16～30 之间，代表物质为 SiO$_2$；脆性液体的脆性参数 m 要大于 100，代表物质为 O 型三联苯。大块非晶合

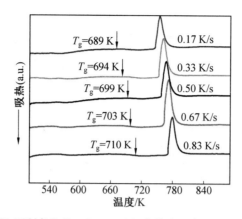

图 5.12　Ar＋10％H₂下制备的 $Zr_{55}Cu_{30}Ni_5Al_{10}$ 非晶合金在不同升温速率下的 DSC 曲线

金的脆性参数介于刚性液体与脆性液体之间，属于中等强度的液体。Angell 认为通过对脆性参数的研究有望开发出理想的非晶合金体系，而近年来，人们已经开始关注使用材料的脆性来划分非晶合金玻璃形成能力的强弱。对于刚性熔体的合金通常都具有较高的非晶玻璃形成能力与较小的脆性参数，对 $Zr_{55}Cu_{30}Ni_5Al_{10}$ 非晶合金液态氢化后，其脆性参数的降低将导致其更接近玻璃形成能力较强的刚性液体，如图 5.11 所示，从而产生更加明显的动力学黏滞效应，最终熔体得以过冷，从而避免形核与长大，起到提高非晶合金玻璃形成能力的作用。

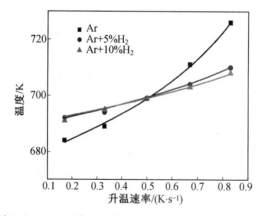

图 5.13　Ar、Ar＋5％H₂ 与 Ar＋10％H₂ 下制备的 $Zr_{55}Cu_{30}Ni_5Al_{10}$ 非晶合金不同升温速率时的玻璃转变温度（实线为由公式(5.8)拟合出的曲线）

表 5.4　Ar、Ar＋5％H₂ 与 Ar＋10％H₂ 下制备的 $Zr_{55}Cu_{30}Ni_5Al_{10}$ 非晶合金根据式(5.8)拟合出的参数 T_g^0、A、B，以及对应的脆性系数 m

参数	Ar	Ar＋5％H₂	Ar＋10％H₂
玻璃转变温度的渐进值/K	670.8	683.3	683.9
常数 A	30.6	20.9	20.9
常数 B	1.48	1.79	1.99
脆性参数 m	56	54	51

5.2.3 液态氢化对临界冷却速率的影响

通过非晶合金的临界冷却速率可以用来评价合金玻璃形成能力的大小,它是一种最直接的评价参数。当实际冷却速率大于临界冷却速率时,合金熔体将来不及形核与长大,直接形成具有不定形结构的非晶态固体。临界冷却速率适用于描述任何合金体系的玻璃形成能力,临界冷却速率越小,其对应合金体系的玻璃形成能力越强。为了降低非晶合金的临界冷却速率,目前采用的方法主要有改变合金组元成分和元素添加的方法。

温度−时间−转变曲线(TTT)和连续冷却曲线(CCT)可以用来对合金熔体的临界冷却速率进行测量。合金的临界冷却速率就是鼻尖处的冷却速率,如图 5.14 所示。临界冷却速率的表达式为

$$R_c = \frac{T_1 - T_n}{t_n} \qquad (5.9)$$

式中,T_1 为合金熔点;T_n 为鼻尖处对应的温度;t_n 为鼻尖处对应的时间。

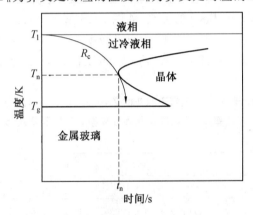

图 5.14 非晶合金的 TTT 曲线示意图

在此基础上,Barandiaran 和 Colmenero 提出通过热分析技术测量合金凝固点偏移规律,采用下列公式推导临界冷却速率的方法:

$$\ln R = \ln R_c - \frac{b}{T_1 - T_{XC}} \qquad (5.10)$$

式中,R_c 为合金临界冷却速率,K/s;R 为热分析冷却速率,K/s;b 为材料常数;T_1 为合金熔化结束温度;T_{XC} 为合金凝固起始温度。

对 Ar、Ar+5%H_2 与 Ar+10%H_2 下制备的 $Zr_{55}Cu_{30}Ni_5Al_{10}$ 非晶合金采用 20 K/min 的升温速率将试样完全熔化后,采用不同的热分析冷却速率(20 K/min、30 K/min、40 K/min、50 K/min)进行 DSC 测试,得到不同冷却速率下对应的凝固起始温度 T_{XC}。图 5.15 是 Ar+10%H_2 下制备的 $Zr_{55}Cu_{30}Ni_5Al_{10}$ 非晶合金在不同冷却速率下的 DSC 曲线,随着冷却速率的增加,合金对应凝固起始温度 T_{XC} 逐渐下降。将 DSC 测试结果中的熔化结束温度和不同冷却速率下的凝固起始温度汇总到表 5.5 中。

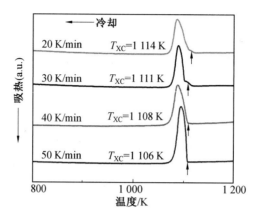

图 5.15 Ar+10％H_2 下制备的 $Zr_{55}Cu_{30}Ni_5Al_{10}$ 非晶合金在不同冷却速率下的 DSC 曲线

将表 5.5 中的 Ar、Ar+5％H_2 与 Ar+10％H_2 下制备的 $Zr_{55}Cu_{30}Ni_5Al_{10}$ 非晶合金对应的熔化结束温度 T_1，不同冷却速率下非晶合金对应凝固起始温度 T_{XC} 代入式(5.10)中，绘制出 $\ln R$ 与 $10\,000/(T_1-T_{XC})^2$ 的关系，如图 5.16 所示，对图中的数据点进行线性拟合，拟合结果如图中直线所示，由图 5.16 中可见数据点具有很好的线性拟合结果，通过直线的截距可以得出 Ar、Ar+5％H_2 与 Ar+10％H_2 下制备的 $Zr_{55}Cu_{30}Ni_5Al_{10}$ 非晶合金对应的临界冷却速率 R_c。

表 5.5　Ar、Ar+5％H_2 与 Ar+10％H_2 气氛下制备的 $Zr_{55}Cu_{30}Ni_5Al_{10}$ 非晶合金的 DSC 结果，包括液相线温度(T_1)、不同冷却速率(R)下的凝固起始温度(T_{XC})，以及从式(5.10)中推导出的临界冷却速率(R_c)

Ar		Ar+5％H_2		Ar+10％H_2	
$T_1=1\,164$ K		$T_1=1\,160$ K		$T_1=1\,157$ K	
$R/(K \cdot s^{-1})$	T_{XC}/K	$R/(K \cdot s^{-1})$	T_{XC}/K	$R/(K \cdot s^{-1})$	T_{XC}/K
0.333 3	1 081	0.333 3	1 081	0.333 3	1 114
0.500 0	1 077	0.500 0	1 076	0.500 0	1 111
0.666 7	1 073	0.666 7	1 072	0.666 7	1 108
0.833 3	1 069	0.833 3	1 068	0.833 3	1 106
$R_c=18$ K/s		$R_c=13$ K/s		$R_c=10$ K/s	

表 5.5 分别给出了 Ar、Ar+5％H_2 与 Ar+10％H_2 三种条件下制备的 $Zr_{55}Cu_{30}Ni_5$ Al_{10} 非晶合金的临界冷却速率为 18 K/s、13 K/s、10 K/s。从冷却速率大小可见，氢的加入降低了 $Zr_{55}Cu_{30}Ni_5Al_{10}$ 非晶合金的临界冷却速率，与非晶合金形成能力的变化趋势相一致，进一步证明了适量的氢加入有助于提高非晶合金的玻璃形成能力。

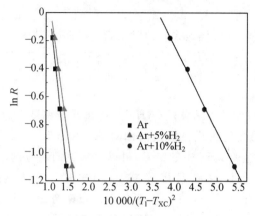

图 5.16　Ar、Ar＋5％H$_2$ 与 Ar＋10％H$_2$ 下制备的 Zr$_{55}$Cu$_{30}$Ni$_5$Al$_{10}$
非晶合金的 ln R 与 10 000/(T_1-T_{XC})^2 的关系图

5.2.4　液态氢化对吉布斯自由能差的影响

从热力学角度上考虑，块体非晶合金在过冷液体中呈低的结晶驱动力。低驱动力将导致低的形核速率，因而导致玻璃形成能力变大。冷却过程中晶体相形成的驱动力一般可以用过冷液体与晶体相之间吉布斯自由能的差值来表征，吉布斯自由能差越小，形核驱动力将越小，晶核的形成与长大就越困难，越有利于非晶合金的形成，因此采用吉布斯自由能差来评价块体非晶合金的玻璃形成能力对发现大的玻璃形成能力的非晶合金体系将具有指导性的意义。

由热力学第二定律可知，合金熔体中发生结晶时，其系统吉布斯自由能差可以表示为

$$\Delta G=\Delta H-T\Delta S \tag{5.11}$$

其中

$$\Delta H=\Delta H_{\mathrm{f}}-\int_T^{T_{\mathrm{m}}}\Delta C_{\mathrm{p}}\mathrm{d}T \tag{5.12}$$

$$\Delta S=\Delta S_{\mathrm{f}}-\int_T^{T_{\mathrm{m}}}\Delta C_{\mathrm{p}}\frac{\mathrm{d}T}{T} \tag{5.13}$$

$$\Delta H_{\mathrm{f}}=\Delta S_{\mathrm{f}}T_{\mathrm{m}} \tag{5.14}$$

式中，ΔH_{f} 为熔化焓；ΔS_{f} 为熔化熵；ΔC_{p} 为液固比热容差；T_{m} 为熔化开始温度。

将式(5.12)～(5.14)代入式(5.11)中，可以得到吉布斯自由能的表达式为

$$\Delta G=\frac{\Delta H_{\mathrm{f}}\Delta T}{T_{\mathrm{m}}}-\int_T^{T_{\mathrm{m}}}\Delta C_{\mathrm{p}}\mathrm{d}T+T\int_T^{T_{\mathrm{m}}}\frac{\Delta C_{\mathrm{p}}}{T}\mathrm{d}T \tag{5.15}$$

Busch 等人通过上面的公式研究了几种非晶合金的过冷液相与相应的晶体相间的吉布斯自由能差，对应吉布斯自由能差小的合金具有较大玻璃形成能力，可见通过吉布斯自由能差评价非晶合金形成能力具有可行性。

在上面的研究基础上，Guo 等人认为液体与晶体相的比热容差 ΔC_{p} 与熔化熵 ΔS_{m} 之间存在正比关系，因此式(5.15)可以表示为

$$\Delta G=\frac{\Delta H_{\mathrm{f}}\Delta T}{T_{\mathrm{m}}}-\gamma\Delta S_{\mathrm{f}}\left[\Delta T-T\ln\left(\frac{T_{\mathrm{m}}}{T}\right)\right] \tag{5.16}$$

式中，γ 为比例系数，通常取 0.8。

将比例系数 γ 与式(5.14)代入式(5.16)中，得到表达式为

$$\Delta G = \frac{\Delta H_f \Delta T}{T_m} - 0.8\Delta H_f \left[\frac{\Delta T}{T_m} + T\ln\left(\frac{T}{T_m}\right) \right] \tag{5.17}$$

式中，$\Delta T = T_m - T$。

由式(5.17)可知，只要获得熔化焓(ΔH_f)与熔化开始温度(T_m)就可以很容易得到合金的吉布斯自由能差的变化曲线。根据前面对 Ar、Ar+5%H$_2$、Ar+10%H$_2$ 下制备的 Zr$_{55}$Cu$_{30}$Ni$_5$Al$_{10}$ 非晶合金的 DSC 中的结果，可以得到它们对应的熔化焓分别为 172 J/g、161 J/g、152 J/g。将上面的数据代入式(5.17)中，可以得到 Ar、Ar+5%H$_2$、Ar+10%H$_2$ 下制备的 Zr$_{55}$Cu$_{30}$Ni$_5$Al$_{10}$ 非晶合金吉布斯自由能差 ΔG 与 T/T_m 的关系曲线，结果如图 5.17 所示。由图中可见，在氢氩混合气氛下制备 Zr$_{55}$Cu$_{30}$Ni$_5$Al$_{10}$ 非晶合金的吉布斯自由能差要明显低于高纯氩气下制备的 Zr$_{55}$Cu$_{30}$Ni$_5$Al$_{10}$ 非晶合金的吉布斯自由能差，说明氢的加入能够起到降低非晶合金熔体的吉布斯自由能差的作用。这意味着 Zr$_{55}$Cu$_{30}$Ni$_5$Al$_{10}$ 过冷熔体中要发生形核，将需要更大的临界形核半径与化学浓度起伏，从而使晶体相的形成与长大变得更加困难，所以将更容易获得非晶态结构。

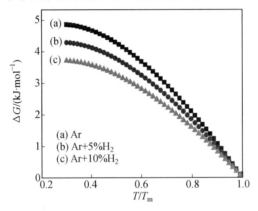

图 5.17　Ar、Ar+5%H$_2$、Ar+10%H$_2$ 下制备的 Zr$_{55}$Cu$_{30}$Ni$_5$Al$_{10}$
非晶合金的吉布斯自由能差曲线

5.2.5　液态氢化对非晶合金结构的影响

非晶合金作为一种新型的合金，自诞生以来人们就一直关注它们的玻璃结构特征。不同于晶体材料原子在三维空间具有规则的周期性排列，非晶合金由于具有长程无序、短程有序的结构特征，决定其很难像检测晶体结构时，确定了点阵类型和点阵常数，就可以用有限的参量确定出所有原子的位置。但人们仍然通过应用多种测定技术和理论模拟获得了非晶合金的部分结构。目前用于研究非晶合金结构的方法主要有：XRD、TEM、高分辨电子显微术(HREM)、小角中子散射、小角 X 射线散射、正电子湮没及核磁共振等。另外，第一原理计算、分子动力学(MD)模拟等也是研究非晶合金结构的有效方法。

正电子(e^+)是电子的反粒子，它的许多基本属性与电子对称。它与电子的质量相等，带单位正电荷。它的磁矩与电子磁矩大小相等，符号相反。正电子遇到物质中的电子

会发生湮没。这时,电子与正电子消失,产生若干 γ 射线。通过湮没时产生 γ 光子的不同信息,可以获得材料中的电子体系的信息,从而达到研究材料微观结构的目的。

前面的研究表明,氢的加入有利提高 $Zr_{55}Cu_{30}Ni_5Al_{10}$ 合金的非晶形成能力,对应的结构必将产生改变。为了从结构上理解氢对 $Zr_{55}Cu_{30}Ni_5Al_{10}$ 非晶合金结构的影响,本节采用正电子湮没寿命谱(PALS)研究了正电子在非晶中的湮没寿命,从而获得材料的结构特征。

1. 非晶结构与正电子的关系

非晶态合金的结构特点是短程有序和长程无序,是一种原子的无规密堆结构,因此非晶合金具有很高的密度,其密度通常高于晶体合金 1%～2%。硬球无规密堆模型最早是由 Bernal 提出的一种描述非晶态结构的模型,该模型将非晶态合金看作是一些均匀连续的、致密填充的、混乱无规的原子硬球的集合,"无规"指的是没有晶态的长程有序,"密堆"指的是原子排列尽可能致密,不存在容纳另一个硬球的间隙。利用该模型描述非晶结构是一种最直观的方法,尽管该模型针对多组元非晶合金体系时没有考虑其中的短程有序与中程有序。Bernal 将无规密堆结构看作由五种多面体组成,如图 5.18 所示,即四面体、正八面体、三角棱柱、阿基米德棱柱、四角十二面体,人们将它们称为 Bernal 多面体。这些多面体使非晶结构不会出现长程序,这也是非晶态合金所具有的独特单元。原子硬球位于 Bernal 多面体的顶点,所以当原子硬球构成 Bernal 多面体时,同时也会形成"孔洞"结构,将它们称为 Bernal 孔洞。对于硬球无规密堆模型,要形成最有效的堆垛,其主要的结构单元应该为四面体,但四面体结构并不能完全填满堆垛空间,因此剩下的空间将由不能产生有效堆垛的多面体构成。

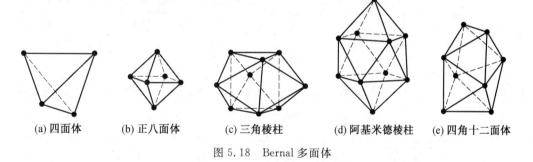

(a) 四面体　　　(b) 正八面体　　　(c) 三角棱柱　　　(d) 阿基米德棱柱　　　(e) 四角十二面体

图 5.18　Bernal 多面体

Sietsma 和 Thijsse 基于 Pd－Ni－P 块体非晶合金的径向分布函数数据,利用反蒙特卡罗模拟了 Pd－Ni－P 块体非晶合金的结构,通过构建 Delauney 四面体分析了 Pd－Ni－P 块体非晶合金中的间隙孔洞分布规律,将最终形成的孔洞团簇分成两类,一类为非晶合金中固有的孔洞,由≤9 个的原子包围而成;另一类为非晶合金中存在的较大孔洞,由≥10 个的原子包围而成,这种孔洞的形状不同于晶体材料中的空位,呈非球形的形状。而当对 Pd－Ni－P 块体非晶合金进行热处理后,Pd－Ni－P 块体非晶合金中较大的孔洞数量显著减少,由此可见较大的孔洞相对于固有的孔洞对原子输运起到了重要的作用。固有的孔洞与前面所述非晶合金中的 Bernal 孔洞有很多的相似性,尤其是尺寸很小的固有孔洞。

Bernal 孔洞与 Sietsma 和 Thijsse 得到的模拟结构,为理解非晶合金结构提供了一种新的思路。正电子技术为分析该种结构提供了技术上的可行性,利用正电子技术可以直接反映非晶合金纳米尺寸的信息。在完整晶格中,正电子通常会发生自由湮没,而一旦介质材料中存在空位、位错、微空洞等缺陷,情况就将不同,因为在缺陷处电子密度较低,且呈负电性,由于库仑力作用,正电子容易被缺陷捕获,之后才能发生湮没,这就是正电子的捕获态湮没过程。因此,材料中缺陷的种类和大小可以通过正电子的寿命值来表征。当材料中的缺陷浓度增大时,缺陷处捕获到正电子的概率就将增大,那么对应的寿命成分相对强度在寿命谱中所占的比例也将增大。所以,寿命成分的相对强度可以用来表征所对应缺陷处的浓度。之前的研究表明,对 Zr 基块体非晶合金采用正电子研究时,正电子主要在 Zr 原子与 Ti 原子围绕而成的间隙处湮没。因此,正电子技术为研究非晶合金结构提供了一种独特的视角与方法。

2. 正电子湮没寿命分析

采用快-慢复合正电子寿命谱仪对液态氢化前后的 $Zr_{55}Cu_{30}Ni_5Al_{10}$ 非晶合金进行了正电子寿命谱的测试,结果见表 5.6。对正电子湮没寿命谱进行拟合分析,发现 $Zr_{55}Cu_{30}Ni_5Al_{10}$ 非晶合金中具有几种成分的正电子湮没寿命,分别为第一寿命成分、第二寿命成分和第三寿命成分的湮没寿命,其中只有三种成分的正电子湮没寿命所对应的拟合差值接近 1,才具有良好的拟合结果,对于 $Zr_{55}Cu_{30}Ni_5Al_{10}$ 非晶合金来说意味其结构中具有三种不同尺寸大小的区域捕获到正电子,之后正电子在这些区域发生了湮没。正电子湮没寿命越大对应的湮没区间的尺寸越大,湮没强度越大对应的湮没区域的浓度也将越大,由此可以判断湮没区域的性质。

表 5.6 Ar+x%H_2 下制备的 $Zr_{55}Cu_{30}Ni_5Al_{10}$ 非晶合金的正电子湮没寿命 τ_x 与对应的强度 I_x

Ar+x%H_2	第一寿命成分/ps	第一归化强度/%	第二寿命成分/ps	第二归化强度/%	第三寿命成分/ps	第三归化强度/%
0	119.1±8.2	34.7±4.8	194.1±4.5	63.8±4.8	2 263±39	1.5±0.13
5%H_2	149.8±4.4	44.7±2.7	231.0±5.0	53.9±2.7	2 392±53	1.4±0.14
10%H_2	134.8±6.9	51.4±2.1	205.0±7.9	47.3±2.1	2 368±53	1.3±0.16
15%H_2	132.7±0.9	50.6±1.5	201.5±2.3	48.3±1.5	2 532±69	1.1±0.037
20%H_2	121.0±7.1	41.7±3.8	188.6±2.8	57.1±3.7	2 399±52	1.2±0.079

图 5.19、图 5.20、图 5.21 是 Ar+x%H_2 下制备的 $Zr_{55}Cu_{30}Ni_5Al_{10}$ 非晶合金的三种正电子湮没寿命与相对强度的变化情况,强度经归一化处理成 100%,代表对应正电子湮没位置的相对浓度。最小的正电子湮没寿命 τ_1 的范围在 0.119~0.150 ns 之间,正电子湮没发生在 $Zr_{55}Cu_{30}Ni_5Al_{10}$ 非晶合金致密堆垛中的间隙处;中间湮没寿命 τ_2 的范围在 0.188~0.231 ns 之间,湮没发生在松散堆垛的流动缺陷处。湮没寿命 τ_1 与 τ_2 在液态氢化开始时(Ar+5%H_2),两种正电子湮没寿命都有所增加,随着氢含量的增加,两种正电子的湮没寿命开始减小,所以总体上看,氢的加入减小了正电子湮没寿命 τ_1 与 τ_2。τ_1 对应的湮没相对强度与 τ_2 对应的湮没相对强度呈近似正 V 形与倒 V 形,即在 Ar+10%H_2 下

制备的非晶合金中 τ_1 对应的正电子湮没相对强度达到最大，τ_2 对应的湮没相对强度与 τ_1 对应的湮没相对强度规律正好相反。

最大正电子湮没寿命 τ_3 的范围在 2.263～2.532 ns 之间，它是由于正电子在 $Zr_{55}Cu_{30}Ni_5Al_{10}$ 非晶合金结构中形成三重态正电子素（o－Ps），之后湮没在 $Zr_{55}Cu_{30}Ni_5Al_{10}$ 非晶合金结构中很大的孔洞中形成的，τ_3 对应的湮没相对强度随氢含量的增加逐渐减少。Nakanishi 和 Jean 基于量子力学模型得到最大的正电子湮没寿命 τ_3 与孔洞半径 R 的关系式：

$$\tau_3 = \frac{1}{2}\left[1 - \frac{R}{R+\Delta R} + \frac{1}{2\pi}\sin\left(\frac{2\pi R}{R+\Delta R}\right)\right]^{-1} \tag{5.18}$$

式中，τ_3 为湮没寿命；R 为孔洞半径；$\Delta R = 1.656$ Å。

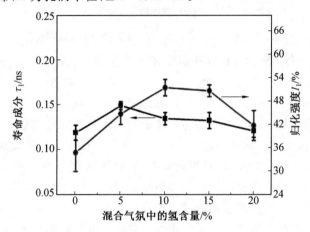

图 5.19　Ar＋x%H₂ 下制备的 $Zr_{55}Cu_{30}Ni_5Al_{10}$ 非晶合金第一寿命成分 τ_1 与其对应强度

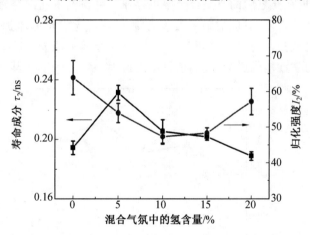

图 5.20　Ar＋x%H₂ 下制备的 $Zr_{55}Cu_{30}Ni_5Al_{10}$ 非晶合金第二寿命成分 τ_2 与其对应强度

通过式(5.18)可以计算得到氢氩混合气氛下制备的 $Zr_{55}Cu_{30}Ni_5Al_{10}$ 非晶合金中最大的正电子湮没寿命 τ_3 对应孔洞半径的大小，结果如图 5.22 所示。由图可见，孔洞半径在 3.07～3.27 Å 之间，随着氢含量的增加，孔洞半径有小幅度的增加，但是总体改变不是很大。在组成 $Zr_{55}Cu_{30}Ni_5Al_{10}$ 非晶合金的组元元素中，Zr 的原子半径最大为 1.62 nm，相

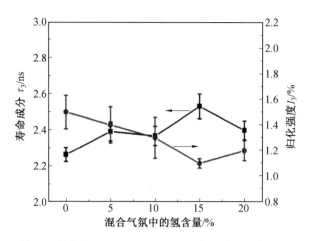

图 5.21　Ar$+x\%$H$_2$下制备的 Zr$_{55}$Cu$_{30}$Ni$_5$Al$_{10}$非晶合金第三寿命成分 τ_3 与其对应强度

对于最大的正电子湮没寿命 τ_3 对应孔洞半径要小很多,由此可见,这种孔洞中有足够的空间用来容纳一个以上的原子。Turnbull 等人最早针对液态金属提出了自由体积的概念,由于液态金属中存在一部分缺陷,所以液态金属具有较大的流动性。在液体金属中每个原子所占的平均体积与每个原子的实际体积的差值就是这种缺陷的大小。当这种差值超过某一临界值时,也就是缺陷的尺寸大小与一个原子在同一数量级别时,在不需附带任何能量时,它就可以在流体内部进行重新分布,因此将这部分多余的体积称为自由体积。而液态金属结构与非晶态合金结构有很多相似点,所以人们将自由体积的概念应用到非晶合金结构中。从上面最大湮没寿命 τ_3 对应孔洞的尺寸大小,可以推断该区域对应的可能是人们一直在寻找的自由体积。周庆军等人对固态充氢后的非晶合金采用正电子湮没寿命实验,同样发现在充氢后的非晶合金中也存在三种正电子湮没寿命,而通过压痕实验发现了剪切带增殖的现象,对应的最大湮没寿命 τ_3 随着充氢量的增加而逐渐增大,可见非晶合金的氢致局域塑性与最大湮没寿命 τ_3 对应区域具有直接关系。之后的液态氢化对锆基非晶合金力学性能的影响,我们也将应用最大湮没寿命 τ_3 对其进行分析。

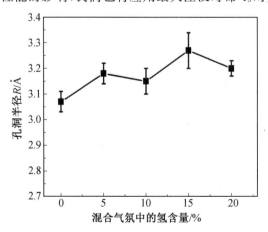

图 5.22　Ar$+x\%$H$_2$下制备的 Zr$_{55}$Cu$_{30}$Ni$_5$Al$_{10}$非晶合金第三寿命成分 τ_3 对应的孔洞半径大小

5.3 氢对非晶合金力学性能的影响

氢对材料学家来说是一种令人生畏的元素,之所以会出现这种情况,是因为一些金属与氢有较大的亲和力,过饱和氢与这些金属原子易结合生成氢化物,或在外力作用下应力集中区内高浓度的氢与这些金属原子结合生成氢化物。氢化物是一种脆性相组织,在外力作用下往往成为断裂源,从而导致脆性断裂,严重影响材料的使用安全性,因此在很多情况下氢被视为一种有害的杂质元素加以严格的控制。但是,由于氢在金属中存在的特点,也使其对一些金属材料具有辅助加工或改善产品性能的作用。典型的例子为钛合金中加入适量的氢能够降低其 15%~35% 的流变应力,从而起到改善其热加工性能的作用,这些都引起了人们极大的兴趣,为氢的使用揭开了新的一页。5.1 节中已经介绍了氢对非晶合金的力学性能的影响现状,可知氢的加入对非晶合金会产生一些局域塑性的现象。此外,氢的加入会导致非晶合金低温阻尼性能的提高,为空间飞行器所需的低温抗震性材料提供了一种不错的选择,同时也为非晶合金的应用开拓了新的方向。本节采用液态氢化的方法制备出含氢的大块非晶合金,研究了室温条件下非晶合金的力学性能与低温阻尼特性。

5.3.1 液态氢化对非晶合金室温压缩性能的影响

本节选用了 $Zr_{55}Cu_{30}Ni_5Al_{10}$ 与 $Zr_{57}Al_{10}Cu_{15.4}Ni_{12.6}Nb_5$ 两种合金体系作为研究对象,对这两合金体系进行液态氢化后,研究了其力学性能的变化规律。由文献报道中可知,$Zr_{55}Cu_{30}Ni_5Al_{10}$ 与 $Zr_{57}Al_{10}Cu_{15.4}Ni_{12.6}Nb_5$ 两种合金为典型的脆性非晶合金,其室温压缩时的力学性能列于表 5.7 中。以往的研究表明,测试条件对非晶合金力学性能影响很大,因此表中选取的非晶合金力学性能,是与本章中所用实验条件相近的条件下获得的力学性能。

表 5.7 $Zr_{55}Cu_{30}Ni_5Al_{10}$ 与 $Zr_{57}Al_{10}Cu_{15.4}Ni_{12.6}Nb_5$ 非晶合金室温压缩时的力学性能

合金	样品尺寸 /mm	应变速率 /s^{-1}	压缩强度 /MPa	延伸率 /%
$Zr_{55}Cu_{30}Ni_5Al_{10}$	$\Phi 3\times 6$	2.1×10^{-4}	1 890	<2
$Zr_{57}Al_{10}Cu_{15.4}Ni_{12.6}Nb_5$	$\Phi 3\times 6$	4×10^{-4}	1 800	<2

对 $Zr_{55}Cu_{30}Ni_5Al_{10}$ 与 $Zr_{57}Al_{10}Cu_{15.4}Ni_{12.6}Nb_5$ 两种合金进行液态氢化后,采用铜模冷却的方法铸造成直径为 3 mm 的圆棒。对液态氢化后的 $Zr_{55}Cu_{30}Ni_5Al_{10}$ 与 $Zr_{57}Al_{10}Cu_{15.4}Ni_{12.6}Nb_5$ 两种合金所得 3 mm 圆棒试样进行 XRD 分析,确定所得两种合金试样的结构是否为完全的非晶态。图 5.23(a)给出其中一种 $Zr_{57}Al_{10}Cu_{15.4}Ni_{12.6}Nb_5$ 合金在氢氩混合气氛下的 XRD 图谱,由图中可见,在几种不同制备条件下试样的 XRD 图谱均出现一个非晶态宽化的漫散射峰,为进一步确定试样的非晶性质,对其进行了高分辨透射电镜(HRTEM)观察和选区衍射分析,如图 5.23(b)所示,此时合金并未发现晶体相的存在,

衍射花样呈现为典型的非晶漫散射环,证明所制备的合金棒为完全的非晶结构。最后,通过 XRD 与 TEM 分析证明了液态氢化后制备得到的 $Zr_{55}Cu_{30}Ni_5Al_{10}$ 与 $Zr_{57}Al_{10}Cu_{15.4}Ni_{12.6}Nb_5$ 两种合金的结构为完全的非晶态结构。

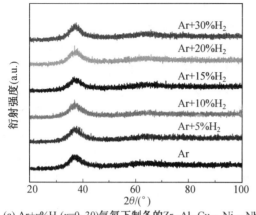

(a) Ar+x%H_2(x=0~30)气氛下制备的$Zr_{57}Al_{10}Cu_{15.4}Ni_{12.6}Nb_5$合金棒的XRD谱线

(b) Ar+30%H_2下制备的$Zr_{57}Al_{10}Cu_{15.4}Ni_{12.6}Nb_5$合金棒的HRTEM照片及选区电子衍射图

图 5.23　Ar+x‰H_2(x=0~30)气氛下制备的 $Zr_{57}Al_{10}Cu_{15.4}Ni_{12.6}Nb_5$ 合金棒的 XRD 谱线和 Ar+30‰H_2下制备的 $Zr_{57}Al_{10}Cu_{15.4}Ni_{12.6}Nb_5$合金棒的 HRTEM 照片及选区电子衍射图

1. 液态氢化对 $Zr_{55}Cu_{30}Ni_5Al_{10}$ 非晶合金压缩性能的影响

对 $Zr_{55}Cu_{30}Ni_5Al_{10}$ 合金进行液态氢化后,对其进行室温压缩实验,图 5.24(a)是 Ar+x‰H_2气氛下制备的 $Zr_{55}Cu_{30}Ni_5Al_{10}$ 非晶合金的室温条件下的压缩应力—应变曲线,其对应的屈服强度、最大断裂强度、塑性应变的具体数值列于表 5.8 中。对于每一个试样而言,都经历了三个阶段,包括弹性变形,应力与应变呈线性关系,约有 2‰的弹性应变;之后发生屈服现象,进入塑性变形阶段,从图 5.24(a)中可以看出该阶段的塑性应变发生了很大的变化,与前面表 5.8 中给出的 $Zr_{55}Cu_{30}Ni_5Al_{10}$ 非晶合金的室温压缩性能相似,在高纯氩气下制备的 $Zr_{55}Cu_{30}Ni_5Al_{10}$ 非晶合金仅有 1.5‰的塑性变形区域,随着氢氩混合气氛中氢含量的增加,$Zr_{55}Cu_{30}Ni_5Al_{10}$ 非晶合金的塑性没有降低反而得到了显著的提高,塑性应变由 1.5‰增加到 6.2‰;最后试样发生断裂。对在氢氩混合气氛下制备的 $Zr_{55}Cu_{30}Ni_5Al_{10}$ 块体非晶合金试样的应力—应变曲线进行放大观察,如图 5.24(b)、(c)、(d)所示,应力—应变曲线表现为典型的非晶合金锯齿流变现象。排除设备自身大约 9~12 MPa 的振动后,在放大的锯齿流变中会发现,很大的锯齿流变后面总是跟着一系列振幅很小的锯齿流变,塑性越大这种现象越明显。Wang 等人认为这种现象就如同在自然界及物理、生物等领域很多复杂动力学系统中都存在的一种状态,称为自组织状态。非晶合金在变形过程中通过很小的锯齿流变自组织成一种新的临界状态,从而产生更多的锯齿流。

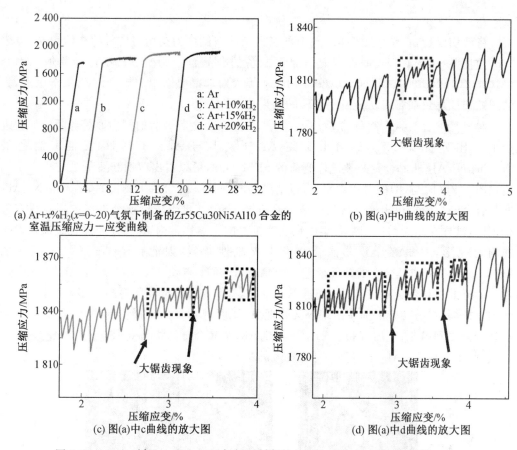

图 5.24　Ar＋$x\%$H$_2$(x＝0～20)气氛下制备的 Zr$_{55}$Cu$_{30}$Ni$_5$Al$_{10}$合金的室温
压缩应力－应变曲线及放大图

表 5.8　Ar＋$x\%$H$_2$(x＝0～20)气氛下制备的 Zr$_{55}$Cu$_{30}$Ni$_5$Al$_{10}$合金的屈服强度 σ_y、最大断裂强度 σ_m、塑性应变 ε_p、剪切断裂角 θ_c^F，初始剪切带的初始角 θ_c^0

Ar＋$x\%$H$_2$	屈服强度 /MPa	最大断裂强度 /MPa	塑性应变 /%	剪切断裂角 /(°)	初始剪切带的初始角/(°)
0	1 745	1 770	1.5	40.0	39.6
10％H$_2$	1 755	1 832	5.8	41.5	40.0
15％H$_2$	1 802	1 920	6.2	43.0	41.3
20％H$_2$	1 805	1 932	6.1	43.0	41.3

对 Zr$_{55}$Cu$_{30}$Ni$_5$Al$_{10}$非晶合金试样的断裂面进行测量后,会发现其剪切断裂角 θ_c^F 均小于 45°,很多学者都发现在压缩载荷作用下非晶合金的剪切断裂面会偏离最大的剪切应力面,向小于 45°方向偏转的现象。而随着塑性增加,试样剪切断裂角 θ_c^F 由 40°增加到 43°。这种现象可以由 Zhang 等人提出的剪切带旋转机制进行解释。试样的初始剪切带的初始角 θ_c^0、剪切断裂角 θ_c^F、塑性应变 ε_p 之间的关系可以表示为

$$\sin \theta_c^0 = \sqrt{1-\varepsilon_p}\sin \theta_c^F \tag{5.19}$$

　　将剪切断裂角 θ_c^F 代入式(5.19)中可以得到压缩试样的初始剪切带的初始角 θ_c^0，见表 5.8，角度均小于 45°，表明在氢氩气氛下制备的非晶合金的变形机制符合莫尔－库仑 (Mohr－Coulomb)准则，这个现象与 Zhang 等人对非晶复合材料在压缩载荷作用下，大的压缩塑性导致初始剪切带发生扭转的结果相一致。

　　对氢氩混合气氛下制备的 $Zr_{55}Cu_{30}Ni_5Al_{10}$ 非晶合金断裂后的侧面形貌与断口形貌进行了对比分析。图 5.25 给出了纯 Ar 气氛下与 Ar＋15％ H_2 气氛下制备的 $Zr_{55}Cu_{30}Ni_5Al_{10}$ 非晶合金断裂试样侧面的 SEM 照片，可以看出剪切断裂角 θ_c^F 均小于 45°。通过图 5.25(b)与(d)的对比观察，可以清楚地看到，纯 Ar 气氛下制备的 $Zr_{55}Cu_{30}Ni_5Al_{10}$ 非晶合金断口附近仅出现有限的几条主剪切带，当剪切带形成后就会迅速扩展并贯穿整个试样，试样在断裂前应变主要集中在这些少量的主剪切带内，这将使非晶合金试样发生非均匀变形，并最终导致非晶合金发生灾难性断裂，因此在纯 Ar 气氛下制备的 $Zr_{55}Cu_{30}Ni_5Al_{10}$ 非晶合金的塑性很差。而 Ar＋15％ H_2 气氛下 $Zr_{55}Cu_{30}Ni_5Al_{10}$ 非晶合金断口附近的剪切带数量较纯 Ar 气氛下 $Zr_{55}Cu_{30}Ni_5Al_{10}$ 非晶合金要多很多，并且呈波浪状向前扩展，在剪切带的前端出现分叉的现象，说明剪切带的传播受到了阻碍，局域化的剪切行为受到遏制，更加有利于 $Zr_{55}Cu_{30}Ni_5Al_{10}$ 非晶合金的均匀变形，所以 Ar＋15％ H_2 气氛下 $Zr_{55}Cu_{30}Ni_5Al_{10}$ 非晶合金具有更大的塑性应变。

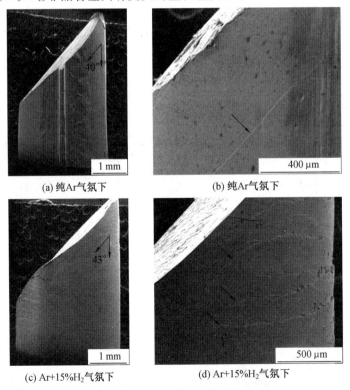

图 5.25　纯 Ar 气氛下与 Ar＋15％ H_2 气氛下制备的 $Zr_{55}Cu_{30}Ni_5Al_{10}$ 非晶合金断裂试样侧面的 SEM 图

对纯 Ar 气氛下与 Ar＋15％H₂ 气氛下制备的 $Zr_{55}Cu_{30}Ni_5Al_{10}$ 非晶合金断裂后试样的断口形貌进行 SEM 观察,如图 5.26 所示,会发现试样沿剪切方向断裂后形成了大量的脉络状花样的断口特征,脉络状花样的形成被认为是由大量的临近剪切带在剪切应力的作用下一层又一层撕裂后留下的撕裂痕迹,通过脉络状花样的多少可以判断块体非晶合金塑性的好坏。通过对断裂试样断口的对比观察会发现 Ar＋15％H₂ 气氛下 $Zr_{55}Cu_{30}Ni_5Al_{10}$ 非晶合金断口中脉络状花纹较纯 Ar 气氛下的 $Zr_{55}Cu_{30}Ni_5Al_{10}$ 非晶合金更加发达,尺寸更小、更致密,反映了氢的加入导致了 $Zr_{55}Cu_{30}Ni_5Al_{10}$ 非晶合金塑性提高的现象。

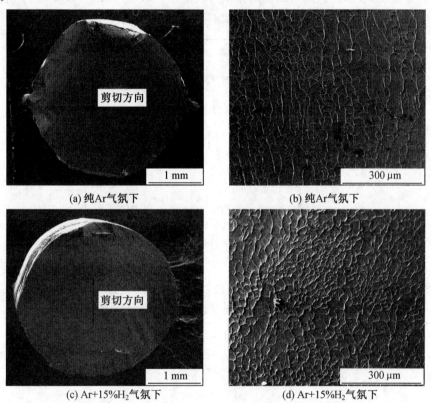

(a) 纯Ar气氛下　　　　　　　　　　　　　(b) 纯Ar气氛下

(c) Ar+15%H₂气氛下　　　　　　　　　　(d) Ar+15%H₂气氛下

图 5.26　纯 Ar 气氛下与 Ar＋15％H₂ 气氛下制备的 $Zr_{55}Cu_{30}Ni_5Al_{10}$ 非晶合金断裂后试样断口形貌的 SEM 照片

2. 液态氢化对 $Zr_{57}Al_{10}Cu_{15.4}Ni_{12.6}Nb_5$ 非晶合金压缩性能的影响

图 5.27 是 Ar＋x％H₂ 气氛下制备的 $Zr_{57}Al_{10}Cu_{15.4}Ni_{12.6}Nb_5$ 合金的室温条件下的压缩应力－应变曲线。对于每一个试样而言,都经历了三个阶段,包括弹性变形,对应的应力与应变呈线性关系,约有 2％的弹性应变;之后发生屈服现象,进入塑性变形阶段,从图中可以看出该阶段的塑性应变有很大的不同,同样的是随着氢氩混合气氛中氢含量的增加,非晶合金的塑性没有降低反而得到了显著的提高,塑性应变由 2％增加到 10％,将图中的屈服强度、最大断裂强度、塑性应变的具体数值列在表 5.9 中;最后试样发生断裂。块体非晶合金通常按照剪切断裂的方式发生断裂,剪切断裂的最终角度列于表 5.9 中,同样发现非晶合金试样断裂的最终角度 θ_C^F 均小于 45°,通过式(5.19)中可以得到压缩试样

的初始剪切带的初始角 θ_c^0 ,具体数值也列于表 5.9 中。

对图 5.27 中纯 Ar 气氛下与 Ar＋20％H$_2$ 气氛下制备的 Zr$_{57}$Al$_{10}$Cu$_{15.4}$Ni$_{12.6}$Nb$_5$ 合金的压缩应力－应变曲线进行放大研究,如图 5.28 所示,可以看到两种情况下塑性变形区域均呈明显的锯齿流变,相对于纯 Ar 气氛下的应力－应变曲线(图 5.28(a)),Ar＋20％H$_2$ 气氛下的合金锯齿密度要更大,应力的振幅要更小(图 5.28(b))。室温条件下,非晶合金通过高度局域化的剪切变形来完成塑性变形,在压缩应力－应变曲线上表现的就是锯齿流变现象。锯齿流变的数量对应于非晶合金压缩变形过程中产生剪切带的数量,锯齿流变的数量越多塑性越大;锯齿流变的振幅与剪切带扩展抗力有关,振幅越小,抗力越大,塑性变形量越大。

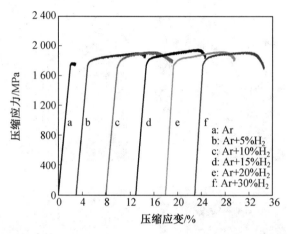

图 5.27　Ar＋x％H$_2$ 气氛下制备的 Zr$_{57}$Al$_{10}$Cu$_{15.4}$Ni$_{12.6}$Nb$_5$ 合金的室温压缩应力－应变曲线

表 5.9　Ar＋x％H$_2$(x=0～30)气氛下制备的 Zr$_{57}$Al$_{10}$Cu$_{15.4}$Ni$_{12.6}$Nb$_5$ 合金的屈服强度 σ_y、最大断裂强度 σ_m、塑性应变 ε_p、剪切断裂角 θ_c^F、初始剪切带的初始角 θ_c^0

Ar＋x％H$_2$	屈服强度 /MPa	最大断裂强度 /MPa	塑性应变 /％	剪切断裂角 /(°)	初始剪切带的 初始角/(°)
0	1 744	1 820	2.0	40.0	39.0
5％H$_2$	1 771	1 903	8.5	42.0	39.7
10％H$_2$	1 761	1 917	8.9	43.1	40.6
15％H$_2$	1 789	1 949	9.5	43.0	40.5
20％H$_2$	1 775	1 921	9.8	44.0	41.3
30％H$_2$	1 775	1 923	10.0	44.8	41.9

为了进一步理解氢致非晶合金塑性提高的机制,选取了 Ar 气氛下与 Ar＋20％H$_2$ 气氛下制备的 Zr$_{57}$Al$_{10}$Cu$_{15.4}$Ni$_{12.6}$Nb$_5$ 合金断裂试样的侧面与断口的形貌进行了 SEM 电镜观察,如图 5.29 所示。对于 Ar 气氛下制备的 Zr$_{57}$Al$_{10}$Cu$_{15.4}$Ni$_{12.6}$Nb$_5$ 合金,压缩断裂后试样的断口附近只观察到少量分散的主剪切带,主剪切带之间的距离大约为 300 μm(图 5.29(a)白色箭头),虽然剪切带内能够产生非常大的塑性应变,但试样在断裂前形成有限

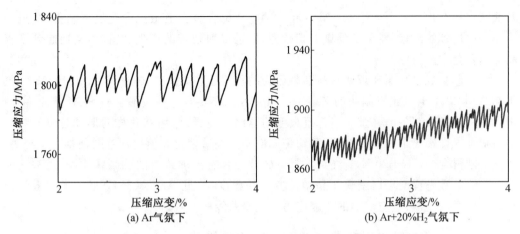

图 5.28　Ar 气氛下与 Ar＋20％H₂气氛下制备的 Zr₅₇Al₁₀Cu₁₅.₄Ni₁₂.₆Nb₅
合金的压缩应力－应变曲线的放大图

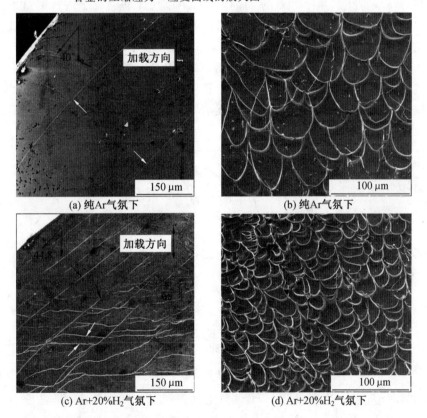

图 5.29　Ar 气氛下与 Ar＋20％H₂气氛下制备的 Zr₅₇Al₁₀Cu₁₅.₄Ni₁₂.₆Nb₅
合金断裂试样侧面与断口的 SEM 照片

数量的剪切带并沿单一方向快速扩展,因此导致非晶合金的塑性很差。当 Zr₅₇Al₁₀Cu₁₅.₄
Ni₁₂.₆Nb₅合金通过液态氢化后,其断口附近的主剪切带数量明显增加,而且主剪切带之
间的距离也随之减小,大约为 50 μm(图 5.29(c)白色箭头)。同时在主剪切带之间形成
间距为 20～40 μm 的二次剪切带,且呈波浪形向前传播,主剪切带与二次剪切带发生相

互交割作用。由此可见,当 $Zr_{57}Al_{10}Cu_{15.4}Ni_{12.6}Nb_5$ 合金在氢氩混合气氛下制备时,阻碍了单一剪切带的滑移,弱化了局域剪切行为,促进多剪切带的产生和滑移,从而起到了提高非晶合金室温塑性的作用。

断口形貌观察是用来理解材料断裂行为的重要手段,图 5.29(b)和(d)是纯 Ar 气氛下与 $Ar+20\%H_2$ 气氛下制备的 $Zr_{57}Al_{10}Cu_{15.4}Ni_{12.6}Nb_5$ 合金断裂形貌的 SEM 照片,由图中可见两种条件制备的合金断口都呈典型的脉络状花样,脉络状花样的形成是由于断裂前剪切带内部聚集了大量弹性能,剪切带内部发生局域熔化。值得注意的是相对于纯 Ar 气氛下制得合金,$Ar+20\%H_2$ 气氛下制得的合金具有更加致密的脉络状花纹,通常认为该种花纹的致密程度可以反映非晶塑性变形的程度,可见 $Ar+20\%H_2$ 气氛下制得的合金具有更高的塑性,这与前面的压缩应力-应变曲线相一致。

5.3.2　液态氢化对非晶合金弯曲行为的影响

对在 $Ar+x\%H_2$ 气氛下制备的 $Zr_{55}Cu_{30}Ni_5Al_{10}$ 块体非晶合金进行室温条件下的三点弯曲实验,得到弯曲载荷与位移曲线如图 5.30 所示。由图 5.30 中的弯曲载荷与位移曲线可见,在高纯 Ar 气氛下制备的 $Zr_{55}Cu_{30}Ni_5Al_{10}$ 非晶合金经历弹性变形阶段后,几乎没有产生屈服现象就直接发生断裂,而当 $Zr_{55}Cu_{30}Ni_5Al_{10}$ 非晶合金在 $Ar+x\%H_2$ 气氛下制备后,在试样断裂前发生了明显的塑性变形,随着氢氩混合气氛中氢含量的提高,试样的弯曲位移逐渐变大,对应的塑性变形量逐渐增加,说明液态氢化后提高了 $Zr_{55}Cu_{30}Ni_5$ Al_{10} 非晶抵抗断裂的能力。

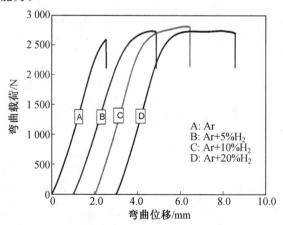

图 5.30　$Ar+x\%H_2(x=0\sim20)$气氛下制备的 $Zr_{55}Cu_{30}Ni_5Al_{10}$ 合金的弯曲载荷-位移曲线

选取纯 Ar 气氛下与 $Ar+20\%H_2$ 气氛下制备的 $Zr_{55}Cu_{30}Ni_5Al_{10}$ 非晶合金弯曲断裂试样,利用 SEM 电镜对 $Zr_{55}Cu_{30}Ni_5Al_{10}$ 非晶合金断裂后试样侧面的形貌进行了观察,结果如图 5.31 所示。将纯 Ar 气氛下制备的 $Zr_{55}Cu_{30}Ni_5Al_{10}$ 非晶合金断裂后的两部分放在一起进行观察,如图 5.31(a)所示,其断裂面近似于一条直线,说明在纯 Ar 气氛下制备 $Zr_{55}Cu_{30}Ni_5Al_{10}$ 非晶合金试样在三点弯曲时,经历弹性变形后没有发生塑性变形,试样就直接断裂,这与图 5.30 中 A 弯曲载荷与位移曲线相一致。对该断裂试样进行进一步的观察,如图 5.31(b)所示,在纯 Ar 气氛下制备 $Zr_{55}Cu_{30}Ni_5Al_{10}$ 非晶合金试样只能见到少量的一次剪切带,而且剪切带之间的间距很大,块体非晶合金的塑性变形被认为是通过剪切带内完成的,有限的剪切带将导致非晶合金在断裂前表现为无宏观塑性变形的脆性断裂。图 5.31(c)是 $Ar+20\%H_2$ 气氛下制备的 $Zr_{55}Cu_{30}Ni_5Al_{10}$ 非晶合金弯曲断裂后试样的两部分合在一起的 SEM 电镜照片,不同于纯 Ar 气氛下制备 $Zr_{55}Cu_{30}Ni_5Al_{10}$ 非晶合金的断裂面,其断裂面呈"＞"形,这将使裂纹产生后不会迅速扩展,起到一定阻碍裂纹扩展的作用,由此可见,$Zr_{55}Cu_{30}Ni_5Al_{10}$ 非晶合金试样在断裂前经历过明显的塑性变形阶段,该结果与图 5.30 中 D 弯曲载荷与位移曲线相一致。对图 5.31(c)断口附近进行进一步的放大观察,如图 5.31(d)所示,在 $Zr_{55}Cu_{30}Ni_5Al_{10}$ 非晶合金断裂试样的拉伸表面与压缩表面可以清楚地看到具有一定角度的一次剪切带的形成,相对于试样表面剪切带角度约为 $50°$,并向弯曲试样的中性面扩展;在一次剪切带中同时会发现二次剪切带的形成,二次剪切带与一次剪切带之间具有一定角度关系,角度约为 $45°$。从剪切带的数量和方向,可见通过液态氢化后抑制了 $Zr_{55}Cu_{30}Ni_5Al_{10}$ 非晶合金高度局域化的剪切断裂方式,导致了剪切带数量增加、分叉和扩张方向的偏转,从而产生更加均匀的变形,进而起到提高 $Zr_{55}Cu_{30}Ni_5Al_{10}$ 非晶合金塑性变形能力的作用。

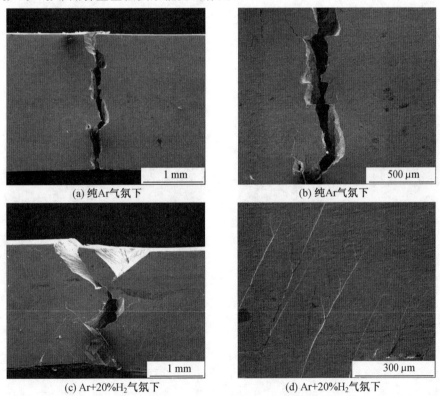

(a) 纯Ar气氛下　　　1 mm

(b) 纯Ar气氛下　　　500 μm

(c) Ar+20%H₂气氛下　　　1 mm

(d) Ar+20%H₂气氛下　　　300 μm

图 5.31　纯 Ar 气氛下与 $Ar+20\%H_2$ 气氛下制备的 $Zr_{55}Cu_{30}Ni_5Al_{10}$ 合金弯曲试样表面形貌

图 5.32 是 Ar 气氛下和 $Ar+20\%H_2$ 气氛下制备的 $Zr_{55}Cu_{30}Ni_5Al_{10}$ 非晶合金试样弯曲断裂后断口形貌的 SEM 照片。$Zr_{55}Cu_{30}Ni_5Al_{10}$ 非晶合金在进行三点弯曲实验时,样品受力主要分为拉应力区与压应力区,从非晶合金断裂后的宏观断口可以清楚地看到这两个区域对应的位置,在拉应力区与压应力区之间具有一个中性面。图 5.32(a)与(b)是在

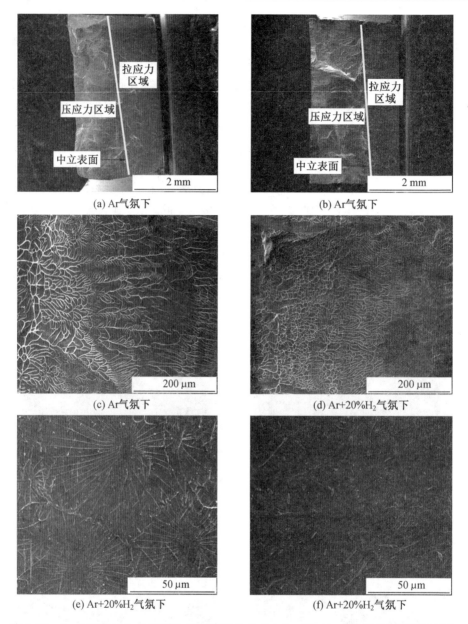

图 5.32　Ar 气氛下与 Ar＋20％H₂ 气氛下制备的 Zr₅₅Cu₃₀Ni₅Al₁₀ 合金弯曲试样断口形貌

Ar 气氛下和 Ar＋20％H₂ 气氛下制备的 $Zr_{55}Cu_{30}Ni_5Al_{10}$ 非晶合金断口的宏观形貌,图中左侧部分是 $Zr_{55}Cu_{30}Ni_5Al_{10}$ 非晶合金试样受压应力作用时发生断裂的区域,右侧部分是试样受拉应力作用发生断裂的区域,中间的直线是中性面。对比两张图片中的中性面位置,可以发现 Ar＋20％H₂ 气氛下制备的 $Zr_{55}Cu_{30}Ni_5Al_{10}$ 非晶合金的中性面相对于 Ar 气氛下制备的 $Zr_{55}Cu_{30}Ni_5Al_{10}$ 非晶合金的中性面向右移动,对应的 Ar＋20％H₂ 气氛下制备的 $Zr_{55}Cu_{30}Ni_5Al_{10}$ 非晶合金的压应力的区域变大。之后分别对 Ar 气氛下和 Ar＋20％H₂ 气氛下制备的 $Zr_{55}Cu_{30}Ni_5Al_{10}$ 非晶合金试样的压应力与拉应力作用区域的断裂形貌进行观察,可以看到压应力区域断口形貌与压缩实验一样呈现脉络花纹状断口,Ar＋

20％H_2气氛下制备的 $Zr_{55}Cu_{30}Ni_5Al_{10}$ 非晶合金的断口具有更致密、尺寸更小的脉络状花纹,如图 5.32(e)所示,该形貌是由于剪切带在剪切应力的作用下一层一层撕裂后留下的痕迹,从脉络状花纹的多少可以反映非晶合金塑性的大小,由此可见 Ar+20％H_2气氛下制备的 $Zr_{55}Cu_{30}Ni_5Al_{10}$ 非晶合金具有更大的塑性变形量。对 Ar 气氛下和 Ar+20％H_2气氛下制备的 $Zr_{55}Cu_{30}Ni_5Al_{10}$ 非晶合金试样的拉应力作用区进行观察,可以发现试样拉应力作用区域的断口相对于压应力作用区域的断口要更加平滑(图 5.32(a)与(d)的右侧),进行放大后可以观察到很多个类似于放射状的花样,如图 5.32(c)和(f)所示,在这些放射状的花样存在大小不同的圆形核心。Zhang 等人认为这种现象的产生是由于非晶合金在正应力的作用下形成的,$Zr_{55}Cu_{30}Ni_5Al_{10}$ 非晶合金拉伸断裂首先发源于这些核心,之后在剪切模式下由核心向四周辐射发生断裂。由 $Zr_{55}Cu_{30}Ni_5Al_{10}$ 非晶合金断口形貌的观察可见,液态氢化后只影响到 $Zr_{55}Cu_{30}Ni_5Al_{10}$ 非晶合金在压应力作用时的变形特征,并没有改变 $Zr_{55}Cu_{30}Ni_5Al_{10}$ 非晶合金拉应力时的变形特征,对这种现象将在下面的讨论中进行分析。

为能更好地理解试样弯曲后的变形行为与液态氢化后对 $Zr_{55}Cu_{30}Ni_5Al_{10}$ 合金试样的弯曲行为的影响,对变形试样进行了进一步的力学分析研究。图 5.33 是三点弯曲板状试样的三维空间示意图,板状试样的应变可以用下面的公式表示:

$$\varepsilon_{xx}=\kappa(y-y_0) \tag{5.20}$$

式中,κ 为弯曲曲率;y_0 为弯曲时中性面的位置,发生弯曲变形前 $y_0=0$;y 为 y 方向的位置。

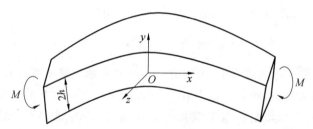

图 5.33　三点弯曲板状试样的三维空间示意图(M 为弯曲扭矩)

Conner 等人研究了非晶合金的弯曲行为,认为在非晶弯曲时可以分为两种变形模式,一种为对称弯曲,另一种为非对称弯曲,两种形式在变形时的应力分布有所不同,因此将导致非晶合金弯曲试样形成的剪切带的形式发生变化,主要的区别是,对于对称弯曲时,非晶合金的剪切带在弯曲试样的两侧形成;而非对称弯曲时,剪切带只形成于非晶合金试样的一侧,结合图 5.31 (c)中剪切带分布情况,在这里将采用对称弯曲分析 $Zr_{55}Cu_{30}Ni_5Al_{10}$ 非晶合金弯曲时的变形情况。图 5.34 是对称弯曲时应力分布情况与形成剪切带的示意图。

图 5.34 (b)中非晶合金弯曲后形成的剪切带的间距 λ 可以通过下面的表达式进行表示:

$$\lambda=\frac{1-2\nu}{1-\nu}\left(1-\frac{\kappa_y}{\kappa}\right)^2 h \tag{5.21}$$

式中,ν 为泊松比;κ 为弯曲曲率;κ_y 为屈服表面的曲率;h 为中性面位置。

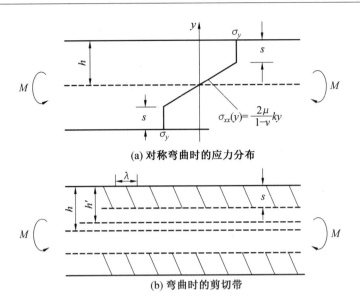

(a) 对称弯曲时的应力分布

(b) 弯曲时的剪切带

图 5.34　对称弯曲时的应力分布和弯曲时的剪切带

Conner 等人研究了剪切带间距与剪切带偏移距离之间的关系,其表达式为

$$\lambda = \frac{\Delta u_{\max}}{\sqrt{2}\,\varepsilon_{xx}\,(y = h)} \tag{5.22}$$

式中,$\Delta u_{\max}$ 为剪切带偏移距离;ε_{xx} 为 x 轴方向的应变。

将表达式(5.20)、式(5.21)代入表达式(5.22)中可以得到:

$$\Delta u_{\max} = \sqrt{2}\,\frac{1-2\nu}{1-\nu}\kappa\left(1 - \frac{\kappa_y}{\kappa}\right)^2 h^2 \tag{5.23}$$

　　在非晶合金试样的弯曲过程中,裂纹的产生与剪切带偏移距离 $\Delta u_{\max}$ 具有直接关系,当剪切带偏移距离 $\Delta u_{\max}$ 达到某一临界值时,非晶合金的弯曲试样将开始产生裂纹,并发生扩展。对前面 $Ar + 20\% H_2$ 气氛下制备的 $Zr_{55}Cu_{30}Ni_5Al_{10}$ 非晶合金宏观断口的分析,可知相对于纯 Ar 气氛下制备的 $Zr_{55}Cu_{30}Ni_5Al_{10}$ 非晶合金,氢的加入将导致中性面位置由 h 减小到 h',如图 5.34(b)所示。中性面位置的减少导致需要更大的弯曲曲率 κ 才能达到 $\Delta u_{\max}$ 的临界值,导致 $Zr_{55}Cu_{30}Ni_5Al_{10}$ 非晶合金弯曲过程会产生更大的塑性变形量。Chen 等人对激光表面改性后的 $(Zr_{0.55}Al_{0.1}Ni_{0.05}Cu_{0.3})_{99}Y_1$ 非晶合金进行三点弯曲实验研究,同样发现中性面位置的减小导致弯曲塑性提高的现象。

5.3.3　液态氢化对非晶合金阻尼性能的影响

　　人们已经对氢的加入引起非晶合金在低温时产生阻尼增加的现象进行了大量的研究,而由于空间科学的发展,人们需要一种能够在室温或室温以下工作的具有高强度和高阻尼性能的材料,因为空间飞行器在发射或着陆时将产生很大的机械振动,这会对一些精密仪器造成严重的损害,可见充氢后的非晶合金可以作为一种阻尼材料在空间设备中得到应用。目前对氢致非晶阻尼特性的影响的研究中,采用的氢化方法主要为电化学方法,该方法得到的含氢试样多为微米级别的试样,很难制备出块体含氢非晶合金,因此限制了其进一步作为一种功能材料来使用。本节中研究了利用液态氢化的方法制备的块体含氢非晶合金的低温阻尼特性。

图 5.35 是 $Zr_{55}Cu_{30}Ni_5Al_{10}$ 与 $Zr_{57}Al_{10}Cu_{15.4}Ni_{12.6}Nb_5$ 两种非晶合金氢致内耗与温度的关系曲线,由图中可知 $Zr_{55}Cu_{30}Ni_5Al_{10}$ 与 $Zr_{57}Al_{10}Cu_{15.4}Ni_{12.6}Nb_5$ 两种非晶合金在 $-20\ ℃$ 都存在内耗峰,当对两种合金进行液态氢化后,随着氢含量的增加,内耗峰对应的温度向更低的温度方向移动,而内耗峰值随着氢含量的增加逐渐变大。

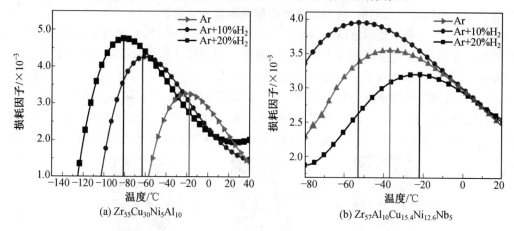

图 5.35　$Zr_{55}Cu_{30}Ni_5Al_{10}$ 与 $Zr_{57}Al_{10}Cu_{15.4}Ni_{12.6}Nb_5$ 两种非晶合金氢致内耗与温度的关系曲线

由此可见,通过液态氢化的方法可以制备出含氢的大块非晶,为氢致阻尼块体非晶材料的制备提供了一种新的方法。但是,从图 5.35 可以看到利用该方法制备的块体非晶合金的阻尼峰值相对于来说还是很小的,主要原因是利用该方法获得的氢含量很少,而通过前面绪论中的介绍,可知氢化的多少与非晶合金的合金组元有很大的关系,因此将来通过对不同组元成分的非晶合金进行液态氢化研究,相信会得到理想的氢含量。

5.3.4　氢致非晶合金塑性的讨论

非晶合金由于其特殊的结构,不存在晶界、位错等缺陷,因此其不存在应变强化现象,非晶合金的塑性变形主要集中在少数的剪切带中,一旦变形开始,剪切带便会迅速扩展最终产生灾难性的断裂,严重限制了非晶合金的应用。为了克服块体非晶合金的室温脆性,如何有效地阻止剪切带的自由快速扩展并促进剪切带的增殖就显得至关重要。从目前的研究现状来看,改善块体非晶合金的室温塑性的研究主要集中在块体非晶复合材料与塑性块体非晶合金两个方向。近年来,人们通过表面处理引入应力的方法来改善非晶合金塑性,开辟了一种新的方向。Zhang 等人对非晶合金进行喷丸处理,引入的残余应力将导致大量剪切带的形成,从而起到提高非晶压缩塑性的作用。Qu 等人通过刻痕法对非晶合金进行处理后,获得的非晶合金在拉伸时也具有一定的塑性。通过上述方法处理后的非晶合金塑性增加的主要原因是人工痕迹处存在应力集中与应力梯度,导致了剪切带的增殖与稳定。人们认为晶体材料之所以发生氢脆现象,主要的原因就是氢在晶体材料中容易形成应力集中,可见氢的加入同样可能在非晶合金中产生应力集中现象。Zhou 等人对氢致非晶局域塑性进行了研究,认为氢促进非晶合金产生塑性的原因是正电子实验中

最大湮没寿命 τ_3 对应的亚纳米孔洞的增大。而 Wada 等人的研究发现,对 $Pd_{42.5}Cu_{30}Ni_{7.5}P_{20}$ 非晶合金熔体在加压的氢气氛下保温一定时间后,快速冷却后能够提高非晶合金的室温塑性,其室温塑性增加的原因被认为是非晶合金中形成的微米孔洞中产生的应力集中促使非晶合金在变形中产生大量的剪切带。由氢对非晶结构影响的研究可知,液态氢化后湮没寿命 τ_3 对应的亚纳米孔洞尺寸逐渐增大,而从前面对非晶合金增塑方法研究的分析中,可推断液态氢化后湮没寿命 τ_3 对应的亚纳米孔洞尺寸的增大最有可能引起区域性的应力集中,从而导致剪切带的增殖与稳定。

图 5.36 是氢致增塑示意图。如图 5.36(a)与(d)所示,块体非晶合金由于高度局域化的剪切变形,导致其室温压缩表现为脆性断裂。通过块体非晶合金液态氢化后,由于氢的加入,在合金内部形成了一些应力集中的区域,对应于结构中的最大寿命 τ_3 的湮没发生区域,同时在这些区域存在应力梯度,如图 5.36(b)所示。当试样在压缩变形时,应力集中区域将导致剪切带的增殖,如图 5.36(c)所示,多剪切带的形成将弱化块体非晶合金高度局域化的剪切变形行为,从而起到增加非晶合金室温压缩塑性的作用(图 5.36(e))。

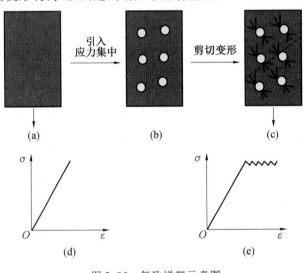

图 5.36　氢致增塑示意图

5.4　氢对非晶合金原子结构的影响

非晶合金作为一种潜在的新型结构材料,其独特的力学性能,如高强度、大弹性极限等,引起了材料科学工作者们广泛的兴趣。然而,较差的室温塑性变形能力已经成为这一材料的"阿喀琉斯之踵",严重制约了其应用前景。对于完全非晶态的合金,常用的元素合金化方法或者外部驱动处理技术都会影响样品的变形行为,而本质上都可归结为相应的内部无定形结构的演变。例如,低温热循环处理能够使非晶合金内部的无定形结构发生回春现象,从而改善样品的塑性,但却同时牺牲了部分强度。相比之下,用于传统多晶合金材料改性的微合金化技术(少量的合金化元素添加)也同样适用于非晶合金,某些特定元素的加入甚至会同时改善非晶样品的强度和塑韧性。

研究发现,氢作为一种特殊的合金化元素,会显著影响非晶合金的力学性能,如屈服强度、断裂韧性等。但是,常用的氢化方法(气态渗氢或电化学充氢)操作复杂、成本高,所能处理的样品尺寸多限制在微米尺度。与之相反,课题组所开发的液态氢化技术不仅操作简单、成本低,还可用于大尺寸块体非晶合金的制备。除此之外,这一氢微合金化技术的应用还会带来诸多意想不到的益处,特别是液态氢化后的非晶合金会表现出强度和塑韧性同时提高的优异力学性能。然而,这一现象的内在机理尚不清楚,其症结在于缺乏对氢诱发无定形结构变化规律的理解。因此,本节将以此氢微合金化研究为例,尝试建立微合金化对金属玻璃变形行为影响的统一理论框架。

微观上,非晶合金的流动过程可通过局域单元的协作剪切运动来承载,这些基本流动单元是包含几十或几百个原子的团簇,被定义为剪切转变区(Shear Transformation Zones,STZs)。研究表明,非晶结构中原子排列相对松散的软区(soft spots)被认为是最有可能成为这一局域原子重排的初始激活位置。因此,要想深入理解氢微合金化后非晶合金力学行为变化的结构起源,最为重要的一点就是如何量化氢化前后非晶中软区的数量,目前实验上还没有衡量软区数量的方法。

非晶合金中的弛豫行为和塑性流动分别是对外加温度和应力的响应,都是外加能量导致流变单元发生激活和逾渗的现象,也就是说弛豫动力学行为与潜在的形变机制可以本征地关联在一起,进而控制着非晶的强度和变形能力。同时,相比于外加力的矢量性,标量温度的变化可以造成非晶整体范围内的 STZs 激活。研究表明,α 弛豫(primary relaxation)是体系中大量逾渗的 STZs 自组织的结果,这一不可逆过程打破了周围密堆壳层(弹性基体崩塌),对应于玻璃转变或屈服流动现象的发生;β 弛豫(secondary or Johari-Goldstein relaxation)是 STZs 逾渗行为被激活发生的结果,与非晶结构的不均匀性相关,可用来理解非晶合金力学行为的本质;而近期在诸多非晶体系中发现的低温 β' 弛豫(fast relaxation)是潜在的 STZs 开始形核的结果,可直接与无定形结构的拓扑不均性以及受限的不稳定原子的可逆滞弹性运动关联在一起,进而从根本上与非晶合金中的软区结构相对应。因此,实验上我们主要从动态力学弛豫分析着手,间接地对比氢化前后非晶合金原子结构的差异,重点考察 β' 弛豫峰的演变规律,建立非晶中软区数量的评价准则。与此同时,基于分子动力学模拟和"梯度原子堆垛结构"模型,我们直接给出了氢致非晶合金原子结构变化的情况(包括软区数量的变化),以达到与实验结果相互补充印证的目的。最后,我们还对比研究了氢微合金化对不同 Zr 含量非晶合金力学行为以及结构等方面的影响规律,进一步检验所建立的结构演变机制的通用性。

5.4.1　动态弛豫行为与电子结构

选取两种成分的 Zr-Cu 基块体非晶合金(BMG)进行研究:(1)棒状的 $Zr_{64}Cu_{24}Al_{12}$(原子数分数,%),直径 3 mm,长度 50 mm;(2)板状的 $Zr_{55}Cu_{30}Al_{10}Ni_5$(%),尺寸 50 mm×10 mm×1 mm 和 60 mm×30 mm×2 mm。所有样品均采用电弧熔炼+铜模吸铸方法制备,母合金铸锭均需熔炼至少四次以上,以保证成分大体均匀。与此同时,在制备过程中,采用纯 Ar 气氛熔炼不含氢(H-free)样品,而氢化(H-alloyed)样品的熔炼是在 85%Ar + 15%H_2 的混合气氛下进行的。利用氢氧分析仪对样品的氢含量进行测量,液态氢化制备的 $Zr_{64}Cu_{24}Al_{12}$ 和 $Zr_{55}Cu_{30}Al_{10}Ni_5$ 非晶合金中氢含量分别为 $264\times$ 10^{-6}和 247×10^{-6},对应的原子数分数大约为 2%。制备的非晶样品在进行分析测试之前,先采用 XRD 和 TEM 方法判定是否为完全非晶态结构。图 5.37 为氢微合金化前后,三元和四元 Zr—Cu 基非晶样品的 X 射线衍射谱,都表现出宽化的漫散射峰,对应非晶态结构特征。相比于氢化后的样品,未氢化非晶的漫散射峰略显尖锐,即少量氢添加会导致非晶在结构上更加的无序化。与此同时,为进一步确定所制备合金的非晶特性,采用 TEM 对其结构进行表征,如图 5.38 所示,在氢化前后的样品中均未发现晶体相的存在,衍射花样均呈现出典型的弥散环特征,并且氢化样品弥散环的锐度较低(结构更加的无序化),这与 XRD 分析结果相一致。

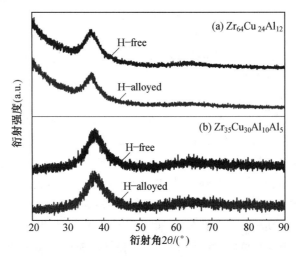

图 5.37　氢化前后 Zr—Cu 基非晶合金的 X 射线衍射谱

(a) 未氢化　　　　　　　　　　　(b) 氢化

图 5.38　未氢化与氢化 $Zr_{64}Cu_{24}Al_{12}$ 样品的 HRTEM 图

1. 多尺度力学行为

在图 5.39(a)中,对氢化前后具有不同组元数量的 Zr—Cu 基非晶合金的室温单轴压缩测试结果进行汇总;少量氢原子掺杂会同时提升这些非晶样品的屈服强度 σ_y、屈服应变 ε_y、极限强度 σ_m 以及断裂应变 ε_f,即氢化的非晶合金会表现出更高的强度以及更优异的变形能力。在本文的工作中，为了说明氢致力学性能的变化不是压缩测试的实验散布（experimental scatter）导致的，我们补充了断裂韧性测试，图 5.39(b)中插图为具有预置缺口的三点弯曲试样三维几何形貌图。从图 5.39(b)中的载荷-位移数据中可以发现，在断裂刚要发生之前，载荷与位移的关系仅表现出轻微可见的线性偏差，因此断点处的峰值载荷可以被用来对样品的平面应变断裂韧性进行有效的评估。基于断裂韧性测量的 ASTM E399 标准，断裂所需的临界应力强度（critical stress intensity）K_{IQ} 可由下式计算：

$$K_{IQ} = \frac{F_Q S}{B W^{3/2}} \times f\left(\frac{a}{W}\right)$$

$$f\left(\frac{a}{W}\right) = 3\left(\frac{a}{W}\right)^{1/2} \times \frac{1.99 - \left(\frac{a}{W}\right)\left(1 - \frac{a}{W}\right)\left[2.15 - 3.93\left(\frac{a}{W}\right) + 2.70\left(\frac{a}{W}\right)^2\right]}{2\left(1 + \frac{2a}{W}\right)\left(1 - \frac{a}{W}\right)^{3/2}} \tag{5.24}$$

式中，F_Q 为最大载荷；S 为跨距；B 为板状试样厚度；W 为板状试样宽度；a 为初始裂纹长度（切口深度）。微量氢元素的加入会导致 K_{IQ} 从 84 MPa·m$^{1/2}$ 上升到 101 MPa·m$^{1/2}$。此外，图 5.39(c)~(f)分别给出了氢化前后变形样品所对应的弯曲断口形貌。非晶合金断裂韧性的力学机制起源可以被理解为裂纹钝化，钝化的原因是多条剪切带的共同萌发以及被裂纹尖端前沿剪切带滑移所容纳的潜在裂纹阻滞。本质上，由于非晶合金一贯地表现出很高强度，多条剪切带的出现不仅仅意味着塑性的改善，还往往伴随着断裂韧性的提升。在图 5.39(c)和(d)中，粗糙区宽度（rough zone width）W_R 可近似从图形中陡桥和深谷出现的位置来确定，表示预裂纹前端剪切滑移被激活的程度。可以明显地看出，少量氢原子的添加同样会导致 W_R 增加。将放大后的图 5.39(d)与(f)对比后发现，韧性更高的氢化样品的断裂表面是由更发达的致密类脉络状花样组成的。

　　类似地，在无缺口的 $Zr_{55}Cu_{30}Al_{10}Ni_5$ 板状样品的三点弯曲实验中，氢微合金化会同时增加断裂载荷（从 2 500 N 提升到 2 750 N）和断裂挠度（从 0 mm 提升到 5 mm）。基于 Conner 等人的分析，可以直接根据弯曲断裂应变（挠度）ε_f 来定量评估无缺口试样的临界模式Ⅰ应力强度（critical Mode Ⅰ stress intensity）K_{IC}，公式为

$$K_{IC} = \sqrt{\pi c}\left[\frac{2G}{1 - v}\varepsilon_y\left(\frac{3}{2} - \frac{1}{2}\frac{\varepsilon_y}{\varepsilon_f}\right)^2\right] \times f\left(\frac{c}{h}\right) \tag{5.25}$$

$$f\left(\frac{c}{h}\right) = \left[1.12 - \frac{1.39}{2}\left(\frac{c}{h}\right) + \frac{7.3}{4}\left(\frac{c}{h}\right)^2 - \frac{13}{8}\left(\frac{c}{h}\right)^3 + \frac{14}{16}\left(\frac{c}{h}\right)^4\right] \tag{5.26}$$

式中，G 为剪切模量；v 为泊松比；ε_y 为弹性应变极限；c 为失稳断裂前稳定裂纹的长度；h 为板状试样的半宽度。也就是，ε_f 越大，K_{IC} 就越高，即断裂韧性得到提升。除此之外，在这些力学变形过程中，总是能够在氢化样品表面观察到更高数量密度的剪切带。综上所述，与未氢化的非晶合金相比，氢微合金化合金具有更高的强度、塑性以及断裂韧性。

　　接下来，通过纳米压痕测量技术，对不同氢含量的非晶样品进行微尺度力学行为表征，图 5.40(a)为载荷-位移曲线。图中采用箭头标记出第一个突变点（pop-in）位置，即压头位移突然增加，对应第一条剪切带的出现，又可称之为初始屈服点。微尺度测试下的氢微合金化样品同样表现出滞后的屈服点，屈服载荷与位移均得到提升，这与宏观尺度下的力学测试结果相一致。图 5.40(b)和(c)给出了压痕的 SEM 形貌图，与不含氢样品

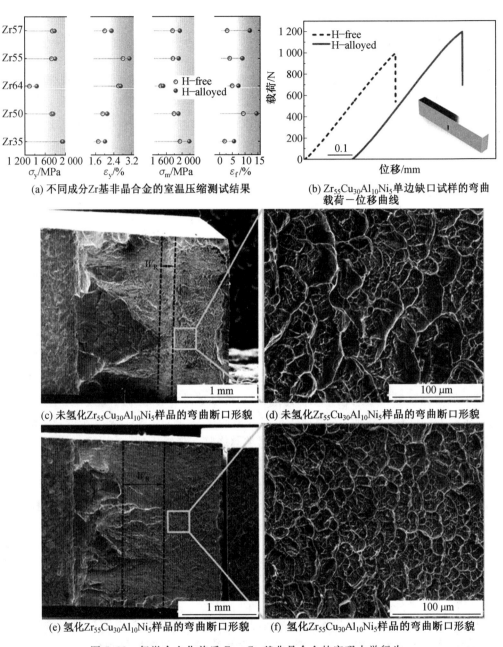

(a) 不同成分Zr基非晶合金的室温压缩测试结果

(b) $Zr_{55}Cu_{30}Al_{10}Ni_5$单边缺口试样的弯曲载荷－位移曲线

(c) 未氢化$Zr_{55}Cu_{30}Al_{10}Ni_5$样品的弯曲断口形貌

(d) 未氢化$Zr_{55}Cu_{30}Al_{10}Ni_5$样品的弯曲断口形貌

(e) 氢化$Zr_{55}Cu_{30}Al_{10}Ni_5$样品的弯曲断口形貌

(f) 氢化$Zr_{55}Cu_{30}Al_{10}Ni_5$样品的弯曲断口形貌

图 5.39　氢微合金化前后 Zr－Cu 基非晶合金的宏观力学行为

相比,氢化样品的压痕四周聚集了更多的剪切带。值得注意的是,在远低于玻璃转变温度的条件下,变形过程中仅有少量剪切带的出现会导致材料过早发生失稳断裂,严重限制了非晶合金的变形能力;相反,剪切带在变形过程中不断地增殖能够促进局域塑性流变更加均匀化,进而显著改善非晶材料的塑韧性。此外,从超声测量结果(表 5.10)中可以看出,氢微合金化处理对非晶合金的弹性常数的影响不大,特别是与氢致韧性提升的显著效果相比;这表明氢微合金化对非晶合金变形行为的影响在很大程度上可能归因于滞弹性应变,即具有时间依赖性的弹性应变。因此,接下来将对以上力学行为进行深入分析,以寻找线索来描述为什么少量氢原子的添加不仅会强化非晶合金,而且还会促进变形过程中剪切带的增殖,从而提升其变形能力。

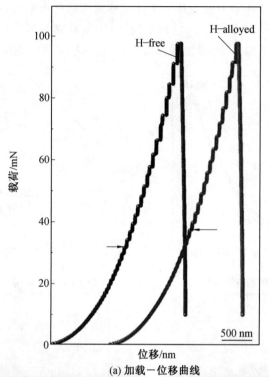

(a) 加载—位移曲线

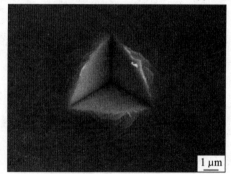

(b) 未氢化样品的压痕形貌

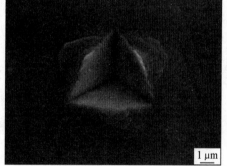

(c) 氢化样品的压痕形貌

图 5.40　未氢化与氢化 $Zr_{64}Cu_{24}Al_{12}$ 样品的纳米压痕行为

表 5.10　未氢化与氢化 $Zr_{55}Cu_{30}Al_{10}Ni_5$ 样品的密度 ρ、剪切模量 G、体模量 B 以及泊松比 ν

状态	密度/(g·cm⁻³)（±0.01）	剪切模量/GPa（±0.2）	体模量/GPa（±0.4）	泊松比（±0.000 5）
未氢化	6.871	32.0	109.8	0.367
氢化	6.881	32.3	113.1	0.370

2. 动态弛豫行为

非晶合金的弛豫行为可直接与塑性流变过程相关联,并能够间接反映出微观结构特征。采用动态力学分析(DMA)方法对每一个样品的弛豫谱进行表征,并在很宽的温度区间进行测量(从 150 K 到 750 K)。图 5.41(a)为 1 Hz 单频率测试条件下,氢化前后三元 $Zr_{64}Cu_{24}Al_{12}$ 样品的损耗模量 E'' 随温度的演化关系。与先前的研究结果类似,这种"强"

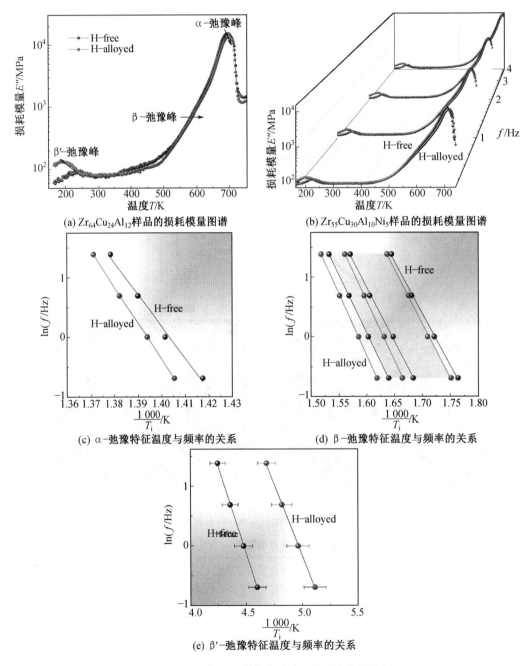

(a) $Zr_{64}Cu_{24}Al_{12}$ 样品的损耗模量图谱

(b) $Zr_{55}Cu_{30}Al_{10}Ni_5$ 样品的损耗模量图谱

(c) α-弛豫特征温度与频率的关系

(d) β-弛豫特征温度与频率的关系

(e) β'-弛豫特征温度与频率的关系

图 5.41　未氢化与氢化非晶合金的动态力学分析

Zr—Cu 基非晶合金的弛豫谱同样表现出主 α—弛豫峰（玻璃转变温度附近）、慢 β—弛豫过剩尾（excess wings，对 α—弛豫尾部的额外贡献）以及低温下的快 β′—弛豫峰（振幅较低）。氢微合金化处理后，α—弛豫与 β—弛豫的叠加峰向更高的温度方向移动，其峰强略微降低；相反，β′—弛豫峰的强度升高，并向更低的温度方向移动。与此同时，图 5.41(b) 给出了多频测试条件下，未氢化与氢化四元 $Zr_{55}Cu_{30}Al_{10}Ni_5$ 样品的动态弛豫图谱。同样地，在添加少量氢原子后，这些 $E''(T)$ 曲线的演化规律与图 5.41(a) 所给出的结果相一致。

此外，从图 5.41(b) 和图 5.42 中能够看出随着驱动频率 f 的增加，每条 $E''(T)$ 曲线的弛豫峰都会移向更高的温度范围。各弛豫所对应的特征温度 T_i 与频率 f 之间遵循 Arrhenius 关系式：

$$f = f_0 \exp\left(-\frac{E_i}{RT_i}\right) \tag{5.27}$$

式中，f_0 为振动频率前置因子（依赖于激活熵）；R 为气态常数；E_i 为不同弛豫激活能。因此，α—弛豫激活能 E_a、β—弛豫激活能 E_β 以及 β′—弛豫激活能 $E_{\beta'}$ 对应 $\ln(f)$ 与 $1/T_i$ 的拟合直线的斜率，具体值列于表 5.11 中。值得注意的是，在"强"非晶合金中 β—弛豫峰会与 α—弛豫峰发生重叠，表现为过剩尾的形式，其激活能可通过图 5.42 中所给出的方法获取。在 β—弛豫发生的温度区间，随机画一条水平直线，该直线与 $E''(T)$ 弛豫谱相交，每一个交点对应 Arrhenius 图中的一个 (f, T) 点，进而拟合出 β—弛豫激活能；为了确保结果的可靠性，共进行三次这样的分析以获取平均值。从得到的数据中可以清楚地看出（表 5.11），氢微合金化样品中 α—弛豫和 β—弛豫均需要更高的能量来激活，进而发生在更高的温度区间；相反，β′—弛豫在少量氢原子的添加后更容易被激活，进而发生在更低的温度区间。

表 5.11　未氢化与氢化 $Zr_{55}Cu_{30}Al_{10}Ni_5$ 样品的 β′—弛豫激活能 $E_{\beta'}$、β—弛豫激活能 E_β、α—弛豫激活能 E_a 以及估算出的 STZs 形核所需的平均滞弹性原子数量 n

状态	β′—弛豫激活能/$(kJ \cdot mol^{-1})$	β—弛豫激活能/$(kJ \cdot mol^{-1})$	α—弛豫激活能/$(kJ \cdot mol^{-1})$	平均滞弹性原子数量（$\gamma_c = 0.1 \sim 0.15$）
未氢化	49	152	444	15～41
氢化	40	163	498	12～33

α—弛豫开始于玻璃转变温度 T_g 附近，对应玻璃化过程，从而与非晶合金的强度相关联；E_a 升高意味着基体骨架（高弹性模量脉络）的坍塌需要更高得外部能量，即变形过程中需要更高的屈服应力与屈服应变使材料进入稳态的塑性流动。β—弛豫发生在 T_g 以下，是 α—弛豫（玻璃转变过程）的前驱体，影响着 α—弛豫特征。E_β 与 T_g 之间满足近似的线性关系：$E_\beta \approx 24(\pm 2)RT_g$，这符合势能形貌图谱（potential—energy landscape）中"β—弛豫到 α—弛豫"的自相似组织理论。研究发现，非晶合金的流变现象对应局域运动单元（如 STZs）的逾渗过程。根据协作剪切模型（cooperative shearing model），E_β 等于 STZs 逾渗（笼破坏）所需的势能障碍，更高的 E_β 对应更强的基体限制。此外，β—弛豫被视为是 STZs 项的热驱动逾渗过程，可与非晶态合金的固有塑性相关联。但是，由于非晶合金中

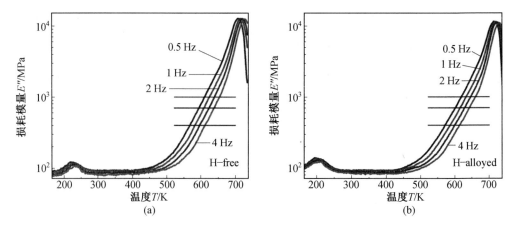

图 5.42　β-弛豫特征温度的选取

复杂的变形机制,仅考虑 β-弛豫与变形能力的关联还不够充分,特别是泊松比 ν 与 STZs 逾渗能垒(或平均体积)之间不满足单调关系。

与慢 β-弛豫相比,低温快 β'-弛豫更倾向于局域化在不稳定区域(软区),该区域由易发生滞弹性变形的高活性原子组成。事实上,对 La 基非晶合金进行纳米压痕测试后发现,滞弹性变形的能垒几乎与 β'-弛豫激活能 $E_{\beta'}$ 相同。因此,可以将这种快速弛豫看作是 STZs 的形核或萌发过程,并根植于非晶合金的拓扑结构不均性。此外,非晶合金的 $E_{\beta'}$ 值对其自身的玻璃转变温度并不敏感,这与 E_β 有很大的不同。也就是说,β'-弛豫行为并不受弹性基体的影响,可与非晶合金的强度控制因素解耦。因此,对 β'-弛豫确切性质的研究可能有助于深入理解非晶塑性变形的本征起源。基于 Fan 等人的工作,STZs 形核的有效激活体积 V_{eff} 与 $E_{\beta'}$ 之间存在如下关系:

$$E_{\beta'}/G = 1/2V_{\text{eff}}\gamma_{\text{c}}^2 \tag{5.28}$$

式中,G 为剪切模量;γ_{c}(0.1 或 0.15)为局域滞弹性过程所引起的平均应变。与此同时,V_{eff} 还可以表示为

$$V_{\text{eff}} = nC_{\text{f}}V_\alpha \tag{5.29}$$

式中,n 为平均滞弹性原子数量;C_{f}(≈1.1)为自由体积参数;V_α 为原子体积,可由下式求得:

$$V_\alpha = M/(\rho N_0) \tag{5.30}$$

式中,ρ 为密度;M 为摩尔质量;N_0 为阿伏伽德罗常数。将式(5.28)与式(5.29)代入式(5.30)中,可求得 STZ 形核所需的平均滞弹性原子数量 n:

$$n = V_{\text{eff}}\rho N_0/(C_{\text{f}}M) \tag{5.31}$$

表 5.11 给出了不同氢含量下 $Zr_{55}Cu_{30}Al_{10}Ni_5$ 非晶样品 n 的估算值。尽管不同的 γ_{c} 取值对应不同的原子数量,但氢化样品总是具有更小的 n。除此之外,非晶合金所含有的总滞弹性原子数量应正比于 β'-弛豫峰强 $I_{\beta'}$。现有文献已经证明,STZs 更倾向于在非晶合金中的软区内形核。因此,可以根据 β'-弛豫特性(n 与 $I_{\beta'}$)定量地比较不同非晶中软区的数量 N_{soft},存在如下关系式:

$$N_{\text{soft}} \propto I_{\beta'}/n \tag{5.32}$$

$I_{\beta'}$ 越大，n 越小，就意味着非晶合金中存在更多的软区来触发局域塑性项，进而导致非晶变形能力增强。图 5.43 给出了不同非晶体系泊松比 ν（多与塑性相关联）与 $I_{\beta'}/n$ 之间的关系，可以看出，韧性非晶合金往往具有较大的 $I_{\beta'}/n$ 值。简而言之，氢化非晶样品同时具有更低的 $E_{\beta'}$ 与更高的 $I_{\beta'}/n$，可形成更多易激活的软区用于 STZs 形核，从而在变形过程中诱发出更多的剪切带，促进塑性变形，并最终提升韧性。

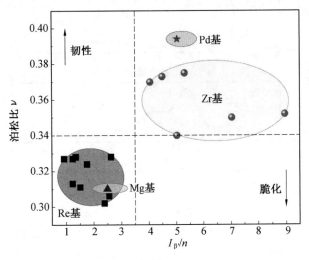

图 5.43　不同非晶体系泊松比 ν（多与塑性相关联）与 $I_{\beta'}/n$ 之间的关系

3. 电子结构

接下来，采用电子结构分析来调查微量氢对非晶合金力学性能的影响机理。图 5.44 给出了氢化前后 $Zr_{64}Cu_{24}Al_{12}$ 样品中 Zr 3d、Cu 2p 以及 Al 2p 的内壳层（core−level）能谱，少量氢原子的加入会导致各元素内壳层电子的键能向左移动（低能态方向），相同的变化趋势也可以在氢微合金化后的 $Zr_{55}Cu_{30}Al_{10}Ni_5$ 样品中发现。内壳层电子键能可以反映出合金组成原子的局域化学与几何构型环境信息。键能向低能态移动说明 H 周围金属原子的键合减弱，这可以通过 Troiano 的弱键理论（hydrogen−enhanced decohesion theory）进行理解。在氢化合金中，H 1s 电子会转移到 Zr 3d 导带上，从而增强了金属离子间的排斥力，最终削弱了氢原子周围某些金属原子对的键能，如 Zr—Cu 和 Zr—Al。因此，少量氢的加入后能够导致非晶样品的软区更容易被激活，进而大概率地成为剪切带的潜在形核位点。此外，图 5.44 还给出了未氢化与氢化 $Zr_{64}Cu_{24}Al_{12}$ 样品的价壳层（valence−band）能谱，该能谱对原子排布的变化非常敏感。氢微合金化后，费米能级 E_F 处的电子态密度降低，对应系统自由能的降低。与此同时，价壳层电子的键能向右移动（高能态方向），这将加强原子核与价电子之间的库仑吸引力，进而减小电子云的尺寸。这一系列的变化导致氢化非晶合金在整体上表现得更加稳定、致密（与正电子淹没分析结果相一致），有助于强化基体结构。

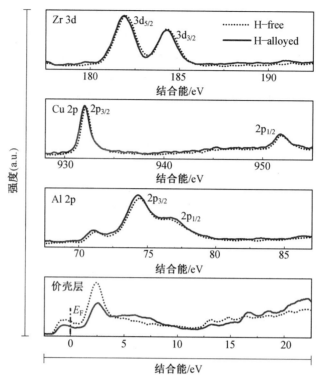

图 5.44　未氢化与氢化 $Zr_{64}Cu_{24}Al_{12}$ 样品的 XPS 谱

5.4.2　局域原子结构与应变局域化

1.计算模型与方法

分子动力学模拟采用 LAMMPS 软件包,势函数选取经过检验的 Cu－Zr－H 三元 2NN MEAM 势。选用典型的二元 $Zr_{50}Cu_{50}$ 体系来研究 Zr－Cu 基非晶合金的氢微合金化行为。样品中的氢含量采用氢原子数量 N_H 与基体原子(Zr、Cu)数量 N_M 的比值(N_H/N_M)来表示。在本章的研究中,分别选取五组具有不同尺寸、不同冷却速率的不含氢(H－free,$N_H/N_M=0\%$)和氢化(H－alloyed,$N_H/N_M=0\%$,大致等于液态氢化 Zr－Cu 基非晶样品中的氢含量)样品进行研究:S1($N_M=10\ 000$,0.01 K/ps)、S2($N_M=10\ 000$,0.1 K/ps)、S3($N_M=150\ 000$,0.1 K/ps)、S4($N_M=320\ 000$,0.1 K/ps)、S5($N_M=10\ 000$,1 K/ps),如图 5.45 所示。每个样品均在 2 000 K 下弛豫 2 ns 达到平衡状态后以不同的速率连续冷却至 300 K,整个过程采用等温等压系综(NPT),体系的温度通过诺斯－胡佛(Nose－Hoover)热浴进行控制,压强通过帕里内洛－拉曼(Parinello Rahman)压浴保持在 0 GPa。时间步长选取为 1 fs,并采用三维周期性边界条件(PBCs)。

接下来的力学模拟将采用三种加载方案,如图 5.45 所示。(1)在室温 300 K 下,对 S4 样品组(尺寸为 22.7 (x) nm× 5.6 (y) nm× 44.8 (z) nm)进行单轴压缩模拟,加载沿着 z 轴向,加载速率为 $10^8\ s^{-1}$。(2)为了比较氢化前后样品的变形能力,在室温 300 K 下,对 S3 样品组(尺寸为 16.8 (x) nm× 2.9 (y) nm× 54.5 (z) nm)进行单轴拉伸模拟,加载沿着 z 轴向,加载速率为 $10^8\ s^{-1}$。在以上的两个过程中,y 和 z 轴向均采用

PBCs,而 x 轴向采用自由边界条件,为的是能够在此自由表面上发生剪切偏移(shear offset)。与此同时,y 轴向(垂直于加载方向)将通过 Parinello Rahman 压浴实现自由应力状态。为了获得稳定的自由表面,所有样品在加载前需在 300 K 下弛豫 1 ns。(3)在室温 300 K 下,对 S1 样品组(尺寸为 5.5(x) nm× 5.5(y) nm× 5.5(z) nm)进行纯剪切模拟,加载速率为 10^6 s^{-1},并采用三维周期性边界条件消除表面的影响,室温条件的选取是为了与实验测试结果进行对比。原子的可视化分析主要通过 OVITO 软件包实现。

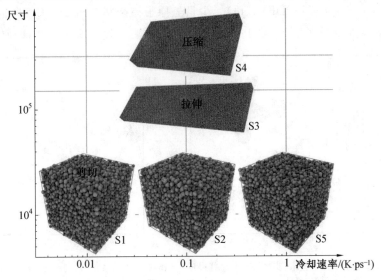

图 5.45　不同尺寸、不同冷却速率下,氢化 $Zr_{50}Cu_{50}$ 样品的原子构型

为了研究 Zr 含量对非晶合金液态氢化行为的影响,分别选取 $Zr_{35}Cu_{65}$ 和 $Zr_{65}Cu_{35}$ 体系($N_H/N_M=0\%$ 和 2%)作为研究对象,$N_M=150\,000$ 或 10 000,冷却速率为 0.1 K/ps,终态温度为 50 K。与此同时,采用两种加载方案进行力学行为方面的模拟研究。(1)为了获取可靠的应力 — 应变曲线,在 50 K 下对 $N_M=150\,000$ 样品组($Zr_{35}Cu_{65}$:16.1(x) nm× 2.8(y) nm × 52.5(z) nm,$Zr_{65}Cu_{35}$:17.2(x) nm× 3.0(y) nm× 56.1(z) nm)进行单轴拉伸测试,加载沿着 z 轴向,加载速率为 10^8 s^{-1}。(2)为了清晰地观察软区中发生的剪切转变现象,在 50 K 下对 $N_M=10\,000$ 样品组($Zr_{35}Cu_{65}$:5.4(x) nm× 5.4(y) nm× 5.4(z) nm,$Zr_{65}Cu_{35}$:5.8(x) nm× 5.8(y) nm× 5.8(z) nm)进行纯剪切加载,加载速率为 10^7 s^{-1}。低温加载是为了降低材料内部的热涨落效应。

2. 局域原子结构

最近,Mahjoub 等人采用 AIMD 计算方法对氢微合金化后三元 $Zr_{64}Cu_{24}Al_{12}$ 非晶合金的结构变化进行分析;但是,AIMD 所能模拟的时间尺度(ps)及样品尺寸(200 左右原子)都很小,这会导致他们所获得的结论无法真正地反映出实验条件下的结构变化趋势,也就未能阐明氢化非晶合金看似矛盾的力学性能(更高的强度与塑韧性)背后所隐藏的机制。与 AIMD 相比,具有可靠原子势函数的经典 MD 计算方法更适用于探索非晶合金原子结构与性能之间的关联。到目前为止,一些 MD 模拟工作已经能够运算包含数百万原子的体系,并可以覆盖微秒级别的时间尺度,但这些依然无法达到非晶合金形成所对应的真实实验条件。在本节中,为了克服这一难题,我们分别模拟了五组具有不同尺寸、不同冷却速率的非晶样品模型(标记为 S1～S5,图 5.45),从而推断出氢微合金化后非晶原子结构演化规律的实验特征。为了降低统计误差,用 100 个独立的原子构型来计算平均结构参数。

图 5.46(a)为计算分析得出的不同氢含量样品的偏双体分布函数(partial PDF,也可称之为 element－specific PDF)$g_{\alpha\beta}(r)$。少量氢原子掺杂到二元 Zr－Cu 非晶合金中会对 Cu－Cu、Zr－Cu 以及 Zr－Zr 原子对产生微弱的影响。为了便于观察,将这些原子对的

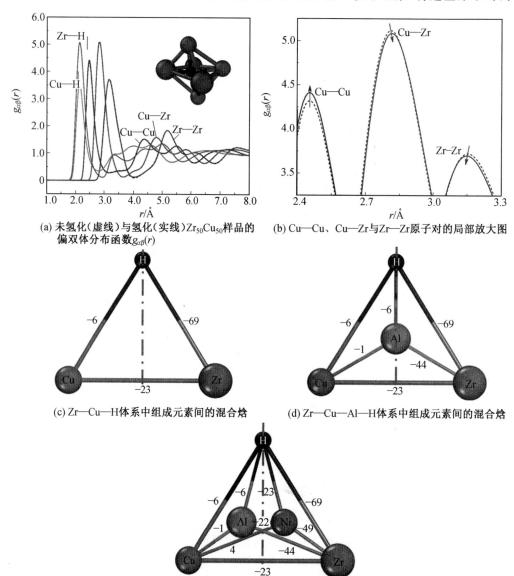

(a) 未氢化(虚线)与氢化(实线)Zr$_{50}$Cu$_{50}$样品的偏双体分布函数$g_{\alpha\beta}(r)$

(b) Cu－Cu、Cu－Zr 与 Zr－Zr 原子对的局部放大图

(c) Zr－Cu－H 体系中组成元素间的混合焓

(d) Zr－Cu－Al－H 体系中组成元素间的混合焓

(e) Zr－Cu－Al－Ni－H 体系中组成元素间的混合焓

图 5.46　Zr$_{50}$Cu$_{50}$样品的偏双体分布函数 $g_{\alpha\beta}(r)$ 和氢对元素间混合焓的影响

第一峰进行放大,如图 5.46(b)所示。令人意外地,在氢加入后,Cu 原子的第一近邻配位壳层中 Cu 浓度升高,这一现象有利于密堆二十面体的形成。此外,由于 Zr 和 H 原子之间存在电子相互作用,氢的存在会改变 Zr—Cu 和 Zr—Zr 原子对的键长;Zr—Cu 键长的增加再次证明了氢化 Zr—Cu 基非晶合金中存在氢的弱键作用,进而导致局域 H 原子周围的原子堆垛效率降低。

Zr—H 原子对的混合熔 ΔH_{mix}^{ij} 为 -69 kJ/mol,比其他两个原子对的 ΔH_{mix}^{ij} 更负,如图 5.46(c)所示。因此,在氢化 Zr—Cu 二元合金中,Zr 与 H 原子之间存在更强的亲和力,H 原子多位于主要由 Zr 原子组成的局域环境中,在图 5.46(a)中,Zr—H 分布函数的第一峰强度明显高于 Cu—H。计算得出的 Zr 与 H 之间的平均原子间距(键长,Zr—H 分布函数的第一峰值位置)与滞弹性中子散射测试结果相一致;同时,这一平均值远小于二者的原子半径之和。根据实验表征与 AIMD 计算,Zr—H 键长的缩短主要归结为这两个元素之间存在 s—d 电子轨道杂化作用。相反,Cu—H 键的平均键长略大于二者的原子半径之和,并明显大于无机化合物中 Cu—H 键长。正是由于 Zr—H 和 Cu—H 这两个原子对表现出不同的亲和力,H 原子周围的局域结构将会发生严重的扭曲(图 5.46(a)中插图),扭曲的原子排布具有更高的势能态,如图 5.47 所示。与未氢化样品相比,氢化非晶合金中不同区域间势能起伏(动力学不均匀性)更为严重,也就是说,少量氢原子添加后能够同时获得更稳定的基体以及局域高能态位点。

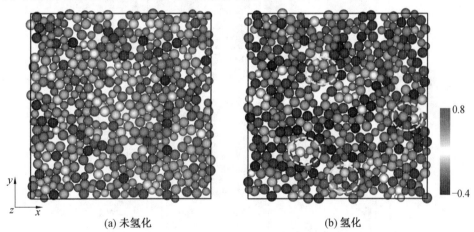

图 5.47　未氢化与氢化 $Zr_{50}Cu_{50}$ 样品中原子的势能分布(彩图见附录)

值得注意的是,由二元 Zr—Cu 体系的原子模拟分析和三元 Zr—Cu—Al(或四元 Zr—Cu—Ni—Al)体系的 XPS 实验分析得到的氢致原子结构演化规律是相互一致的。混合熔的概念为理解非晶合金中许多化学相关问题提供了一种有效的方法。图 5.46(c)~(e)分别给出了三种不同组元体系中所有原子对的混合熔 ΔH_{mix}^{ij} 值;每个体系的化学相互作用遵循非对称性分布规律。我们分别计算了未氢化与氢化 $Zr_{50}Cu_{50}$、$Zr_{64}Cu_{24}Al_{12}$ 以及 $Zr_{55}Cu_{30}Al_{10}Ni_5$ 样品的平均化学亲和力 ΔH_{mix}。计算后发现,少量氢添加会同时降低三个样品的 ΔH_{mix} 值(更负),并且变化的绝对值保持在 2 kJ/mol 左右。因此,复杂的三元或四元 Zr—Cu 基非晶合金应与二元 Zr—Cu 体系具有相似的氢依赖性结构演化行为,氢微合金化前后 $Zr_{50}Cu_{50}$ 样品的 MD 模拟结果可拓展到具有更多组元的非晶样品中。

接下来,我们引入沃洛诺伊(Voronoi)多面体来描述样品内部每个原子的配位环境。在第 3 章中,根据配位多面体的位错密度不同,非晶合金中所有原子共可分为六大类,并采用不同的罗马数字(Ⅰ~Ⅵ)表示。在此基础上,分析后发现,在非晶合金的中程及以上尺度范围内存在一种可称之为"梯度原子堆垛结构"的隐藏原子排布序,即非晶态合金的局域结构经历了从松散原子堆积逐渐向致密堆积的过渡,并且不同种类原子的性能同样满足梯度演变。因此,无定形结构具体可分为三个可识别的局部区域:类固态区(Ⅰ类原子)、过渡态区(Ⅱ、Ⅲ类原子)以及类液态区(Ⅳ~Ⅵ类原子)。对于 Zr—Cu 基非晶合金来说,Cu、Zr 原子的特征配位多面体分别为 Z12 二十面体(<0,0,12,0>)和 Z16 多面体(<0,0,12,4>),合金样品的弹性基体强度主要由这些特征团簇的中心原子(类固态)控制。

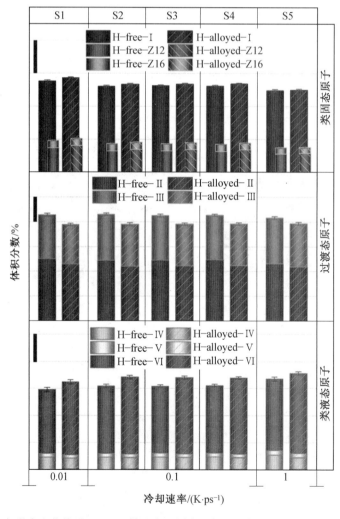

图 5.48　氢微合金化前后 $Zr_{50}Cu_{50}$ 样品中不同类型原子比例的变化情况(彩图见附录)

图 5.48 对比了氢微合金化前后非晶样品中不同类型原子的比例分布。从图中可以

看出,少量氢原子添加会导致样品中不同类型原子的比例发生变化;氢化样品中,类固态与类液态原子的比例升高的同时,却牺牲掉部分的过渡态原子。需要特别强调的是,尽管不同组(S1~S5)样品中原子比例变化幅度与样品尺寸无关,但却对冷却速率较为敏感,特别是类固态原子。按照之前的分析结果可知,当温度低至未氢化样品的玻璃转变点,氢化样品的玻璃转变过程尚未结束,更低的冷却速率将会导致氢化样品中的过渡态原子具有更充足的时间向类固态原子转变。因此,我们可以推论出,与相应的未氢化非晶合金相比,在实验条件(冷却速率低好几个数量级)下制备的氢微合金化样品不仅应富含更多的类液态原子(与合金的塑性相关),还应该包含更多的类固态原子(与合金的强度相关),这一结论有悖于 Mahjoub 等人的 AIMD 计算结果。

　　在迄今为止的许多理论研究中,已经建立了某些非晶合金拓扑局域序与性能之间的关系,但这些关系多是根据无定形结构内某些特殊短程序来确定的,如二十面体或几何不稳定团簇(GUMs)。尽管这些工作在一些问题上取得了成功,但由于没有考虑到中程序的作用,相对来说较为片面,并不能确定出软区的结构成分,进而无法解耦非晶合金强度和塑性的结构起源,也就不能够帮助我们从根本上理解氢微合金化后非晶合金的力学行为变化机理。相比之下,"梯度原子堆垛结构"模型能够为以上问题提供更为完整的描述,该模型给出了软区的明确成分,即软区是由类液态原子及其近邻原子共同组成的。根据第 3 章中的论述,通过统计类液体原子的比例和空间分布就能够量化对比不同非晶合金中软区的数量情况,$N_{soft} \propto N_{liquid}/(L_{liquid}h_{liquid})$。在图 5.48 中,氢微合金化样品中类液态原子数量 N_{liquid} 上升,其空间分布情况可通过计算空间关联长度 L_{liquid}(由自关联函数 $c(r)$ 得出)以及空间分布不均匀系数 h_{liquid} 进行评价,如图 5.49(a)所示。我们发现,少量氢原子加入后,L_{liquid} 的变化甚微,可以认为氢化前后非晶合金中类液态区的平均大小几乎不变;而 h_{liquid} 在氢原子加入后下降了三分之一。因此,可以得出氢微合金化后的非晶合金中具有更多数量的软区(变形能力得到改善)。

　　接下来,在图 5.49(b)和(c)中,分别从未氢化和氢化样品中各随机挑选两个切片,并绘制出类固态区、过渡态区以及类液态区的二维空间分布情况。为了进行直接比较,叠放在等高线图上的白色圆球代表在剪切变形过程中出现的滞弹性原子。同第 3 章中一样,采用局域最小非仿射位移 D_{min}^2 来识别那些参与局部不可逆重排的滞弹性原子(对于剪切变形,D_{min}^2 的阈值为 0.1)。显然,在氢微合金化合金的变形过程中,更富足的软区会诱发出更多的 STZs 形核位点(图中虚线圈),降低了应变局域化程度。与此同时,图 5.49(c)还标出了氢原子的位置。Zhao 等人推断氢化 Zr 基非晶合金中的可移动 H 扮演着"空位"的角色,打破了 STZs 形核的能垒,进一步软化了 H 周围的局部位点。基于前面的研究结果,由于氢周围金属原子间存在弱键作用,并具有较高的能量状态,因此氢微合金化非晶合金中的绝大多数 H 原子也同样属于这种"空位"。在图 5.49(c)中,可移动的、分散的氢原子总是出现在类液态区内或其周围,充当氢化样品中软区形成的催化剂,其活性要高于未氢化样品中的软区。值得注意的是,采用电化学方法制备的高氢含量(大于 800×10^{-6})Zr 基非晶合金表现出恶化的断裂韧性。根据上述讨论,不均匀分布的氢原子可能会造成类液态原子发生聚集,从而降低软区的数量,加重应变局域化程度,最终制约样品的变形能力。

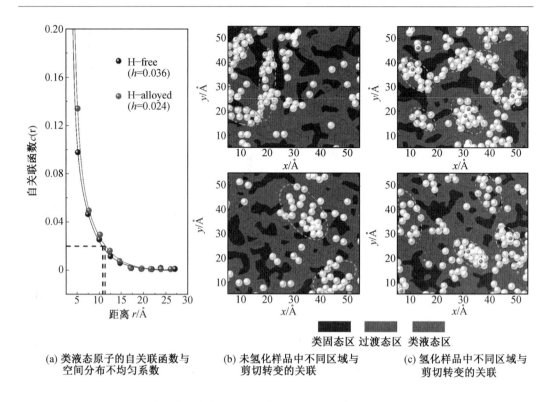

(a) 类液态原子的自关联函数与
空间分布不均匀系数

(b) 未氢化样品中不同区域与
剪切转变的关联

(c) 氢化样品中不同区域与
剪切转变的关联

图 5.49　未氢化与氢化 $Zr_{50}Cu_{50}$ 样品中软区的定量比较(彩图见附录)

3. 变形过程中应变局域化行为

为了原位调查未氢化与氢化非晶合金中应变局域化细节的差异,接下来对得到的样品进行单轴加载下的大尺度三维力学模拟。图 5.50(a)给出了 S4 样品组的压缩应力-应变响应结果。模拟得到的氢致非晶力学行为变化趋势与实验结果一致,如氢化样品具有更高的屈服强度与屈服应变。与此同时,两样品均显示出明显的应力过冲,随之而来的是应力在屈服点后突然降低,这是大量应变局域化项出现的信号,并最终相互关联形成一条主剪切带。在压缩变形过程中,选取 $D_{min}^2 = 1.0$ 作为阈值来判断原子是否经历明显的剪切转变,并且监控变形过程中滞弹性原子的数量,该数量随着应变的增加而逐渐升高,如图 5.50(b)所示。图 5.50(c)给出了未氢化与氢化样品在不同应变水平(5%、6%和7%)下的滞弹性原子分布。在应变低于 6%(机制 A)的情况下,即在氢化样品开始屈服以前,少量氢原子的添加有助于促进滞弹性原子的增殖,并且空间分布较为均匀,这意味着氢化合金在初始弹性(或滞弹性)阶段存在更多可用于 STZs 激活的软区。相反,当应变处于 6%~8%(机制 B)之间时,屈服的未氢化样品在这一阶段包含更多的滞弹性原子,但大多数都集中在样品的中间区域,即应变更加局域化。由于氢化样品具有较强的弹性基体骨架,其表现出相对缓慢的应变局域化过程,这可用来理解屈服滞后(更大的屈服强度与应变)现象发生的原因。最后,当应变增加到 8%(机制 C)以上时,即塑性流动区间,氢化样品再一次表现出更多且分布均匀的滞弹性原子。总体来讲,原位力学加载模拟结果表明,少量 H 添加能够使非晶合金具有更多的高活性位点(软区),这些位点易于演化成剪切带胚体,进而减弱了压缩变形过程中的应变局域化程度。

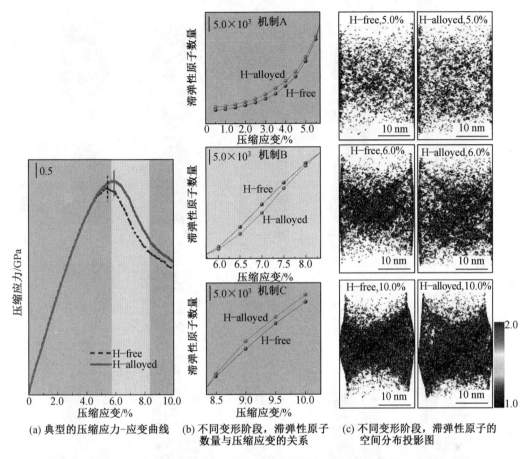

图 5.50 未氢化与氢化 $Zr_{50}Cu_{50}$ 样品对压缩加载的响应(彩图见附录)

相比之下,非晶结构在拉伸加载下要比压缩载荷下更容易发生"回春"现象,即拉伸样品中会分布着更多的 STZs。因此,为了直接比较未氢化与氢化样品的变形能力,对模拟样品进行了单轴拉伸测试,结果如图 5.51 所示。可以看出,二者的应变局域化程度存在较大的差异,变形氢化非晶中出现更多的初始剪切带以消耗塑性流动过程中所加载的外部能量。反过来,随着变形过程的进行,未氢化样品的应变局域化程度要比氢化样品更加严重,最终在相对较低的应变条件下发生失稳断裂。

实际上,"强却脆"(strong-yet-brittle)的某些非晶合金在特定的微合金化工艺下都会向"强且韧"(strong-and-tough)的非晶转变,例如,$Zr_{50}Cu_{50}$ 非晶合金中添加原子数分数为 5% 的 Al、$Zr_{50}Cu_{50}$ 非晶合金中添加原子数分数为 8% 的 Ag 以及本文中 Zr—Cu 基非晶合金中添加少量的 H 等,但目前尚未给出明确的结构起源。而基于前面的一系列实验与模拟结果,在图 5.52 中对这一难题进行梳理。与"强却脆"的未氢化非晶合金相比,"强且韧"的氢微合金化样品同时具有更强的弹性基体(表现为更高的 α 和 β 弛豫激活能,更大份额的类固态原子,更稳定且致密的整体原子结构)和更多的高活性软区(表现为更强的 β' 弛豫峰 $I_{\beta'}$,更小的平均滞弹性原子数量 n,更低的 β' 弛豫激活能,氢原子周围扭曲且松散的局域原子排布,更大份额且分布更加均匀的类液态原子)。从根本上讲,热激

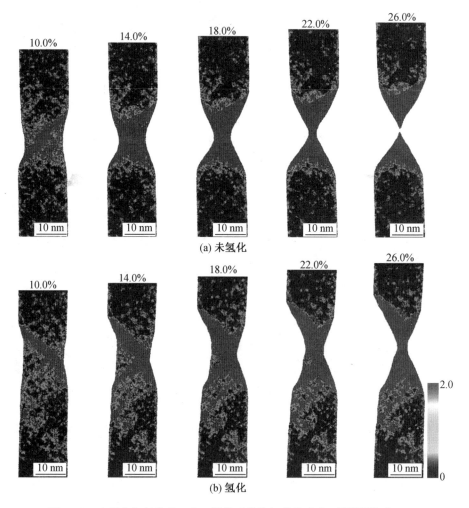

图 5.51　未氢化与氢化 $Zr_{50}Cu_{50}$ 样品对拉伸加载的响应（彩图见附录）

活诱发的多种弛豫动力学行为被认为是变形过程中不同应变局域化阶段的原因；具体来说，β'－弛豫对应于 STZs 的形核过程，β－弛豫对应于 STZs 的逾渗过程，α－弛豫对应于剪切带的萌生过程，这一系列过程能够反映出非晶合金塑性变形的本质。因此，当外部能量施加在"强且韧"的非晶合金上时，更多的高活性软区能够在相对较低的应力条件下（或在更低的温度区间）提供更多的 STZs 形核位点（或开始 β'－弛豫）；反过来，合金中更强的刚性骨架阻碍了随后的 STZs 逾渗（或 β－弛豫）和相应的剪切带（SBs）萌发（或 α－弛豫）过程，最终同时表现出更高的屈服强度与更多的剪切带。总而言之，基于"梯度原子堆积结构"模型，可对非晶合金强度和塑韧性的结构起源进行解耦，更强的基体骨架（与强度相关联）与更多的局域软区结构（与塑韧性相关联）是其具有优异综合力学性能的结构基础。

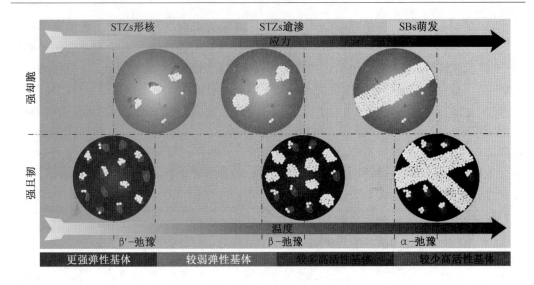

图 5.52　强韧非晶合金的结构起源示意图

5.4.3　基体元素的影响

　　研究发现,氢化物形成元素(如 Zr 等)会显著影响非晶合金的氢化行为。例如,Zhao 等人采用纳米压痕方法研究了不同 Zr 含量非晶薄带的气态渗氢行为;其微尺度力学响应对 Zr 含量的变化相当敏感,即低 Zr 和高 Zr 含量的非晶合金分别在大量的氢(6 600~13 800×10^{-6})添加后表现出软化和硬化的行为。然而,目前还未有人关注氢微合金化(200~300×10^{-6})后的 Zr 基非晶合金是否也表现出上述相同的 Zr 依赖力学行为。另外,由于不同 Zr 含量的非晶合金具有不同的氢吸收能力,要想在实验条件下获得具有相同氢含量的低 Zr 和高 Zr 样品是极其困难的;相比之下,分子动力学(MD)模拟在隔离影响因素方面具有先天的优势,可进行单变量研究。在这种情况下,接下来将采用 MD 模拟对比研究氢微合金化对 $Zr_{35}Cu_{65}$ 和 $Zr_{65}Cu_{35}$ 非晶合金力学行为的影响规律,并深入探讨内在的结构起源。

1. 力学加载与局域原子应变响应

　　图 5.53 给出了大尺寸三维模拟获得拉伸应力－应变曲线。在初始弹性阶段,应力随施加应变线性地增加。但是,未氢化与氢化样品的刚度之间略有差异;对于低 Zr 含量样品,少量氢添加会导致直线段的斜率降低(多用于衡量弹性模量 E),而在高 Zr 含量样品中却有所上升。与此同时,对于各向同性的材料来说,可以采用标准方程由刚度系数(stiffness coefficients)C_{ij} 推导出弹性常数(如剪切模量 G、体模量 B 等)。表 5.12 列出了计算得到的各样品弹性常数值,E 在少量氢添加后的变化趋势与图 5.53 中的结果相一致。此外,G/B 的比值可直接与泊松比 ν 相关联:

$$G/B=3(1-2\nu)/2(1+\nu) \tag{5.33}$$

　　一般情况下,非晶合金的塑性变形能力与 ν 正相关。但是,氢微合金化并不会显著改变样品的弹性常数,再一次表明滞弹性应变在氢化前后样品的变形过程中起关键作用。接下来,应力－应变曲线逐渐偏离最初的线性关系,意味着变形样品中出现更多的滞弹性原子,如图 5.53 所示。这里,选取 $D_{min}^2 = 0.1$ 作为阀值来识别参加局域不可逆重排的滞弹性原子。以加载前非晶样品的初始态作为参照,原位检测变形过程中滞弹性原子的数量;在初始弹性阶段,未氢化与氢化样品之间仅能观察到细微的数量差异。一旦应力达到屈服点后,滞弹性原子数量发生突变并急剧下降,这与应力的变化趋势相一致。此时,样品开始发生明显的塑性流动,由几十乃至几百个滞弹性原子组成的 STZs 相互关联,对应于剪切带形核过程。与 Zhao 等人的研究结果不同,$Zr_{35}Cu_{65}$ 和 $Zr_{65}Cu_{35}$ 样品在少量氢添加后都表现出更大的屈服应变、更高的屈服强度以及更多的滞弹性原子,其中前者的氢依赖行为更为明显。最后,所有样品的应力-应变曲线逐渐变平,稳定的塑性流动几乎只发生在剪切带中。

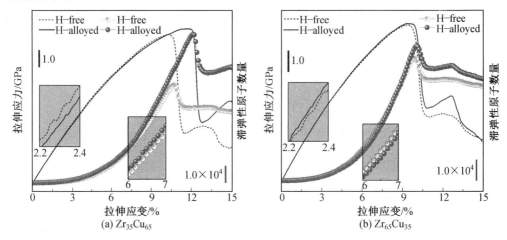

图 5.53　氢微合金化前后样品的拉伸应力、滞弹性原子数量与拉伸应变的关系(彩图见附录)

表 5.12　未氢化与氢化非晶样品的弹性模量 E、剪切模量 G、体模量 B、泊松比 ν、沃伦－考利(Warren－Cowley)参数 α_{H-Cu} 和 α_{H-Zr}

合金	状态	弹性模量 /GPa	剪切模量 /GPa	体模量 /GPa	泊松比	α_{H-Cu}	α_{H-Cu}
$Zr_{35}Cu_{65}$	未氢化	110.19	40.851	121.35	0.348	—	—
	氢化	109.51	40.589	120.87	0.349	0.270	−0.462
$Zr_{65}Cu_{35}$	未氢化	100.13	37.250	106.96	0.343	—	—
	氢化	101.07	37.628	107.29	0.343	0.190	−0.088

　　相应地,对 $Zr_{35}Cu_{65}$ 和 $Zr_{65}Cu_{35}$ 样品变形过程中滞弹性原子的分布行为进行检测,如图 5.54 所示。在初始弹性阶段,氢微合金化后原子的 D_{min}^2 分布更宽,其峰向低 D_{min}^2 移动(图 5.54(a)和(b)),这说明氢化样品的原子之间存在较大的活性差异。然而,随着应变的增加,氢化作用诱导 D_{min}^2 峰逐渐移向更高的值。对于 $Zr_{35}Cu_{65}$ 体系来说,当施加应变超过未氢化样品屈服点时,未氢化与氢化样品之间的 D_{min}^2 分布差异要明显大于 $Zr_{65}Cu_{35}$ 体系。与此同时,少量氢原子添加会促使滞弹性原子分布得更加均匀,尤其是对于低 Zr 含量非晶而言,如图 5.54(c)和(d)所示。因此,变形氢化样品中会形成更多的 STZs 形核位

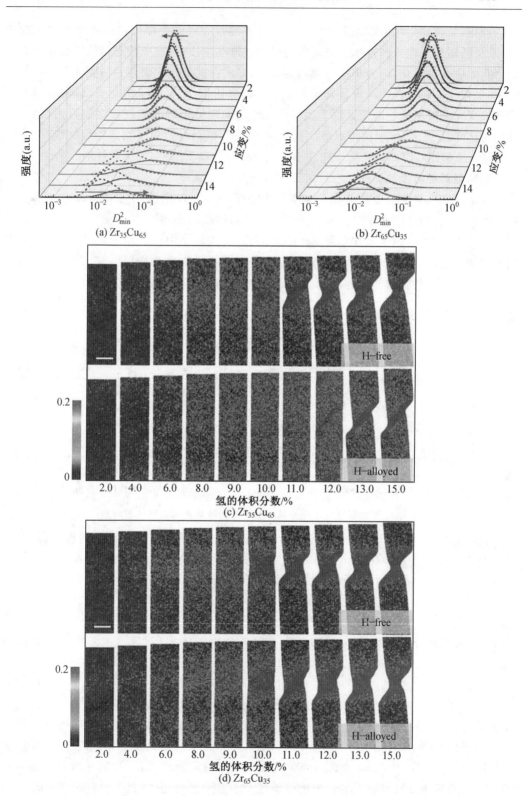

图 5.54　未氢化与氢化样品中原子非仿射位移 D_{min}^2 在不同变形阶段的分布情况（彩图见附录）

点。例如,氢微合金化可以使 $Zr_{35}Cu_{65}$ 具有更多的 STZs,这会降低初始剪切带的形成速率,从而延缓屈服现象的发生。在屈服后的塑性流动阶段,具有类液态结构的剪切带表现出严重的应变局域化、应力集中以及高能量态,最终在此处发生灾难性的脆性断裂。相比之下,氢化样品在塑性流动阶段具有更多的初始剪切带,更有利于消耗外部能量,需要更大的应变才能发生失稳断裂。尽管 $Zr_{65}Cu_{35}$ 体系表现出相似的氢依赖变形行为,但在相应的氢化样品中 STZs 形核位点增加幅度相对较低,进而导致应变富集速度加快(与氢化的 $Zr_{35}Cu_{65}$ 相比),因此氢微合金化并不会大幅改善该高 Zr 样品的力学性能。

2. 构型势能与柔性体积

为了研究未氢化与氢化非晶合金中每个原子的相对稳定性,并比较 $Zr_{35}Cu_{65}$ 和 $Zr_{65}Cu_{35}$ 体系的氢化差异,首先将注意力集中在原子的初始构型势能态 $\delta_i(E)$,如式(5.34)所示。图 5.55 分别给出了氢化前后 $Zr_{35}Cu_{65}$ 和 $Zr_{65}Cu_{35}$ 样品中每个原子 $\delta_i(E)$ 的概率分布演化规律;可以看出,二者的 $\delta_i(E)$ 分布在少量氢原子添加后都变得更宽,即氢化样品中同时存在更稳定的弹性基体与高能局域原子,高能态原子多位于 H 原子周围。

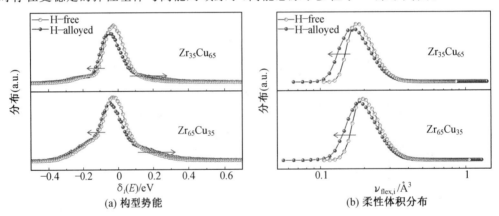

(a) 构型势能　　　　　　　　　　　(b) 柔性体积分布

图 5.55　未氢化与氢化样品中原子的构型势能与柔性体积分布

随后,采用柔性体积(flexibility volume,同时包含原子的静态与动态信息)来探究氢微合金化对 $Zr_{35}Cu_{65}$ 和 $Zr_{65}Cu_{35}$ 样品中自由体积的影响,该体积能够提供局域环境在动力学响应下的信息。第 i 个原子的柔性体积 $\nu_{flex,i}$ 可表示为

$$\nu_{flex,i} = \frac{\langle \Delta r_i^2 \rangle}{a_i^2} \Omega_i \qquad (5.34)$$

式中,a_i 为平均原子间距,$a_i = \sqrt[3]{\Omega_i}$;Ω_i 为第 i 个原子体积(对应 Voronoi 原胞体积);$\langle \Delta r_i^2 \rangle$ 为第 i 个原子的振动均方位移(MSD),一般表示为

$$\langle \Delta r_i^2 \rangle = \langle |r_i(t) - r_i(0)|^2 \rangle_\tau \qquad (5.35)$$

式中,$r_i(t)$ 和 $r_i(0)$ 分别为第 i 个原子的瞬时位置和平衡位置。持续时间 τ 的选取需确保原子运动处于笼效应阶段(MSD 曲线出现平台),即原子还未发生自由扩散运动。相应地,图 5.55(b)给出了氢化前后各样品中 $\nu_{flex,i}$ 分布,近似满足高斯分布。同样地,少量氢添加后,$Zr_{35}Cu_{65}$ 和 $Zr_{65}Cu_{35}$ 的 $\nu_{flex,i}$ 分布表现出相似的演变规律;所有氢化后曲线都向更低 $\nu_{flex,i}$ 方向移动。具有较低 $\nu_{flex,i}$ 值的原子在力学上更加稳定,因此氢化样品弹性基体的坍塌需要更多的外部能量。

遗憾的是,上述的参数($\delta_i(E)$和$\nu_{\text{flex},i}$)难以用来理解 $Zr_{35}Cu_{65}$ 和 $Zr_{65}Cu_{35}$ 体系之间所存在的氢依赖力学行为差异,也就是说,这两个参数并不是与性能变化相关的最终奥义。因此,在下文中,将对这一现象的结构起源进行深入的探讨。

3. 局域原子结构

图 5.56 给出了氢化前后 $Zr_{35}Cu_{65}$ 和 $Zr_{65}Cu_{35}$ 体系的偏双体分布函数 $g_{\alpha\beta}(r)$。这两种氢化样品中的 H 原子也都倾向于分布在 Zr 原子(高氢亲和力)周围,Zr—H 键长远小于二者的原子半径之和。此外,非晶物质中化学短程序(CSRO)的分析可通过计算 Warren—Cowley 参数进行分析,该参数定义为

$$\alpha_{\text{A-B}} = 1 - \frac{Z_{\text{AB}}}{C_B Z_A} \tag{5.36}$$

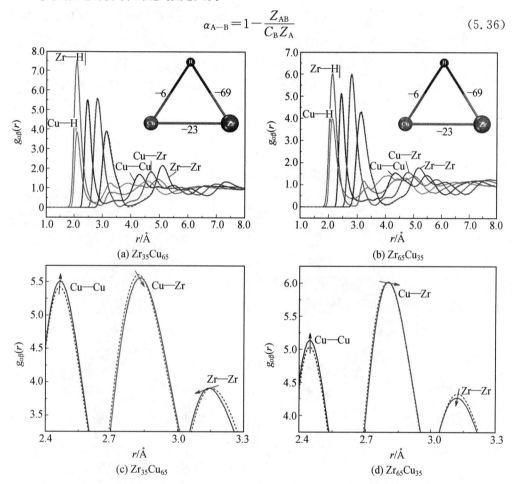

图 5.56　未氢化(虚线)与氢化(实线)样品的偏双体分布函数 $g_{\alpha\beta}(r)$(彩图见附录)

式中,Z_{AB} 和 Z_A 分别为元素 A 的偏配位数(partial CN)和总配位数(total CN);c_B 为元素 B 的名义成分。若 $\alpha_{\text{A-B}} \approx 0$,元素 A 与 B 之间随机互溶;若 $\alpha_{\text{A-B}} > 0$,体系中不易形成 A—B 键;若 $\alpha_{\text{A-B}} < 0$,体系内更倾向于形成 A—B 键。根据从图 5.56 中提取的信息,可计算出氢化 $Zr_{35}Cu_{65}$ 和 $Zr_{65}Cu_{35}$ 样品的 $\alpha_{\text{H-Cu}}$ 与 $\alpha_{\text{H-Zr}}$ 值,见表 5.12;相比之下,前者存在着更为明显的化学不均匀性。这两个氢化体系之间所存在的明显化学不均性差异会导致各自的微观结构呈现出不同的氢致演化规律。与此同时,从图 5.56(c)和(d)中能够清楚地看到

Cu—Cu、Cu—Zr 以及 Zr—Zr 原子对的第一峰演化规律,氢化样品中也都存在着氢的弱键作用。但是,与高 Zr 含量体系相比,低 Zr 含量体系在少量氢添加后呈现出更为明显的键长变化,对应于更低的局域原子堆垛效率(氢原子周围)。

接下来,采用 Voronoi 分割法对氢化前后 $Zr_{35}Cu_{65}$ 和 $Zr_{65}Cu_{35}$ 体系中每个原子的配位数(CN)进行统计;相应地,CN 等于 Voronoi 多面体中所有面的数量之和($CN=\sum n_i$, n_i 为 i 边形的数目)。为了便于比较,采用 $\delta(CN)$ 对氢化后不同体系的配位数变化情况进行比较,公式为

$$\delta(CN)=P_H-P_0 \tag{5.37}$$

式中, P_H 和 P_0 分别为氢化与未氢化样品中每一个 CN 所对应的原子数量。图 5.57 给出了 $\delta(CN)$ 的分布情况,并按照类固态原子、过渡态原子与类液态原子进行分类。与 $Zr_{65}Cu_{35}$ 相比,少量氢原子添加对 $Zr_{35}Cu_{65}$ 结构的影响更为显著;特别是对于类固态原子,二者在 CN=12 附近表现出更明显的原子数量变化差异,即氢化 $Zr_{35}Cu_{65}$ 样品中会形成更多的以 Cu 原子为中心的稳定团簇(CN=12、CN=13)。

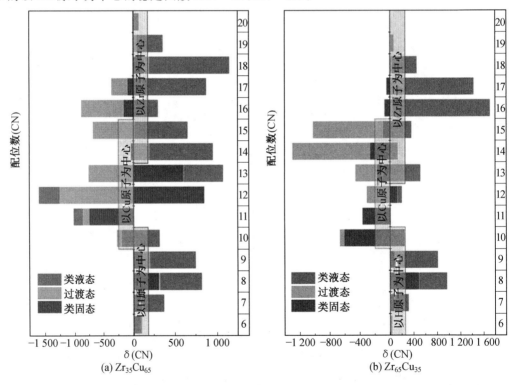

图 5.57　 $Zr_{35}Cu_{65}$ 与 $Zr_{65}Cu_{35}$ 体系中类固态原子、过渡态原子、类液态原子的 $\delta(CN)$ 分布(彩图见附录)

图 5.58 为氢化前后 $Zr_{35}Cu_{65}$ 和 $Zr_{65}Cu_{35}$ 样品中不同种类原子间 C_{ij} 的关联矩阵。在少量氢原子添加后,两个体系中类固态原子(Ⅰ类)聚集程度增强,但在低 Zr 非晶体系中更为明显;相反,类液态原子(Ⅵ类)的聚集程度减弱,变得更为分散。另外,图 5.59(a)和(b)中分别统计了各样品中每一类原子的比例分布情况。意外地,少量氢原子添加会导致 $Zr_{35}Cu_{65}$ 体系中类固态原子所占份额升高,而在 $Zr_{65}Cu_{35}$ 体系中却呈现出略微降低的趋

势。与此同时,类固态原子中 Z12 与 Z16 配位多面体的中心原子所占比例 f^z_{solid} 在氢化后都有所增加,并且在 $\text{Zr}_{35}\text{Cu}_{65}$ 体系中变化得更为明显。简而言之,与 $\text{Zr}_{65}\text{Cu}_{35}$ 体系相比,$\text{Zr}_{35}\text{Cu}_{65}$ 的基体骨架在少量氢原子添加后变得更加坚固,进而导致不同程度的氢依赖屈服行为。

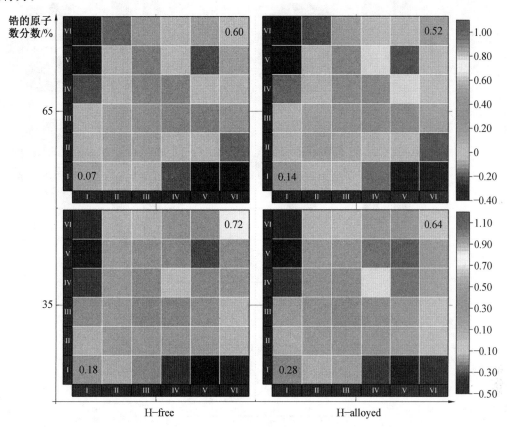

图 5.58　氢微合金化前后样品中六类原子间 C_{ij} 的关联矩阵(彩图见附录)

软区作为非晶合金的微观结构缺陷,常常被视为局域塑性变形的唯一载体,而不同合金内部软区数量可由 $N_{\text{soft}} \propto N_{\text{liquid}}/(L_{\text{liquid}}h_{\text{liquid}})$ 进行定量比较。对于 $\text{Zr}_{35}\text{Cu}_{65}$ 体系来说,在少量氢原子添加后,其类液态原子数量 N_{liquid} 升高(图 5.59(a)),而类液态原子的空间关联长度 L_{liquid} 略微缩短(图 5.59(c)),并且类液态原子的空间分布不均匀系数 h_{liquid} 降低 15% 左右(图 5.59(c));因此,该体系的氢化样品中软区数量 N_{soft} 得到了显著的提升。相比之下,对于 $\text{Zr}_{65}\text{Cu}_{35}$ 体系来说,尽管 N_{liquid} 同样表现出上升趋势(图 5.59(b)),但 L_{liquid} 却明显增长(图 5.59(d)),并且 h_{liquid} 升高 3% 左右(图 5.59(d)),这说明该体系的氢化样品中 N_{soft} 只是得到略微的提升。因此,软区数量上升幅度的差异是 $\text{Zr}_{35}\text{Cu}_{65}$ 与 $\text{Zr}_{65}\text{Cu}_{35}$ 体系具有不同氢依赖塑性变形能力的根本原因。

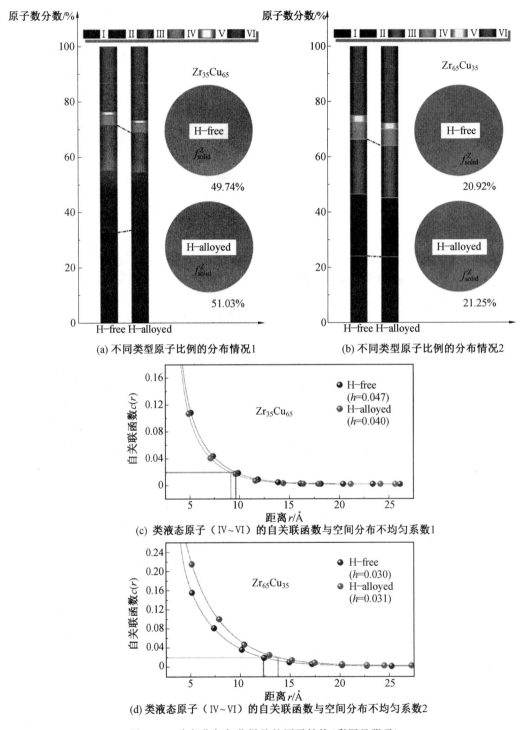

(a) 不同类型原子比例的分布情况1

(b) 不同类型原子比例的分布情况2

(c) 类液态原子（Ⅳ~Ⅵ）的自关联函数与空间分布不均匀系数1

(d) 类液态原子（Ⅳ~Ⅵ）的自关联函数与空间分布不均匀系数2

图 5.59　未氢化与氢化样品的原子结构（彩图见附录）

总体来说，对氢微合金化前后 $Zr_{35}Cu_{65}$ 和 $Zr_{65}Cu_{35}$ 体系的微观结构进行比较后发现，前者表现出更强的氢依赖行为，即低 Zr 含量非晶合金在少量氢原子加入后要比高 Zr 含量非晶合金表现出更强的刚性骨架以及更多的高活性软区。图 5.60 为各研究对象中不同区域的空间分布情况,并同时标注出能够发生滞弹性变形的原子位点(亮白色)。未氢化与氢化 $Zr_{35}Cu_{65}$ 样品之间存在较为明显的结构波动,即类固态区比例升高、类液态区数量增加,如图 5.60(a)所示。因此,氢化 $Zr_{35}Cu_{65}$ 样品具备更强的弹性基体而变得难以屈服;与此同时,少量氢原子掺杂能够诱发出更富足的 STZs 形核位点,进而降低应变局域化程度,并最终显著改善塑性变形能力。相比之下,氢微合金化后 $Zr_{65}Cu_{35}$ 体系的微观结构却变化较小,从而导致力学性能得到小幅度改善。无论是在低 Zr 还是高 Zr 含量的非晶体系中,氢原子始终寄宿在类液态区内部或其周围,扮演着高活性原子,并软化邻近区域。也就是说,非晶合金中氢化物形成元素的含量对少量掺杂氢原子的活性没有明显的影响。

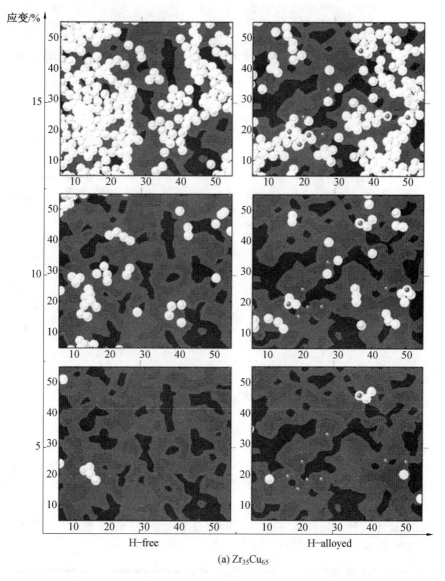

(a) $Zr_{35}Cu_{65}$

图 5.60　未氢化与氢化样品中不同区域与剪切转变的关联

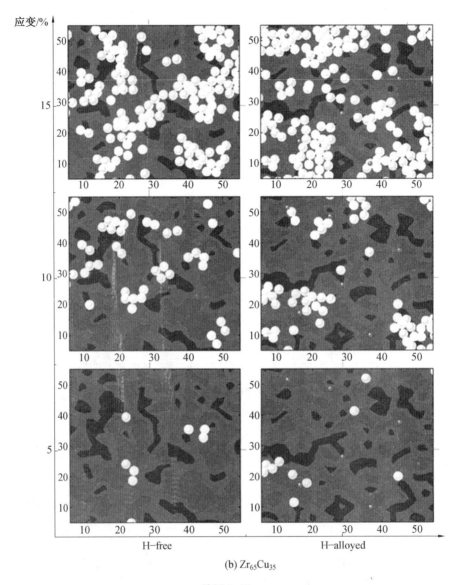

(b) $Zr_{65}Cu_{35}$

续图 5.60

因此,尽管 Zr 与 H 元素之间存在很强的电子相互作用,但这些氢微合金化(原子数分数约为 2%)Zr 基非晶合金的力学行为应该与氢化物形成元素的含量无关,而仅取决于微观结构的变化情况。相反,在 Zhao 等人的研究工作中,气态渗入的氢原子活性却对 Zr 含量极其敏感,这是因为大量的氢添加(原子数分数大于 20%)会将一部分氢原子引入到基体中的类固态区域内,并与周围的氢化物形成元素相互键合,进而表现出相当低的移动活性。因此,对于这种非氢微合金化的情况,氢化非晶合金的屈服强度应与氢化物形成元素的含量正相关。

本章参考文献

[1] BYRNE C J, ELDRUP M. Bulk metallic glasses[J]. Science, 2008, 321 (5888): 502-503.

[2] SHENG H W, LUO W K, ALAMGIR F M, et al. Atomic packing and short-to-medium-range order in metallic glasses[J]. Nature, 2006, 439 (7075): 419-425.

[3] CHENG Y Q, MA E. Atomic-level structure and structure-property relationship in metallic glasses[J]. Progress in Materials Science, 2011, 56 (4): 379-473.

[4] GREER A L. Metallic glasses[J]. Science, 1995, 267 (5206): 1947-1953.

[5] KLEMENT W, WILLENS R H, DUWEZ P O L. Non-crystalline structure in solidified gold-silicon alloys[J]. Nature, 1960, 187 (4740): 869-870.

[6] CHEN H S, MILLER C E. Centrifugal spinning of metallic glass filaments[J]. Materials Research Bulletin, 1976, 11 (1): 49-54.

[7] CHEN H S. Glassy metals[J]. Reports on Progress in Physics, 1980, 43 (4): 353-432.

[8] CHEN H S. Thermodynamic considerations on the formation and stability of metallic glasses[J]. Acta Metallurgica, 1974, 22 (12): 1505-1511.

[9] DREHMAN A J, GREER A L, TURNBULL D. Bulk formation of a metallic glass: $Pd_{40}Ni_{40}P_{20}$[J]. Applied Physics Letters, 1982, 41 (8): 716-717.

[10] KUI H W, GREER A L, TURNBULL D. Formation of bulk metallic glass by fluxing[J]. Applied Physics Letters, 1984, 45 (6): 615-616.

[11] INOUE A. Stabilization of metallic supercooled liquid and bulk amorphous alloys [J]. Acta Materialia, 2000, 48 (1): 279-306.

[12] INOUE A, KOHINATA M, TSAI A-P, et al. Mg-Ni-La amorphous alloys with a wide supercooled liquid region[J]. Materials Transactions, JIM, 1989, 30 (5): 378-381.

[13] PEKER A, JOHNSON W L. A highly processable metallic glass: $Zr_{41.2}Ti_{13.8}Cu_{12.5}Ni_{10.0}Be_{22.5}$[J]. Applied Physics Letters, 1993, 63 (17): 2342-2344.

[14] INOUE A, SHINOHARA Y, GOOK J S. Thermal and magnetic properties of bulk Fe-based glassy alloys prepared by copper mold casting[J]. Materials Transactions, JIM, 1995, 36 (12): 1427-1433.

[15] INOUE A, ZHANG T, ITOI T, et al. New Fe-Co-Ni-Zr-B amorphous alloys with wide supercooled liquid regions and good soft magnetic properties[J]. Materials Transactions, JIM, 1997, 38 (4): 359-362.

[16] AKATSUKA R, ZHANG T, KOSHIBA H, et al. Preparation of New Ni-based Amorphous Alloys with a Large Supercooled Liquid Region [J]. Materials Transactions, JIM, 1999, 40 (3): 258-261.

[17] ZHANG T, INOUE A. Thermal and mechanical properties of Ti-Ni-Cu-Sn amorphous alloys with a wide supercooled liquid region before crystallization[J]. Materials Transactions, JIM, 1998, 39 (10): 1001-1006.

[18] INOUE A, ZHANG T, MASUMOTO T. Production of amorphous cylinder and sheet of $La_{55}Al_{25}Ni_{20}$ alloy by a metallic mold casting method[J]. Materials Transactions, JIM, 1990, 31 (5): 425-428.

[19] INOUE A, NAKAMURA T, SUGITA T, et al. Bulky La-Al-TM (TM = transition metal) amorphous alloys with high tensile strength produced by a high-pressure die casting method[J]. Materials Transactions, JIM, 1993, 34 (4): 351-358.

[20] WARD L, O'KEEFFE S C, STEVICK J, et al. A machine learning approach for engineering bulk metallic glass alloys[J]. Acta Materialia, 2018, 159 (159): 102-111.

[21] UMEHARA M, STEIN H S, GUEVARRA D, et al. Analyzing machine learning models to accelerate generation of fundamental materials insights[J]. NPJ Computational Materials, 2019, 5 (1): 34.

[22] REN F, WARD L, WILLIAMS T, et al. Accelerated discovery of metallic glasses through iteration of machine learning and high-throughput experiments [J]. Science Advances, 2018, 4 (4): eaaq1566.

[23] SUN Y T, BAI H Y, LI M Z, et al. Machine learning approach for prediction and understanding of glass-forming ability[J]. Journal of Physical Chemistry Letters, 2017, 8 (14): 3434-3439.

[24] LI M-X, ZHAO S-F, LU Z, et al. High-temperature bulk metallic glasses developed by combinatorial methods[J]. Nature, 2019, 569 (7754): 99-103.

[25] LIU J, LIU N, SUN M, et al. Fast screening of corrosion trends in metallic glasses[J]. ACS Combinatorial Science, 2019, 21 (10): 666-674.

[26] GLUDOVATZ B, HOHENWARTER A, CATOOR D, et al. A fracture-resistant high-entropy alloy for cryogenic applications[J]. Science, 2014, 345 (6201): 1153-1158.

[27] WANG W H. The elastic properties, elastic models and elastic perspectives of metallic glasses[J]. Progress in Materials Science, 2012, 57 (3): 487-656.

[28] INOUE A, TAKEUCHI A. Recent development and application products of bulk glassy alloys[J]. Acta Materialia, 2011, 59 (6): 2243-2267.

[29] CHEN M. A brief overview of bulk metallic glasses[J]. NPG Asia Materials, 2011, 3 (9): 82-90.

[30] CHEN M. Mechanical behavior of metallic glasses: microscopic understanding of strength and ductility[J]. Annual Review of Materials Research, 2008, 38 (1): 445-469.

第6章 高熵合金的液态氢化

高熵合金自提出以来,由于其表现出来的各项特殊的性能优势,迅速成为金属材料研究领域的一大热点。2010 年,美国空军实验室的 O. N. Senkov 基于难熔元素提出了由难熔元素组成的难熔高熵合金,作为用来探索可以应用于高温领域的新型高熵合金。相对于一般的高熵合金,难熔高熵合金具有一些显著的优点,如:高熔点、优异的高温强度,较好的高温抗蠕变性能、良好的高温耐腐蚀性能和高达 1 373～1 593 K 的应用温度,比一般的传统高温合金(如 Inconel 718 合金等)要高得多,这使其可以在航空航天领域、高温模具或者超高温涂层领域发挥重要作用。然而,难熔高熵合金也具有一些比较明显的缺点,如所组成元素大都为难熔元素,具有很高熔点的同时也具有很高的密度,这就使很多难熔高熵合金体系的密度都偏大;另外,目前所提出的绝大部分难熔高熵合金的塑韧性不好,室温下容易发生断裂和失效,这也是制约其应用的一大障碍。但是截至目前,并没有一个方法能够有效地提升难熔高熵合金的塑韧性,而且科学界目前的研究方向都集中在如何进一步提高难熔高熵合金的高温强度或高温比强度,而鲜有人去研究如何提升难熔高熵合金的室温塑韧性。

目前在高熵合金熔炼过程中加入非金属元素或含非金属元素的中间合金的所制备的强化相增强的高熵合金已经有了较多的探究,对于陶瓷相颗粒增强的高熵合金的组织形貌、晶体结构以及机械性能等已经有了较为清晰的思路。在所有关于增强相增强高熵合金的报道中,特别是基于难熔金属的颗粒增强难熔高熵合金激发了科学界的研究兴趣,科学界为了进一步提升该体系合金的高温机械性能而对其进行了深入研究。但是研究发现,非金属元素的引入而在难熔高熵合金中形成的碳化物、硼化物等陶瓷相确实会显著提高难熔高熵合金的硬度和强度,但是难熔高熵合金的缺点也被无限放大。难熔高熵合金的一大缺点就是其室温塑韧性差,容易发生脆性断裂而导致失效,而碳化物、硼化物等第二相的引入会显著降低合金的塑韧性,因此使难熔高熵合金的塑韧性持续降低,这给合金的应用提出了一大障碍。并且截至目前,同样也没有方法去提升陶瓷相强化的难熔高熵合金的塑韧性。因此,需要一个简单而有效的方法去提升难熔高熵合金的塑韧性。

一直以来,氢元素一直被认为是金属材料中有害的元素,科学界普遍认为氢元素在合金中的存在会引起氢脆现象,从而在合金中出现微裂纹并扩展而导致合金断裂失效。而自 20 世纪 60 年代开始,科学界开始运用氢元素去改善某些合金的加工性能,如热氢处理技术常被用作钛合金热加工时软化合金、降低峰值强度从而使钛合金易于加工,美国 SR—71 黑鸟高空侦察机的大块钛合金机身就是通过氢元素对合金热加工性能的改善而制造出来的。因此氢可能会在改善高强难熔高熵合金塑韧性的过程中发挥重要的作用。但是,自 20 世纪氢化技术提出以来,氢化技术都是在固态状态下氢化,在合金处于固体状态下让氢原子扩散进入合金,但是由于扩散速率慢,并且扩散的深度不够,所以效率低下,因此制约了氢化工业的发展。而在 2004 年,哈尔滨工业大学的苏彦庆教授提出了一种新颖的氢化方式,即液态氢化。近十年来,苏彦庆教授所在课题组对钛合金、钛铝合金等高熔点合金进行了大量的液态氢化研究,发现了在钛合金熔体中引入氢可以显著改善钛合金的热加工性能,并且可在室温下软化钛合金,改善钛合金的塑韧性,并且可以显著抑制钛合金和钛铝合金与陶瓷铸型的界面反应。难熔高熵合金和钛合金有一定的相似之处,如室温温度下塑韧性低,而对于这种制约难熔高熵合金实际应用的一大障碍,如果氢可以有效改善难熔高熵合金的塑韧性,那么将对难熔高熵合金的应用具有至关重要的作用。另外,难熔高熵合金的凝固组织、晶体结构决定其力学性能,合金在氢气氛下熔炼后,氢进入合金熔体,从而可能会影响到合金熔体的成分分布、凝固路径,进而改变合金的微观组织结构,因此对性能产生影响。所以,研究氢对难熔高熵合金组织结构及成分的影响非常重要。

本章利用一系列材料分析表征技术详细研究了氢的含量及分布对 $TiZrNbHf_{0.5}Mo_{0.5}$ 和 $TiZrNbHf_{0.5}Mo_{0.5}C_{0.2}$ 两种难熔高熵合金凝固组织、元素成分、晶体结构以及相稳定性所产生的影响作用,揭示了氢对 $TiZrNbHf_{0.5}Mo_{0.5}$ 和 $TiZrNbHf_{0.5}Mo_{0.5}C_{0.2}$ 两种高熵合金组织结构的影响规律。

6.1　氢对高熵合金相组成的影响

6.1.1　液态氢化对 $TiZrNbHf_{0.5}Mo_{0.5}$ 难熔高熵合金晶体结构的影响

利用 Jade 软件分析标定和 Origin9.0 软件所绘出的氢化和未氢化的 $TiZrNbHf_{0.5}Mo_{0.5}$ 难熔高熵合金的 X 射线衍射图谱如图 6.1 所示。氢化与未氢化合金的衍射图谱中的衍射峰与标准 JCPDS 卡(65－7192)的体心立方结构的 ZrTiNb 相对应得很好,因此氢化合金和未氢化合金均由单一无序的体心立方相组成,合金的择优取向面均为(110)面,这说明氢化并不改变合金的晶体结构。表 6.1 是由 Jade 软件所计算出的三组高熵合金的晶格参数,对比数据可以发现氢化合金的晶格参数大于未氢化合金的晶格

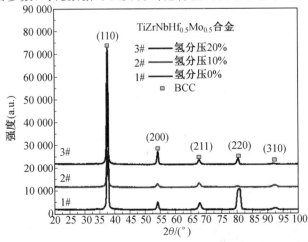

图 6.1　氢化和未氢化的 $TiZrNbHf_{0.5}Mo_{0.5}$ 难熔高熵合金的 X 射线衍射图谱

参数,这是由于引入氢元素后,氢可能占据体心立方晶格中的四面体或者八面体间隙从而使合金的晶格畸变升高,因而晶格参数升高。

表 6.1　氢化和未氢化的 $TiZrNbHf_{0.5}Mo_{0.5}$ 难熔高熵合金的 BCC 相晶格参数

氢分压/%	0	10	20
晶格参数/pm	338.986	339.345	339.057

根据混合原则(mixing rules),无序的体心立方相的晶格参数理论上可以这样计算:

$$a_{mix} = \sum_{i=0}^{n} c_i a_i \tag{6.1}$$

式中,a_{mix} 为混合晶格参数,pm;c_i 为 i 元素的摩尔分数;a_i 为元素 i 的晶格参数,pm。

Nb、Mo 两种元素在室温下的晶体结构即为体心立方结构,而 Ti、Zr、Hf 三种元素在室温下的晶体结构是密排六方结构,但是它们在高温下均存在体心立方结构,因此,它们室温下体心立方结构的晶格参数可以由高温下体心立方结构的晶格参数和热膨胀系数算出。表 6.2 列出的是 Ti、Zr、Nb、Hf、Mo 五种元素在室温下的晶格参数以及合金的晶格参数。由表中得出,$TiZrNbHf_{0.5}Mo_{0.5}$ 高熵合金的理论晶格参数为 337.8 pm,但是根据 XRD 分析结果显示的实际晶格参数为 339.0 pm,理论晶格参数和实际晶格参数十分接近,这说明 $TiZrNbHf_{0.5}Mo_{0.5}$ 高熵合金符合混合原则,因此该体心立方相为无序的固溶体相。而实际晶格参数略大于理论晶格参数,这是由于高熵合金的一个特性,即强烈的晶格畸变,这种效应使合金的晶格参数高于理论值。

表 6.2　$TiZrNbHf_{0.5}Mo_{0.5}$ 难熔高熵合金理论和实际晶格参数

元素	Ti	Zr	Nb	Hf	Mo	a_{mix}	实际
晶格参数/pm	327.6	358.2	330.1	355.9	314.7	337.8	339.0

由 X 射线衍射分析结果可知,氢化合金由单一的体心立方相组成,但是并不确定合金中是否存在极少量的氢化物相,因此,为了验证氢在合金中的存在形式和合金 BCC 相的结构稳定性,设计了 DSC 热分析实验,结果如图 6.2 所示。

图 6.2 是氢化与未氢化合金的 DSC 热分析降温曲线。从图中可以看出,氢化与未氢化合金从 1 300 ℃到 100 ℃的降温过程中,DSC 曲线并没有出现任何的吸热与放热峰,这说明在这一过程中并无相变过程产生。而氢主要可以与合金中的各主元元素形成 TiH_2、ZrH_2 两种氢化物,二者相变点分别为 400 ℃和 300 ℃,因此,在氢化合金中并没有形成氢化物,因此,推测氢在合金中是以原子形式存在的。另外,由于在 1 300 ℃到 100 ℃的温度区间内合金都没有发生相变,因此合金的 BCC 相的结构稳定性很高。

6.1.2　液态氢化对 $TiZrNbHf_{0.5}Mo_{0.5}C_{0.2}$ 难熔高熵合金晶体结构的影响

图 6.3 是 $TiZrNbHf_{0.5}Mo_{0.5}C_{0.2}$ 难熔高熵合金的 X 射线衍射分析图谱。可以看出,图谱中除了基体体心立方相之外,还出现了少量的其他衍射峰。将其与标准 PDF 卡对比之后,发下这些峰和标准 JCPDS 卡(65−7326)的面心立方结构的碳化铪(HfC)的衍射峰

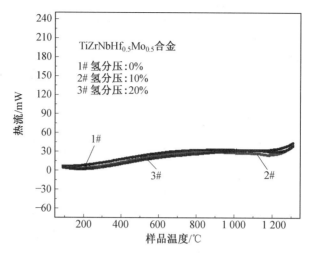

图 6.2　氢化和未氢化的 TiZrNbHf$_{0.5}$Mo$_{0.5}$难熔高熵合金的 DSC 热分析曲线

重合得很好,因此,合金除了基体的无序 BCC 相之外,还存在着一种 FCC 相。对比氢化
与未氢化的 XRD 图谱,可以发现氢化并不改变合金的晶体结构,无论是 BCC 相还是
FCC 相。合金中无序 BCC 相的理论晶格参数为 337.8 pm,而氢化与未氢化合金的实际
晶格参数见表 6.3,可以发现合金 BCC 相的实际晶格参数和理论晶格参数十分接近,并
且氢的加入使合金 BCC 相的晶格参数下降,且随着氢含量的升高而下降。这是由于进入
合金中的氢进入合金 BCC 相晶格中的四面体或八面体间隙中从而增大了合金 BCC 相的
晶格畸变,因此合金 BCC 相的晶格参数随着氢含量的升高而下降。

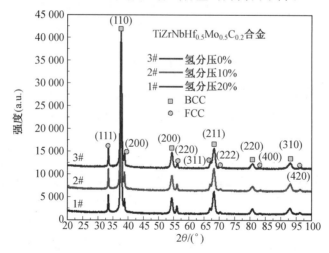

图 6.3　氢化和未氢化的 TiZrNbHf$_{0.5}$Mo$_{0.5}$C$_{0.2}$难熔高熵合金的 X 射线衍射图像

表 6.3　氢化和未氢化的 TiZrNbHf$_{0.5}$Mo$_{0.5}$C$_{0.2}$难熔高熵合金 BCC 相的晶格参数

氢分压/%	0	10	20
晶格参数/pm	337.052	336.555	336.328

　　为了验证 TiZrNbHf$_{0.5}$Mo$_{0.5}$C$_{0.2}$难熔高熵合金相的稳定性及合金中氢元素的存在方

式。同样进行了 DSC 热分析实验,合金的 DSC 升温曲线如图 6.4 所示。可以看出,合金在从 300 ℃到 1 300 ℃的持续升温过程中,并无明显的放热峰及吸热峰出现,由上文可能形成的氢化物的熔点均在 300~400 ℃之间,因此合金中并没有形成氢化物,所以氢元素在合金中以氢原子的形态存在。由于在 300~1 300 ℃的持续升温过程并无相变过程产生,因此合金中的 BCC 相和 FCC 相均有很高的热稳定性。另外,在 800 ℃时合金 DSC 曲线有一个小峰出现,这是因为为了提高效率,实验步骤中设定在 800 ℃以下的升温速率为 20 ℃/min,在 800 ℃以上为 10 ℃/min,因此在升温速率变化时会有一个小峰出现。为了证明该峰的出现是由升温速率变化引起的,用 DSC 测试仪器在没有装载试样的情况下按照预定的升温步骤,在 800 ℃的同样位置也会出现一个小峰,因此该峰不是由相变导致的。

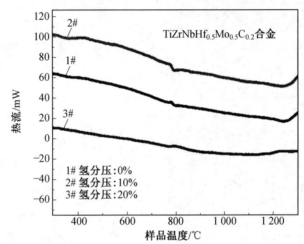

图 6.4　氢化和未氢化的 TiZrNbHf$_{0.5}$Mo$_{0.5}$C$_{0.2}$ 难熔高熵合金的 DSC 热分析曲线

6.2　氢对高熵合金组织的影响

6.2.1　液态氢化对 TiZrNbHf$_{0.5}$Mo$_{0.5}$难熔高熵合金显微组织的影响

由于 TiZrNbHf$_{0.5}$Mo$_{0.5}$难熔高熵合金具有五个主元元素,包括三个难熔元素,因此首先对氢化与未氢化合金进行成分分析,以确定合金是否已经熔炼均匀,这对于后续的组织结构以及性能分析极为重要。

氢化与未氢化合金的 EDS 能谱分析如图 6.5 所示,表 6.4、表 6.5 分别是图 6.5 中氢化和未氢化合金各元素的原子数分数和质量分数。由表中数据可以看出,氢化与未氢化合金成分均接近于合金的理论成分,其中 Ti、Hf、Mo 三种元素的含量极为接近理论值,而 Zr 和 Nb 两种元素存在约 2%的误差,这说明合金已经得到充分的熔炼,也使得后续的组织结构和性能分析具有了足够的可信度。另外,对比氢化与未氢化合金可以发现,氢分压 10%的合金的成分比未氢化合金的成分更加接近于理论值,氢分压 20%的合金的成分最接近于理论值。图 6.6 揭示了氢化合金与未氢化合金的元素含量对比,可以看出,氢化合金的元素偏析会更小,因而液态氢化可以降低合金的元素偏析,使合金成分更加均匀。氢分压10%的合金各元素的分布图如图6.7所示,可以看到合金元素在微米尺度下分布均匀,没有明显的偏析出现。

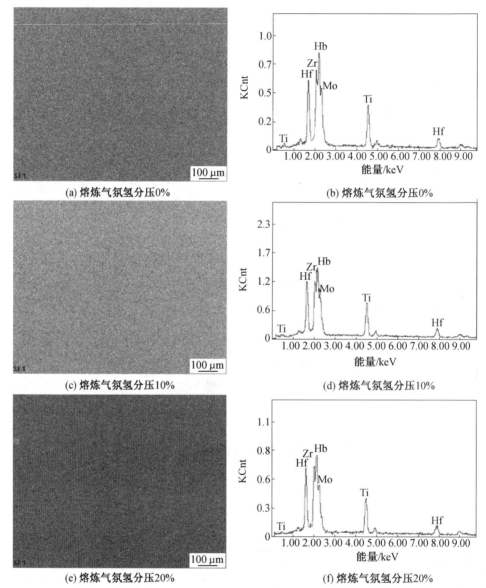

(a) 熔炼气氛氢分压0%

(b) 熔炼气氛氢分压0%

(c) 熔炼气氛氢分压10%

(d) 熔炼气氛氢分压10%

(e) 熔炼气氛氢分压20%

(f) 熔炼气氛氢分压20%

图 6.5　未氢化与氢化 $TiZrNbHf_{0.5}Mo_{0.5}$ 难熔高熵合金的 EDS 能谱分析图

表 6.4　未氢化与氢化的 $TiZrNbHf_{0.5}Mo_{0.5}$ 难熔高熵合金的各成分原子数分数　　%

元素	Ti	Zr	Nb	Hf	Mo
理论	25	25	25	12.5	12.5
氢分压 0%	24.33	22.47	27.42	13.36	12.42
氢分压 10%	24.95	22.37	27.12	13.59	11.97
氢分压 20%	24.14	23.24	26.00	13.59	13.02

表 6.5　未氢化与氢化的 $TiZrNbHf_{0.5}Mo_{0.5}$ 难熔高熵合金的各成分质量分数　　　%

元素	Ti	Zr	Nb	Hf	Mo
理论	12.97	24.71	25.17	24.17	12.99
氢分压 0%	12.48	21.95	27.28	25.54	12.76
氢分压 10%	12.81	21.87	27.00	26.01	12.31
氢分压 20%	12.34	22.63	25.79	25.90	13.34

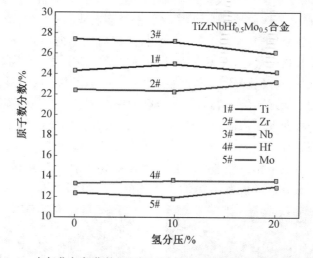

图 6.6　未氢化与氢化的 $TiZrNbHf_{0.5}Mo_{0.5}$ 难熔高熵合金成分对比图

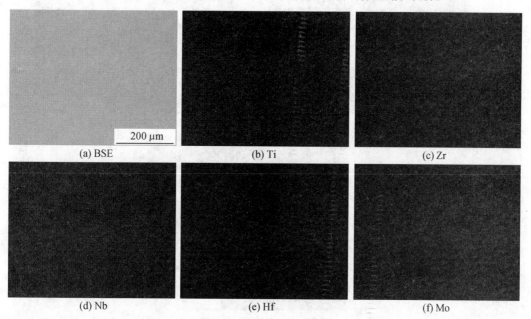

图 6.7　氢分压 10% 的 $TiZrNbHf_{0.5}Mo_{0.5}$ 难熔高熵合金的 EDS 分析

合金在熔炼过程中,熔体中氢元素的引入可能会导致合金的凝固路径改变,因此可能会改变合金的凝固组织。图 6.8 是氢化和未氢化合金的扫描电镜背散射图像。图中可见氢化与未氢化合金的组织是均匀的,由于合金由单一的 BCC 固溶体相组成,因此看不出有任何明显的组织特征。图 6.9 是腐蚀液腐蚀后氢化与未氢化的合金的金相图像。可以看出合金腐蚀后,不论氢化与否,都表现出显著的枝晶与枝晶间结构,存在着大量的二次及多次枝晶,并与一次枝晶的生长方向成 60°。未氢化合金的一次枝晶较短,氢分压 10% 的合金的一次枝晶稍长,而氢分压 20% 的合金的一次枝晶主干最长,达到 mm 级。另外,未氢化合金中存在着发达的二次及多次枝晶,并且枝晶的取向混乱;相比之下,氢分压 10% 的合金的一次枝晶的取向稍显明朗,二次枝晶及多次枝晶有所减少,并且二次枝晶的长度也有所降低;而氢分压 20% 的合金的一次枝晶取向性趋向一致,有着十分规则且相似的取向,而二次枝晶长度最小,并不发达,并且几乎没有多次枝晶存在,这说明氢化可以改变合金熔体的凝固路径及枝晶的生长路径,进而改变合金中一次枝晶的取向和二次及多次枝晶的生长状况。另外,氢分压 10% 的合金的一次及二次枝晶的间距小于未氢化的合金的枝晶间距,在相同大小的面积内,氢分压 10% 的合金的枝晶数量和密度大于未氢化合金的枝晶数量和密度,因此,适当的氢化还可以有效地减小枝晶间距,细化枝晶。这是由于熔体氢化后,氢原子作为外来质点进入合金熔体中,使合金熔体吸附凝固,这增大了合金的形核率,而氢分压下熔炼合金,合金熔体的温度得到了进一步的提高,这同样会

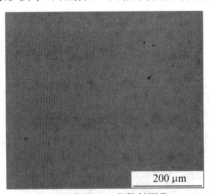

(a) 未氢化的SEM背散射图像

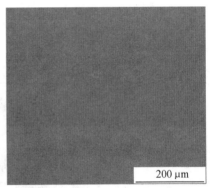

(b) 氢分压10%的SEM背散射图像

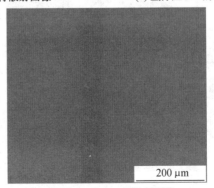

(c) 氢分压20%的SEM背散射图像

图 6.8　氢化与未氢化 $TiZrNbHf_{0.5}Mo_{0.5}$ 难熔高熵合金的扫描电镜背散射图像

进一步提升合金的形核率,因此氢化合金中的枝晶得到了细化。

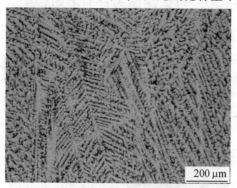
(a) 腐蚀后未氢化的合金金相图像

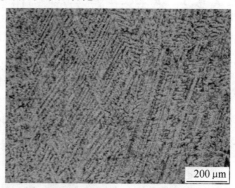
(b) 腐蚀后氢分压10%的合金金相图像

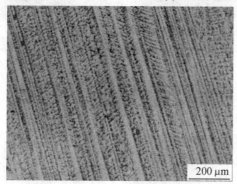
(c) 腐蚀后氢分压20%的合金金相图像

图 6.9　腐蚀液腐蚀后氢化与未氢化 $TiZrNbHf_{0.5}Mo_{0.5}$ 难熔高熵合金的金相图像

为了更加深入地观察氢化合金的组织结构,采用透射电镜分析了氢分压 10% 合金的组织结构,如图 6.10 所示。图中的明场像中可以看出合金中并没有特殊的组织形貌出现,在大片的银灰色组织上分布着一系列的位错结构。对应位错区域的选区电子衍射结果显示氢化合金依旧为单一无序的 BCC 固溶体相,因此合金中并没有出现其他的氢化物相。这也验证了前文中 X 射线衍射分析和 DSC 热分析的结果。

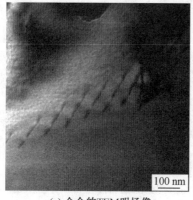
(a) 合金的TEM明场像

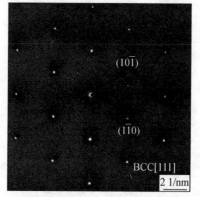
(b) 明场像对应区域的选区电子衍射图像

图 6.10　氢分压 10% 的 $TiZrNbHf_{0.5}Mo_{0.5}$ 难熔高熵合金的透射电镜晶体分析

6.2.2　液态氢化对 $TiZrNbHf_{0.5}Mo_{0.5}C_{0.2}$ 难熔高熵合金显微组织的影响

图 6.11 是 $TiZrNbHf_{0.5}Mo_{0.5}C_{0.2}$ 难熔高熵合金的扫描电镜的二次电子和背散射图像。可以看出,合金具有两种不同的形貌,这在二次电子图中表现为灰色的基体和亮灰色的、弥散分布的颗粒状组织,而在背散射图像中表现为灰色的基体和弥散分布的白色沉淀物。对比氢化和未氢化合金的白色沉淀物的分布及形貌可以看出,未氢化合金的白色沉淀物的颗粒平均尺寸最为细小,并且具有相对均匀的分布;而氢分压 10% 的合金的白色

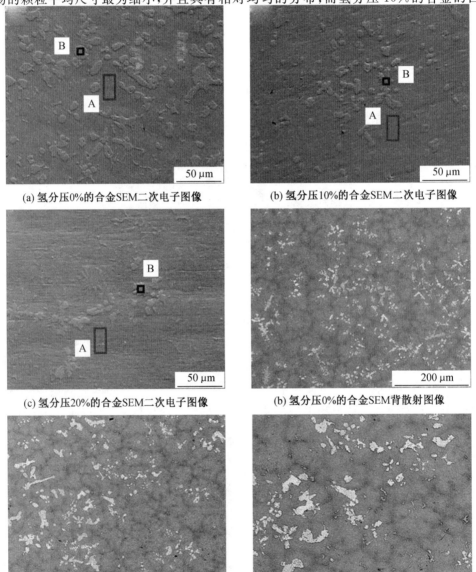

(a) 氢分压0%的合金SEM二次电子图像　　(b) 氢分压10%的合金SEM二次电子图像

(c) 氢分压20%的合金SEM二次电子图像　　(b) 氢分压0%的合金SEM背散射图像

(e) 氢分压10%的合金SEM背散射图像　　(f) 氢分压20%的合金SEM背散射图像

图 6.11　$TiZrNbHf_{0.5}Mo_{0.5}C_{0.2}$ 难熔高熵合金的扫描电镜图像

沉淀物的平均尺寸就稍有增加,并且和未氢化合金的白色沉淀物的分布类似,也很均匀;氢分压 20%的合金中白色沉淀物的平均尺寸则明显大于未氢化和氢分压 10%的,并且白色沉淀物分布的均匀程度也比前两种合金要差一些。

　　利用扫描电镜能谱分析(EDS)对合金的成分进行分析。由于观察到的合金微观图像包含两种不同的形貌,于是对两种形貌分别进行了分析。表 6.6、表 6.7、表 6.8、表 6.9 是图 6.11 对应区域的元素含量表。由于碳原子的原子序数和原子半径都很小,扫描电子显微镜的能谱分析对碳原子的分析并不敏感,因而会导致碳原子探测的结果不准,所以没有测量碳原子的含量,仅测定了其他五种元素的含量。结果显示,氢化与未氢化合金灰色基体中均出现了出现了 Ti、Nb、Mo 的富集,而 Zr 和 Hf 的含量均有下降;在白色沉淀物中出现了 Zr 和 Hf 两种元素的富集,Ti、Nb 的含量均低于理论水平,而 Mo 元素的含量为零,说明氢化与未氢化合金白色沉淀物中都不含有 Mo 元素。这种元素分布不均匀现象形成的原因是:碳可以和 Ti、Zr、Nb、Hf、Mo 形成 TiC、ZrC、NbC、HfC 和 MoC 五种碳化物,其中 TiC、ZrC、NbC 和 HfC 四种碳化物具有相同的晶体结构,晶体结构属于立方晶系,同属于 Fm−3m 空间群;而 MoC 属于 P−62m 空间群,晶体结构属于六方晶系。碳与 Ti、Zr、Nb、Hf、Mo 五种元素之间的混合熔为分别为−109 kJ/mol、−131 kJ/mol、−102 kJ/mol、−123 kJ/mol、−67 kJ/mol,当两种元素混合熔的绝对值越大时,两种元素相互结合的倾向就越大,因此,碳和 Zr 之间有最大的结合倾向,其次是 Hf、Ti、Nb,而和 Mo 具有最小的结合倾向;白色沉淀物中 Zr 元素的含量最高,其次是 Hf、Ti、Nb,而并不含有 Mo 元素。对比表 6.6、表 6.7、表 6.8、表 6.9 中氢化和未氢化合金的成分可知,氢化使合金中上述的这种偏析倾向持续升高,氢化合金基体中 Hf、Mo 元素的含量更少,而白色沉淀物中 Hf 和 Zr 的富集程度也更高。

表 6.6　未氢化与氢化的 $TiZrNbHf_{0.5}Mo_{0.5}C_{0.2}$ 难熔高熵合金基体 A 中各主元元素的原子数分数　%

主元元素	Ti	Zr	Nb	Hf	Mo
理论	25	25	25	12.5	12.5
0%	30.24	22.55	29	10.17	8.03
10%	27.46	21.84	27.9	9.16	13.64
20%	27.2	20.71	29.38	8.81	13.9

表 6.7　未氢化与氢化的 $TiZrNbHf_{0.5}Mo_{0.5}C_{0.2}$ 难熔高熵合金基体 A 中各主元元素的质量分数　%

主元元素	Ti	Zr	Nb	Hf	Mo
理论	12.97	24.71	25.17	24.17	12.99
0%	16.85	24.56	30.54	16.69	11.36
10%	14.87	22.53	29.31	18.49	14.80
20%	14.76	21.40	30.92	17.82	15.11

表 6.8　未氢化与氢化的 $TiZrNbHf_{0.5}Mo_{0.5}C_{0.2}$ 难熔高熵合金白色沉淀物 B 中
各主元元素原子数分数　　　　　　　　　　　　　　　　　　　　　%

主元元素	Ti	Zr	Nb	Hf	Mo
理论	25	25	25	12.5	12.5
0%	8.96	52.81	6.80	31.24	0.00
10%	11.34	48.65	9.95	28.73	1.34
20%	9.49	50.08	8.43	32.01	0.00

表 6.9　未氢化与氢化的 $TiZrNbHf_{0.5}Mo_{0.5}C_{0.2}$ 难熔高熵合金白色沉淀物 B 中
各主元元素的质量分数　　　　　　　　　　　　　　　　　　　　%

主元元素	Ti	Zr	Nb	Hf	Mo
理论	12.97	24.71	25.17	24.17	12.99
0%	3.74	41.94	5.50	48.82	0.00
10%	4.86	39.76	8.28	45.95	1.15
20%	3.94	39.66	6.80	49.60	0.00

　　为了进一步分析白色沉淀物与基体成分的关系,对未氢化和氢分压 20% 的两种合金继续进行了扫描电镜面分布分析,如图 6.12、图 6.13 所示。可以看出,未氢化合金的基体中存在轻微的 Zr 元素偏析,而氢分压 20% 的合金的基体中存在较多的 Zr 元素偏析。另外,和前文 $TiZrNbHf_{0.5}Mo_{0.5}$ 合金的面分布情况类似,基体中 Ti、Zr、Nb、Hf、Mo 五种元素很均匀地分布着;而沉淀物中则是出现了明显的 Zr 和 Hf 的富集,Ti、Nb 的含量很少,并且不含 Mo 元素,因此氢化与未氢化合金的白色沉淀物与基体之间存在着成分互补的关系,并且,由于氢分压 20% 合金的元素对比衬度更明显,因此这种互补关系随着氢元素的加入而加剧。

(a) SEM　　　　　　　　　　　　　　(b) Ti

图 6.12　未氢化的 $TiZrNbHf_{0.5}Mo_{0.5}C_{0.2}$ 难熔高熵合金的 EDS 元素面分布图

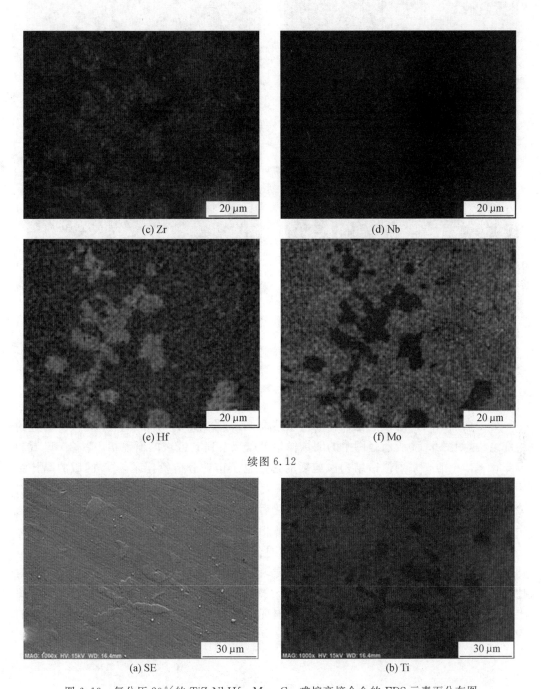

(c) Zr

(d) Nb

(e) Hf

(f) Mo

续图 6.12

(a) SE

(b) Ti

图 6.13　氢分压 20％的 $TiZrNbHf_{0.5}Mo_{0.5}C_{0.2}$ 难熔高熵合金的 EDS 元素面分布图

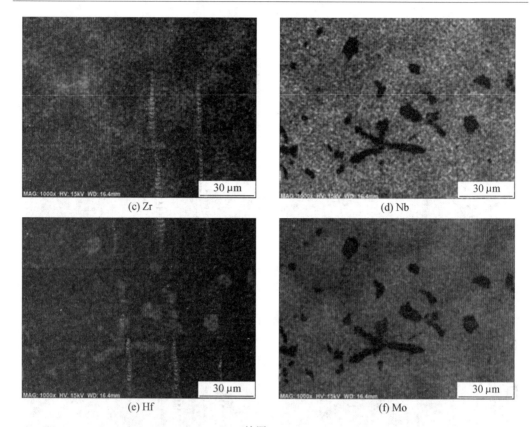

续图 6.13

　　为了更加深入地观察氢化合金的组织结构,采用透射电镜分析了氢分压 20% 合金的组织结构,如图 6.14 所示。图中的明场像中可以观察到 B 区域的增强相、基体 A 区域和分布在基体中的一系列位错结构。随后的选区电子衍射分析发现基体 A 区域的晶体结构为无序 BCC 结构,而增强相 B 区域的晶体结构为 FCC 结构,这也与前文的 X 射线衍射分析和 DSC 热分析结果相互吻合,说明氢化后的合金中依旧没有氢化物相形成,氢化合金由基体的体心立方相和增强相的面心立方相组成。因此,氢化不改变合金的晶体结构。

　　图 6.15 是腐蚀液腐蚀后氢化与未氢化的合金的金相图像。可以看出合金腐蚀后,氢化与未氢化合金的基体形貌结构无明显差异,而白色沉淀物的形态则是发生了变化。对比之下可以看出,未氢化和氢分压 10% 合金的白色沉淀物都是均匀地分布在合金的基体上的,而氢分压 20% 合金的白色沉淀物则出现了聚集,呈长串状分布,长 200～400 μm,因此,氢化改变了合金增强相的分布特征。

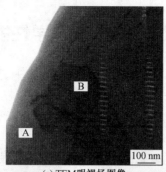

(a) TEM明视场图像

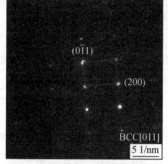

(b) TEM明视场中A区域的衍射图案

(c) TEM明视场中B区域的衍射图案

图 6.14　氢分压 20％的 $TiZrNbHf_{0.5}Mo_{0.5}C_{0.2}$ 难熔高熵合金透射电子显微镜晶体分析

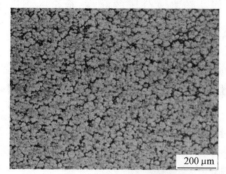

(a) 腐蚀后未氢化合金的金相图像

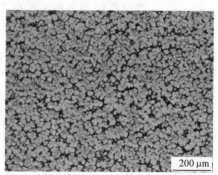

(b) 腐蚀后氢分压10%合金的金相图像

(c) 腐蚀后氢分压20%合金的金相图像

图 6.15　腐蚀液腐蚀后氢化与未氢化 $TiZrNbHf_{0.5}Mo_{0.5}C_{0.2}$ 难熔高熵合金的金相组织图像

6.3　氢对高熵合金力学性能的影响

由于难熔高熵合金大都由单一硬韧相构成，因而普遍存在塑性较差的缺点。本章研究的 TiZrNbHf$_{0.5}$Mo$_{0.5}$ 及 TiZrNbHf$_{0.5}$Mo$_{0.5}$C$_{0.2}$ 难熔高熵合金的屈服强度及峰值强度虽然比较高，但是塑韧性较差，均会在压缩过程中出现脆性断裂。而本章的主要研究目标之一就是希望通过氢元素的引入来改善 TiZrNbHf$_{0.5}$Mo$_{0.5}$ 及 TiZrNbHf$_{0.5}$Mo$_{0.5}$C$_{0.2}$ 难熔高熵合金的塑韧性，旨在通过液态氢化的熔炼技术来制备高强韧难熔高熵合金。因此，需要对液态氢化前后难熔高熵合金的力学性能做出准确的测量与分析。

在 6.2 节中，详细介绍了氢元素在难熔高熵合金中的引入所带给难熔高熵合金组织上的改变。氢的加入对两种难熔高熵合金的凝固组织结构均有不同程度的影响，因此，需要发现氢化后凝固组织的改变是否改变合金的力学性能，如屈服强度、峰值强度、断裂应变、弹性模量等力学性能参数。因此，本节将介绍液态氢化对 TiZrNbHf$_{0.5}$Mo$_{0.5}$ 及 TiZrNbHf$_{0.5}$Mo$_{0.5}$C$_{0.2}$ 难熔高熵合金的室温压缩性能、室温硬度值、高温压缩性能的影响。

6.3.1　液态氢化对 TiZrNbHf$_{0.5}$Mo$_{0.5}$ 难熔高熵合金室温压缩性能的影响

未氢化与氢化 TiZrNbHf$_{0.5}$Mo$_{0.5}$ 难熔高熵合金室温压缩实验的应力—应变曲线如图 6.16 所示。由图中可以看出，在液态氢化的条件下，液态氢化可以明显改变 TiZrNbHf$_{0.5}$Mo$_{0.5}$ 难熔高熵合金的室温压缩性能。随着氢分压的升高，合金的强度变化趋势开始不明显，但是随着氢分压的升高，合金的强度开始下降。另外，随着氢分压的升高，合金的压缩塑性随之先大幅提高，随后开始出现显著下降。所以压缩实验表明，氢元素的引入确实可以显著地改变 TiZrNbHf$_{0.5}$Mo$_{0.5}$ 难熔高熵合金的压缩性能。除此之外，图 6.17 是氢分压 10% 的 TiZrNbHf$_{0.5}$Mo$_{0.5}$ 难熔高熵合金室温压缩后的 X 射线衍射分析图谱，从图中可以看出，在经历了 65% 以上的压缩变形之后，合金的 X 射线衍射图谱中没有出现新的衍射峰，这说明合金在很大的变形量下依然没有发生晶体结构的改变。变形后氢分压 10% 的合金的晶体结构和未变形铸态下氢分压 10% 合金的晶体结构一样，还是由单一无序的 BCC 固溶体相组成的。

下面对不同氢分压下熔炼的 TiZrNbHf$_{0.5}$Mo$_{0.5}$ 难熔高熵合金的峰值强度、弹性模量、屈服强度和断裂应变等常温压缩性能参数进行了测量、计算与比较，用来探索发现液态氢化对 TiZrNbHf$_{0.5}$Mo$_{0.5}$ 难熔高熵合金的室温压缩性能的影响规律。

表 6.10 是未氢化与氢化的 TiZrNbHf$_{0.5}$Mo$_{0.5}$ 难熔高熵合金的室温压缩性能参数值，图 6.18 为不同氢分压下熔炼的 TiZrNbHf$_{0.5}$Mo$_{0.5}$ 难熔高熵合金的室温压缩性能参数对比。由于合金的应力—应变曲线上没有表现出明显的应力屈服点，因此选用应变偏移量为 0.2% 处的应力值作为合金的屈服强度。由图 6.18(a) 可以看出，液态氢化后合金的峰值强度出现了非常明显的变化。未氢化合金的峰值强度为 1 713 MPa，而随着氢分压升高到 10%，可以看到合金的压缩峰值强度已经超过 3 500 MPa，并且没有发生断裂，这意味着合金的峰值强度大于 3 500 MPa；而随着氢分压的继续升高，合金的压缩峰值强度大幅下降。由图 6.18(b) 可以看出，液态氢化可以明显改变合金的弹性模量。未氢化合金

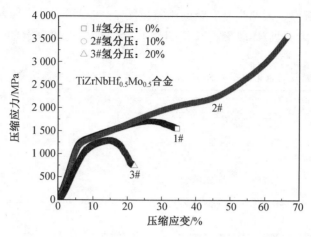

图 6.16　不同氢分压下熔炼的 $TiZrNbHf_{0.5}Mo_{0.5}$ 难熔高熵合金的室温压缩应力－应变曲线

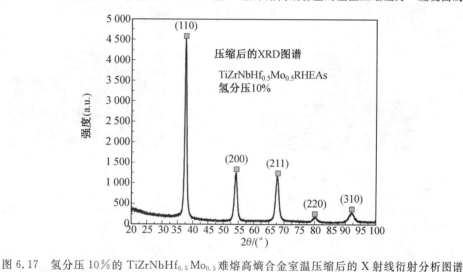

图 6.17　氢分压 10％的 $TiZrNbHf_{0.5}Mo_{0.5}$ 难熔高熵合金室温压缩后的 X 射线衍射分析图谱

的弹性模量为 23 793 MPa，而氢分压在 10％时，合金的弹性模量值为23 830 MPa，与未氢化合金相比，氢化后合金的弹性模量几乎不变，仅改变了大约 1％，因此可以认为氢分压 10％几乎不改变合金的弹性模量；随着氢分压的进一步升高，合金的弹性模量剧烈降低，只有 17 775 MPa，降低了大约 25％。由图 6.18（c）可以看出，和弹性模量类似，较高的氢分压可以改变合金的屈服强度。未氢化合金的屈服强度为 1 222 MPa，而氢分压 10％的合金的屈服强度为 1 208 MPa，相比之下，氢分压 10％的合金的屈服强度比未氢化合金降低了大约 1.1％，考虑到试样的偶然误差，可以认为合金的屈服强度没有发生改变；而随着氢分压的继续增大，合金的屈服强度大幅度降低，这和弹性模量的变化趋势一致。由图 6.18（d）可以看出，液态氢化可以非常有效地改善合金的压缩塑性。未氢化合金的断裂应变大约为 34％，而氢分压为 10％的合金的断裂应变大于 50％，这说明合金在压缩过程中不会发生断裂，这说明合金的塑性有了大幅提升；而随着氢分压的继续上升，合金的断裂应变为 16.3％，从而大幅下降。

　　上述的室温压缩实验结果显示，对比未氢化的合金，氢分压 10％熔炼的合金可以在不改变屈服强度的条件下大幅提升合金的压缩塑性,这实现了难熔高熵合金的高强高韧。因此,液态氢化可以大幅增塑,实现 $TiZrNbHf_{0.5}Mo_{0.5}$ 难熔高熵合金的高强度与高韧性的结合。

表 6.10　未氢化与氢化的 $TiZrNbHf_{0.5}Mo_{0.5}$ 难熔高熵合金的室温压缩性能参数值

氢分压/%	0	10	20
峰值强度/MPa	1 713.6	>3 500	1 273.2
弹性模量/MPa	23 793.0	23 829.8	17 774.8
屈服强度/MPa	1 222.4	1 208.0	709.3
断裂应变/%	34.0	>50%	16.3

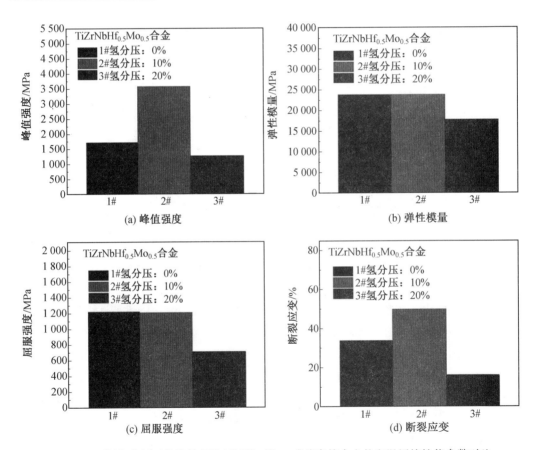

图 6.18　不同氢分压下熔炼的 $TiZrNbHf_{0.5}Mo_{0.5}$ 难熔高熵合金的室温压缩性能参数对比

另外,对未氢化和氢化的 $TiZrNbHf_{0.5}Mo_{0.5}$ 难熔高熵合金室温压缩变形后试样及断口形貌及组织进行了观察和分析。图 6.19 为氢化与未氢化合金室温压缩变形后试样的宏观形貌。可以看出,对比未变形的圆柱形式样,未氢化合金变形后表面出现近似于 45° 方向的开裂现象;而氢分压 10% 合金变形后被压成饼状,仅在鼓肚的侧面有裂纹产生,因而应变量达到 65% 以上依旧可以进行变形;而氢分压 20% 合金的内部与侧面均出现大面积的开裂,因此在较小的应变下就发生断裂。

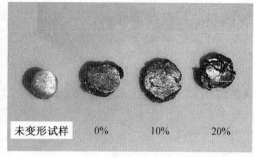

(a) 试样主视图　　　　　　　　　　　　(b) 试样俯视图

图 6.19　不同氢分压下熔炼的 $TiZrNbHf_{0.5}Mo_{0.5}$ 难熔高熵合金压缩变形后试样的宏观图像

图 6.20 是氢化与未氢化 $TiZrNbHf_{0.5}Mo_{0.5}$ 高熵合金试样室温压缩变形后的断口形貌。由图 6.20(a)中可以看到大量的晶粒,裂纹沿着晶界的边界而存在。这说明 $TiZrNbHf_{0.5}Mo_{0.5}$ 合金在压缩变形中,晶界的强度小于晶内的强度,在受到逐渐升高的剪切应力的作用下,晶界处开始出现微裂纹并沿着晶界开始生长,并成长为较大的裂纹,这些裂纹导致了合金的断裂,因此未氢化合金的断裂方式属于典型的沿晶断裂;图 6.20(b)和图 6.20(c)中的断口形貌和图 6.20(a)中类似,因此氢分压 10% 和 20% 下熔炼的合金的断裂方式也属于沿晶断裂。所以,氢化虽然改变了合金的室温压缩性能,但是并没有改变合金的断裂方式。

(a) 未氢化　　　　　　　　　　　　(b) 氢分压10%

(c) 氢分压20%

图 6.20　不同氢分压下熔炼的 $TiZrNbHf_{0.5}Mo_{0.5}$ 难熔高熵合金压缩变形后的断口形貌

6.3.2　液态氢化对 $TiZrNbHf_{0.5}Mo_{0.5}C_{0.2}$难熔高熵合金室温压缩性能的影响

　　未氢化与氢化的 $TiZrNbHf_{0.5}Mo_{0.5}C_{0.2}$难熔高熵合金室温压缩实验的应力－应变曲线如图 6.21 所示。由图中可以看出,在液态氢化的条件下,$TiZrNbHf_{0.5}Mo_{0.5}$难熔高熵合金的室温压缩性能有所改变。随着氢分压的升高,合金的强度开始升高,并且随着氢分压的升高,合金的强度开始有小幅度下降的趋势。另外,随着氢分压的升高,合金的塑性没有发生明显的变化趋势,大约在压缩应变 35％以内发生断裂。所以压缩实验表明,氢元素的引入可以小幅度改变 $TiZrNbHf_{0.5}Mo_{0.5}$难熔高熵合金的压缩性能。

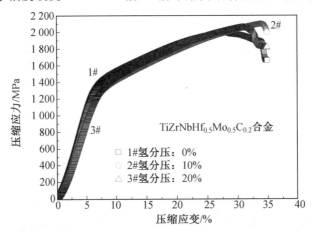

图 6.21　未氢化和氢化的 $TiZrNbHf_{0.5}Mo_{0.5}C_{0.2}$难熔高熵合金的室温压缩应力－应变曲线

　　和前文一样,下面对不同氢分压下熔炼的 $TiZrNbHf_{0.5}Mo_{0.5}C_{0.2}$难熔高熵合金的峰值强度、弹性模量、屈服强度和断裂应变等常温压缩性能参数也进行了测量、计算与比较,用来探索发现液态氢化对 $TiZrNbHf_{0.5}Mo_{0.5}C_{0.2}$难熔高熵合金的室温压缩性能的影响规律。

　　表 6.11 是未氢化与氢化的 $TiZrNbHf_{0.5}Mo_{0.5}C_{0.2}$难熔高熵合金的室温压缩性能参数值,图 6.22 为不同氢分压下熔炼的 $TiZrNbHf_{0.5}Mo_{0.5}C_{0.2}$难熔高熵合金的室温压缩性能参数对比。依旧选用应变偏移量为 0.2％处的应力值作为合金的屈服强度。由图 6.22(a)可以看出,液态氢化后合金的峰值强度出现了小幅度的变化。未氢化合金的峰值强度为 1 993.7 MPa;而随着氢分压升高到 10％,可以看到合金的压缩峰值强度升高至 2 101 MPa;随着氢分压的继续升高,合金的压缩峰值强度出现很小幅度的下降,下降值在 5％之内,但是氢分压 20％的合金的峰值强度依然大于未氢化合金的峰值强度。由图 6.22(b)可以看出,液态氢化后合金的弹性模量出现了较为显著的变化。随着氢分压升高到 10％,合金的弹性模量出现了较大幅度的下降;而随着氢分压升高到 20％,合金的弹性模量开始上升,但是依旧低于未氢化合金的弹性模量。由图 6.22(c)可以看出,液态氢化对合金的屈服强度有着较为明显的改变。未氢化合金的屈服强度为 1 338 MPa;而当氢分压为 10％时,合金的屈服强度有着较大幅度的降低,降低了大约 14％;而随着氢分压的继续升高,合金的屈服强度开始升高,达到 1 258 MPa,但是此时的屈服强度依然低于未氢

化合金的屈服强度。由图 6.22(d)可以看出,液态氢化对合金的断裂应变没有显著的影响作用。随着氢分压的升高,合金的断裂应变在很小的基准上改变,改变量小于 1%,因此认为氢化对合金的断裂应变没有影响。但是从图 6.22 中可以看出,氢化与未氢化合金的峰值强度所对应的应变量却各不相同。随着氢分压的升高,可以看出合金峰值强度对应的应变在升高,因此合金在平稳塑性变形的过程随着氢含量的升高而变长。

表 6.11　未氢化与氢化的 $TiZrNbHf_{0.5}Mo_{0.5}C_{0.2}$ 难熔高熵合金的室温压缩性能参数值

氢分压/%	0	10	20
峰值强度/MPa	1 993.7	2 101	2 056.4
弹性模量/MPa	24 571.0	21 908.6	24 062.4
屈服强度/MPa	1 338.2	1 151.7	1 258.1
断裂应变/%	34.2	34.2	34.0

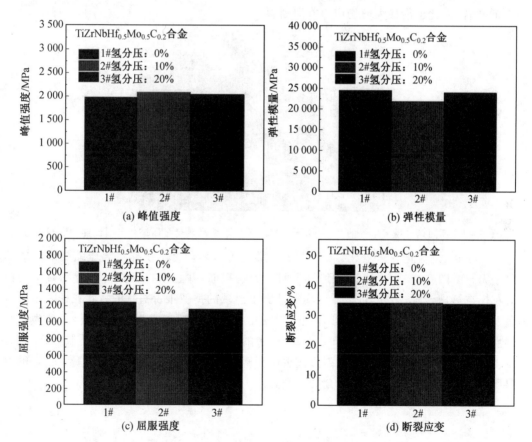

图 6.22　不同氢分压下熔炼的 $TiZrNbHf_{0.5}Mo_{0.5}C_{0.2}$ 难熔高熵合金的室温压缩性能参数值

由上述的室温压缩实验结果显示,对比未氢化的合金,氢分压下熔炼的合金的屈服强度会出现下降,但是,氢化合金的峰值强度却出现了小幅度的上升,并且,合金在峰值强度下的应变值也随着氢分压的升高而升高;但是,合金的断裂应变却不随着氢含量的改变而改变。因此,液态氢化会降低合金的屈服强度,但是却可以在不改变合金的断裂应变的情况下对合金实现小幅度的增强,因此氢化实现了 TiZrNbHf$_{0.5}$Mo$_{0.5}$C$_{0.2}$ 难熔高熵合金的小幅强化。产生这种性能变化的原因是氢对合金显微组织的影响。由 6.2 节组织分析可知,氢化改变了合金中增强相的分布趋势。氢分压 20% 下熔炼的合金中增强相呈现出细长串状分布的特征,而未氢化合金的增强相均匀地分布在基体中,因此未氢化合金的第二相粒子增强效果更强,所以在压缩过程中,氢化合金的屈服强度会低于未氢化合金的屈服强度。而随着塑性变形的继续进行,细长串状的第二相粒子群开始出现断裂,少量分担了合金的塑性变形量,从而使合金的塑性变形量有微小的提升,从而实现了小幅强化作用。

另外,对未氢化和氢化的 TiZrNbHf$_{0.5}$Mo$_{0.5}$C$_{0.2}$ 难熔高熵合金室温压缩变形后试样及断口形貌及组织进行了观察和分析。图 6.23 为氢化与未氢化合金室温压缩变形后试样的宏观形貌。可以看出,对比未变形的圆柱形式样,未氢化合金变形后表面出现与压缩方向成近似于 45°方向的开裂现象,因此试样沿最大剪切应力方向断裂;氢分压 10% 合金和氢分压 20% 合金的断裂方式和未氢化合金十分相似,试样表面均呈现出与压缩方向成45°的开裂,因此也沿最大剪切应力方向断裂。

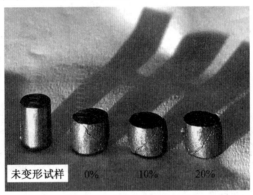

图 6.23　不同氢分压下熔炼的 TiZrNbHf$_{0.5}$Mo$_{0.5}$C$_{0.2}$ 难熔高熵合金压缩变形后试样的宏观图像

图 6.24 是氢化与未氢化 TiZrNbHf$_{0.5}$Mo$_{0.5}$C$_{0.2}$ 高熵合金试样室温压缩变形后的断口形貌。由图 6.24(a)中可以看到较为明显的解理面,并且断口表面可以看到典型的河流花样与解理台阶,另外,可以看到在解理面上出现的类似于舌头状的舌状花样。由于合金发生了塑性变形后发生了断裂,因此,未氢化合金的断裂方式为解理断裂,表现为宏观塑性的解理断裂。图 6.24(b)和图 6.24(c)中的断口形貌和图 6.24(a)中类似,因此氢分压 10% 和 20% 下熔炼合金的断裂方式也属于解理断裂。所以,氢化虽然改变了合金的室温压缩性能,但是并没有改变合金的断裂方式。

(a) 未氢化　　　　　　　　(b) 氢分压10%

(c) 氢分压20%

图 6.24　不同氢分压下熔炼的 $TiZrNbHf_{0.5}Mo_{0.5}C_{0.2}$ 难熔高熵合金压缩变形后的
扫描电镜二次电子断口形貌

6.3.3　液态氢化对难熔高熵合金室温硬度的影响

为了更新一步地研究液态氢化对高熵合金力学性能的影响,测定了氢化和未氢化的 $TiZrNbHf_{0.5}Mo_{0.5}$ 和 $TiZrNbHf_{0.5}Mo_{0.5}C_{0.2}$ 难熔高熵合金的硬度值,结果见表 6.12、表 6.13,另外,图 6.25 中对比了不同氢分压下两种高熵合金的室温硬度值。由对比结果可知,对于 $TiZrNbHf_{0.5}Mo_{0.5}$ 难熔高熵合金,随着氢分压的增大,合金的硬度有所下降;而随着氢分压的继续升高,合金的硬度值稍有上升,但是依然低于未氢化合金的室温硬度值。氢分压 10%合金硬度值的下降可能是由于合金在氢化后,元素含量与组织形貌分布更加均匀,降低了因元素微量偏析所引起的硬化现象,因而出现硬度值的下降;而氢分压 20%的合金硬度值升高,这可能是由于氢原子进入合金中形成固溶体,增大了固溶强化的作用。氢原子作为间隙原子存在于合金晶格的四面体间隙与八面体间隙中,使合金的晶格畸变程度升高,因而出现硬度升高的现象。而对于 $TiZrNbHf_{0.5}Mo_{0.5}C_{0.2}$ 难熔高熵合金,可以看出,随着氢分压的增大,合金的硬度呈现持续下降的趋势,并且随着合金氢含量的升高而持续下降。形成这一现象的原因可能是液态氢化改变了合金中基体与增强相颗粒的界面形态,并且也改变了合金中增强相的分布方式,使合金中增强相的分布方式由弥散分布改变到有一定的偏聚,因此合金的硬度值出现一定程度的降低。

表 6.12　不同氢分压下熔炼的 $TiZrNbHf_{0.5}Mo_{0.5}$ 难熔高熵合金的硬度值(HV)

氢分压/%	1	2	3	4	Min	Max	Average
0	519.2	474.7	541.6	488.5	429.9	570.4	506
10	434.3	413.8	423.1	433.0	405.9	465.4	426.1
20	487.5	482.1	478.2	477.2	387.7	511.4	481.3

表 6.13　不同氢分压下熔炼的 $TiZrNbHf_{0.5}Mo_{0.5}C_{0.2}$ 难熔高熵合金的硬度值(HV)

氢分压/%	1	2	3	4	Min	Max	Average
0	519.1	508.6	489.1	508.4	488.3	538.4	506.3
10	502.6	501.6	489.4	477.2	476.2	504.7	492.7
20	485.8	492.8	485.6	490.6	471.4	501.8	488.7

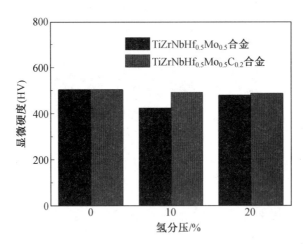

图 6.25　未氢化、氢分压 10% 和氢分压 20% 难熔高熵合金的硬度值(HV)

6.3.4　液态氢化对难熔高熵合金高温压缩性能的影响

1. 液态氢化对 $TiZrNbHf_{0.5}Mo_{0.5}$ 难熔高熵合金高温压缩性能的影响

不同氢分压下熔炼的 $TiZrNbHf_{0.5}Mo_{0.5}$ 难熔高熵合金高温压缩实验的应力—应变曲线如图 6.26 所示。由图中可以看出,液态氢化可以显著地改变 $TiZrNbHf_{0.5}Mo_{0.5}$ 难熔高熵合金的高温压缩性能。在 1 073 K 下,随着氢分压的升高,合金的强度开始升高,但是随着氢分压的升高,合金的强度开始出现下降的趋势,并且合金的强度下降到和未氢化合金持平。另外,随着氢分压的继续升高,合金的高温压缩塑性没有发生明显的变化趋势,大约在压缩应变量 50% 以内发生断裂。在 1 473 K 下,随着氢分压的升高,合金的强度有了显著的升高;但是随着氢分压的继续升高,合金的强度开始出现显著下降的趋势,但是合金的强度依然稍高于未氢化合金的强度。另外,随着氢分压的升高,合金的高温压缩塑性没有发生明显的变化趋势,大约在压缩应变量 51% 时发生断裂。所以压缩实验表明,氢元素的引入可以改变 $TiZrNbHf_{0.5}Mo_{0.5}$ 难熔高熵合金的高温压缩强度。

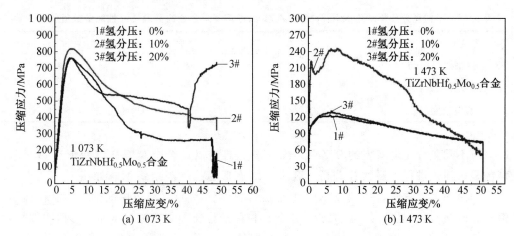

图 6.26　不同氢分压下熔炼的 $TiZrNbHf_{0.5}Mo_{0.5}$ 难熔高熵合金的高温压缩应力－应变曲线

　　和前文一样,下面对不同氢分压下熔炼的 $TiZrNbHf_{0.5}Mo_{0.5}$ 难熔高熵合金的峰值强度、屈服强度和断裂应变等高温压缩性能参数也进行了测量、计算与比较,用来探索发现液态氢化对 $TiZrNbHf_{0.5}Mo_{0.5}$ 难熔高熵合金的高温压缩性能的影响规律。

　　表 6.14、表 6.15 是未氢化与氢化后的 $TiZrNbHf_{0.5}Mo_{0.5}$ 难熔高熵合金的高温压缩性能参数值。依旧选用应变偏移量为 0.2% 处的应力值作为合金的屈服强度。由表中可以看出,在 1 073 K 下,液态氢化后合金的峰值强度出现了小幅度的变化。未氢化合金的峰值强度为 758.1 MPa;而随着氢分压升高到 10%,可以看到合金的压缩峰值强度升高至 815.6 MPa;而随着氢分压的继续升高,合金的压缩峰值强度出现下降,并且和未氢化合金的峰值强度保持持平。合金的屈服强度也出现了和峰值强度相似的变化趋势。未氢化合金的屈服强度为 733.2 MPa;而随着氢分压升高到 10%,可以看到合金的压缩屈服强度升高至 781.9 MPa;而随着氢分压的继续升高,合金的压缩屈服强度出现下降,并且和未氢化合金的屈服强度保持持平。合金的断裂应变也出现了少量的变化,不过变化量均在 2% 以内,因此可以认为氢化几乎不改变合金的断裂应变。与常温压缩相比可以看出,未氢化和氢分压 20% 的合金的断裂应变均随着温度升高而升高,但是氢分压 10% 的合金的断裂应变却小于室温压缩的断裂应变,这是由热压缩的过程所导致的。由于合金被缓慢升温到指定的温度,然后开始热变形,并且热变形的时间比较长。由于合金中的氢原子并非十分稳定,因此在较高的温度下会出现逸出现象,因此合金的断裂应变会降低。而在 1 473 K 下,合金各高温压缩性能参数的变化趋势和在 1 073 K 下是相同的。

表 6.14　不同氢分压下熔炼的 $TiZrNbHf_{0.5}Mo_{0.5}$ 难熔高熵合金的高温压缩性能参数值(1 073 K)

氢分压/%	0	10	20
峰值强度/MPa	758.1	815.6	759.9
屈服强度/MPa	733.2	781.9	734.6
断裂应变/%	47.4	48.7	47.9

表 6.15　不同氢分压下熔炼的 $TiZrNbHf_{0.5}Mo_{0.5}$ 难熔高熵合金的高温压缩性能参数值(1 473 K)

氢分压/%	0	10	20
峰值强度/MPa	123.3	244.8	131.4
屈服强度/MPa	91.7	222.1	91.2
断裂应变/%	51.1	51.7	51.1

对不同氢分压下熔炼的 $TiZrNbHf_{0.5}Mo_{0.5}$ 难熔高熵合金高温压缩变形后热变形区域的显微组织进行了观察和分析。合金压缩变形后的微观组织形态如图 6.27、图 6.28 所示。由图可以看出,在 1 073 K 下变形后,未氢化压缩试样靠近中间部位的晶粒在塑性流动方向被拉长,晶粒形态由原始铸态的树枝晶沿拉长方向转变为压缩变形后的细晶,并且在细晶区域中发生了一定数量的动态再结晶;而氢分压 10% 的合金在变形后,合金的组织中同样发生了由粗大的树枝晶到细小的形变细晶的转变,并且合金组织中出现了飞机状的、与合金原始铸态晶体形态不同的枝晶,这说明合金组织中形成了大量的动态再结晶;在氢分压为 20% 时,合金组织中同样出现了大量的动态再结晶。在 1 473 K 下变形后,未氢化压缩试样靠近中心部位的晶粒在垂直于合金变形的方向被拉长,晶粒形态由原始铸态的树枝晶沿拉长方向转变为压缩变形后的细晶,并且发生了一定数量的动态再结

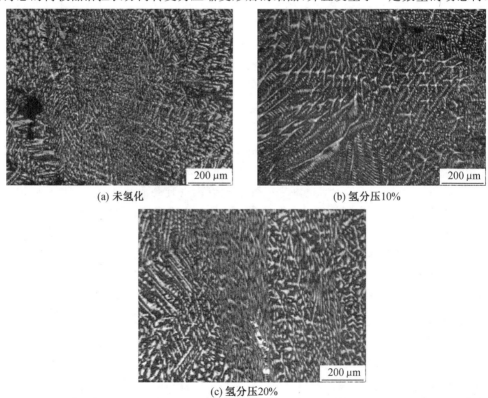

(a) 未氢化　　　　　　　　　　　　　(b) 氢分压10%

(c) 氢分压20%

图 6.27　1 073 K 下 $TiZrNbHf_{0.5}Mo_{0.5}$ 难熔高熵合金高温压缩变形后热变形区的显微组织形态

晶;而氢分压 10% 的合金在高温变形后,组织中也出现了类似于飞机状的、与合金原始铸态晶体形态不同的枝晶,这说明氢化合金组织中出现了更多的动态再结晶;在氢分压为 20% 时,合金组织中同样出现了大量的动态再结晶。这说明氢化的高熵合金中出现了更多的动态再结晶,因此,液态氢化提高了 $TiZrNbHf_{0.5}Mo_{0.5}$ 难熔高熵合金热变形中动态再结晶的形成能力。

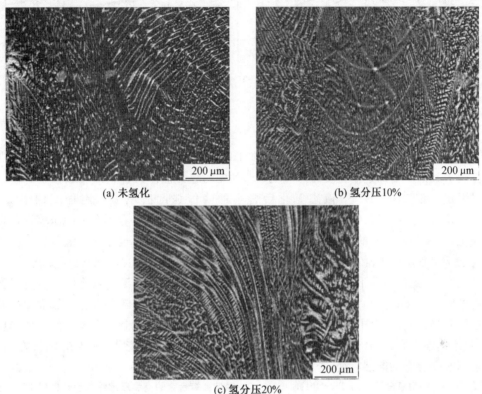

(a) 未氢化 (b) 氢分压10% (c) 氢分压20%

图 6.28　1 473 K 下 $TiZrNbHf_{0.5}Mo_{0.5}$ 难熔高熵合金高温压缩变形后热变形区的显微组织形态

2. 液态氢化对 $TiZrNbHf_{0.5}Mo_{0.5}C_{0.2}$ 难熔高熵合金高温压缩性能的影响

不同氢分压下熔炼的 $TiZrNbHf_{0.5}Mo_{0.5}C_{0.2}$ 难熔高熵合金高温压缩实验的应力一应变曲线如图 6.29 所示。由图中可以看出,液态氢化可以显著地改变 $TiZrNbHf_{0.5}Mo_{0.5}C_{0.2}$ 难熔高熵合金的高温压缩性能。在 1 073 K 下,随着氢分压的升高,合金的强度开始出现下降;但是随着氢分压的继续升高,合金的强度开始出现上升的趋势,并且合金的强度高于未氢化合金。另外,随着氢分压的升高,合金的高温压缩塑性没有发生明显的变化趋势,大约在压缩应变量 50% 时发生断裂。在 1 473 K 下,随着氢分压的升高,合金的强度有了显著的升高,并且随着氢分压的升高,合金的强度继续升高。

和前文一样,下面对不同氢分压下熔炼的 $TiZrNbHf_{0.5}Mo_{0.5}C_{0.2}$ 难熔高熵合金的峰值强度、屈服强度和断裂应变等高温压缩性能参数也进行了测量、计算与比较,用来探索发现液态氢化对 $TiZrNbHf_{0.5}Mo_{0.5}C_{0.2}$ 难熔高熵合金的高温压缩性能的影响规律。

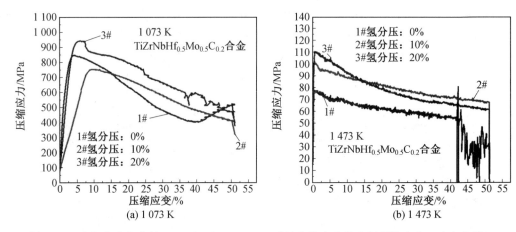

图 6.29　未氢化和氢化的 $TiZrNbHf_{0.5}Mo_{0.5}C_{0.2}$ 难熔高熵合金的高温压缩应力－应变曲线

表 6.16、表 6.17 是未氢化与氢化后的 $TiZrNbHf_{0.5}Mo_{0.5}C_{0.2}$ 难熔高熵合金的高温压缩性能参数值。依旧选用应变偏移量为 0.2% 处的应力值作为合金的屈服强度。由表中可以看出，在 1 073 K 下，液态氢化后合金的峰值强度出现了一定程度的下降，从 846.3 MPa 降低到 753.2 MPa，而随着氢分压升高到 20%，可以看到合金的压缩峰值强度升高至 942 MPa；合金的屈服强度和峰值强度的变化趋势相似，也是随着氢分压的上升而出现了一定程度的下降后开始上升；合金的断裂应变没有随氢含量变化而变化，维持在 50% 左右，因此认为氢不改变合金的断裂应变。在 1 473 K 下，液态氢化后合金高温变形性能参数的变化趋势和 1 073 K 下略有不同。合金的峰值强度随着合金中氢含量的升高而持续升高；随着合金中氢含量的升高，合金的屈服强度的变化趋势和合金的峰值强度类似，也是逐渐上升；而合金的断裂应变没有随氢含量的升高而变化，维持在 51% 左右，因此氢不改变合金的断裂应变。

表 6.16　不同氢分压下的 $TiZrNbHf_{0.5}Mo_{0.5}C_{0.2}$ 难熔高熵合金的高温压缩性能参数值(1 073 K)

氢分压/%	0	10	20
峰值强度/MPa	846.3	753.2	942
屈服强度/MPa	791.8	722.6	892.3
断裂应变/%	50.6	50.1	50.9

表 6.17　不同氢分压下的 $TiZrNbHf_{0.5}Mo_{0.5}C_{0.2}$ 难熔高熵合金的高温压缩性能参数值(1 473 K)

氢分压/%	0	10	20
峰值强度/MPa	77.6	102.5	110.7
屈服强度/MPa	73.2	101	108.3
断裂应变/%	51.4	51.2	51.3

　　对不同氢分压下熔炼的 $TiZrNbHf_{0.5}Mo_{0.5}C_{0.2}$ 难熔高熵合金高温压缩变形后热变形区域的显微组织进行了观察和分析。合金压缩变形后的微观组织形态如图 6.30、图6.31所示。由图可以看出，在 1 073 K 下变形后，未氢化压缩试样靠近中间部位的晶粒在塑性流动方向被拉长，晶粒形态由原始铸态的树枝晶沿拉长方向转变为压缩变形后的细长的柱状晶；而氢分压 10% 与 20% 的合金在热变形后，合金的组织中同样发生了由粗大的树枝晶到细长的柱状晶的转变；三种合金在热变形过程中均发生了动态再结晶行为，在细长柱状晶的晶界处可见少量的细小再结晶晶粒。在 1 473 K 下变形后，未氢化压缩试样靠近中心部位的组织为枝晶转变的细长柱状晶，在柱状晶的晶界周围可以观察到较为明显的细小再结晶晶粒；而氢分压 10% 和 20% 的合金在高温变形后，由于腐蚀的效果欠佳，没有明显的动态再结晶现象，分布于合金晶内及晶界处的白色颗粒为合金的颗粒增强相。

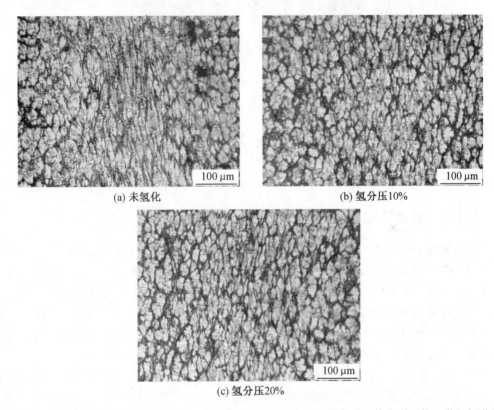

图 6.30　1 073 K 下 $TiZrNbHf_{0.5}Mo_{0.5}C_{0.2}$ 难熔高熵合金高温压缩变形后热变形区的显微组织形态

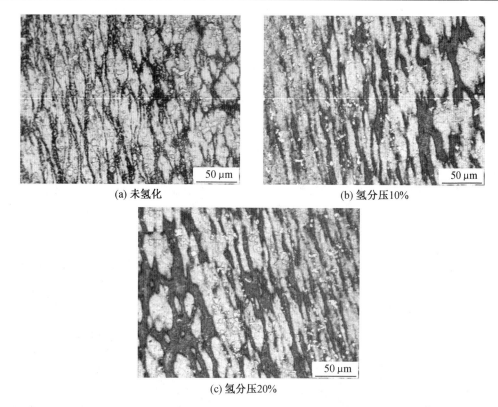

(a) 未氢化　　　　　　　　　　　　　(b) 氢分压10%

(c) 氢分压20%

图 6.31　1 473 K 下 TiZrNbHf$_{0.5}$Mo$_{0.5}$C$_{0.2}$难熔高熵合金高温压缩变形后热变形区的显微组织形态

6.3.5　氢致高熵合金增塑机理

1. 氢分压 10% 下的 TiZrNbHf$_{0.5}$Mo$_{0.5}$难熔高熵合金中微米尺度氢分布

由 6.2 节的组织成分分析可知,氢化与未氢化合金中的五种主元元素在微米尺度下分布均匀。由于要研究氢对合金组织与性能的影响,前文的研究中仅仅通过测量氢含量印证了氢化确实可以让氢元素进入合金中,并且,通过 X 射线衍射分析和 DSC 热分析实验推测氢在合金中以原子形态存在,但是,氢在合金中的分布形态却不得而知,因此,首先需要研究合金中氢元素的分布状态。

图 6.32 是氢分压 10% 下熔炼的合金中氢元素的微米级的分布图像。由于已经在扫描电镜实验中得到其他主元元素的分布图,因此二次离子质谱仪仅测定了氢元素在合金中的分布。由图中可以看出,在 250 μm×250 μm 的区域内,合金中氢元素的分布相当均匀,没有出现明显的偏聚,因此,在微米尺度下,氢元素在氢化合金中有较为均匀的分布。因此氢元素相当于合金中的固溶元素,作为间隙固溶原子形成了含氢的固溶体相难熔高熵合金。

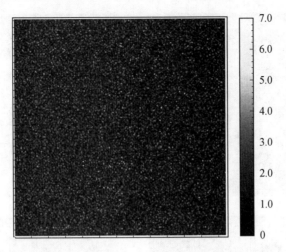

图 6.32　氢分压 10％下熔炼的 $TiZrNbHf_{0.5}Mo_{0.5}$ 难熔高熵合金的微米级氢分布（彩图见附录）

2. 氢分压 10％下的 $TiZrNbHf_{0.5}Mo_{0.5}$ 难熔高熵合金中氢及主元元素在纳米尺度下的分布

　　为了进一步探究氢及合金元素在氢化后高熵合金中的含量及存在方式，我们进行了三维原子探针实验。三维原子探针所用试样是曲率小于 100 nm 的细长针尖试样。由于合金属于单相固溶体合金，并且合金元素的熔点非常高，因此无法制备较大的试样，所以无法用电解双喷的方式制备这种长针形状的探针试样。选用聚焦离子束技术（FIB）来加工这种特殊的试样，加工步骤如图 6.33 所示，首先通过 Ga 离子在样品表面加工出一个 $10~\mu m \times 2~\mu m$ 的长条状试样，然后沿试样长边往试样深度方向进行切割，用 Ga 离子把长条状试样的一边和试样表面的连接处切离开，用 Pt 将纳米手和长条样品脱离试样表面的一端焊接起来，然后用 Ga 离子将长条试样的另一端与样品表面分离开。这样长条试样就完全脱离试样表面，从而和纳米手焊接在一起，随着纳米手的移动而移动。移动纳米手，然后将长条试样未和纳米手焊接的一端利用 Pt 采用气相沉积的方式焊接在基座的硅片上，用聚焦离子束环状切割的技术进行环状切割，逐步减小针尖试样的曲率半径，最终得到纳米级的原子探针针尖试样。随后，利用电镜系统中的尺度对加工完成的针尖试样进行标定，可以由图中看到，本实验中所用的原子探针试样的规格为241.8 nm× 118.8 nm。利用 LEAP－5000x 三维原子探针对所制备的原子探针试样进行测试和分析。

　　图 6.34 是所加工的氢分压 10％的 $TiZrNbHf_{0.5}Mo_{0.5}$ 难熔高熵合金针尖试样元素三维空间分布图，由原子探针分析数据可知该针尖试样被测区域长度为 Z 轴 125 nm，针尖直径为 40 nm，被测区域底面尺寸为 X 轴 67.6 nm×Y 轴 70.9 nm。而图 6.35 是氢分压 10％的 $TiZrNbHf_{0.5}Mo_{0.5}$ 难熔高熵合金各主元元素三维空间分布图。由图 6.34、图 6.35 可以看出，纳米尺度下的氢原子在氢化合金中的空间分布非常均匀，没有出现明显的偏析。由于氢化合金中的氢元素在微米尺度和纳米尺度下均分布均匀，因此氢化合金中的氢元素是以氢原子的形式在合金中均匀分布的。另外，氢化合金中另外五种主元元素 Ti、Zr、Nb、Hf、Mo 的空间分布也非常均匀，这也与第 6.2 节中合金元素分布的实验结果

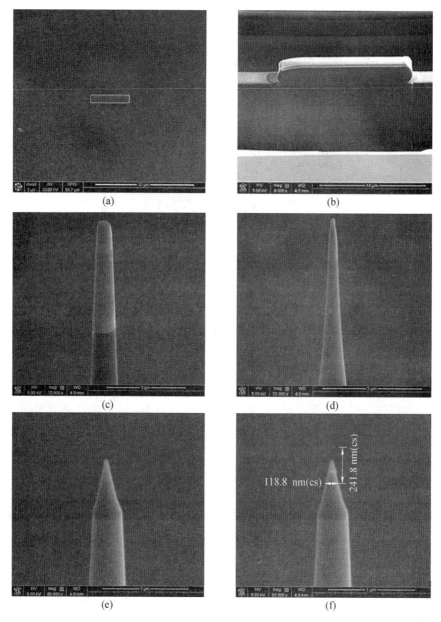

图 6.33　利用聚焦离子束技术加工氢分压 10％的 $TiZrNbHf_{0.5}Mo_{0.5}$难熔高熵合金
三维原子探针试样针尖的步骤

相符合。在图 6.34 试样中取一长条状的区域用于合金成分的定量分析，长条状区域如图
中长方体所示，图 6.36 是由长条状区域中各元素原子数量所计算出的合金成分及各元素
的平均原子间距。由图中可以看出，氢元素的原子数分数大约在 4％，换算成质量分数
后，和 6.2 节氢氧分析仪所测出的氢含量大致相同，这也证明了氢氧含量分析仪测出的氢
含量是准确可靠的。另外，对比第 6.2 节中合金的理论成分，原子探针所测合金中 Ti、
Hf、Mo 的成分和理论成分基本一致，而 Zr 含量却有 5％左右的提高，Nb 元素有 5％左右
的降低，这说明探针试样取样处合金成分存在偏析。为了探究这种偏析产生的原因，利用

对比度更高的电子探针显微分析(EPMA)测定了合金的成分分布,如图 6.37 所示。可以看出,在极高的对比度下,合金展现出明显的枝晶形貌,其中 Hf 元素分布极为均匀,在枝晶与枝晶间中含量基本无差异;而 Ti、Zr 两种元素在枝晶间有富集,Nb、Mo 两种元素在枝晶处富集,因此,原子探针试样的取样位置应该位于晶粒的枝晶间区域,因此 Zr 元素有富集,而 Nb 元素含量稍低。扫描电镜的 EDS 面分布中没有发现这种特征是因为对比度不够。

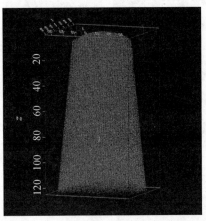

图 6.34　氢分压 10% 的 $TiZrNbHf_{0.5}Mo_{0.5}$ 难熔高熵合金针尖试样元素三维空间分布图(彩图见附录)

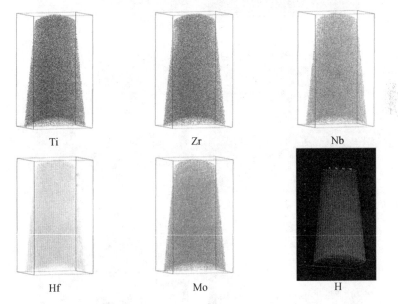

图 6.35　氢分压 10% 的 $TiZrNbHf_{0.5}Mo_{0.5}$ 难熔高熵合金各主元元素三维空间分布图

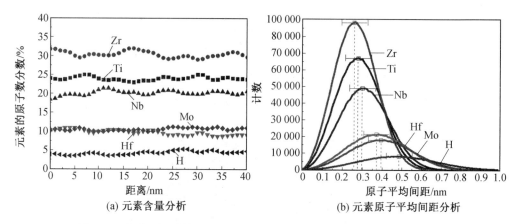

(a) 元素含量分析　　　　　　　　(b) 元素原子平均间距分析

图 6.36　氢分压 10％的 TiZrNbHf$_{0.5}$Mo$_{0.5}$难熔高熵合金元素空间分布

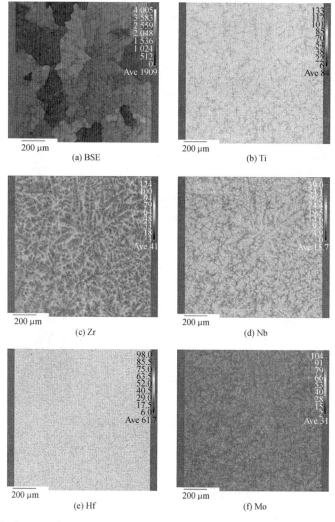

图 6.37　EPMA 氢分压 10％的 TiZrNbHf$_{0.5}$Mo$_{0.5}$难熔高熵合金各主元元素成分分布图（彩图见附录）

3. 氢化铸态高熵合金的晶粒大小及微观组织

图 6.38 是未氢化和氢分压 10% 的 $TiZrNbHf_{0.5}Mo_{0.5}$ 难熔高熵合金的电子背散射衍射（EBSD）晶粒图。由图中可以看出，未氢化合金与氢分压 10% 下熔炼的合金的晶粒均十分粗大，最大的晶粒达到 mm 级，平均尺寸也都在 100 μm 以上。对比氢化和未氢化合金，可以看到二者晶粒大小没有明显区别，均十分粗大。这说明氢化并没有改变合金的晶粒大小，因此，氢化后合金的晶粒也没有发生细化。因此，需要更微观的观测手段来研究氢对合金影响的作用机制及机理。

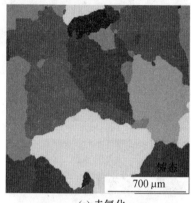
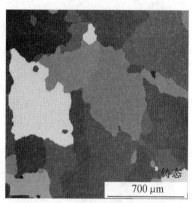

(a) 未氢化　　　　　　　　　　　　(b) 氢分压10%

图 6.38　未氢化和氢分压 10% 的 $TiZrNbHf_{0.5}Mo_{0.5}$ 难熔高熵合金的 EBSD 晶粒图

由于氢对合金的影响最直观表现在合金的压缩性能，也就是合金的塑性变形过程，而合金的塑性变形过程又和位错息息相关，因此利用透射电镜观察氢分压 10% 下熔炼的 $TiZrNbHf_{0.5}Mo_{0.5}$ 难熔高熵合金的位错的形态。图 6.39 是氢分压 10% 的合金的 TEM 明场像，可以清晰地看到合金中存在的位错结构，而这些位错结构势必会对合金的塑性变形过程产生重要影响。图 6.40 是图 6.39(a) 中的位错结构周围的透射电镜高角度环形暗场（HADDF）像及合金主元元素的扫描透射分析。由图中可以看出，氢化合金的主元元素在位错周边区域分布均匀，不会因为位错产生的应力场而产生合金成分的偏析。另

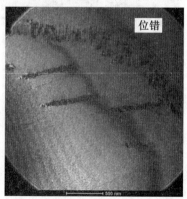
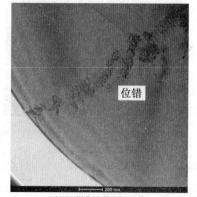

(a) 不同区域的位错形态1　　　　　　(b) 不同区域的位错形态2

图 6.39　氢分压 10% 的 $TiZrNbHf_{0.5}Mo_{0.5}$ 难熔高熵合金的 TEM 位错形态图

外,利用透射电镜高分辨模式研究了位错周边区域的晶体结构和原子排列模式,如图6.41所示。可以看出,该位错及周边区域均位于合金的[011]晶面上,并且在整个区域无晶体结构的改变,均是体心立方结构。另外,在图 6.41(e)中合金的衍射图案中出现了类似于非晶环的图样,这是因为高分辨像区出现了试样的边缘,因而形成了非晶环。

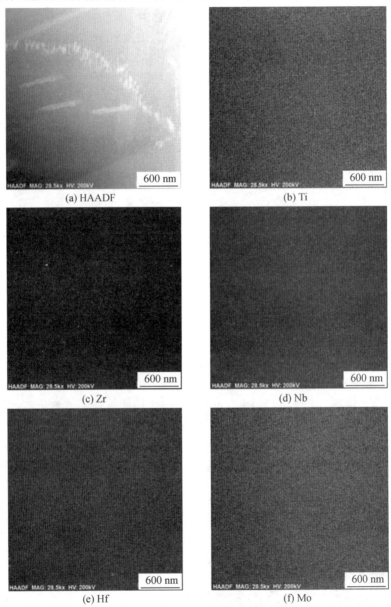

图 6.40　氢分压 10% 的 $TiZrNbHf_{0.5}Mo_{0.5}$ 难熔高熵合金的位错周围的 HADDF 及各主元元素分布图

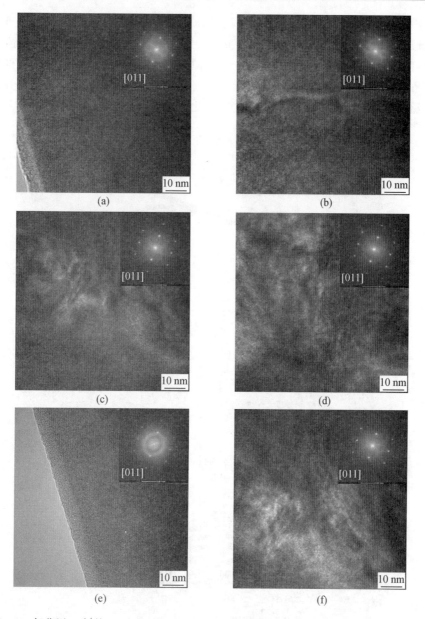

图 6.41　氢分压 10％的 $TiZrNbHf_{0.5}Mo_{0.5}$ 合金的位错周边不同区域透射电镜高分辨图像

4. 低应变量下氢化高熵合金的塑性变形机理探究

实验结果证明氢元素可以显著提升合金的塑性，却不降低其屈服强度，为了探究氢致合金增塑机制及机理，把重点放到氢化和未氢化合金的塑性变形过程中来，因此设计一系列的实验与模型来解释其中的原因。

在氢分压 10％与未氢化的 $TiZrNbHf_{0.5}Mo_{0.5}$ 难熔高熵合金的室温压缩应力－应变曲线上取了十二个点，如图 6.42 所示，十二个点对应的压缩应变分别为 0％、5％、10％、15％、20％、25％，这分别代表着未变形阶段、弹性变形阶段、塑性变形开始阶段和塑性变形阶段，利用试样变形过程中的十二个应力应变状态来研究合金的变形过程。针对这六种应变量分别用未氢化试样和氢分压 10％合金的试样进行了压缩实验。图 6.43 是室温下氢分压 10％合金在不同应变量下变形后的 X 射线衍射图谱。XRD 图谱显示无论是弹性变形阶段还是塑性变形阶段,氢分压 10％的合金的晶体结构并没有发生改变,依然是由单一的体心立方相组成的,并且变形中的择优取向面为(110)面。根据以往的研究,由于未氢化合金的变形中并没有相变产生,因此变形均不会影响两合金的晶体结构。

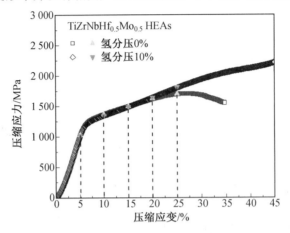

图 6.42　未氢化和氢分压 10％的 TiZrNbHf$_{0.5}$Mo$_{0.5}$难熔高熵合金的室温压缩应力－应变曲线

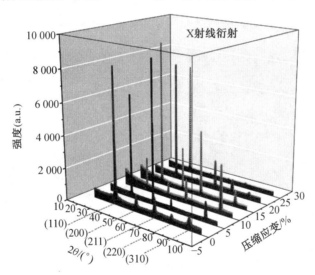

图 6.43　室温下氢分压 10％TiZrNbHf$_{0.5}$Mo$_{0.5}$难熔高熵合金在不同应
变量下变形后的 X 射线衍射图谱

在图 6.44 所示的压缩试样中心取 1.5 mm×1.5 mm 的试样进行 EBSD 分析。图 6.45 和图 6.46 是未氢化与氢化的 TiZrNbHf$_{0.5}$Mo$_{0.5}$难熔高熵合金在不同压缩应变量下的 EBSD 图像质量(IQ)图。该图可以很直观地反映合金的晶粒形态。

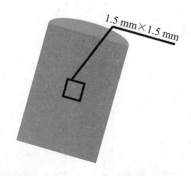

图 6.44　用于 EBSD 分析的室温下变形后的未氢化与氢化合金试样的取样位置

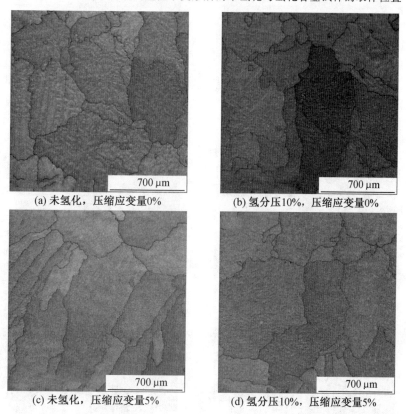

图 6.45　未氢化与氢化的 $TiZrNbHf_{0.5}Mo_{0.5}$ 难熔高熵合金在不同压缩应变量下的
　　　　　EBSD 图像质量(IQ)图

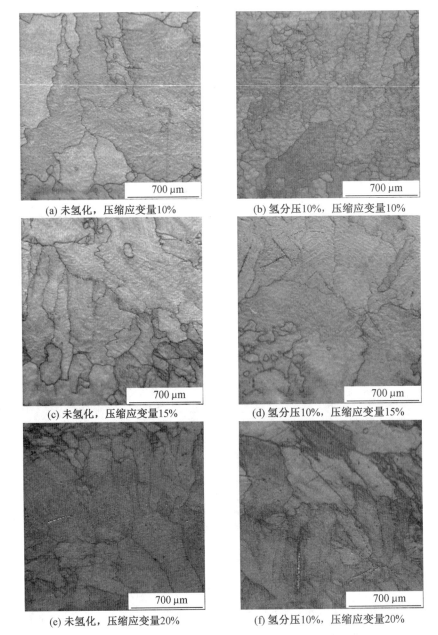

(a) 未氢化，压缩应变量10%　　　　(b) 氢分压10%，压缩应变量10%

(c) 未氢化，压缩应变量15%　　　　(d) 氢分压10%，压缩应变量15%

(e) 未氢化，压缩应变量20%　　　　(f) 氢分压10%，压缩应变量20%

图 6.46　未氢化与氢化的 $TiZrNbHf_{0.5}Mo_{0.5}$ 难熔高熵合金在不同压缩应变量下的 EBSD 图像质量（IQ）图

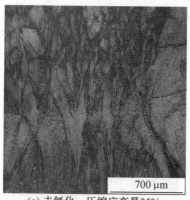

(g) 未氢化，压缩应变量25%　　　　　(h) 氢分压10%，压缩应变量25%

续图 6.46

由图 6.46 中可以看出，氢化与未氢化的铸态合金的晶粒大小相似，并且可以清晰地看到合金晶粒中的枝晶结构；而弹性变形过程中，氢化与未氢化合金的晶粒的大小与形态并没有出现改变；在塑性变形的初始阶段（压缩应变 10%）时，氢化与未氢化合金的晶粒大小和形态依旧没有出现显著的不同；而当应变量达到 15% 时，未氢化合金中出现一定量的微小的裂纹，合金中大块的晶粒开始明显变形，而氢化合金中仅出现个别几条裂纹，但是合金中大块的晶粒还是保存地比较完整，没有发生晶粒的受挤压而破碎；当应变量继续增大到 20% 时，未氢化合金中出现了大量的裂纹，并且大块的晶粒开始破碎而形成较小尺寸的晶粒，而氢化合金中裂纹的数量及大小均明显小于未氢化合金，并且晶体的形态保持得较好，没有出现大范围的开裂；当应变量继续增大到 25% 时，未氢化合金中出现了大量的裂纹，合金晶粒出现了很大的变形，并且在中心区域出现了大量细碎的晶粒，说明大晶粒沿着裂纹开始破碎，氢化合金中也出现了类似于未氢化合金相同的现象，但是氢化合金中的裂纹数量明显少于未氢化合金，并且晶粒的破碎程度也明显小于未氢化合金。

以上的结果表明，相对比未氢化合金，在弹性变形和较小的塑性变形阶段，氢化合金和未氢化合金的晶粒形态及大小并无明显区别，但是随着塑性变形量的升高，在相同的塑性变形量下，氢化合金的裂纹的萌生数量及尺寸均比较小，这说明氢化降低了合金中裂纹的产生倾向，氢化有利于降低合金在塑性变形过程中裂纹的数量。

由于合金的塑性变形与合金中的位错息息相关，因此将利用 EBSD 研究合金塑性变形过程中位错密度的变化趋势。在合金的塑性变形过程中，合金内部的位错密度及其储能状态可以用 EBSD 的平均取向差（Kernel Average Misorientation，KAM）图来表示。KAM 图表示合金中某一给定点与其周围距离为一个步长的相邻两个点之间的平均取向差。KAM 图能够表征合金组织内的变形程度、变形均匀度、位错密度、储能等信息。公式如下：

$$\rho = \alpha\theta/bd \tag{6.2}$$
$$E = 0.5\alpha\rho Gb^2 \approx \alpha\theta Gb/2d \tag{6.3}$$

式中，α 为常数；b 为 Burgers 矢量模；d 为扫描步长；ρ 为位错密度；E 为储能；G 为剪切模量；θ 为 Kernel 取向差。

由式（6.2）和式（6.3）可知，当 Kernel 取向差 θ 越大时，合金中储能越大，因而位错密度越大。图 6.47 和图 6.48 是未氢化与氢化的 TiZrNbHf$_{0.5}$Mo$_{0.5}$ 难熔高熵合金在不同压缩应变量下的 EBSD 平均取向差图,因此可以利用 KAM 图很直观地研究氢化与未氢化合金在变形过程中位错密度的变化。

(a) 未氢化,压缩应变量0%　　　　(b) 氢分压10%,压缩应变量0%

(c) 未氢化,压缩应变量5%　　　　(d) 氢分压10%,压缩应变量5%

图 6.47　未氢化与氢化的 TiZrNbHf$_{0.5}$Mo$_{0.5}$ 难熔高熵合金在不同压缩应变量下的
EBSD 平均取向差(KAM)图

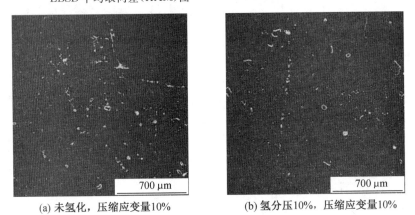

(a) 未氢化,压缩应变量10%　　　　(b) 氢分压10%,压缩应变量10%

图 6.48　未氢化与氢化的 TiZrNbHf$_{0.5}$Mo$_{0.5}$ 难熔高熵合金在不同压缩应变量下的
EBSD 平均取向差(KAM)图

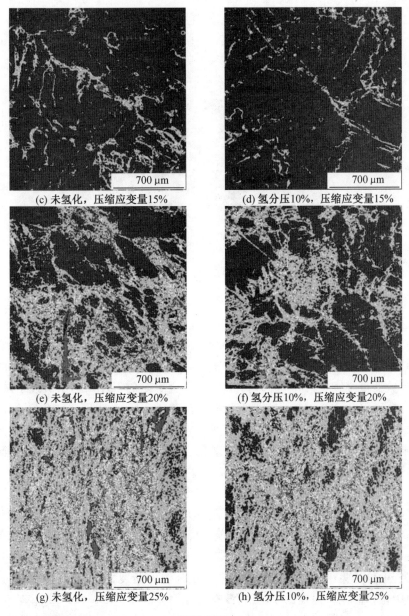

(c) 未氢化，压缩应变量15%　　　　　　(d) 氢分压10%，压缩应变量15%

(e) 未氢化，压缩应变量20%　　　　　　(f) 氢分压10%，压缩应变量20%

(g) 未氢化，压缩应变量25%　　　　　　(h) 氢分压10%，压缩应变量25%

续图 6.48

　　图 6.49 是未氢化与氢化的 $TiZrNbHf_{0.5}Mo_{0.5}$ 难熔高熵合金在不同压缩应变量下组织中不同平均取向差角度（Kernel Average Misorientation angle）的 EBSD 平均取向差角度值对比图。

　　对比图 6.47、图 6.48 和图 6.49 可以看出，氢化与未氢化的铸态合金中的位错密度基本相同，Kernal 取向差基本为 0～1，说明铸态合金中的位错密度非常低；而到了弹性变形过程中，氢化与未氢化合金的合金组织中的位错密度也是基本相同，由于塑性变形还未发生，因此位错密度也非常低，和铸态合金基本相同；在塑性变形的初始阶段（压缩应变10%）时，氢化与未氢化合金组织中的位错密度依旧基本相同，并且位错密度仅比铸态稍

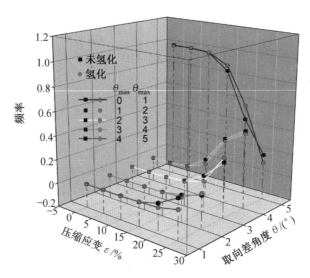

图 6.49　未氢化与氢化的 TiZrNbHf$_{0.5}$Mo$_{0.5}$难熔高熵合金在不同压缩
应变量下的 EBSD 平均取向差角度对比图（彩图见附录）

稍升高，这是因为塑性变形刚开始，各晶粒还是可以相对均匀地分担塑性变形量；而当应变量达到 15％时，未氢化合金组织的 KAM 图中浅灰色的部分面积大于氢化合金中的，这说明相同的应变量下，氢化合金的位错密度小于未氢化合金，因此氢化合金的变形均匀度较高；当应变量继续增大到 20％时，未氢化合金组织的 KAM 图中出现了较大部分的深灰色区域，而氢化合金中却只有极少分布的深灰色区域，这说明未氢化合金中的位错密度明显大于氢化合金，并且未氢化合金的变形均匀度低于氢化合金；当应变量继续增大到 25％时，未氢化合金的位错密度显著大于氢化合金的位错密度，并且未氢化合金的变形均匀度也显著低于氢化合金。

　　分析以上的对比结果，可以知道在塑性变形过程中，未氢化合金中出现了大量的高密度位错区域（深灰色区域），这说明该区域存在大量的位错塞积和缠结，随着塑性变形的进行，这些高密度位错区域继续阻碍位错的运动，使合金中的微观塑性变形不均匀，导致内部的应力不均匀，在积累到足够的能量之后产生裂纹，最终裂纹扩展长大导致断裂，因此，裂纹在高密度位错集中区域萌生长大是未氢化合金的断裂失效机理；而氢化合金在塑性变形过程中位错的集中程度比较低，并没有出现明显的高密度位错区域，说明位错的塞积与缠结程度较低，位错的可动性强，并且位错密度分布较均匀，说明塑性变形程度均匀，晶体内部的内应力较小，降低了裂纹的萌生概率，因此氢化合金在较大的应变量后可以继续塑性变形。

5. 低应变量下氢致合金增塑机理

　　为了解氢化合金中高密度位错的集中程度比较低的现象，绘出了氢在氢化的 TiZrNbHf$_{0.5}$Mo$_{0.5}$难熔高熵合金晶格中的分布图如图 6.50 所示。由于氢原子的原子半径非常小，难以置换金属中的金属原子，因此通常以间隙原子存在于合金中。在 6.1 节的研究中已知氢化合金与未氢化合金的晶体结构都是 BCC 结构，而 BCC 晶格中间隙原子通常存在于晶格的四面体及八面体间隙中，因此氢化合金中的氢元素是以间隙原子的形式存在于 BCC 晶格的八面体和四面体间隙中的。

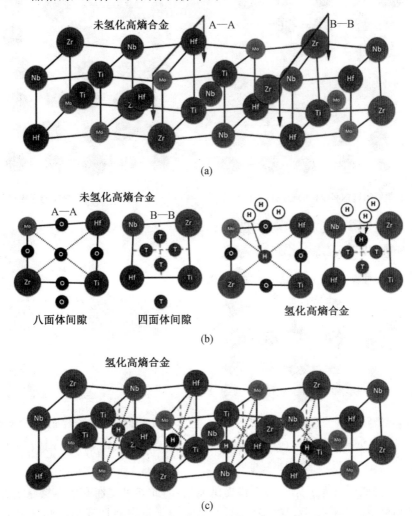

图 6.50　氢在氢化的 $TiZrNbHf_{0.5}Mo_{0.5}$ 难熔高熵合金晶格中的分布图

图 6.51 是在冷塑性变形过程中氢化的 $TiZrNbHf_{0.5}Mo_{0.5}$ 难熔高熵合金中氢对过饱和空位形成的影响机制模型。可以看到，在难熔高熵合金冷变形过程中，位于相邻滑移面 P_1、P_2 上的两异号刃型位错 L_1 和 $L_2 (b_1 = -b_2)$ 相互吸引，在外力作用下一个位错在另一个位错上方滑移时，便可形成位错偶极子和一串连续空位，如图 6.51(b)所示。因此，在未氢化合金的室温塑性变形过程中，将形成大量的过饱和空位，而在高密度位错区域则存在着更高密度的过饱和空位。这些过饱和空位的聚集将会引发空位崩塌或弗兰克(Frank)机制而形成位错环，加剧了位错的缠结与塞积，从而导致裂纹产生。而氢化合金在塑性变形时，两刃型位错在运动过程中，位于位错上下原子面的氢原子可以阻碍位错的湮灭过程，从而阻碍空位的形成，所形成的一连串连续空位被分割成不连续空位，从而延缓了过饱和空位的聚集与崩塌，因此延缓了位错环的产生，降低了位错的塞积与缠结，如图 6.51(c)所示。

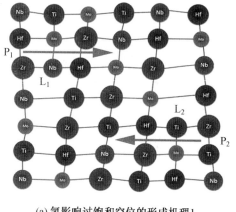

(a) 氢影响过饱和空位的形成机理1

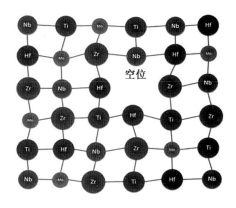

(b) 氢影响过饱和空位的形成机理2

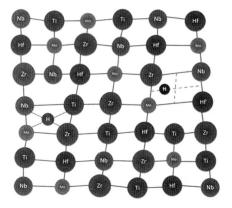

(c) 氢影响过饱和空位的形成机理3

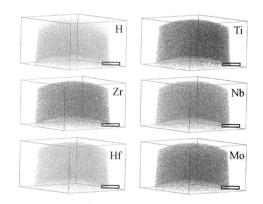

(b) 变形后氢及各合金元素在纳米尺度分布

图 6.51　在冷塑性变形过程中氢化的 TiZrNbHf$_{0.5}$Mo$_{0.5}$难熔高熵合金中氢对过饱和
空位形成的影响机制模型

此外,塑性变形可为氢原子的迁移提供能量,因此如果塑性变形为氢原子提供比氢在氢化合金晶格中的迁移激活能更多的能量,则氢原子将在塑性变形期间迁移并引起氢的偏析,而此时的氢原子会显著偏析到合金中的晶格缺陷如空位、位错等结构中。图 6.51(d)显示了氢原子在塑性变形后的纳米尺度上的分布,标尺为 20 nm,可以看出氢原子在极为微观的尺度下仍然是均匀分布的。这意味着由塑性变形提供的能量并不比氢的迁移活化能大很多,所以氢原子并不能在氢化合金的晶格中进行较大范围的迁移。因此合金中不会出现明显的氢原子聚集,从而不会发生金属材料中经常出现的氢脆现象。

6. 高应变量下氢化高熵合金的塑性变形机理探究

由上一节可知,在塑性应变量不大的情况下,未氢化的 TiZrNbHf$_{0.5}$Mo$_{0.5}$难熔高熵合金依靠位错的滑移进行变形,而随着塑性应变量的逐渐增大,由于位错的缠结和塞积,因此位错密度持续升高,那么当未氢化合金晶体内部位错缠结塞积到一定程度时,裂纹开始在合金内部萌生并发生扩展,造成未氢化合金的断裂失效。而对于氢化合金来说,虽然氢原子的作用可以使合金中位错的缠结塞积程度降低,但是随着应变量的升高,合金位错的塞积缠结程度依然会持续升高,因此,氢原子的作用相当于延迟了合金中裂纹的萌生与扩展。而由第 4 章的力学性能分析可知,合金却可以在压缩应变量至 65% 左右时依然可以保持不断裂。因此,利用 EBSD 技术对室温压缩应变量为 50% 的氢化合金进行分析,压缩后的试样及分析位置如图 6.52 所示。由图中可以看出,压缩后沿着箭头的压缩方向,试样的宽度约为 4.5 mm,首先在试样上取两个区域,分别为 1 区域和 2 区域,两区域的放大图如右图所示,可以看到,两区域内分别存在着微米级横向的细小裂纹和斜向的细小裂纹,两区域的微裂纹均终止于合金的组织内部。于是选择了两块裂纹的尖端终止的区域,分别为 3 区域和 4 区域,将在这两块区域进行 EBSD 分析。

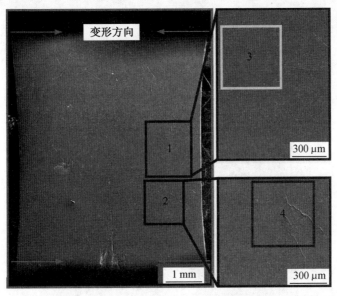

图 6.52　室温压缩应变量 50% 下的氢化 TiZrNbHf$_{0.5}$Mo$_{0.5}$ 难熔高熵合金试样及 EBSD 分析区域

　　图 6.53 是室温压缩应变量 50% 下的氢化 TiZrNbHf$_{0.5}$Mo$_{0.5}$ 难熔高熵合金试样中 3 区域的 EBSD＋IPF 图,由图中可以看出,图 6.53(a) 右下角的黑色裂纹的尖端终止于晶粒内部,EBSD 的 IPF 图显示在裂纹尖端所终止晶粒的内部出现了大量的孪晶,图 6.53(b) 是裂纹尖端区域的放大,可以看到裂纹尖端出现了宽度小于 20 μm 的孪晶组织。而图 6.54 是室温压缩应变量 50% 下的氢化 TiZrNbHf$_{0.5}$Mo$_{0.5}$ 难熔高熵合金试样中 4 区域的 EBSD＋IQ 图,由图中可以清晰地看到右下侧的黑色裂纹,裂纹沿着大晶粒的晶界扩展,说明位错在晶界处的集中程度很高,图中最宽的裂纹的尖端同样终止于一个大晶粒的内部,在裂纹的尖端区域,同样出现了类似于孪晶的组织。这说明当晶体难以进行滑移变形时,孪晶变形成为主要的塑性变形方式。孪晶的形成改变了晶体的位相,从而使某些原来处于不利取向的滑移系转变到有利于发生滑移的位置,进一步激发了塑性变形,因此阻碍了裂纹的继续长大与扩展,赋予了高熵合金持续变形的能力。因此,氢化合金在较大塑性应变量下的变形机理由滑移变形过渡到孪晶变形。而未氢化合金在较低的塑性变形量下就发生断裂,首先这是因为未氢化合金的位错密度较高,塑性变形的应变量的分布不够均匀,导致了裂纹的萌生,并逐渐扩展而长大,导致合金失效断裂;而氢化合金中的裂纹在高位错密度区萌生,然后沿着合金的晶界进行扩展,但是,合金中孪晶的形成就会阻碍合金中裂纹的进一步扩展,因此使合金继续变形,所以对比之下,氢可以促进合金的变形孪

晶的形成,从而提升合金塑性变形的能力,使合金的塑性得到提高。

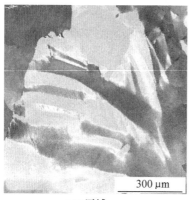
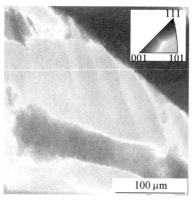

(a) 3区域   (b) 3区域中间部分的放大

图 6.53 室温压缩应变量 50% 下的氢化 $TiZrNbHf_{0.5}Mo_{0.5}$ 难熔高熵合金试样中 3 区域 EBSD+IPF 图

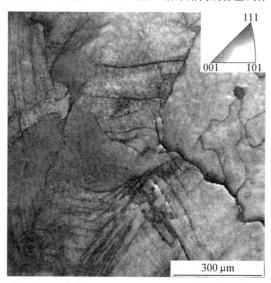

图 6.54 压缩应变量 50% 下的氢化 $TiZrNbHf_{0.5}Mo_{0.5}$ 难熔高熵合金 4 区域 EBSD+IQ 图

利用透射电镜分析室温压缩变形量 50% 下的氢化 $TiZrNbHf_{0.5}Mo_{0.5}$ 难熔高熵合金的显微形貌,如图 6.55 所示。图 6.55(a)为透射电镜的 HAADF 图像,由图中可以看出有不同衬度的区域出现,该不同衬度的区域呈粗细不一的细长条状,并且有一致且平行的方向,这些长条的宽度为 $50\sim300$ nm,长度为 $1\sim3$ μm;图 6.55(b)为透射电镜的明场像图,可以看到合金的晶粒内出现了细长的孪晶组织,孪晶组织的宽度大约为 50 nm,长为 $1\sim2$ μm。这说明压缩变形后的氢化 $TiZrNbHf_{0.5}Mo_{0.5}$ 难熔高熵合金中出现了变形孪晶,这也与前面 EBSD 对合金取向的分析结果一致。

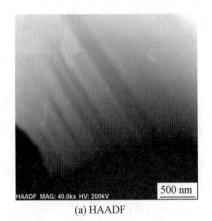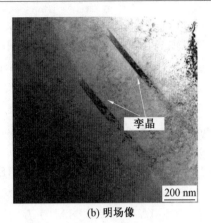

(a) HAADF　　　　　　　　　　　　　　(b) 明场像

图 6.55　压缩应变量 50％下的氢化 TiZrNbHf$_{0.5}$Mo$_{0.5}$ 难熔高熵合金透射电镜分析图

本章参考文献

[1] SENKOV O N, WILKS G B, MIRACLE D B, et al. Refractory high-entropy alloys [J]. Intermetallics, 2010, 18(9):1758-1765.

[2] SENKOV O N, WILKS G B, SCOTT J M, et al. Mechanical properties of Nb$_{25}$ Mo$_{25}$ Ta$_{25}$ W$_{25}$ and V$_{20}$ Nb$_{20}$ Mo$_{20}$ Ta$_{20}$ W$_{20}$ refractory high entropy alloys [J]. Intermetallics, 2011, 19(5):698-706.

[3] GUO N N, WANG L, LUO L S, et al. Microstructure and mechanical properties of in-situ MC-carbide particulates-reinforced refractory high-entropy Mo$_{0.5}$ NbHf$_{0.5}$ ZrTi matrix alloy composite[J]. Intermetallics, 2016, 69:74-77.

[4] ZHANG Y, LIU Y, LI Y, et al. Microstructure and mechanical properties of a refractory HfNbTiVSi$_{0.5}$, high-entropy alloy composite[J]. Materials Letters, 2016, 174:82-85.

[5] GUO N N, WANG L, LUO L S, et al. Hot deformation characteristics and dynamic recrystallization of the MoNbHfZrTi refractory high-entropy alloy[J]. Materials Science & Engineering A, 2016, 651(3):698-707.

[6] NAKAHIGASHI J, YOSHIMURA H. Ultra-fine grain refinement and tensile properties of titanium alloys obtained through protium treatment[J]. Journal of Alloys & Compounds, 2002, 330-332(7):384-388.

[7] 苏彦庆,骆良顺,郭景杰,等. Ti6Al4V 合金渗氢氢化组织及氢脆机制的研究[J]. 稀有金属材料与工程, 2005, 34(4):526-530.

[8] 侯红亮,李志强,王亚军,等. 钛合金热氢处理技术及其应用前景[J]. 中国有色金属学报, 2003, 13(3):533-549.

[9] SU Y Q, WANG L, LUO L, et al. Deoxidation of Titanium alloy using hydrogen [J]. International Journal of Hydrogen Energy, 2009, 34(21):8958-8963.

[10] SU Y Q, LIU X, LUO L, et al. Hydrogen solubility in molten TiAl alloys[J].

International Journal of Hydrogen Energy, 2010, 35(15):8008-8013.

[11] SU Y Q, WANG L, LUO L, et al. Investigation of melt hydrogenation on the microstructure and deformation behavior of Ti-6Al-4V alloy [J]. International Journal of Hydrogen Energy, 2011, 36(1):1027-1036.

[12] LIU X W, SU Y Q, LUO L S, et al. Effect of hydrogen treatment on solidification structures and mechanical properties of TiAl alloys[J]. International Journal of Hydrogen Energy, 2011, 36(4):3260-3267.

[13] WRIGHT S I, NOWELL M M, FIELD D P. A review of strain analysis using electron backscatter diffraction[J]. Microsc Microanal, 2011, 17(3):316-329.

[14] TAKAYAMA Y, SZPUNAR J A. Stored energy and taylor factor relation in an Al-Mg-Mn alloy sheet worked by continuous cyclic bending [J]. Materials Transactions, 2005, 45(7):2316-2325.

附录 部分彩图

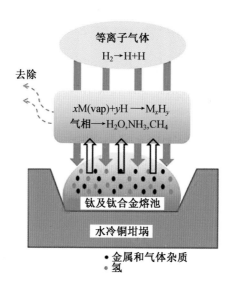

图 1.17

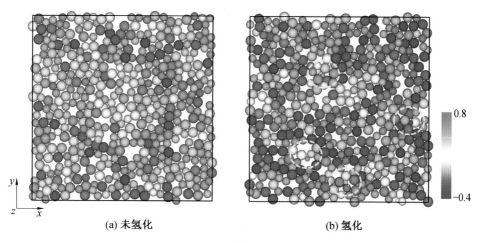

(a) 未氢化   (b) 氢化

图 5.47

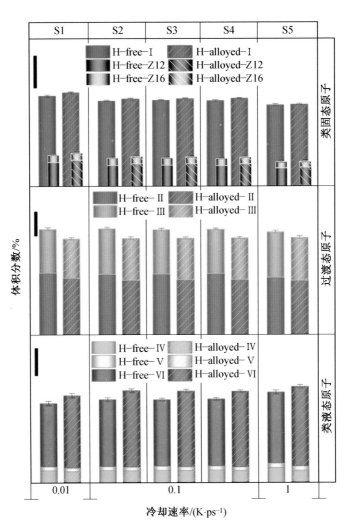

图 5.48

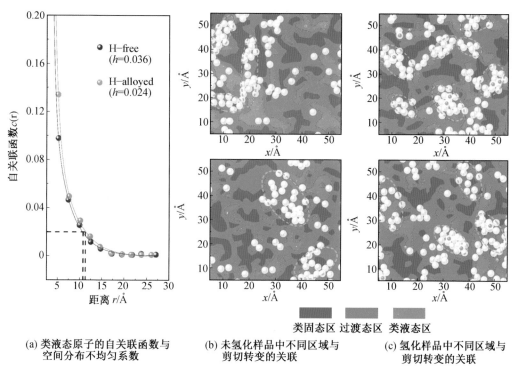

(a) 类液态原子的自关联函数与空间分布不均匀系数

(b) 未氢化样品中不同区域与剪切转变的关联

(c) 氢化样品中不同区域与剪切转变的关联

图 5.49

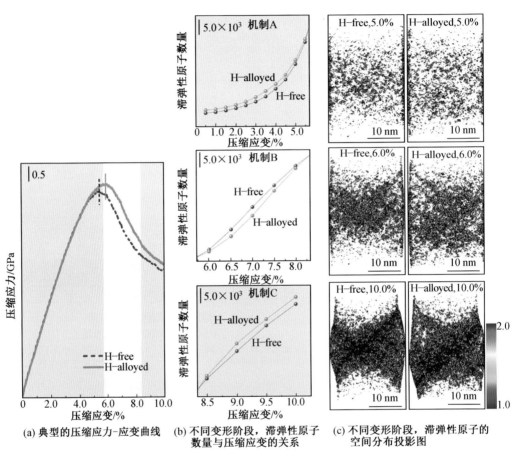

(a) 典型的压缩应力-应变曲线　(b) 不同变形阶段，滞弹性原子
　　　　　　　　　　　　　　　数量与压缩应变的关系

(c) 不同变形阶段，滞弹性原子的
　　空间分布投影图

图 5.50

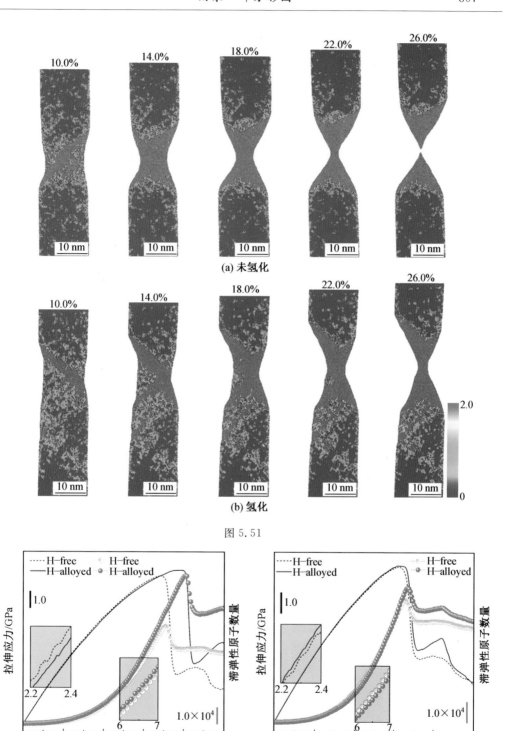

图 5.51

图 5.53

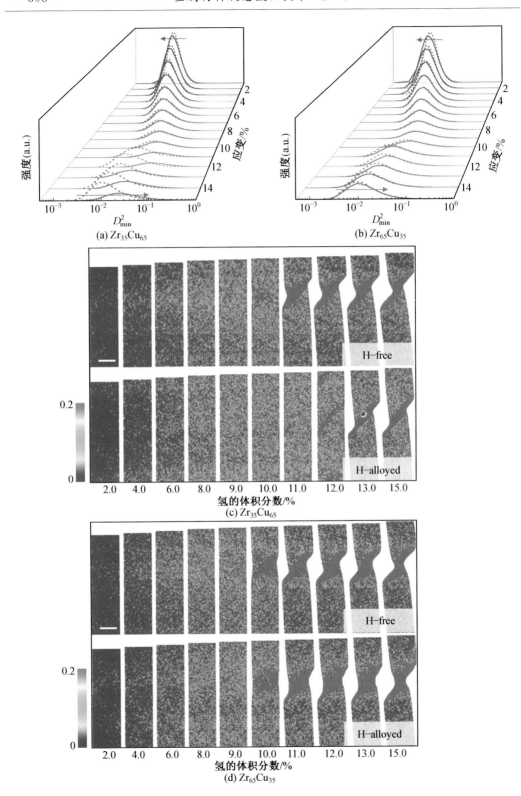

(a) Zr$_{35}$Cu$_{65}$

(b) Zr$_{65}$Cu$_{35}$

(c) Zr$_{35}$Cu$_{65}$

(d) Zr$_{65}$Cu$_{35}$

图 5.54

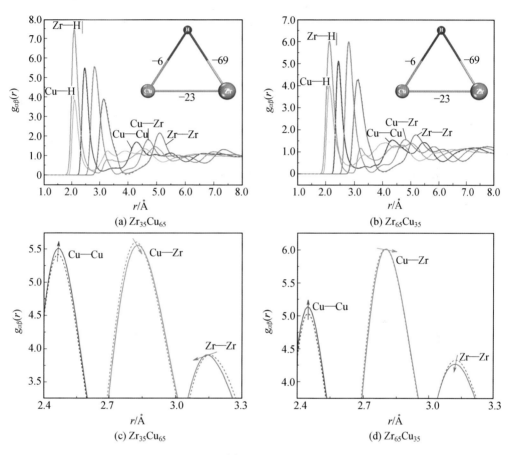

(a) $Zr_{35}Cu_{65}$

(b) $Zr_{65}Cu_{35}$

(c) $Zr_{35}Cu_{65}$

(d) $Zr_{65}Cu_{35}$

图 5.56

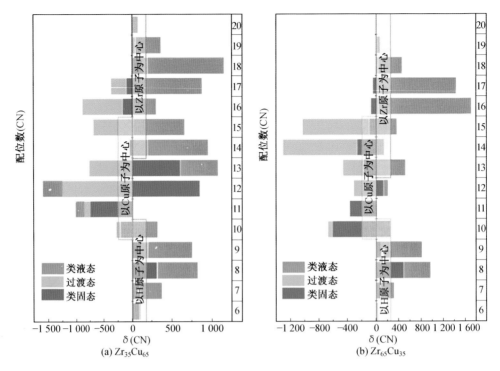

图 5.57

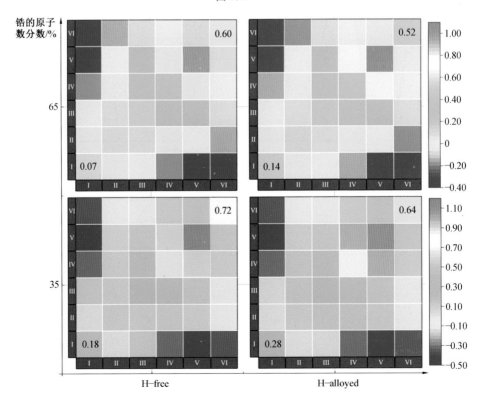

图 5.58

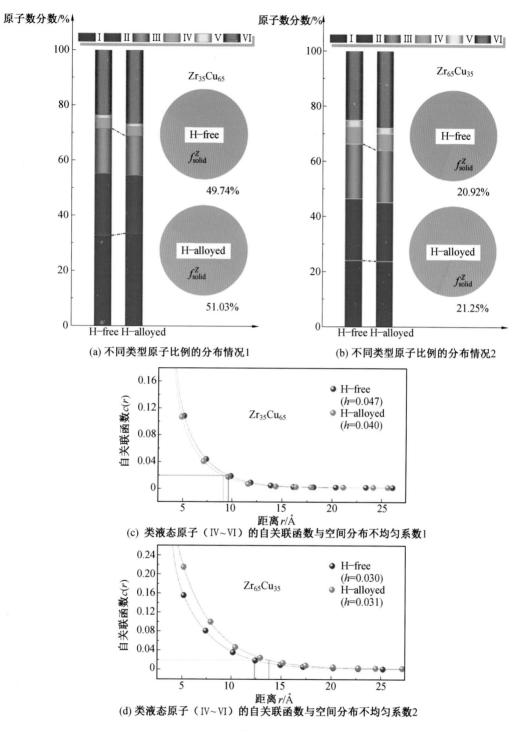

(a) 不同类型原子比例的分布情况1

(b) 不同类型原子比例的分布情况2

(c) 类液态原子（Ⅳ~Ⅵ）的自关联函数与空间分布不均匀系数1

(d) 类液态原子（Ⅳ~Ⅵ）的自关联函数与空间分布不均匀系数2

图 5.59

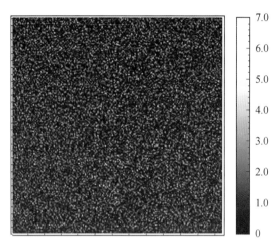

图 6.32

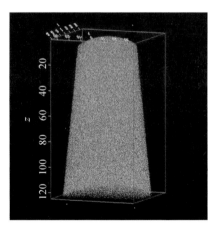

图 6.34

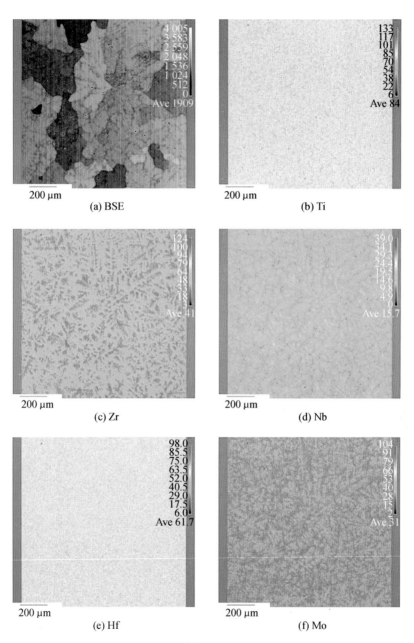

图 6.37

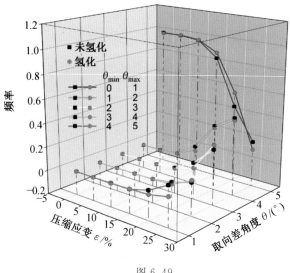

图 6.49